"十三五"国家重点出版物出版规划项目

卓越工程能力培养与工程教育专业认证系列规划教材

（电气工程及其自动化、自动化专业）

普通高等教育"十一五"国家级规划教材

过程控制系统与仪表

第 2 版

王再英　刘淮霞　彭　倩　编著

机 械 工 业 出 版 社

本书为普通高等教育"十一五"国家级规划教材,并入选"十三五"国家重点出版物出版规划项目。

本书针对自动化仪表与过程控制最新技术与工程应用,深入分析了过程控制常用(温度、压力、流量、液位、成分)检测仪表、控制仪表、执行器、本安防爆系统的工作原理;讨论了过程动态特性数学建模方法、单回路控制系统设计与参数整定,以及复杂(如串级、前馈、比值、均匀、分程、选择、大延迟补偿、解耦、双重等)控制系统的工作原理与设计方法;简要介绍了先进控制技术(自适应控制、预测控制、模糊控制、推理控制、专家控制、仿人控制)的相关知识;对 DDC 系统、DCS 及 PLC 在过程控制中的应用进行了较为系统的论述,简单介绍了现场总线技术、控制系统网络的现状及发展趋势。最后对两个典型过程控制系统的工程实例进行了深入分析。全书共 10 章,每章均附有思考题与习题。

本书可作为自动化专业及石化、电力、轻工、环境工程等专业的教材或参考书,也可供设计院所和企业过程控制工程技术人员参考。

图书在版编目(CIP)数据

过程控制系统与仪表/王再英,刘淮霞,彭倩编著. —2 版. —北京:机械工业出版社,2020.1 (2025.1 重印)

"十三五"国家重点出版物出版规划项目 卓越工程能力培养与工程教育专业认证系列规划教材. 电气工程及其自动化、自动化专业 普通高等教育"十一五"国家级规划教材

ISBN 978-7-111-64881-9

Ⅰ.①过… Ⅱ.①王… ②刘… ③彭… Ⅲ.①过程控制-自动控制系统-高等学校-教材②过程控制-自动化仪表-高等学校-教材 Ⅳ.① TP273 ②TP216

中国版本图书馆 CIP 数据核字(2020)第 032986 号

机械工业出版社(北京市百万庄大街 22 号 邮政编码 100037)
策划编辑:于苏华 责任编辑:于苏华 王小东 刘琴琴
责任校对:陈 越 封面设计:严娅萍
责任印制:单爱军
天津光之彩印刷有限公司印刷
2025 年 1 月第 2 版第 10 次印刷
184mm×260mm · 22.5 印张 · 557 千字
标准书号:ISBN 978-7-111-64881-9
定价:59.00 元

电话服务 网络服务
客服电话:010-88361066 机 工 官 网:www.cmpbook.com
010-88379833 机 工 官 博:weibo.com/cmp1952
010-68326294 金 书 网:www.golden-book.com
封底无防伪标均为盗版 机工教育服务网:www.cmpedu.com

序

工程教育在我国高等教育中占有重要地位，高素质工程科技人才是支撑产业转型升级、实施国家重大发展战略的重要保障。当前，世界范围内新一轮科技革命和产业变革加速进行，以新技术、新业态、新产业、新模式为特点的新经济蓬勃发展，迫切需要培养、造就一大批多样化、创新型卓越工程科技人才。目前，我国高等工程教育规模世界第一。我国工科本科在校生约占我国本科在校生总数的1/3，近年来我国每年工科本科毕业生占世界总数的1/3以上。如何保证和提高高等工程教育质量，如何适应国家战略需求和企业需要，一直受到教育界、工程界和社会各方面的关注。多年以来，我国一直致力于提高高等教育的质量，组织并实施了多项重大工程，包括卓越工程师教育培养计划（以下简称卓越计划）、工程教育专业认证和新工科建设等。

卓越计划的主要任务是探索建立高校与行业企业联合培养人才的新机制，创新工程教育人才培养模式，建设高水平工程教育教师队伍，扩大工程教育的对外开放。计划实施以来，各相关部门建立了协同育人机制。卓越计划要求试点专业要大力改革课程体系和教学形式，依据卓越计划培养标准，遵循工程的集成与创新特征，以强化工程实践能力、工程设计能力与工程创新能力为核心，重构课程体系和教学内容；加强跨专业、跨学科的复合型人才培养；着力推动基于问题的学习、基于项目的学习、基于案例的学习等多种研究性学习方法，加强学生创新能力训练，"真刀真枪"做毕业设计。卓越计划实施以来，培养了一批获得行业认可、具备很好的国际视野和创新能力、适应经济社会发展需要的各类型高质量人才，教育培养模式改革创新取得突破，教师队伍建设初见成效，为卓越计划的后续实施和最终目标的达成奠定了坚实基础。各高校以卓越计划为突破口，逐渐形成各具特色的人才培养模式。

2016年6月2日，我国正式成为工程教育"华盛顿协议"第18个成员，标志着我国工程教育真正融入世界工程教育，人才培养质量开始与其他成员达到了实质等效，同时，也为以后我国参加国际工程师认证奠定了基础，为我国工程师走向世界创造了条件。专业认证把以学生为中心、以产出为导向和持续改进作为三大基本理念，与传统的内容驱动、重视投入的教育形成了鲜明对比，是一种教育范式的革新。通过专业认证，把先进的教育理念引入我国工程教育，有力地推动了我国工程教育专业教学改革，逐步引导我国高等工程教育实现从课程导向向产出导向转变、从以教师为中心向以学生为中心转变、从质量监控向持续改进转变。

在实施卓越计划和开展工程教育专业认证的过程中，许多高校的电气工程及其自动化、自动化专业结合自身的办学特色，引入先进的教育理念，在专业建设、人才培养模式、教学内容、教学方法、课程建设等方面积极开展教学改革，取得了较好的效果，建设了一大批优质课程。为了将这些优秀的教学改革经验和教学内容推广给广大高校，中国工程教育专业认证协会电子信息与电气工程类专业认证分委员会、教育部高等学校电气类专业教学指导委员会、教育部高等学校自动化类专业教学指导委员会、中国机械工业教育协会自动化学科教学委员会、中国机械工业教育协会电气工程及其自动化学科教学委员会联合组织规划了"卓越工程能力培养与工程教育专业认证系列规划教材（电气工程及其自动化、自动化专业）"。本套教材通过国家新闻出版广电总局的评审，入选了"十三五"国家重点图书。本套教材密切联系行业和市场需求，以学生工程能力培养为主线，以教育培养优秀工程师为目标，突出学生工程理念、工程思维和工程能力的培养。本套教材在广泛吸纳相关学校在"卓越工程师教育培养计划"实施和工程教育专业认证过程中的经验和成果的基础上，针对目前同类教材存在的内容滞后、与工程脱节等问题，紧密结合工程应用和行业企业需求，突出实际工程案例，强化学生工程能力的教育培养，积极进行教材内容、结构、体系和展现形式的改革。

经过全体教材编审委员会委员和编者的努力，本套教材陆续跟读者见面了。由于时间紧迫，各校相关专业教学改革推进的程度不同，本套教材还存在许多问题。希望各位老师对本套教材多提宝贵意见，以使教材内容不断完善提高。也希望通过本套教材在高校的推广使用，促进我国高等工程教育教学质量的提高，为实现高等教育的内涵式发展贡献一份力量。

卓越工程能力培养与工程教育专业认证系列规划教材
（电气工程及其自动化、自动化专业）
编审委员会

前　言

本书第 1 版于 2006 年由机械工业出版社出版，同年入选教育部普通高等教育"十一五"国家级规划教材。出版以来已累计销售近 80000 册，得到广大读者的广泛关注和认可。

流程生产工艺、过程装备进步对自动化仪表与过程控制的要求不断提升，先进过程控制（APC）理论，计算机、通信网络技术的快速发展为自动化仪表与过程控制装置技术提供了强有力的支持。尤其是人工智能技术不断涌现的重大成果，持续为过程控制和自动化仪表的智能化注入新的内容。为了适应流程生产过程控制技术发展和新工科建设的需要，作者对本书进行了修订。本次修订在保证基本知识概念的基础上删繁就简，适当增补新知识，加强理论与实践的结合，并对章节进行了小范围调整，整体结构上衔接更为合理。

本书参考教学时数为 60 学时，共分 10 章。第 1 章为绪论；第 2~4 章为自动化仪表，包括检测仪表、控制（模拟、数字）仪表与特殊的数字 PID 算法、执行器与安全栅；第 5 章为被控过程的数学建模；第 6 章和第 7 章为过程控制系统设计，包括简单控制系统设计与参数整定，串级、前馈、大滞后、比值、均匀、分程、选择、解耦及双重控制设计等内容；第 8 章为先进过程控制技术，对自适应控制、预测控制、专家控制、模糊控制、神经网络控制、推理控制、仿人控制等基于人工智能的多种先进过程控制原理进行了简要介绍；第 9 章为计算机控制系统，对 DDC 系统、DCS 和现场总线技术与 FCS、PLC 在过程控制中的应用及工业控制网络的现状进行了简单讨论；第 10 章为过程控制系统应用实例，对精馏塔过程控制系统和工业锅炉控制系统这两类典型的工业过程控制实例进行了较为深入的分析、讨论。每章后均附有思考题与习题。

"过程控制系统与仪表"课程是高等学校自动化专业的核心课程之一，也是过程工艺、过程装备、环境工程等相关专业的选修课或必修课。通过对本书的学习，读者能够全面了解和掌握各类过程控制系统的基本组成、各个环节的工作原理，并初步掌握自动化仪表选型、过程控制系统分析、评价与设计方法，并对过程控制技术的最新发展有一个比较全面的了解，具备过程控制系统分析与设计、仪表选型、系统调试和投运及运维所需的基本知识和能力。通过典型工业过程控制系统实例分析，使学生对过程控制系统的实际应用有一个完整、全面的了解。

本书第 1、3、4、6、7、8、10 章由王再英编写，第 2 章由彭倩编写，第 5 章由刘淮霞、王再英共同编写，第 9 章由刘淮霞编写。全书由王再英定稿。

作者在多年从事过程控制与自动化仪表领域的科研、技术工作以及高等学校的教学工作中，得到许多专家、老师、同行朋友的帮助与支持；使用本书的师生也为本次修订提供了有益的意见和建议；本次修订参考了许多专家、学者的文章、著作以及相关技术文献。在此一并表示衷心的感谢。由于水平有限，书中存在缺点、错误在所难免，恳请广大读者批评指正。

编著者

目　录

第1章 绪 论

1.1 过程控制的特点

自动化技术在工业、农业、国防、科技以及人们的日常生活中发挥着重要的作用。自20 世纪 90 年代以来，作为信息科学与技术的重要组成部分，自动化技术本身及其应用领域得到了迅速的发展。自动化技术作为国家高科技的重要组成部分，其水平高低已成为衡量国家科技实力和各个行业现代化水平的重要标志。

过程控制（Process Control）通常是指连续生产过程的自动控制，是自动化技术最重要的组成部分之一，其应用范围覆盖石油、化工、制药、生物、食品、医疗、水利、电力、冶金、轻工、纺织、建材、核能、环境等许多领域，在国民经济中占有极其重要的地位。

过程控制的主要任务是对生产过程中的有关参数（温度、压力、流量、物位、成分、湿度、pH 值和物性等）进行控制，使其保持恒定或按一定规律变化，在保证生产安全和产品质量的前提下，使连续型生产过程自动地进行下去。连续型生产过程的特征是：呈流动状的各种物料或能量在连续（或间歇）流动过程中，伴随着物理变化、化学反应、生化反应、物质或能量的转换与传递。连续型生产过程常常要求苛刻的工艺条件，如要求高温、高压等；一些生产现场存在易燃、易爆或有害物泄漏等危险，生产条件恶劣；需要有保护人身与生产设备安全的特别措施等。在大型连续生产系统中，影响生产过程的因素和条件不止一个，各自所起的作用也不同，这就决定了过程控制的复杂性和多样性。大型连续生产过程往往是十分复杂的大系统，存在不确定性、时变性以及非线性等因素，控制相当困难。实际的生产过程千变万化，要解决生产过程的各种控制问题必须采用有针对性的方法与技术途径，这些都是过程控制要研究和解决的问题。

由于控制对象的特殊性，除了具有一般自动化技术所具有的共性之外，过程控制系统相对于其他控制系统还具有以下特点。

1. 生产过程复杂、控制要求多样

连续生产过程多种多样，规模大小不同，工艺要求各异，生产的产品千差万别，因此被控过程（也称被控对象）也多种多样。由于机理不同，不同生产过程的控制参数不同，或参数相同，但参数控制指标有很大差别；不同过程的参数变化规律各异，参数之间的关联特性、对生产过程的影响也不一样。有些过程的工作机理非常复杂，至今尚未被人们所认识，很难用解析方法得出其精确的动态数学模型；有些生产过程在大型设备中进行，它们的动态特性具有大惯性、大时延的特点，常伴有非线性特性，例如：热工过程中的锅炉、热交换器、动力核反应堆，冶金过程中的平炉、转炉，机械工业中的热处理炉，石油化工中的精馏塔、化学反应器等。而有的生产过程则进行得非常迅速，像压力、流量的变化等。要设计能适应各种过程的通用控制系统非常困难。由于被控过程（包括被控参数）的多样性，使过程控制系统明显地区别于运动控制系统。

2. 控制方案丰富

生产过程的复杂性和工艺要求的多样性，决定了过程控制系统的控制方案必然是多种多样。为了满足生产过程越来越高的要求，控制方案也越来越丰富，既有单变量控制系统，也有多变量控制系统；有常规仪表控制系统，也有计算机集散控制系统；有保证和提高过程参数精度的控制系统，也有实现特殊工艺要求的控制系统；有传统的 PID 控制，也有新型的自适应控制、预测控制、推理控制、模糊控制等，过程控制的控制方案十分丰富。本书将主要介绍单回路控制、串级控制、前馈控制、比值控制、均匀控制、分程控制、间歇控制、双重控制、选择性控制、解耦控制系统的设计方法，并简要介绍自适应控制、模糊控制、推理控制等先进控制的工作原理。

3. 多属缓慢变化过程参数控制

在流程工业中，常用一些物理量来表征生产过程是否正常。在石化、冶金、电力、轻工、建材、制药等生产过程中，这些物理量大多用温度、压力、流量、液位、成分等参数表示，被控过程大多数具有大惯性、大滞后等特点，因此，绝大多数过程控制具有慢过程参数控制的特点。

4. 定值控制是过程控制的主要控制形式

过程控制不同于航空器的姿态控制和机器人的动作控制，在多数过程控制系统中，大多数设定值是保持恒定或在很小范围内变化，过程控制系统的主要目的是减小或消除外界扰动对被控参数的影响，使被控参数维持在设定值或其附近，达到安全、优质、高产、环保、低消耗与生产持续稳定的目标。所以，定值控制是过程控制的主要控制形式。

5. 过程控制系统由规范化的过程检测、控制装置与仪表组成

过程控制采用各种检测、控制仪表和计算机等自动化技术工具，对整个生产过程进行自动检测和控制。传统的简单过程控制系统是由被控过程和过程检测与控制仪表（包括测量元件、变送器、控制器和执行器）两部分组成，图 1-1 是传统过程控制系统框图。从图中可以看出，组成一个完整的过程控制系统一般有控制器（本书中调节器与控制器含义相同）、执行器、被控过程和测量变送器四个环节，其中控制器、执行器和测量变送器都属于检测控制仪表，所以，也可以认为

过程控制系统＝检测和控制仪表／装置＋被控过程（对象）

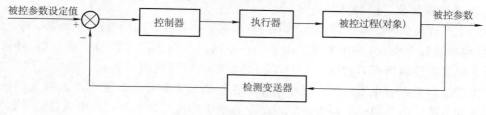

图 1-1 过程控制系统框图

随着过程控制技术的发展，在先进的过程控制系统（如集散控制系统）中，图 1-1 中的传统的控制器已被 DDC（Direct Digital Control）控制器或计算机控制系统（DCS、PLC）替代，各种复杂过程控制系统结构已远远超出图 1-1 所示的单回路过程控制系统结构所能表示的范畴。

1.2 过程控制的发展概况

19 世纪世界工业革命以来，工业生产过程经过了由简单到复杂、规模由小到大的不断发展，出现了许多大型化、现代化、多品种、精细化的过程生产系统，提供各种产品以满足人们的生活需要。由于生产领域的不断扩展、系统规模不断扩大、工艺要求越来越高，对过程控制的功能、效率和可靠性提出了更高的要求，如果没有高性能的过程控制系统，大型生产过程根本无法正常运行。

过程控制技术是自动化技术的重要应用领域。随着生产技术水平迅速提高和生产规模的持续扩大，对过程控制系统的要求越来越高，促使过程控制理论研究不断发展和深化，同时，理论研究的成果在电子技术、通信技术、计算机技术的基础上不断地转化为自动化仪表、装置与控制系统产品，以满足生产过程不断发展的控制需要。生产过程的实际要求、控制理论的深入研究和控制系统产品的持续开发三者相互促进、共同推动现代过程控制技术的迅速发展。现代过程控制技术在优化生产系统的经济、技术指标、提高经济效益和劳动生产率、改善劳动条件、保护生态环境等方面发挥着越来越大的作用，并为迅速发展的工业智能化提供不可或缺的技术支持。

下面从过程控制仪表、装置及系统与过程控制策略及算法等方面，简要介绍过程控制的发展过程和发展趋势。

1.2.1 过程控制装置与系统的发展

20 世纪 40 年代以前，工业生产技术水平相对落后，生产过程大多处于手工操作状态，工业现场操作工通过目测判断生产过程的状态，手动调整生产过程，生产效率很低。40 年代以来，特别是第二次世界大战以后，工业生产过程自动化技术发展很快，尤其是近些年来，在 IT 技术（自动化技术也是 IT 技术的重要组成部分）的带动下，过程控制技术发展十分迅猛。过程控制装置与系统的发展历程，大致经过以下几个阶段。

1. 局部自动化阶段（20 世纪 50~60 年代）

20 世纪 50 年代，过程控制技术开始得到发展。在这一阶段，过程控制系统绝大多数是单输入—单输出系统；被控参数主要有温度、压力、流量和物位（液位、液体分界面、固体料位等）四种参数；过程控制的目的是保持这些工艺参数的稳定，确保生产安全和产品质量。当时的生产规模比较小，多用气动仪表进行测量与控制，采用 0.02~0.1MPa 的气动信号作为统一标准信号，以压缩空气作为动力的气动仪表实现就地的简单控制，主要解决在生产过程和环境条件较为正常的情况下，为满足工艺参数要求而进行的定值控制问题。大多数测量仪表分散在各生产单元的工艺设备上，操作人员在生产现场查看仪表检测值并根据实际情况采取相应的操作，保障生产过程正常进行。

20 世纪 50 年代后期~60 年代，先后出现了采用气动和电动单元组合仪表进行集中监控与集中操作的过程控制系统，实现了控制装置仪表化和生产过程局部自动化。这对当时迫切希望提高设备效率和扩大生产过程规模的要求起到了有力的促进作用，适应了工业生产设备日益大型化与生产过程连续化的客观需要。

2. 集中控制阶段(20世纪60~70年代)

20世纪60年代，工业生产规模不断扩大，生产过程越来越复杂，对生产安全、产品质量和生产效率要求越来越高，这就对过程控制技术提出了新的要求，迫切需要生产过程集中操作与管理。

随着电子技术的迅速发展，半导体产品取代了电子真空管。随后，集成电路又取代了分立元件，电子仪表的可靠性大为提高，逐步取代了气动仪表。过程控制系统大量采用单元组合仪表和组装式仪表，生产过程实现了车间范围和大型系统的集中监控。为了提高控制质量和满足特殊工艺的控制要求，设计开发了多种复杂控制系统方案，如串级控制、前馈控制、比值控制、均匀控制等。特别是前馈控制、选择性控制方案的实现，使过程控制品质和安全性大为提高。选择性控制系统实现了过程异常状态的保护性自动控制，以避免某些过程异常状态的强制性连锁停车，改变了过去不得不切向手动或被迫连锁停车的状况，从而扩大了自动化的范围。与此同时，开始进行计算机在过程控制领域应用的尝试。

3. 集散控制阶段(20世纪70年代中期至今)

20世纪70年代，随着大规模集成电路出现及微处理器的问世，计算机的性价比和可靠性大为提高，采用冗余技术和自诊断措施的工业计算机完全能够满足工业控制对安全与可靠性的要求，为新的过程控制仪表、装置与系统的设计开发提供了强有力的支持。

大型生产过程一般都是(由多台设备、装置构成的)分散系统，使生产过程控制分散进行(将发生故障和危险的风险分散)、而整个生产过程的监视、操作与管理相对集中的过程控制系统设计思想被大型过程控制系统生产商和用户普遍接受。基于"集中管理，分散控制"理念，在数字化仪表和计算机与网络技术基础上开发的集散型控制系统(DCS, Distributed Control System)在大型生产过程控制中得到广泛应用，使过程控制系统的控制功能、可靠性、安全性、可操作性以及经济效益等方面都达到了新水平。过程控制系统的结构也由单变量控制系统发展到多变量系统，控制策略也由生产过程工艺参数的定值控制发展到最优控制、自适应控制等。

进入20世纪90年代以后，随着现场仪表数字化、通信系统网络化和集散型控制技术日益成熟、现场总线技术以及基于现场总线技术的网络化分布式控制系统逐步推广、使用，使过程控制系统的开放性、兼容性和现场仪表与装置的智能化水平发生了质的飞跃。工厂自动化(FA, Factory Automation)、计算机集成过程控制(CIPS, Computer Integrated Process Systems)、计算机集成制造系统(CIMS, Computer Integrated Manufacturing System)和企业资源综合规划(ERP, Enterprise Resource Planning)等的推广与普及，进一步提高了工业生产过程的生产效率和经济效益。

1.2.2　过程控制策略与算法的发展

在过程控制技术的发展中，控制策略与算法也经历了由简单控制到复杂控制、先进控制的发展历程。通常将出现于1942年的单回路PID(Proportional、Integral and Derivative)控制称为简单控制。以经典控制理论为基础的PID控制是过程控制中应用最多的控制算法(规律），现在仍然在各种过程控制系统中广泛应用。在 DCS 以及以逻辑控制为主的大型 PLC（Programmable Logic Control）系统中，均设有 PID 控制模块。

从 20 世纪 50 年代开始，为了满足生产过程大型化、工艺更为复杂、控制精度要求更高的实际需求，过程控制界在简单控制的基础上开发了串级控制、比值控制、前馈控制、均匀控制、Smith 预估控制、选择性控制和解耦控制等控制方案与控制策略，统称为复杂控制。这些控制策略和算法满足了复杂生产过程控制的实际需要，其理论基础仍然是经典控制理论，但在控制系统结构与应用方面各有特色。这些控制策略和算法现在仍在广泛应用，并得到不断地改进、完善与发展。

从 20 世纪 70~80 年代开始，在现代控制理论和人工智能发展的基础上，针对生产过程本身存在非线性、时变性、不确定性、控制变量之间存在耦合等特性，提出了许多可行的控制方案与策略，如解耦控制、推断控制、预测控制、模糊控制、自适应控制、仿人控制等，一般将这些控制方法统称为先进过程控制（APC，Advanced Process Control）。近年来，以专家系统、模糊逻辑、神经网络、遗传算法等为主要途径的智能控制已经成为过程控制的重要方法。先进过程控制方法可以有效地解决那些采用传统控制方法效果差，甚至无法控制的复杂过程的自动控制问题。应用实践表明，先进控制方法能取得更高的控制品质和更好的经济效益，具有很好的应用与发展前景。

1.2.3 过程控制技术的现状与发展趋势

作为信息技术的重要组成部分和工业与其他领域不可或缺的基础技术之一，过程控制理论研究与过程控制系统应用技术开发一直是控制理论、工业应用技术领域关注的热点之一。随着流程/过程工业领域过程生产装备日趋大型化、生产工艺持续进步及对生产安全、节能减排、生产效率、管理水平的要求越来越高，对先进过程控制方法和控制装置、控制系统一直存在迫切需求；另一方面，过程控制理论、人工智能、大数据等新成果和计算机技术、通信与网络技术、电子技术的不断进步，为过程控制技术的持续快速发展提供了有力支持。

随着过程工业装备、工艺流程的持续进步，过程工业已从局部、粗放生产的传统流程工业向全流程、精细化生产、高效率、高品质、低排放的现代流程工业发展，对过程控制技术进步的需求持续旺盛，主要体现在对过程控制系统解决方案和过程控制装备提出更高的要求。这些因素都促进了过程控制领域理论研究持续深入和应用技术快速发展，而过程控制系统工程是过程生产工艺、过程控制理论、过程控制仪表与装置的有机结合和技术水平的集中体现。

以智能控制、预测控制为代表的先进控制理论和策略在过程领域的成功应用，使先进过程控制受到过程工业界的普遍关注，国内外许多大企业纷纷投资，在过程自动化系统中实施先进控制。许多控制软件公司和 DCS 生产商都在竞相开发先进控制和优化控制的商品化工程软件包，如美国 DMC 公司的 DMC，Setpoint 公司的 IDCOM-M、SMCA，Honeywell Profimatics 公司的 RMPCT，Aspen 公司的 DMCPLUS，法国 Adersa 公司的 PFC，加拿大 Treiber Controls 公司的 OPC 等，成功应用于石油、化工等过程工业的重要装置，取得了明显的经济效益。目前，比较成熟的先进控制策略主要有多变量预测控制、推理控制及软测量技术、自适应控制、鲁棒控制、智能控制（专家控制、模糊控制和神经网络控制）等。

在连续流程工业中，上游生产过程（环节）的产品往往是下游生产过程（环节）的生产原料或动力/能源，整个生产过程之间存在物流分配、物料平衡和能量平衡等一系列问题。进行过程优化，使整个生产过程获得更好的经济效益和社会效益十分必要。生产过程优化是指在总的优化条件下，求取目标函数的最优值。过程优化首先是寻找最佳的工艺参数设定值以获得最大的经济效益，即过程稳态优化。过程稳态优化可采用离线优化实现，也可采用在线优化实现。随着稳态优化的深入研究，直接影响过程动态品质的动态最优控制凸显出其重要性。在过程优化中，由于系统的复杂性，实现全局最优十分困难。对于实际生产过程，并不一定要求达到最优值，如果能求出"优化区域"或"满意解"就能满足基本要求。过程优化受到许多工艺条件的限制，因此有人提出把工艺设计与过程控制整体考虑，在工艺设计的同时考虑控制系统的实施方案及运行效果预判，就可以在工艺设计阶段兼顾过程控制系统的优化，这方面的研究日益受到业界关注。

复杂过程工业生产全流程是由一个或多个工业装备组成的多个生产子过程（工序）共同构成全流程生产线，其目的是将原料加工为半成品材料或者产品，并实现生产过程全流程产品质量、产量、消耗、环保、成本控制与效益优化的综合目标。复杂过程工业的控制、运行与管理大多采用企业资源计划（ERP）、制造执行系统（MES, Manufacturing Execution Systems）和过程控制系统（PCS, Process Control System）三层结构来实现。ERP 主要根据企业经营决策的总体目标，实现对物质/能量流、资金流和信息流的管理、决策，输出生产控制（生产计划）、物流管理（分销、采购、库存管理）和财务管理（会计核算、成本管理）的优化配置结果。MES 提供生产计划、生产调度、质量管理、能源管理、设备管理、生产指标监视、优化决策等功能；PCS 主要实现各个装置/设备/单元的过程回路控制、逻辑控制与生产过程监控等。虽然目前企业的 ERP 和 MES 等信息系统还不能够快速、全面自动综合企业内、外部与生产经营、生产运作和操作优化与控制相关的各种数据、信息，不能完全实现生产经营决策和计划调度综合自动化，而通过计算机、通信和控制的综合平台，实现过程控制系统（PCS）、生产经营与管理信息系统（ERP、MES）的有机融合，最终实现复杂生产的资源计划、管理、调度、过程控制全流程一体化，是过程生产与控制系统的必然发展趋势。

电子技术、计算机技术、通信技术以及传感器等技术的快速发展，为过程控制领域的检测技术、控制仪表与控制装置技术、控制网络技术、DCS、FCS 等的进步提供了强有力的基础支撑，并将促进自动化仪表、过程控制系统、控制方案与控制策略优化技术进步和水平提升，为流程工业技术的进步和生产安全、经济效益持续提高提供强有力的技术支持。

需要强调的是，直接面对流程生产的基本过程控制系统（BPCS, Basic Process Control System）性能是保证生产过程正常进行的前提条件，也是进行过程控制优化与多目标综合优化的基础；是实现工业智能化最基本的基础技术之一。

1.3 过程控制系统分类及其性能指标

1.3.1 过程控制系统的分类

鉴于过程控制需求复杂多样、过程控制方案种类丰富，过程控制系统有多种分类方法。按所控制的参数来分，有温度控制系统、压力控制系统、流量控制系统等；按控制系统所处理的信号方式来分，有模拟控制系统与数字控制系统；按照控制器类型来分，有常规仪表控制系统与计算机控制系统，而计算机控制系统还可分为 DDC、DCS 和现场总线控制系统（FCS）；按控制系统的结构和所完成的功能来分，有串级控制系统、均匀控制系统、自适应控制系统等；按其控制规律来分，有比例（P）控制、比例积分（PI）控制，比例、积分、微分（PID）控制、智能控制等；按控制系统组成回路的情况来分，有单回路与多回路控制系统、开环与闭环控制系统；按被控参数的数量可分为单变量和多变量控制系统等。

以上分类方法只反映了过程控制某一方面的特点，到底采用哪种分类方法并无原则性的规定。下面介绍两种常用的分类方法。

1. 按设定值的形式不同划分

过程控制主要研究反馈控制系统的动态特性。按照设定值变化形式的不同，可将过程控制系统划分为三类。

（1）定值控制系统 定值控制系统是过程控制中最常见的一种控制系统。在流程工业生产中，大多数场合要求被控参数保持在设定值或设定值附近的小范围之内，以保障生产过程平稳进行。只要被控参数在设定值附近规定范围内，生产过程及控制系统的工作就是正常的。在定值控制系统中设定值是恒定不变的，引起生产过程被控参数变化的因素就是生产过程出现的各种扰动/干扰。

（2）随动控制系统 在有些生产过程，要求一些被控参数跟随其他参数，即控制系统的设定值跟随其他参数变化。随动控制系统就是使被控参数准确而及时地跟随设定值的变化而变化。例如在加热炉燃料与助燃空气的比值控制中，燃料量按工艺要求、随生产负荷变化或其他因素而改变；在燃料量变化时，燃烧控制系统使助燃空气的输送量跟随燃料量变化，按预先规定的比例自动地增减空气量，以保证燃料的经济燃烧，助燃空气流量控制系统就是随动控制系统。

（3）程序控制系统 在程序控制系统中，被控参数的设定值按预定的时间程序变化，被控参数自动跟踪设定值。这类控制系统在间歇生产过程中比较多见，如食品工业中的罐头杀菌温度控制、造纸生产中纸浆蒸煮的温度控制、机械工业中的退火炉温度控制以及工业炉、干燥窑等周期作业的加热设备控制、间歇反应装置参数程序控制等。在这类生产过程中，不是要求温度为恒定值，而是按工艺规程规定、随时间变化的函数，如具有一定的升温时间、保温时间和降温时间等。程序控制系统的设定值按程序自动改变，控制系统按设定程序自动运行，直到整个程序运行结束、生产过程完成为止。

2. 按系统的结构特点分类

（1）反馈控制系统 反馈控制系统是按照被控参数与设定值的偏差进行控制（调节），达到减小或消除偏差的目的，偏差值是系统进行控制（调节）的依据。反馈控制系统由被控参数的反馈通道构成闭合回路，所以又称闭环控制系统。反馈控制系统是过程控制系统最基本的结构形式。

（2）前馈控制系统 前馈控制系统根据扰动大小进行控制，扰动是控制的依据。前馈控制没有被控参数的反馈，为开环控制系统。由于这种控制方法最终无法检验控制的效果，所以在实际生产中往往与其他控制方法组合使用，很少单独应用。

（3）前馈—反馈复合控制系统 前馈—反馈复合控制系统是将前馈控制与反馈控制结合在一起构成的复合控制系统。复合控制系统综合了前馈控制对特定扰动进行及时补偿的优势，又保持了反馈控制能够克服各种扰动对被控参数的影响、使被控参数在稳态时能够准确稳定在设定值(或其附近)的特点,因此可以显著提高被控参数的动态精度和系统的控制品质。

1.3.2 过程控制系统的性能指标

实际生产过程对工艺参数都有一定要求。有些工艺参数直接表征生产过程运行状态,对产品的产量和质量起着决定性的作用,如在精馏过程中,在操作压力不变的情况下,精馏塔的塔顶或塔底温度必须保持恒定,才能得到合格的产品;在冶金生产中,加热炉出口温度的波动不能超出允许范围,否则将影响后续工序的处理与加工效果;在化工生产中,化学反应器的反应温度必须保持平稳,才能使反应效率与产品质量达到规定指标。有些工艺参数虽不直接影响产品的数量和质量,而保持其平稳却是生产过程顺利进行的必要条件。例如,将中间储槽的液位高度维持在规定的范围之内,才能使相关压力稳定,保持连续的均衡生产。有些工艺参数是决定安全生产的重要因素,如高压容器的压力不允许超出规定的限度,否则将危及人员人身及设备安全。因此在生产过程中,对于以上各种类型的参数都必须进行严格的控制。

1.3.2.1 过程控制系统的稳态与动态

过程控制系统在正常运行中有两种状态,即稳态和动态。

对于定值控制,当控制系统输入(设定值或扰动)不变时,整个系统若能达到一种平衡状态,系统中各个组成环节暂时不动作,它们的输出信号都处于相对静止状态,这种状态称为稳态(或静态)。例如在锅炉汽包液位控制系统中,当给水量与锅炉蒸气流量平衡时,汽包液位保持不变,此时系统达到(动态)平衡,亦即处于静态。这里所说的静态是指各个参数的变化率为零,即参数保持常数不变,并非指系统内没有物料与能量的流动。稳态时控制过程被控参数与控制变量之间的关系称为过程系统的静态特性。

定值控制系统的目的就是将被控参数保持在一个不变的设定值(或其附近),只有当进入被控过程的物料或能量与流出的物料或能量完全相等时才有可能。对液位控制系统,只有流入容器的流体流量与流出容器的流体流量完全相等——达到平衡时,液位才可能稳定,使液位控制系统处于静态;对于温度控制系统,只有当进入被控过程的热量与输出的热量相等时,被控过程内部的热量达到平衡,被控过程的温度才可能稳定,使温度控制系统处于稳态。

当原先处于稳态(平衡状态)的系统出现外部扰动(或内部特性变化)时,平衡状态被打破,被控参数就会发生变化,偏离原来的稳态值,控制系统在控制器的作用下,执行器等自动控制装置就会离开稳态位置,产生相应的控制作用以克服扰动的影响,使系统趋于新的平衡状态。如果控制系统是动态稳定的,经过一段时间的调节后,被控参数会重新回到原设定值(或其附近),系统又回复到稳态。从外部扰动出现、平衡状态遭到破坏、自动控制装置开始动作,到整个系统又重新建立新的稳态(达到新的平衡)、调节过程结束的这一段时间,整个系统各个环节的状态和参数都处于变化过程,这种状态称为动态。另外,在系统设定值变化时,也引起动态过程,控制装置同样使控制系统在新设定值条件下进入新的平衡状态。由于被控过程常常受到各种扰动的影响,一个实际运行的生产过程不可能一直工作在稳态,控制系统的目的就是要使进入动态的生产过程尽快地回复到稳态。系统在动态过程中,被控参数与控制变量之间的关系即为控制过程的动态特性。

显然,要评价一个过程控制系统的控制品质,只考察稳态是不够的,还应该考查它在动态过程中被控参数的变化情况。对动态特性的了解与掌握更重要，这是因为在实际的生产过程中，被控过程常常受到各种扰动的影响，不可能一直工作在稳态。只有将控制系统研究与分析的重点放在各个环节的动态特性，才能设计出工作性能良好的控制系统。

由于设定值的特点不同，设定值持续变化的随动控制系统稳态和动态的含义与定值控制系统是不一样的。

1.3.2.2 控制系统的过渡过程

过程控制系统从原来的平衡状态，经过动态过程到达新的平衡状态的动态历程称为控制系统的过渡过程。

对于一个动态稳定的过程控制系统（所有正常工作的反馈控制系统都是动态稳定系统），要了解和掌握其动态过程的稳定性、准确性和快速性，就需要对系统的过渡过程进行分析研究。被控参数随时间的变化主要取决于扰动的形式和控制系统的动态特性，而实际生产过程中出现的扰动信号没有固定的形式，大多数属于随机性的信号。为了简化分析，在保证系统安全的条件下，只对一些典型的扰动形式引起的过渡过程进行分析，其中最常用的是阶跃扰动（输入）。所谓阶跃输入就是在某一时刻，变量突然以阶跃式变化加到系统上，并保持在这个幅度不变。阶跃扰动对处于稳态的系统影响是比较严重的，是一种突然而且剧烈的（冲击）扰动，对系统平稳和被控参数稳定的影响大。如果控制系统的被控参数对阶跃扰动有比较好的动态响应特性，即能够及时、有效地克服阶跃扰动的影响，那么对于其他比较缓和的扰动一般也能满足要求。而且阶跃输入形式简单、容易产生，便于分析、计算和进行实验。

在阶跃扰动作用下，定值控制系统过渡过程有如图 1-2 所示的几种基本形式。

（1）单调衰减过程　稳态过程受到扰动后，被控参数从设定值一侧单调变化，最后稳定在某一数值（设定值或其附近），如图 1-2a 所示。

（2）振荡衰减过程　稳态过程受到扰动后，被控参数波动变化，波动幅度逐渐减小，最后稳定在某一数值（设定值或其附近），如图 1-2b 所示。

（3）等幅振荡过程　稳态过程受到扰动后，被控参数波动变化，波动幅度保持不变，如图 1-2c 所示。

（4）振荡发散过程　稳态过程受到扰动后，被控参数波动变化，波动幅度不断增大，没有最后的稳态值，如图 1-2d 所示。

按照控制系统的稳定性定义，可将上面四种形式的过渡过程归纳为三类。

第一类是稳定系统的过渡过程，包括单调衰减过程（如图 1-2a 所示）和振荡衰减过程（如图 1-2b 所示）两种情况。稳定系统的被控参数偏离设定值后，在控制系统作用下，经过一段时间调整后，被控参数逐渐回到原来（或达到新）的设定值或其附近，重新进入稳态。

第二类是不稳定系统的过渡过程，即图 1-2d 所示的振荡发散过程。不稳定系统的被控参数偏离设定值后，系统的控制作用并不能使被控参数回到原来（或达到新）的设定值（或其附近），反而远离设定值。这将导致工艺参数超出允许范围，生产过程状况恶化，严重时会导致重大的事故甚至设备损坏。这是生产上绝对不允许的。

第三类是临界稳定系统的过渡过程，即图 1-2c 所示的等幅振荡过程。临界稳定系统的过渡过程形式介于稳定与不稳定之间的临界状态，一般工程上认为是不稳定的过渡过程，工程实际中很少采用（但在家电等要求不高的简单控制中却较为常见）。

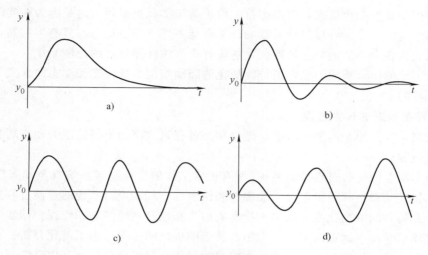

图 1-2　过渡过程的基本形式

a)非周期衰减过程　b)衰减振荡过程　c)等幅振荡过程　d)振荡发散过程

1.3.2.3　过程控制系统的性能指标

在比较不同控制方案、评价一个控制系统的性能或在讨论控制器参数的最佳整定时，首先要规定评价控制系统优劣的性能指标。评价一个过程控制系统的性能，主要看它在受到扰动影响偏离设定值后，被控参数能否迅速、准确且平稳(而不是剧烈振荡地)回到设定值(或其附近)；或者设定值发生变化后，被控参数能否迅速、准确且平稳地到达并稳定在新的设定值或其附近，即系统消除扰动造成的偏差而回到设定值的快速性、准确性和平稳性如何。控制系统性能指标有单项性能指标和偏差积分性能指标两类。单项性能指标以控制系统被控参数的单项特征量作为性能指标，主要用于衰减振荡过程的性能评价；而偏差积分性能指标则是一种综合性指标。

1. 系统阶跃响应的单项性能指标

在工业过程控制中经常采用时域单项性能指标，并以阶跃扰动作用下的过渡过程为基准来定义控制系统的性能指标。外部扰动阶跃变化时被控参数响应曲线与设定值阶跃变化时的阶跃响应曲线特征是相同的(这是因为控制系统的特征方程，即二者传递函数的分母多项式是相同的)，通常采用设定值阶跃变化时被控参数响应的典型曲线(如图 1-3 所示)来定义控制系统的单项性能指标，主要有衰减比、超调量与最大动态偏差、静差、调节时间、振荡频率、上升时间和峰值时间等。

(1)衰减比 n 和衰减率 ψ　衰减比 n 表示振荡过程衰减的程度，是衡量过渡过程动态稳定程度的指标，它等于两个相邻的同向波峰值之比(见图 1-3)

$$n = \frac{y_1}{y_3} \tag{1-1}$$

式中，$n>1$ 时衰减比 n 取整数，习惯上常表示为 $n:1$。若 $n<1$，表示过渡过程为发散振荡，n 越小，发散越快；$n=1$，过渡过程为等幅振荡；$n>1$，过渡过程是衰减振荡，n 越大，衰减越快；当 $n \to \infty$ 时，系统过渡过程为非周期单调衰减过程。衰减比究竟为多大才合适，没有统一的定论。根据实际经验，为保持足够的稳定裕度，一般希望过渡过程经过两次左右的

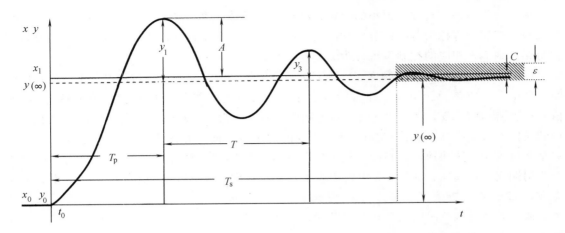

图 1-3 闭环控制系统对设定值阶跃扰动响应曲线

波动后趋于新的稳态值 $y(\infty)$，与此对应的衰减比一般在 $4:1 \sim 10:1$ 的范围内。对于少数不希望有振荡的控制过程，过渡过程应为非周期衰减的形式。

衰减率 ψ 是与衰减比 n 等价的衡量振荡过程衰减程度的另一个动态指标，它是指经过一个周期后，波峰幅度衰减的百分数

$$\psi = \frac{y_1 - y_3}{y_1} = 1 - \frac{y_3}{y_1} = 1 - \frac{1}{n} \tag{1-2}$$

衰减比 n 与衰减率 ψ 之间有简单的对应关系，$n = 4:1$ 就相当于 $\psi = 0.75$。在过程控制中一般要求衰减比 n 在 $4:1 \sim 10:1$ 之间，对应的衰减率 ψ 为 $75\% \sim 90\%$。

（2）最大动态偏差 A 与超调量 σ 最大动态偏差或超调量是描述被控参数偏离设定值 x_1 的最大程度。最大动态偏差是控制系统动态准确性的指标，也是衡量过渡过程稳定性的动态指标。对于定值控制系统，过渡过程的最大动态偏差是指被控参数偏离设定值 x_1 的最大值，即图 1-3 中的 A。有时也采用超调量 σ 来表示最大动态偏差偏离新稳态值（或设定值）的程度，σ 的定义是第一个波峰值 y_1 与最终稳态值 $y(\infty)$ 之比。一般超调量以百分数的形式给出，即

$$\sigma = \frac{y_1}{y(\infty)} \times 100\% \tag{1-3}$$

最大动态偏差或超调量越大，被控参数瞬时偏离设定值越远。对于工艺参数精度要求较高的生产过程，需要限制最大动态偏差的幅值；考虑到扰动会不断出现，偏差有可能叠加，这就更需要限制最大动态偏差的允许值。因此，必须根据工艺条件严格限定最大偏差或超调量的允许范围。

（3）残余偏差 C 过渡过程结束后，被控参数所达到的新稳态值 $y(\infty)$ 与设定值 x_1 之间的偏差 C 称为残余偏差，简称残差，是控制系统稳态准确性的衡量指标，其容许范围 ε 相当于生产中允许的被控参数与设定值之间长期存在的偏差。残余偏差也称静差或余差。设定值是生产过程的技术指标，被控参数越接近设定值越好，亦即残差越小越好。但在实际生产中，并不是要求所有被控参数的余差都很小，如一般中间储槽的液位控制要求不高，允许液位有较大的变化范围，残差就可以大一些。而化学反应器的温度控制精度一般要求比较严，

应当尽量消除余差。对残差大小的要求,必须结合具体工艺要求进行分析,不能一概而论。有余差的控制过程称为有差调节,相应的控制系统称为有差控制系统。没有残差的控制过程称为无差调节,相应的控制系统称为无差控制系统。

(4)调节时间 T_s 和振荡频率 ω 调节时间是指从过渡过程开始到过渡过程结束所需的时间,理论上它应该为无限长。在实际工程中,一般认为当被控参数与稳态值的偏差(绝对值)进入稳态值的±5%(有时要求±2%)范围内,就认为过渡过程结束。调节时间是从扰动出现到被控参数进入新稳态值±5%(±2%)范围内的这段时间,在图 1-3 中用 T_s 表示。调节时间是衡量控制系统快速性的指标。过渡过程中相邻两同向波峰(或波谷)之间的时间间隔为振荡周期或工作周期,在图 1-3 中用 T 表示,其倒数称为振荡频率(记为 $f = 1/T$,对应的角频率 $\omega = 2\pi/T$)。在衰减率 ψ 一定的情况下,调节时间与振荡频率之间存在严格的对应关系:振荡频率与调节时间成反比,振荡频率越高,调节时间 T_s 越短。因此振荡频率也可作为衡量控制系统快速性的指标。

还有其他一些单项品质指标,如振荡次数,是指在过渡过程内被控参数振荡的次数,在一般情况下过渡过程振荡两次就能稳定下来是较为理想的;峰值时间是指过渡过程开始至被控参数到达第一个波峰所需要的时间,在图 1-3 中用 T_p 表示。

过渡过程的最大偏差、衰减比、余差、调节时间等单项指标在不同系统中的重要性是不同的,各个单项指标相互之间既有联系又有矛盾。当一个系统的稳态精度要求很高时,(对有差调节)可能会引起动态稳定性变差;解决了稳定问题之后,又可能因反应迟钝而失去快速性。对于不同生产过程的控制系统,每个性能指标的重要性不同,应根据具体情况分清主次,区别对待。对生产过程有决定性意义的主要性能指标应优先予以保证,但要同时高标准地满足几个控制指标有时难以做到。对一个控制系统提出的品质性能指标要求或评价一个控制系统的质量,应该从实际需要出发,性能指标要求合理适当,不应过分追求偏高、偏严的性能指标,否则就会造成资源浪费、付出代价太高,甚至根本无法实现。

2. 系统阶跃响应的综合性能指标——偏差积分

单项指标虽然清晰明了,但如何统筹考虑比较困难。有时希望用一个综合性的指标全面反映控制系统的品质。综合性能指标常采用偏差积分的形式,偏差幅度和偏差存在的时间都与偏差积分指标有关。无论是控制系统过渡过程的动态偏差增大,或是调节时间拖长,都表明控制性能变差,在偏差积分指标上的综合反映就是偏差积分指标值增大。因此,偏差积分指标可以兼顾衰减比、超调量、调节时间等多方面的因素,偏差积分指标值越小越好。偏差积分指标通常采用以下几种形式。

(1)偏差积分 IE(Integral of Error)

$$IE = \int_0^\infty e(t)\,dt$$

(2)绝对偏差积分 IAE(Integral Absolute value of Error)

$$IAE = \int_0^\infty |e(t)|\,dt$$

(3)偏差平方积分 ISE(Integral of Squared Error)

$$ISE = \int_0^\infty e^2(t)\,dt$$

(4)时间与绝对偏差乘积积分 ITAE(Integral of Time multiplied by the Absolute value of

Error）

$$\text{ITAE} = \int_0^\infty t \mid e(t) \mid \mathrm{d}t$$

无论是有差调节还是无差调节,以上各式中的偏差都可定义为:$e(t) = y(t) - y(\infty)$,如图1-3所示。但要注意,基于偏差积分的综合性能指标不能很好地反映控制系统的静差。

采用不同的偏差积分指标意味着评价过渡过程优良程度时的侧重有所不同,应当根据生产工艺的实际需要选用。为了对偏差积分指标有进一步的理解,下面对这几种指标进行简单的分析。

偏差积分指标虽然简单,但有一个缺点,不能保证控制系统具有合适的衰减率。例如一个等幅振荡过程,IE(的取值范围)却并不是很大,这显然是不合理的,因此IE指标很少使用。为了保证控制系统具有合适的稳定性(衰减率),通常要求系统首先满足衰减率要求。在这个前提下,如控制系统仍有一些调整余地,这时再考虑使误差积分为最小。

IAE指标在图形上就是偏差面积积分。IAE指标对出现在设定值附近的偏差面积与出现在远离设定值的偏差面积同等对待。根据这一指标设计的二阶或近似二阶系统,在单位阶跃扰动作用下,具有较快的过渡过程和较小的超调量(约为5%),IAE是一种常用的误差性能指标。而ISE指标,用偏差的平方值来加大对大偏差的关注程度,侧重于抑制过渡过程中的大偏差。相对于IAE,ISE对大偏差敏感。若用ISE指标来整定控制器参数,所得到的过渡过程不会出现大偏差,另外,ISE在数学处理上较为方便。

ITAE指标是把偏差绝对值用时间加权。在过渡过程中,同样大小的偏差出现的时间对指标的影响是不同的。偏差出现时间越迟,时间t对偏差的加权越大,ITAE值越大;偏差出现越早,时间t对偏差的加权越小,ITAE值越小。所以,ITAE指标对初始偏差不敏感,而对后期偏差非常敏感。不难理解,按这种指标整定控制器参数,系统过渡过程的初始偏差较大,而随着时间的推移,偏差将很快降低,即会出现较大的超调量,但过渡过程时间短。

通过上面的分析可知,采用不同的偏差积分指标意味着对过渡过程评价的侧重点不同。假若针对同一广义对象,采用同一种控制器,采用不同的性能指标进行控制器参数整定(Parameter Tuning),就会导致不同的控制器参数设置及不同的动态(性能)特征。

关于系统性能指标还有两点需要说明。首先要按控制过程的具体工艺需求和整体情况统筹兼顾,提出合理的控制指标,并不是对所有的回路都有很高的精度要求。例如,有些中间储槽的液位控制只要求不越出工艺规定的上、下限就可以了,没有必要精益求精;性能指标之间相互矛盾时,需要在它们之间进行综合平衡和折中处理,首先保证关键指标。在控制系统必须稳定的前提下,对于定值控制系统,一般要求被控参数最大偏差小、尽可能快地回复到设定值,克服扰动要求稳、快、准;对于随动控制系统,要求被控参数以一定精度快速跟踪设定值的变化,希望超调量小、调节时间尽可能短。

随着控制理论的发展,提出了许多新的性能指标,相应出现了许多新的控制器和控制系统。如现代控制理论中的二次型性能指标,它实际上是在ISE的基础上,考虑对控制作用的加权;还有如最短时间和最小能耗性能指标等。

控制系统的性能指标是过程控制系统研究的核心标准问题。大多数过程控制问题都是围绕这些性能指标进行讨论的。过程控制系统的原理分析、设计、选型、安装和调试都必须紧紧围绕过程控制系统的性能指标进行,以期取得最优的控制效果。

1.3.2.4 影响控制系统过渡过程品质的主要因素

从前面的讨论已经知道，一个过程控制系统可以概括成两大部分，即工艺过程部分（被控过程）和自动化装置部分。前者并不是泛指整个工艺流程，而是指与该过程控制系统有关的部分。自动化装置部分是指为实现自动控制所必需的自动化仪表、设备，通常包括测量与变送装置、控制器和执行器三部分。对于过程控制系统，过渡过程品质的好坏，主要取决于被控过程的性质，也与过程扰动（干扰）特征密切相关。自动化装置应根据被控过程的特点进行合理的选配和参数整定，才可能将控制系统，尤其是（被控过程）过程装备的潜力充分发挥出来，获得期望的过程系统性能和经济效益。自动化装置的选择或参数调整不当，也会直接影响控制质量；此外，在过程控制系统运行过程中，自动化装置的性能一旦发生变化，如阀门性能变化、测量失真，也要影响控制质量。总之，影响过程控制系统控制品质的因素很多，在过程控制系统设计和运行过程中都应给予充分关注。

为了更好地分析和设计过程自动控制系统，首先要能够正确地选择被控参数、控制变量并进行仪表与设备选型和控制器参数整定，从下一章开始，对组成自动控制系统的各个环节：测量与变送装置（第 2 章）、控制器（第 3 章）和执行器（第 4 章）、被控对象建模（第 5 章）进行讨论。在充分了解这些环节的作用、功能和特性后，第 6 章讨论简单控制系统设计和参数整定，第 7 章讨论复杂控制系统设计，第 8 章简单介绍先进控制的内容，第 9 章简单介绍 DDC、DCS、PLC 及现场总线技术，第 10 章分析两个典型过程控制系统的实例。

思考题与习题

1-1 过程控制有哪些主要特点？为什么说过程控制多属慢过程参数控制？

1-2 什么是过程控制系统？简单过程控制系统由哪几部分组成？

1-3 简述过程控制的发展概况及各个阶段的主要特点。

1-4 简述过程控制的发展趋势。

1-5 说明过程控制系统的分类方法，通常过程控制系统可分为哪几类？

1-6 什么是定值控制系统？

1-7 什么是被控对象的静态特性？什么是被控对象的动态特性？二者之间有什么关系？

1-8 试说明定值控制系统稳态与动态的含义。为什么在分析过程控制系统的性能时更关注其动态特性？

1-9 评价控制系统动态性能的常用单项指标有哪些？各自的定义是什么？

1-10 试说明误差积分指标的特点及其局限性。

1-11 影响过程控制系统控制品质的因素有哪些？最主要的是什么？

1-12 某被控过程工艺设定温度为 900℃，要求动态过程温度偏离设定值最大不得超过 80℃。现设计的温度定值控制系统，在最大阶跃干扰作用下的过渡过程曲线如图 1-4 所示。试求该系统过渡过程的单项性能指标：最大动态偏差、衰减比、振荡周期，该系统能否满足工艺要求？

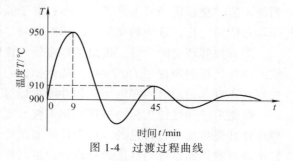

图 1-4 过渡过程曲线

第2章 检测仪表

对生产过程工艺参数进行实时、可靠、准确检测是保证生产过程安全、产品质量、节能减排与经济运行及实现生产过程自动化的必要条件。只有及时、准确掌握生产过程的状态和工艺参数，生产自动化系统才可能进行生产过程的自动控制。各类生产过程需要检测的工艺参数种类很多，如热工过程最常见的温度、压力、流量、液（物）位检测；化工过程除了以上四个参数之外，还需要对浓度、密度、黏度、pH 值等进行在线实时检测。完成过程参数在线实时检测的装置称为检测仪表，包括检测指示仪表和将传感器检测信号转换为标准信号输出的变送器。与实验室使用的测量仪表不同，检测仪表一般安装在过程设备上连续工作。本章简要介绍生产过程常用参数检测方法和检测仪表。

2.1 检测仪表的性能指标

参数检测，就是将被测参数与其标准单位进行比较并得到被测参数量化数据的过程，检测仪表是实现检测功能的工具。由于被测参数种类多、检测原理各不相同，检测仪表多种多样。所有检测仪表本质上都是对被测参数经过一次或多次能量和信号转换，最终将测量结果显示出来（模拟、数字形式）或转换为标准（模拟、数字）信号进行传输。评价检测仪表的性能有一套通用的衡量指标。

1. 绝对误差

在参数测量过程中，由于检测方法不完善、所使用检测仪表存在误差以及周围环境存在干扰等原因，导致仪表检测结果与被测参数实际（真）值之间必然存在一定差距，被测参数真值 X_z 与检测仪表检测结果 X 差值的绝对值称为绝对误差 Δ，可表示为

$$\Delta = |X - X_z| \tag{2-1}$$

真值 X_z 是指被测物理量客观的真实数值，它是无法得到的理论值。因此，实际计算时，用精确度较高的标准表所测得的值 X_0 代替真值 X_z，这时 Δ 可表示为

$$\Delta = |X - X_0| \tag{2-2}$$

绝对误差数值大小与所取的单位有关，它反映了测量值与真值的偏离程度。仪表在其标尺范围内各点读数的绝对误差中，最大的绝对误差称为最大绝对误差 Δ_{max}，仪表的绝对误差指的就是 Δ_{max}。

2. 基本误差

基本误差又称引用误差或相对百分误差，是一种简化的相对误差。相对误差等于某一点的绝对误差 Δ 与标准表在这一点的指示值 X_0 之比。若检测仪表在测量范围内各测量点的绝

对误差相等，其相对误差却不相等。尤其在测量值较小时，相对误差较大；而测量值较大时，相对误差较小。相对误差不便于比较、评价仪表，因此定义仪表的基本误差为

$$基本误差\ \beta = \frac{最大绝对误差(\Delta_{max})}{仪表测量上限值-仪表测量下限值} \times 100\%\qquad(2-3)$$

仪表的基本误差表明了仪表在规定工作条件下测量时，允许出现的最大误差限。若仪表使用条件偏离了规定条件，例如因周围温度超限或电源电压波动引起的额外误差，称为附加误差。

3. 精确度

一般模拟式仪表的精确度用基本误差表示。将仪表的基本误差去掉"%"号即为仪表精确度，简称精度，它表示仪表在规定工作条件下，测量结果与实际值接近的程度。

为了表示仪表质量，将仪表精度划分为若干等级。我国生产的仪表精度等级有 0.005、0.02、0.05、0.1、0.2、0.4、0.5、1.0、1.5、2.5、4.0 等。如果某台测温仪表的基本误差为 1.0%，则认为该仪表的精度等级为 1.0 级。如果某台测温仪表的基本误差为 0.7%，则认为该仪表的精度等级为 1.0 级。为了进一步说明如何确定仪表的精度等级，下面举两个例子。

例 1　某台测温仪表的测温范围为 $-100 \sim 500℃$，校验该表时测得全量程内最大绝对误差为 $7.8℃$，试确定该仪表的精度等级。

解：该仪表的基本误差 β 为

$$\beta = \frac{7.8}{500+100} \times 100\% = 1.3\%$$

将该仪表的基本误差去掉"%"号，其数值为 1.3。国家规定的仪表精度等级中没有 1.3 级，该仪表的最大绝对误差超过了 1.0 级所允许的最大绝对误差，所以这台测温仪表的精度等级为 1.5 级。

例 2　某台测压仪表的测压范围为 $0 \sim 12MPa$。根据工艺要求，实际测压误差不允许超过 $\pm 0.055MPa$，试问应如何选择仪表的精度等级才能满足以上要求。

解：按工艺要求，仪表的允许基本误差 β 为

$$\beta = \frac{0.055}{12} \times 100\% = 0.458\%$$

将仪表的允许基本误差去掉"%"号，其数值 0.458 介于 0.4 ~ 0.5 之间。如果选择精度等级为 0.5 级的仪表，其允许的最大绝对误差为 0.06MPa，超过了工艺允许的数值，故应选择 0.4 级的仪表。

仪表精度等级是评价仪表性能的重要指标。数值越小，表示仪表精度等级越高。0.05 级以上的仪表一般作为标准表对现场使用的仪表进行校验。

4. 灵敏度和灵敏限

灵敏度 S 表示检测仪表对被测参数变化的灵敏程度。用仪表在 x 处输出（仪表指示装置的线位移或角位移）变化 Δy 与输入激励的变化量 Δx 的比值表示

$$S = \frac{\Delta y}{\Delta x}\bigg|_{x}\qquad(2-4)$$

灵敏度是仪表输入/输出特性曲线的斜率，当特性曲线为线性时，灵敏度为常数，则有

$$S = \frac{y_{\max} - y_{\min}}{x_{\max} - x_{\min}} = k \tag{2-5}$$

当仪表不是完全线性时，则式(2-5)称为平均灵敏度。由于输入和输出有不同量纲，不同测量仪表灵敏度的量纲不同。

仪表的灵敏限(也称始动灵敏度)是指在量程起点处，仪表能感受并发生动作的被测参数最小值。如果被测参数小于此值，仪表指针不会动作，这个最小值也称仪表死区。

5. 分辨率

数字仪表用分辨率来表征仪表灵敏程度。分辨率与仪表的有效数字位数有关，如一台仪表的有效数字位数为四位，其分辨率便为万分之一。数字仪表能稳定显示的位数越多，分辨率越高。

数字仪表还用分辨力来表示仪表能够测量的最小量。相对于最小量程的分辨力称为最高分辨力，即为灵敏度。通常用最高分辨力来作为仪表的分辨力。例如，某数字电压表的量程是 $0 \sim 1.99999V$，五位半显示，最末一位数字表示的电压值为 $10\mu V$，便可称该仪表的分辨力为 $10\mu V$。

6. 变差

在外界条件不变的情况下，用同一仪表对被测参数进行正反行程测量时，用仪表正反行程指示值校验曲线间的最大差值的绝对值与仪表量程之比的百分数来表示该仪表的变差，如图 2-1 所示，计算公式为

$$变差 = \frac{最大绝对差值}{量程上限值 - 量程下限值} \times 100\% \tag{2-6}$$

造成变差的原因很多，例如传动机构的间隙、运动部件的摩擦和弹性元件的弹性滞后影响等。仪表机械传动部件越少，变差越小。

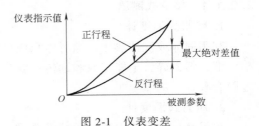

图 2-1　仪表变差

7. 响应时间

响应时间是衡量仪表能不能及时反映被测参数变化的指标。用仪表对被测参数进行测量时，当被测参数突然变化后，仪表指示值要经过一段时间后才能准确显示出来，这段时间称为响应时间。一般分为两种情况，如图 2-2 所示。

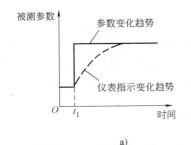
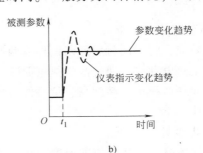

a)　　　　　　　　　　　b)

图 2-2　仪表响应时间

a)缓慢变化　b)迅速变化

当被测参数在 t_1 阶跃增加时，由于传感元件存在惯性，检测仪表不能及时准确指示被测参数值，而是如图 2-2a 所示缓慢增加一段时间后才能准确指示被测参数值，用体温计测量体温时就是这种情况；当被测参数如图 2-2b 在 t_1 阶跃变化时，仪表输出振荡并摆动几次后才能准确指示被测参数值，用电流表测量电流有时会出现这种情况。响应时间反映了仪表准确检测的快速性，若被测参数频繁变化，仪表响应时间较长，测量结果就会严重失真。

上述几种性能指标仅是对于检测仪表准确性能的评价。在对检测仪表性能进行全面考核时，还涉及可靠性和对温度、湿度、振动、电磁场、放射性等环境影响的抗干扰能力，以及使用寿命、价格等指标。

2.2　温度检测及仪表

温度是表征被测物体冷热程度的物理量，是日常生活常见的物理量参数，是与生产过程正常生产、设备安全、产品质量、能量消耗、经济效益密切相关的重要工艺参数。许多实际生产过程都需要进行温度检测与控制。温度检测仪表是生产过程使用最广泛的仪表。

2.2.1　温度检测方法

温度不能直接测量，只能通过物体随温度变化的某些特性进行间接检测。检测温度的方法较多，可分为接触式检测和非接触式检测两大类：接触式检测将测温元件与被测物体接触进行热交换并感知被测温度，通过检测测温元件某一物理量变化实现间接测温；非接触式检测的测温元件与被测物体不接触，而是由测温元件感受被测物体（热）辐射实现测温。

2.2.1.1　接触式测温

1. 膨胀式温度计

利用固体或液体热胀冷缩时体积变化的特性测温。例如玻璃液体温度计，结构简单、价格低廉，但易碎且不能记录和远传；双金属片温度计结构简单、价格低廉，但精度低，使用范围有限。

2. 压力式温度计

利用密封在容器内的气体或液体热胀冷缩时压力变化的特性测温。例如弹簧管式温度计。压力式温度计不怕振动、防爆、结构简单、价格低廉，但精度低、远距离测量时传输滞后较大。

3. 热电偶温度计

根据热电效应，将不同材质的两段导体两端接触构成闭合回路，若两个接点温度不同，回路中就会产生热电动势。通过测量热电偶输出的电动势实现温度检测。热电偶温度计测量范围广、测温元件体积小、精度高、信号传输方便，便于多点、远距离集中测量，但需要进行冷端温度补偿。

4. 热电阻温度计

利用金属导体或半导体阻值随温度变化的特性，通过测量感温电阻阻值实现温度测量。常用的有铜电阻、铂电阻、半导体热敏电阻等。热电阻温度计测量精度高，便于远距离、多点集中测量，但不能测量高温。

5. 其他电学类温度检测

利用半导体器件温度效应测温的集成温度传感器和利用晶体固有频率随温度变化原理测温的石英晶体温度计等。

2.2.1.2　非接触式测温

1. 辐射式温度计

通过测量物体的(热)辐射功率测量温度。有全辐射温度计、光学高温计、比色温度计等。由于非接触测量不破坏被测的温度场、测温上限高(达3000℃以上)，可测量运动物体温度，一般用于极高温度的测量或便携式机动测温，但测量精度不高、易受外界干扰、需要对测量值进行修正。

2. 红外式温度计

通过测量物体的红外波段热辐射功率测量温度。有光电高温计、红外辐射温度计等，仪表灵敏度高、响应快。

上述列举的测温仪表中，膨胀式温度计和压力式温度计不能直接用于控制系统。过程控制中使用最多的是热电偶测温仪表和热电阻测温仪表。

2.2.2　热电偶

热电偶作为温度传感元件，能将温度信号转换成毫伏级电动势信号，配以测量毫伏电动势的指示仪表或变送器可以实现温度的自动测量、显示记录、报警、远传等。热电偶测量范围广、结构简单、使用方便、测量温度准确可靠，信号便于远距离传输，在工业生产中应用普遍。热电偶一般用于测量500℃以上高温，可以在1600℃高温下长期使用，短期可在1800℃下使用。

2.2.2.1　热电偶测温原理

如图2-3所示，两种不同材料的导体或半导体材料A和B连接成闭合回路时，若两个接点温度不同，回路中会产生热电动势。

这一热电动势由接触电动势和温差电动势两部分组成。接触电势为两种不同导体相互接触时产生的热电动势。当导体A、B接触时，由于两者具有不同的电子密度 N_A 和 N_B，在交界面处产生自由电子扩散现象。若 $N_A > N_B$，则从A到B扩散的电子数要比从B到A的多，结果使A失去电子带正电荷，B得到电子带负电荷。扩散程度不仅与电子密度差有关，还与温度有关。如图2-3a所示，在A、B接触面上形成一个静电场，这个静电场将阻碍电子在B中的进一步积累，最终达到平衡。此时导体A、B之间形成的电位差称为接触电动势 $e_{AB}(t)$，接触电动势仅取决于两种材料的种类和接触点的温度。

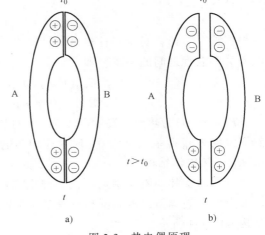

图2-3　热电偶原理
a)接触电动势　b)温差电动势

温差电动势是指同种材料导体由于两端温度不同而产生的电动势。假设导体A两端的

温度分别为 t 和 t_0，且 $t > t_0$，温度高的一侧电子能量大，电子运动剧烈并向低温端扩散，使高温端带正电而低温端带负电，于是在 A 两端间便产生一个从高温端指向低温端的静电场，阻止电子从高温端移向低温端，最终达到平衡。此时在导体 A 两端间产生温差电势 $e_A(t, t_0)$。温差电动势只与材料的性质和两端点的温度有关，与材料的长度、截面等无关。但温差电势比接触电动势小得多，因此热电动势主要是接触电动势，可表示为

$$E_{AB}(t, t_0) = e_{AB}(t) - e_{AB}(t_0) \tag{2-7}$$

式(2-7)的理论表达式较复杂，很难得到精确解析表达式。但从式(2-7)可知，在 A、B 材质确定的情况下，热电动势是两触点温度的函数。

2.2.2.2　热电偶基本定律

1. 均质导体定律

各部分化学成分均相同的导体称为均质导体。在一种均质导体组成的闭合回路中，不论导体的截面积和长度如何以及导体各处温度分布如何，都不能产生热电动势。热电偶必须由两种不同材质的导体组成，其截面和长度变化不影响热电动势；若导体为非均质材质，则会产生附加电动势。

2. 中间导体定律

在热电偶回路中接入中间导体后，只要导体两端温度相等，则对回路总电动势没有影响。同理，热电偶回路中接入更多种导体后，只要保证接入的每种导体两端温度相同，也对回路总电势没有影响。

中间导体定律使采用检测仪表测量热电偶电动势成为可能，只要仪表与热电偶连接导线的两个接点温度相同，仪表的接入不会影响回路的总电动势。

3. 中间温度定律

热电偶的两个接点温度为 t、t_0，此时回路产生的热电动势为 $E_{AB}(t, t_0)$，等于接点温度分别为 t、t_n 和 t_n、t_0 的两支同性质热电偶产生的热电动势 $E_{AB}(t, t_n)$ 和 $E_{AB}(t_n, t_0)$ 的代数和。即

$$E_{AB}(t, t_0) = E_{AB}(t, t_n) + E_{AB}(t_n, t_0) \tag{2-8}$$

根据这一定律，对于一种热电偶，当冷端温度 t_0 变化时，可通过热电偶的分度表求出热电动势和温度之间的关系，即

$$E_{AB}(t, t_0) = E_{AB}(t, 0) - E_{AB}(t_0, 0) \tag{2-9}$$

$$E_{AB}(t, 0) = E_{AB}(t, t_0) + E_{AB}(t_0, 0) \tag{2-10}$$

式中，$E_{AB}(t, 0)$ 为热电偶冷端温度为 0℃时热端温度 t 对应的热电动势；$E_{AB}(t_0, 0)$ 为热电偶热端温度为 t_0 冷端温度为 0℃时对应的热电动势。

2.2.2.3　热电偶结构

热电偶的安装环境和用途不同，热电偶的结构与外形各不相同，可分为普通型、铠装型、多点型、隔爆型、表面型和快速型等，较为常用的有普通型和铠装型两种。普通热电偶的结构如图 2-4 所示。

导体 A 和 B 为热电偶的热电极，热电极直径由机械强度、材料价格、电导率、用途和测量范围等因素决定。两个热电极的焊接点称为热电偶工作端或热端，置于温度检测点，温度为 t；打开的一端称为参考端或冷端，与接线端子相连，温度为 t_0。普通型热电偶包括热电极、绝缘套管、保护套管、接线盒和接线口，其中绝缘套管用来防止两根热电极短路；保

护套管保护热电极，防止受到机械损坏和化学腐蚀，材质应具有耐腐蚀、耐高温、较高热导率等特性；同时应选用时间常数小的材质，以减小热电偶测温的滞后时间；接线盒供热电偶的冷端和补偿导线连接使用。

铠装型热电偶，是将热电极装在保护套管内填充绝缘材料后，组合拉伸加工而成，结实耐用，不易损坏；还有多点型热电偶，是多支不同长度的热电偶感温元件，用多孔的绝缘管组装而成，适合用于化工生产中反应器不同位置的多点温度测量；快速型热电偶是测量高温熔融物体的一次性专用热电偶，尺寸很小，又称为消耗式热电偶。

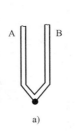

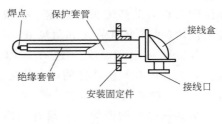

图 2-4 普通热电偶的结构

a) 热电偶热电极 b) 热电偶结构

2.2.2.4 热电偶种类

理论上任意两种导体或半导体都可以组成热电偶，但实际上组成热电偶的材料必须在测温范围内有稳定的化学与物理性质，热电动势大，并与温度接近线性关系。国际电工委员会（简称IEC）制定了热电偶材料的统一标准。表2-1为常用标准型热电偶的主要特性。

表 2-1 几种常用标准型热电偶

热电偶名称	分度号	热电丝材料	测温范围/℃	平均灵敏度/(μV/℃)	特 点
铂铑$_{30}$-铂铑$_6$	B	正极 Pt70%，Rh30% 负极 Pt94%，Rh 6%	0~1800	10	价高、稳定性好、精度高，可在氧化气氛中使用
铂铑$_{10}$-铂	S	正极 Pt90%，Rh 10% 负极 Pt100%	0~1600	10	同上，线性度优于B
镍铬-镍硅	K	正极 Ni90%，Cr10% 负极 Ni 97%，Si2.5% Mn0.5%	0~1300	40	线性好、价廉、稳定，可在氧化及中性气氛中使用
镍铬-康铜	E	正极 Ni90%，Cr10% 负极 Ni40%，Cu60%	−200~900	80	灵敏度高、价廉，可在氧化及弱还原气氛中使用
铜-康铜	T	正极 Cu100% 负极 Ni40%，Cu60%	−200~400	50	价廉，但铜易氧化，常用于 150℃ 以下温度测量

不同材质热电偶的热电动势与热端温度关系不同，如图2-5所示，用表示热电偶材料的分度号来区别不同热电偶。如表中分度号T表明热电偶材料采用铜-康铜，即正极采用100% Cu，负极采用40%Ni和60%Cu制成，其他类似。

铂及其合金属于贵重金属，其组成的热电偶价格昂贵，优点是热电动势非常稳定、精度高。在普通金属热电偶中，镍铬-镍硅的电动势温度关系线性度最好，铜-康铜的价格最便宜，镍铬-康铜的灵敏度最高。由于热电偶的热电动势大小不仅与被测温度有关，还与自由端(冷端)温度有关，而热电动势的计算又非常困难，实际上是通过实验获得热电动势参数。将热电偶冷端温度固定为0℃，测出热端温度与热电动势的关系数据，做成标准分度表使用(见本书附录A和附录B)。

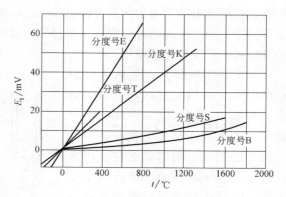

图2-5　常用热电偶温度特性
(冷端温度为0℃)

除标准热电偶之外，还有非标准热电偶，它们一般在某些特殊的场合使用。

2.2.2.5　热电偶冷端温度补偿

根据热电偶测温原理，只有当冷端温度保持不变时，热电动势与被测温度才是单值函数关系。但在实际使用中，由于热电极长度有限，冷端距离高温测点较近，受周围环境影响，冷端温度很难保持恒定。为了解决这个问题，工程上常采用在低温环境中热电特性与热电偶性能接近的廉价补偿导线延长热电极，将热电偶的冷端延伸到远离被测点且温度比较稳定的地方。

补偿导线实际上是一支两端都打开的热电偶，它在低温段热电动势特性与对应热电偶相近。根据中间温度定律，补偿导线和热电偶相连后，其总的热电动势等于两支热电偶产生的热电动势代数和。

如图2-6所示，当热电偶的冷端被补偿导线从温度 t_1 延伸至温度 t_0 后，回路的总电势仍只与热端温度 t 和补偿导线的冷端温度 t_0 有关，而与中间连接点温度 t_1 无关。在测温过程中只需将补偿导线的冷端温度 t_0 维持恒定，不需要考虑中间温度 t_1 的变化。连接补偿导线时要注意区分正负极，使其分别与热电偶的正负极对应。不同的热电偶配不同的补偿导线，表2-2为常用热电偶对应补偿导线的材料。

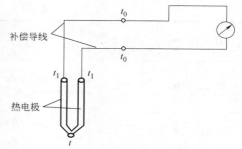

图2-6　补偿导线的作用

表2-2　常用补偿导线材料

补偿导线型号	配用热电偶名称	正极		负极		$E(100℃,0℃)$ /mV
		材料	绝缘层颜色	材料	绝缘层颜色	
SC	S(铂铑$_{10}$-铂)	铜	红	铜镍	绿	0.645±0.037
KC	K(镍铬-镍硅)	铜	红	康铜	蓝	4.095±0.105
EX	E(镍铬-康铜)	镍铬	红	康铜	棕	6.317±0.170
TX	T(铜-康铜)	铜	红	铜镍	白	4.277±0.047
JX	J(铁-康铜)	铁	红	康铜	紫	5.268±0.135

从表中补偿导线的型号名称可看出，补偿导线型号的第一个字母与配用热电偶的名称对应，第二个字母将补偿导线分为补偿型(C型)和延长型(X型)两种，贵金属材料热电偶的补偿导线用廉价金属制成，称为补偿型；廉价金属材料热电偶的补偿导线用材质相同或相近的廉价金属制成，称为延长型。补偿导线正极和负极绝缘层都有规定的颜色，使用时应注意

区分正负极性以免接错。

用补偿导线将热电偶冷端延长到温度比较稳定的位置后，并没有完全解决冷端温度恒定问题。因为在工作环境中冷端温度一般不为0℃且不易保持恒定，而与热电偶配合的显示仪表温度标尺或变送器输出信号都是根据分度表来确定的（即$t_0 = 0℃$），因此还需要采取进一步的补偿措施。

1. 查表修正法

如果待测温度为t，用热电偶进行测量，其冷端温度为t_0，测得的热电动势为$E_{AB}(t, t_0)$。根据中间温度定律和式（2-10）可推出温度t值，即把测得的热电动势$E_{AB}(t, t_0)$加上t_0作热端时热电偶的热电动势$E_{AB}(t_0, 0)$，得到热端温度为$t(℃)$、冷端温度为0℃时的标准热电动势$E_{AB}(t, 0)$，然后反查分度表（此表对应的冷端温度为0℃）即可。此法需要查表计算，一般在实验室和临时测温时使用。

2. 机械调零法

若热电偶冷端温度比较稳定，可先用温度计测量出冷端温度t_0，然后将显示仪表的机械零点调至t_0处，相当于输入热电动势附加了电动势$E_{AB}(t_0, 0)$，这样仪表显示温度相当于$E_{AB}(t, 0) = E_{AB}(t, t_0) + E_{AB}(t_0, 0)$对应的温度，仪表指针就指出实际测量温度$t$。此法只适宜冷端温度$t_0$比较稳定的场合。

3. 冰浴法

在实验室条件下，可将热电偶冷端置于盛有绝缘油的试管，再放入冰水混合的恒温槽中，使冷端温度恒定在0℃进行温度测量。

4. 补偿电桥法

补偿电桥法是利用不平衡电桥产生的电动势来补偿热电偶因冷端温度变化而引起的热电动势变化。如图2-7所示，补偿电桥由电阻R_1、R_2、R_3（均为锰铜丝绕制的电阻）和R_{Cu}（铜丝绕制的电阻）4个臂和桥路稳压电源组成，R_d起到限（恒）流作用，电桥产生的不平衡电压串联在热电偶测温回路中。R_{Cu}与热电偶冷端温度相同，阻值随温度变化。电桥在0℃时平衡，这时桥臂上的4个电阻阻值相同，电桥输出$U_{ab} = 0$。当冷端温度偏离0℃升高至t_0时，随着R_{Cu}的增大，不平衡电压U_{ab}与热电偶电动势相叠加后送入测量仪表。如果U_{ab}正好补偿由冷端温度变化引起的热电动势变化值$E_{AB}(t_0, 0)$，则U_{ab}与热电动势$E_{AB}(t, t_0)$叠加后，输出电动势始终为$E_{AB}(t, 0)$，从而起到对冷端温度变化的自动补偿作用。此方法广泛应用于热电偶变送器冷端温度补偿。

5. 软件补偿法

除了采用硬件电路进行热电偶冷端温度补偿外，还可用软件方法实现冷端温度补偿。当冷端温度变化时，计算机可按照计算公式对冷端温度变化进行温度自动补偿。若要对多个热电偶冷端温度进行补偿时，为了避免占用通道数太多，可用补偿导线将所有热电偶冷端延伸到同一温度环境，这样只用一个温度传感器通过一个通

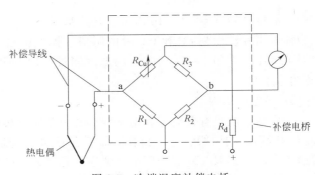

图2-7　冷端温度补偿电桥

道将冷端温度送入计算机即可。

2.2.3 热电阻

大多数电阻阻值随温度变化，如果某电阻材料电阻温度系数、电阻率大，化学及物理性质稳定，电阻与温度变化关系接近线性，就可作为温度传感元件用于温度检测，这种用于温度检测的电阻称为热电阻。热电阻分为金属热电阻和半导体热敏电阻两大类，大多数金属热电阻阻值随其温度升高而增加，具有正温度系数；大多数半导体热敏电阻阻值随温度升高而减少，具有负温度系数。根据热电阻阻值与温度的关系，测量热电阻阻值即可测出热电阻的温度，也就测出其所在位置的温度。热电阻常用于−200~+600℃温度的测量。

作为测温传感器用的金属热电阻，尤其是铂电阻，具有良好的复现性；半导体热敏电阻复现性差且非线性严重，限制了其在高精度温度检测中的应用。

2.2.3.1 金属热电阻

常用的热电阻有铂(Pt)电阻、铜(Cu)电阻和镍(Ni)电阻等。

1. 铂电阻

铂电阻的材料主要为铂，具有稳定性好、精度高、响应快、测温范围宽、复现性好的特点，但价格较贵。铂电阻分度号为 Pt10 和 Pt100，分别表示在 0℃ 时的阻值为 10Ω 和 100Ω。Pt10 用较粗铂丝绕制，Pt100 用较细铂丝绕制，在 0~850℃ 范围内，铂电阻阻值与温度关系为

$$R_t = R_0(1 + At + Bt^2) \tag{2-11}$$

式中，A、B 为温度常数，$A = 3.908 \times 10^{-3}/℃$；$B = -5.802 \times 10^{-7}/℃$；$R_t$、$R_0$ 分别为铂电阻在温度为 $t℃$ 和 $0℃$ 时的阻值。铂电阻的阻值与温度的关系特性如图 2-8 所示，其电阻值和温度存在非线性，在后级电路中需要进行线性化处理。铂电阻的阻值与温度的关系也用分度表给出(见附录 C)。

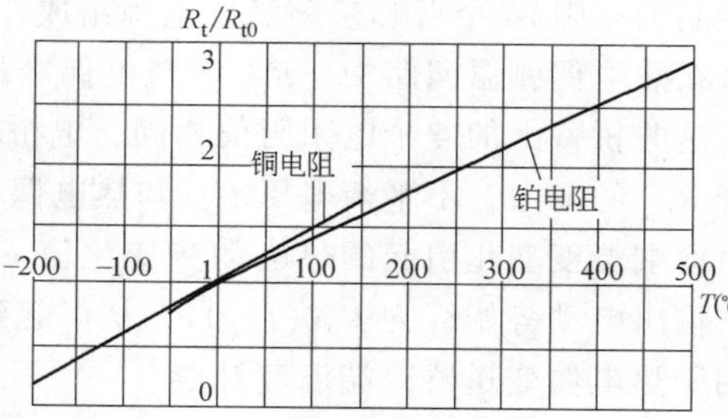

2. 铜电阻

铜电阻具有线性好、价格低、电阻温度系数大的特点。分度号有 Cu50 和 Cu100 两种，在 0℃ 时的阻值分别为 50Ω 和 100Ω。如图 2-8 所示，在−50~150℃ 范围内，铜电阻阻值与温度关系为

$$R_t = R_0(1 + \alpha t) \tag{2-12}$$

图 2-8 热电阻的温度特性

式中，温度系数 $\alpha = 4.25 \times 10^{-3}/℃$；$R_t$、$R_0$ 分别为铜电阻在温度为 $t℃$ 和 $0℃$ 时的阻值。铜电阻易于氧化，稳定性和复现性不如铂电阻，测温范围小，多用于−50~100℃ 的温度测量。铜电阻的阻值与温度的关系也用分度表给出(见附录 D)。

3. 热电阻结构

常用的热电阻有普通型和铠装型，其中普通型热电阻的结构如图 2-9 所示，包括感温元件(热电阻)、内引线、绝缘套管、保护套管和接线盒等部件，其中感温元件是由细的铂丝或铜丝采用无感双线绕法分层绕在圆柱形骨架上，避免产生电感。

铠装式热电阻是将感温元件、引线、绝缘粉组装在不锈钢套内，再经过模具拉伸形成坚

实的整体，抗振性好、不易损坏。

图 2-9 热电阻结构

a）热电阻整体结构 b）热电阻局部结构

4. 热电阻连接方式

在使用热电阻测温时，连接导线电阻与热电阻串联，若导线电阻不确定，测温无法进行。所以，不管热电阻和测量仪表之间距离远近，都应使导线电阻符合规定的数值。同时，导线所处环境温度变化仍会引起导线电阻变化，给测温带来误差，在测量精度要求高、连接导线较长时应采用三线制连接。如图 2-10 所示，热电阻用 3 根导线引出，一根与电源 E 串联，不影响桥路的平衡，另外两根被分别置于电桥的两臂，使导线电阻值随环境温度变化对电桥的影响相互抵消。

对于测量精度要求不高或连接导线较短的场合，可采用二线制连接，即在热电阻两端各连一根导线，连接简单。当导线线径较粗、长度较短时，导线电阻随环境温度变化造成的测量误差不大；对于需要完全消除导线电阻影响的高精度温度检测场合，可采用四线制连接，即在热电阻两端各连两根导线，其中两根导线为热电阻提供恒流电源，另两根导线将热电阻上产生的压降接入电压检测仪表进行测量，当电压测量端的电流很小时，导线电阻造成的影响可忽略不计。

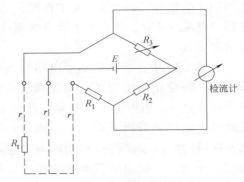

图 2-10 热电阻三线制接法

2.2.3.2 热敏电阻

热敏电阻通常是用金属氧化物或半导体材料制成。热敏电阻阻值很大，灵敏度很高，有正温度系数（PTC）、负温度系数（NTC）和临界温度系数（CTR）三种。检测温度常用 NTC 热敏电阻，可用具有特定温度下电阻值急剧变化特性的 PTC 和 CTR 热敏电阻制作温度开关（控制）器件。负温度系数热敏电阻阻值与温度的关系为

$$R_t = R_{t_0} e^{B\left(\frac{1}{t} - \frac{1}{t_0}\right)} \qquad (2-13)$$

式中，B 为常数，由材料成分及制造方法决定；R_t、R_{t_0} 分别为热敏电阻温度在 t 和 t_0 时的阻值。热敏电阻阻值与温度的关系如图 2-11 所示，非线性严重，测温区间在 $-50 \sim 300\,℃$ 之间。由于材料成分及结构的细微差异都会引起阻值较大的差异，因此热敏电阻互换性差。热敏电阻的电阻值高，引线电阻对测温的

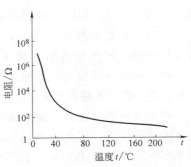

图 2-11 NTC 热敏电阻温度特性

影响较小，可直接做成不同结构形式，如珠状、片状、杆状、薄膜状等。热敏电阻结构简单、体积小、热响应快、价格低廉、使用寿命长，在家电等领域具有广泛应用。

2.2.4 温度显示与记录

在工业生产中，不仅需要用热电偶或热电阻等传感元件将温度信号测量出来，还要求将测量值进行指示或用字符、数字、图像等形式显示并记录保存。

2.2.4.1 动圈式指示仪表

动圈式指示仪表是广泛使用的模拟式指示仪表，它与热电偶、热电阻等相配合可用来指示温度参数。被指示的温度参数首先经过传感元件将温度转换成电信号，然后再经过测量电路转换成流过动圈的毫安级电流，电流的大小可由动圈的偏转角度指示出来，动圈式仪表实际上是一种测量电流的指示仪表。

图 2-12 为与热电偶配套的动圈仪表，它的指示机构核心元件是一个磁电式毫安表。动圈是由细铜丝制成的矩形线圈，用张丝（弹性金属丝，还兼作导流丝）支承并置于永磁钢的空间磁场中。当热电偶输出为毫伏级的热电动势，动圈上有电流流过，依据载流线圈在磁场中受力的原理，动圈在电磁力矩作用下产生偏转。动圈的偏转使张丝扭转变形，产生与作用力矩相反的阻力矩，当两力矩平衡时，动圈就停在某一位置上。由于动圈的偏转角度与流过动圈的电流成正比，因此当面板直接刻成温度标尺时，装在动圈上的指针就指示出热电偶测量的温度值。

在图 2-12 中，半导体热敏电阻用其负温度系数特性补偿动圈电阻的正温度系数特性。由于半导体热敏电阻的温度特性存在严重非线性，因此经过测试计算再并联一个锰铜丝电阻，使其并联后的电阻温度特性和动圈电阻温度特性能完全补偿。一般动圈仪表的满量程电流固定不变，对于不同的测量量程，只要串接一个合适的调整电阻，就可以使动圈电流符合其量程要求。

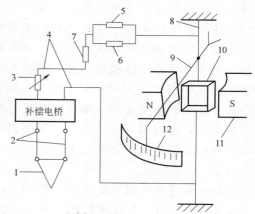

图 2-12 配热电偶的动圈仪表线路
1—热电偶 2—补偿导线 3—调整电阻 4—连接导线
5—半导体热敏电阻 6—锰铜丝电阻 7—外接电阻
8—张丝 9—指针 10—动圈 11—永久
磁钢 12—刻度盘

为了使流过动圈的电流与热电动势或所测温度成正比，采用规定外线路电阻数值为定值的办法来保证测量精度，即动圈仪表外接线路的总电阻规定为 15Ω。外接线路的电阻包括热电偶电阻、连接导线（补偿导线）电阻、补偿电桥等效电阻，当这些电阻之和不足 15Ω 时，在仪表接线端配备外接电阻补足。

2.2.4.2 数字式指示仪表

数字式指示仪表具有测量速度快、精度高、读数直观、重现性好并便于与计算机等数字装置连接等优点，得到迅速发展。按输入信号的形式来分，数字式指示仪表可分为电压型和频率型两类。电压型的输入信号是电压（或电流）；频率型的输入信号是频率、脉冲信号。按测量信号的数量来分，有单点和多点两种；按仪表功能又可分为数字显示仪表、数字显示记录仪、数字显示报警仪、数字显示输出仪表及具有复合功能的数字显示、记录、报警、输出仪表等。

数字式指示仪表是以数字电压表为主体而构成的测量显示仪表，它与传感器（或变送器）配合，将与被测参数成一定函数关系的模拟量，经变换和处理后直接以数字形式显示出来，一般由测量变送电路、前置放大器、模拟/数字（A/D）转换电路、非线性补偿电路、标度变换电路及显示装置等组成，如图2-13所示。对于不同仪表，模/数转换、非线性补偿和标度变换三部分之间的顺序可根据设计需要进行调整，构成适用于不同场合要求的数字式指示仪表。

图2-13中各部分功能：

1）检测电路：配热电偶的测量电路包括冷端温度补偿电路和滤波网络；配热电阻的测量电路包括将热电阻阻值变化变换为直流电压变化的直流电桥。

2）前置放大器：高灵敏度放大电路，对检测信号进行放大。

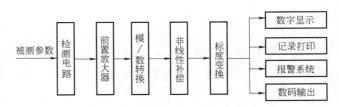

图2-13 数字式测量仪表组成框图

3）模/数转换电路：数显仪表的重要组成部分，将连续变化的模拟量转换成与其成比例的数字量。

4）非线性补偿：矫正热电偶或热电阻的非线性，使数字显示值与被测温度之间呈线性关系。

5）标度变换：实现比例尺的变换。测量值和被测物理量之间为比例关系，测量值必须乘上一个系数，才可转换成数字式显示仪表能直接显示的被测物理量。可以采用先对模拟量进行标度变换，再经模/数转换成数字量；也可以先进行模/数转换，再进行标度变换。

6）显示装置：数值经过变换处理后送往显示装置显示，也可送往报警系统或以数字形式输送给其他装置。

2.2.4.3 自动记录仪表

自动记录仪实时记录被测参数。自动记录的方式有传统用纸笔记录和新型无纸笔记录两类。用纸笔记录的仪表有自动平衡电桥式记录仪和自动电位差计式记录仪。用纸作为记录载体，运行费用高、维护工作量大，机械传动部件多，可靠性低、故障率高、应用不够灵活。20世纪90年代中期，无纸笔记录仪应运而生，一面世即引起了用户的广泛欢迎，很快成为主流记录仪表。

无纸笔记录仪是以CPU为核心，内置大容量存储器（RAM），可存储多个过程变量的大量历史数据；采用标准仪表尺寸，可装入标准仪表盘，能在屏幕上显示过程变量的工程单位当前值、历史趋势曲线和报警状态等。在显示多个变量值的同时还可以进行不同变量在同一时间段内变化趋势的比较，便于对生产过程运行状况进行综合评判，故障点查找、故障原因分析等。

1. 无纸笔记录仪的组成原理

图2-14为无纸笔记录仪的原理框图，由7大部分组成：

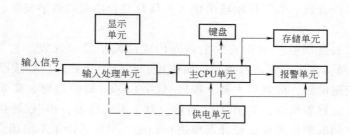

图 2-14　无纸笔记录仪组成原理框图

1）主 CPU 单元：为记录仪的核心，统一管理整个系统，使之协调工作并处理各种信号。

2）输入处理单元：输入信号经过输入处理单元放大处理后，转换成统一的内部信号送至主 CPU 单元，所有输入处理单元采用隔离输入，且具有零点迁移和量程调整功能。

3）存储单元：接收 CPU 数据并行存储，以备查询、显示。

4）显示屏：接收主 CPU 单元送来的各种信息并显示在屏幕上。

5）键盘：完成组态及运行操作功能。

6）报警单元：当被记录的数据超过上限或低于下限时，主 CPU 单元及时发出指令给报警单元，输出报警。

7）供电单元：为主 CPU 单元、输入处理单元、显示屏、键盘、报警单元等提供所需的工作电压。

2. 无纸笔记录仪的使用

无纸笔记录仪一般安装在标准控制盘/台上，工作环境温度为 0~50℃、相对湿度为 10%~85%（无结露）、振动小、空气流通、无腐蚀气体或易燃气体、无强烈电磁干扰、无静电。

无纸笔记录仪具有多个记录显示界面，用户可以选择所需要的显示界面，关闭多余界面。开机后进入如图 2-15 所示单通道显示界面，工艺参数在该界面以实时数据、实时趋势曲线和棒图等不同形式显示出来。

从图 2-15 可知，界面的左上角为系统当前时间显示，右上角为工艺参数的工程单位，界面第二行以棒图形式显示出工艺参数值，便于远距离观察，并标有参数的报警上限和下限标志，能及时了解各通道报警情况。当工艺参数越限时，有上限"H"或下限"L"的报警显示，同时显示出当前报警数据的通道号。通道号的右侧面有自动 A 或手动 M 的翻页显示，同时还有工艺参数工程值显示。

该界面还对工艺参数实时趋势曲线进

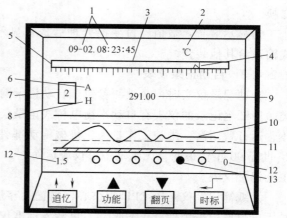

图 2-15　实时单通道显示界面

1—日期时间　2—工程单位　3—实时棒图显示
4—报警上限标志　5—报警下限标志　6—手/自
动翻页显示　7—通道号　8—上限报警显示
9—参数值　10—实时曲线　11—纵轴标尺
12—时间标尺　13—报警触点模拟显示

行动态显示，其中两条虚线为百分量标尺，将纵坐标分为3部分，界面底端的时间标尺为曲线横坐标，曲线最右端为当前时刻的参数，最左端为1.5min前的参数。

界面底端从左至右有6个"○"显示报警点的当前状态，实心圆表示该点报警被触发，空心圆表示该点报警未被触发。在显示界面最下端有一行按键，上箭头表示组态用按键，下箭头表示显示用按键。每按一次追忆键，自动/手动翻页切换一次并在界面显示出相应的A/M标志，但在实时单通道显示界面中该键无作用。当按下功能键时，可出现不同通道的棒图显示、双通道比较显示、单通道趋势显示、双通道追忆显示等界面。当按下翻页键时可手动翻页显示实时曲线及棒图。当按下时标键时可对实时趋势曲线的横坐标单位进行调整，缩小或放大时间标尺。

无纸笔记录仪的组态功能提供全中文组态界面，仪表表头内部有一个插针，通过改变插针的位置可进行组态/显示的切换。仪表组态功能包括：

1）时间和通道组态：组态日期、时钟、记录点数及采样周期等。

2）页面和记录间隔组态：页面、记录间隔和背光的打开或关闭设置。

3）通道信息组态：各个通道量程上下限、报警上限、滤波时间常数及是否开方设置。

4）界面选择组态：根据实际需要，通过组态选择某种界面。

5）报警组态：不同通道的报警上下限设置。

6）通信组态：本机通信地址和通信方式组态。

3. 无纸笔记录仪的特点

无纸笔记录仪作为微处理技术、超大容量存储器和图形显示技术相结合的记录仪，具有非常明显的特点。

1）可靠性高：传统记录仪总离不开伺服驱动和机械传动机构，故障率高、维修工作量大，而无纸笔记录仪使记录仪成为完全电子化的仪表，内部无任何机械传动元件，可靠性大大提高。

2）低维护费：普通记录仪离不开纸和笔，这都是易耗品，需经常更换，增加了日常维护工作量；无纸笔记录仪彻底摒弃了纸和笔，大大减轻了仪表工人的工作量，同时免去了纸笔及机械元件的更换和维修等，无纸笔记录仪的电子元器件寿命也远比机械元件长，在正常使用年限内，无须更换电子元件。

3）功能多样：具有普通记录仪无可比拟的功能，如高分辨率的棒状显示功能、超大字体数显功能、精确的曲线追忆功能、趋势曲线压缩放大功能、友好的组态界面、为参数再处理创造条件。

2.2.5　温度变送器

热电偶和热电阻是用于温度信号检测的一次元件，需要与显示单元和控制单元配合，实现对温度的显示和控制。虽然大多数计算机控制装置可以直接接收热电偶和热电阻信号，进行温度的显示和控制，但在工业现场，一般采用信号转换仪表将传感器输出的电信号转换为标准信号，再把标准信号输送到其他显示和控制单元，这种信号转换仪表称为变送器。

2.2.5.1　模拟式温度变送器

模拟式温度变送器由模拟器件构成，将温度传感器信号转换成标准模拟信号输出。温度变送器有多种规格，但它们的工作原理与组成结构基本相同。DDZ-Ⅲ型温度变送器是常用的一类模拟式温度变送器，可与热电偶、热电阻配套使用，将信号转换成标准的 4～20mA 或 1～5V 直流信号输出，如图 2-16 所示。

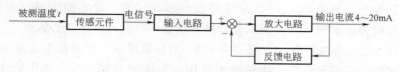

$$\text{图 2-16 温度变送器原理框图}$$

1. 输入电路

图 2-17 是热电偶温度变送器的输入电路，在热电偶回路中串接一个电桥电路，作用是实现热电偶的冷端补偿和零点调整。

电桥中，R_1 和 R_2 为低温漂精密电阻，使流经两边桥臂的电流 I_1、I_2 为恒定值，R_{Cu} 用铜丝绕制，与热电偶的冷端处同一温度环境，起冷端温度补偿作用。右边桥臂是零点调整(亦称零点迁移)电路，即通过改变电位器 RP_1 动触点位置实现电桥输出的零点调整。输入电路的输出电压 U_o 为

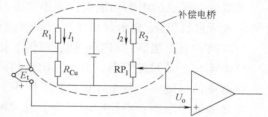

$$\text{图 2-17 热电偶温度变送器输入电桥电路}$$

$$U_o = E_t + U_{RCu} - U_{RP_1} = E_t + I_1 R_{Cu} - U_{RP_1} \tag{2-14}$$

式(2-14)中，R_{Cu} 上的压降 U_{RCu} 即为 $I_1 R_{Cu}$，当冷端温度为 t_0、热端温度为 t 时，由于热电偶输出热电动势 E_t 将比标准热电动势少 $E(t_0，0)$，应按 $\Delta U_{\Delta RCu} = E(t_0，0)$ 进行补偿，据此可计算出补偿电阻 R_{Cu} 的大小。由于

$$R_{Cu} = R_{Cu0}(1 + \alpha t_0) = R_{Cu0} + \Delta R_{Cu} \tag{2-15}$$

$$\Delta U_{\Delta RCu} = I_1 \Delta R_{Cu} = I_1 R_{Cu0} \alpha t_0 = E(t_0，0) \tag{2-16}$$

若桥臂电流 $I_1 = 0.5\text{mA}$，由于 $R_1 \gg R_{Cu}$，因此 R_{Cu} 变化时对 I_1 的影响可忽略；铜电阻温度系数 $\alpha = 0.00425/℃$；热电偶冷端温度为 $t_0 = 20℃$ 时要完全补偿，假设所补偿的对象是 K 型热电偶，即 $E(20，0) = 0.798\text{mV}$，则有

$$R_{Cu0} = E(t_0，0)/(I_1 \alpha t_0) = 0.798/(0.5 \times 0.00425 \times 20)\Omega \approx 18.78\Omega \tag{2-17}$$

式(2-14)中，U_{RP_1} 为电位器 RP_1 动触点电压。如果仪表测量起点定为 0℃，当热电偶的冷端温度为 0℃，热端温度也为 0℃ 时，$E_t = 0$，此时调整 RP_1，使输入电路的输出电压 U_o 值放大后，恰好使变送器输出电流为起点 4mA。如果测量起点不为 0℃，假定为 500℃，同样调整 RP_1，代入式(2-14)计算得到的 U_o 值经放大后，恰好使变送器的输出电流为起点 4mA。这种大幅度的零点调整，称为零点迁移。

零点迁移是变送器的必备功能。实际生产过程中有些参数变化范围很窄(远小于变送器量程)。如某过程设备温度仅在 1000～1200℃ 之间变化，这种情况就没有必要检测 1000℃ 以下、1200℃ 以上温度，这时可通过零点迁移，再配合量程压缩提高变送器检测灵敏度。

下面以测温量程为 0～1500℃、输出为直流 4～20mA 标准信号的热电偶温度变送器用于

检测 500 ~ 1000℃ 之间温度的实例，说明通过零点迁移和量程压缩提高检测灵敏度的方法。图 2-18a 零点不迁移，量程为 0 ~ 1500℃，实际温度变化仅为 500 ~ 1000℃。通过零点迁移（调整图 2-17 或图 2-21 中 RP$_1$），当温度超过 500℃ 时变送器才有输出，如图 2-18b 所示，500 ~ 1000℃ 区间检测灵敏度不变。图 2-18c 为零点迁移到 500℃ 后，再进行量程压缩（调整 RP$_1$ 后再调整 RP$_2$），量程变为 500 ~ 1000℃，输出信号为 4 ~ 20mA，检测灵敏度显著提高（3 倍）。

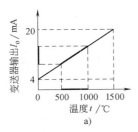 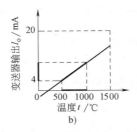 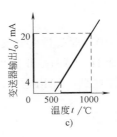

图 2-18　温度变送器的零点迁移和量程调整

a）零噗未迁移　b）零点正向迁移（调整 RP$_1$）　c）零点正向迁移且缩小量程（调整 RP$_1$ 后再调整 RP$_2$）

2. 放大电路

由于热电偶输出的热电动势为毫伏级的微弱信号，放大电路必须采用高增益低漂移的运算放大器，同时还要采取抗干扰措施。例如用热电偶测量电炉温度时，热电偶和电热丝都装在电炉中，在高温时，耐火砖和热电偶绝缘套管的绝缘电阻都会下降，电热丝上的电流便会向热电偶泄漏，产生共模干扰，并因放大器两输入端阻抗的不平衡而转化为差模干扰，如图 2-19 所示。

设热电偶受到的共模干扰电压为 u_{cm}，转化为差模干扰电压 u_{AB}：

$$u_{AB} = u_{cm}[Z_3/(Z_1+Z_3) - Z_4/(Z_2+Z_4)]$$

$$(2-18)$$

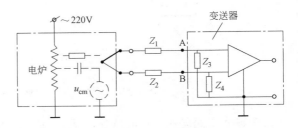

图 2-19　变送器受到的共模干扰

只有当 $Z_1/Z_3 = Z_2/Z_4$ 时，$u_{AB} = 0$。但实际电路很难完全满足此平衡条件，差模干扰很难消除。比较彻底的解决办法是把电路浮空，使变送器电路不接地。因为如果 Z_3、Z_4 都趋于无穷大，则 $u_{AB} = 0$。但要注意，为防止和变送器相接的后续仪表接地，破坏变送器对地浮空状态，变送器电路对外的联系包括信号输出和供电电源都要用变压器隔离。

3. 反馈电路

反馈电路要完成量程调整和非线性校正两个功能。量程调整实质上是调整放大电路的闭环放大倍数，通过调节反馈电位器 RP$_2$（反馈电压 V_f）就可实现。而非线性校正则需要一个校正网络来实现，如图 2-20 所示。热电偶的温度特性是非线性的，如果放大环节的放大特性做成与之互补的非线性，那么最终变送器的输出与温度关系就成为线性。要得到与热电偶温度特性互补的放大特性，应将放大器反馈特性做成与热电偶温度特性同型的非线性特性。

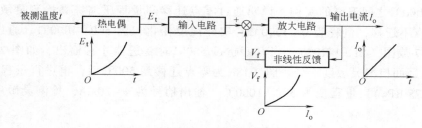

图 2-20 温度变送器的线性化原理图

4. DDZ-Ⅲ型热电偶温度变送器的实际电路

图 2-21 是 DDZ-Ⅲ型热电偶温度变送器的简化电路图。其基本结构由输入电路、放大电路、反馈电路、输出电路及电源电路几部分构成。

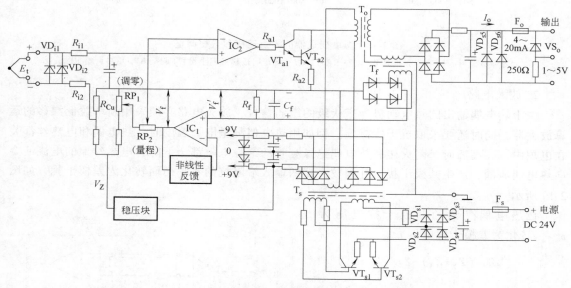

图 2-21 DDZ-Ⅲ型热电偶温度变送器的简化电路图

图中输入电路是由 VD_{i1}、VD_{i2}、R_{i1}、R_{i2} 及 R_{Cu} 所在的桥路构成，热电动势 E_t 与铜电阻 R_{Cu} 上的冷端温度补偿电势相加后，送至运算放大器 IC_2 的同相输入端。IC_2 的反相输入端接收电位器 RP_1 上的零点迁移电压及反馈电压 V_f 在量程电位器 RP_2 上的分压，改变 RP_2 触点位置可以改变反馈电压的分压比，即改变反馈强度，从而改变变送器的量程。

放大电路是一个低漂移高增益运算放大器 IC_2，它根据加在同相端和反相端两个输入电压之差工作。热电动势 E_t 增大时，IC_2 输出与 E_t 成比例的正电压，经 VT_{a1}、VT_{a2} 构成的复合管放大后输出电流。这个直流电流在方波供电电源的作用下，交替地通过输出隔离变压器 T_0 的上下两个一次绕组，在二次绕组中感应出幅度与之成正比的交变电流。此电流经整流滤波，即为变送器的直流输出电流 I_o。输出端稳压管 VS_o 的作用是当电流输出端不接负载时，输出电流 I_o 仍可通过稳压管形成回路，保证电压输出端不受影响。

反馈回路是由隔离变压器 T_f、整流滤波电路以及由运算放大器 IC_1 构成的非线性电路组成。由于输出变压器 T_o 的二次电流是正负对称的交变电流，所以串入一个隔离变压器 T_f 便可实现反馈与输出电路的隔离。T_f 的二次电流经检波滤波，在 R_f、C_f 上可得到与输出电流 I_o 成正比的直流反馈电压 V'_f，该电压经运算放大器 IC_1 和多段二极管折线逼近电路组成的非线性变换电路转换为直流电压 V_f 后，反馈到运算放大器 IC_2 的反相输入端，实现对热电偶特性的线性化校正。

为了提高变送器的抗共模干扰能力和安全防爆，变送器的电源也需要隔离。为此，+24V 直流电源不能直接与放大电路相连，需经直流-交流-直流变换，即先用振荡器把直流电源变为交流，然后通过变压器 T_s 将能量传递给二次绕组。最后，将二次绕组上的交流电压整流、滤波、稳压，获得 ±9V 的直流电压供给运算放大器。

图 2-21 电路采取的安全防爆措施有：在热电偶输入端设限压二极管 VD_{i1}、VD_{i2} 及限流电阻 R_{i1}、R_{i2}，以防止仪表的高能量（高电压与大电流）传递到生产现场；放大电路与外界的联系都经变压器（T_o、T_f、T_s）隔离。为了防止电源线或输出线上的高电压通过变压器一、二次绕组之间短路而窜入输入端，在各变压器的一、二次绕组间都设有接地的隔离层。此外，在输出端及电源端还装有大功率二极管 $VD_{s1} \sim VD_{s6}$ 及熔断器 F_o、F_s，当过高的正向电压或交流电压加到变送器输出端或电源两端时，将二极管击穿产生大电流，烧毁熔断器，切断电源，使危险的电压不能加到变送器上。由于这些措施，DDZ-Ⅲ型热电偶温度变送器属于安全火花型防爆仪表。

DDZ-Ⅲ型温度变送器除上述热电偶温度变送器外，还有热电阻和直流毫伏变送器，工作原理基本相同。

2.2.5.2 一体化温度变送器

将传感器和变送器融为一体的温度变送器称为一体化温度变送器。它是将变送器模块安装在测温元件接线盒或专用接线盒内的一种温度变送器。变送器模块和测温传感器组合为一个整体，可直接安装在测温位置，输出为统一的标准信号。这种温度变送器是一种高度集成化并自带冷端补偿功能的小型一体化温度变送器，用 24V 直流供电，体积小、质量轻、现场安装方便。

一体化温度变送器由温度传感器和变送器模块两部分组成，变送器模块把温度传感器检测信号转换成标准 4~20mA 电流信号输出。由于一体化变送器直接安装在检测现场，在使用中应注意变送器模块所处的环境温度，一般一体化变送器电路的正常工作温度范围为 -20~80℃，超出该范围电子器件的性能会发生改变，影响变送器正常工作。一体化温度变送器分为热电偶型和热电阻型两种类型，下面以一体化热电偶温度变送器为例，讨论其组成与工作原理。

一体化热电偶温度变送器由热电偶和变送器模块组成，分为普通型和防爆型两种，防爆型的隔爆等级为 dⅡBT4；可对固体、液体、气体温度进行检测，应用于温度自动检测和控制的各种场合；可与各种显示、控制装置和计算机系统配套使用。一体化热电偶温度变送器的变送器模块将热电偶输出的热电动势经过滤波、运算放大、非线性校正、V/I 转换等处理后，输出与被测温度呈线性关系的标准 4~20mA 直流电流信号，其组成与原理框图如图 2-22 所示。

一体化热电偶温度变送器接线端和调整端子如图 2-23 所示。图中"1"和"2"端为电源和信号线的正负极接线端，该变送器模块采用两线制，即电源和信号公用两根线，在提供 24V 电源供电时，输出 4~20mA 电流信号；"3"和"4"为热电偶正负极连接端，当两根热电极从

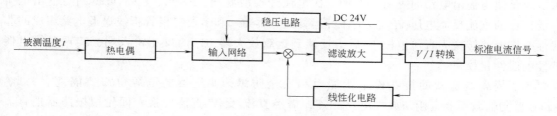

图 2-22　一体化热电偶温度变送器原理框图

变送器底部的穿线孔中穿过，插入"3"和"4"端，再拧紧螺丝后即将变送器固定在接线盒内，即完成一体化组装；"5"为量程调整端，"6"为零点调整端，变送器在出厂前已校对，使用时一般不做调整。若使用时产生误差，则可利用"5"和"6"调整端进行微调。当单独校对变送器时，用精密信号源提供的标准信号来调整零点和量程以满足要求。一体化变送器安装与其他热电偶变送器安装要求类似，特别要注意测温元件与大地保持良好的绝缘，否则会影响测量准确性，甚至导致仪表不能正常工作。

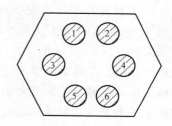

图 2-23　一体化热电偶温度变送器模块接线端

2.2.5.3　智能温度变送器

　　数字式温度变送器以 CPU 为核心，具有信号转换、补偿、计算等多种功能，输出数字信号，并能自动诊断故障，能与上位机通信，又称智能温度变送器。随着新型传感技术、计算机技术和通信技术等在测量领域的应用，微处理器和传统变送器相结合而形成的智能变送器种类越来越多。随着智能变送器生产规模化，生产成本降低，智能变送器在石油化工装置中的应用也越来越广泛。智能变送器具有双向通信能力、自诊断能力、测量精度高、量程范围宽和可靠性高等优点，可输出模拟、数字混合信号或全数字信号，可通过现场总线通信网络与上位计算机连接，构成现场总线控制系统；可通过手操器对智能变送器进行在线组态，便于用户调校和使用。

　　1. TMT182 温度变送器

　　德国 E+H TMT182 温度变送器是一种符合 FF 通信协议的现场总线智能变送器。该变送器可配接多种热电偶（B、K、E、J、T、S 型）、热电阻（Pt 100、Cu100），也可输入其他电阻或毫伏输出的传感器信号。TMT182 温度变送器具有量程范围宽、精度高、抗干扰能力强以及安装维护方便等优点。

　　TMT182 温度变送器的原理框图如图 2-24 所示，包括信号调理单元、微处理器、D/A 转换、HART 通信模块和电源模块等。其中信号调理单元包括滤波放大、A/D 转换及光电隔离。微弱的传感器信号通过放大器进行放大，再通过 A/D 转换器转换成数字信号，最后通过光耦隔离器送入微处理器；微处理器完成非线性校正、单位量程转换、温度补偿等处理后，将数据存入存储器当中；HART 通信模块是基于 HART 协议完成模拟量和数字量相融合通信的模块，采用 Bell202 标准的单片 COMS FSK 调制解调器，对传输数据进行基于 HART 协议的调制、传输与解调，从而保证智能温度变送器测量信号与数据的网络传输。TMT182 实物如图 2-25 所示。

图 2-24 TMT182 温度变送器原理框图

2. STT250 温度变送器

霍尼韦尔 STT250 变送器可在 HART 通信协议下工作，有 STT25H、STT25S、STT25M、STT25D 和 STT25T 等型号，均为二线制；可将输入温度信号线性地转换成 4~20mA 直流电流输出。其中 STT25H 带有 HART 通信功能，适用于 HART 通信协议且可用 HART 通信工具进行组态。该变送器可对热电偶提供内部数字式冷端补偿，对热电阻提供导线补偿，毫伏电压和电阻均可作为变送器输入信号。

图 2-25 TMT182 实物图

变送器可直接插入导轨或装入塑料、铝、不锈钢等材料制成的标准外壳内，可接收各种温度传感器信号以满足不同用户需求，内部储存有各种常用温度传感器的特征曲线，可以使用手持通信器或组态工具对各种温度传感器的变送器进行功能组态和非线性修正。

变送器的数字电路部分与 TMT182 类似，由微处理器、放大器、A/D 转换器、D/A 转换器等部件组成，来自温度传感器的信号经输入处理、放大和 A/D 转换后，送入微处理器，分别进行线性化运算和量程变换，并生成符合 HART 数字通信协议的数字信号，同时通过 D/A 转换后输出 4~20mA 的直流信号。

2.3 压力检测及仪表

在化工、炼油等生产过程中，经常需要对压力和真空度进行测量，其中包括比大气压力高很多的高压、超高压和比大气压力低的真空度测量。例如高压聚乙烯要在高压下聚合；炼油厂的减压蒸馏需要在真空条件下进行；有时工业现场还需要检测高温、强腐蚀和易燃易爆介质的压力。将压力控制在要求的工艺范围内对保证生产安全至关重要，例如在热电厂中，炉膛负压大小反映了锅炉送风量与引风量的平衡关系，这直接关系到整个机组的安全与经济运行。压力测量的意义还不局限于它自身，如温度、流量、液位等物理量也可通过压力间接测量。

2.3.1 压力检测方法

工程上把单位面积上所受的垂直作用力称为压力，也就是物理学中的压强，即

$$p = F/A \qquad (2-19)$$

式中，p 表示压力，单位为帕斯卡，简称帕（Pa），F 表示垂直作用力，单位为牛顿（N），A

表示受力面积，单位为平方米（m^2）；$1Pa = 1N/m^2$。一般工程上常用千帕（kPa）、兆帕（MPa），$1MPa = 10^3 kPa = 10^6 Pa$。

压力测量有绝对压力、压力（表压）、压差、真空度（负压）4 种表示方式。绝对压力是物体真正所受的实际压力，指作用在物体单位面积上的垂直作用力（合力）。工程上所称的压力，是指被测压力与大气压力之差，又称为表压。差压是指两压力之差。当被测压力低于大气压力、与大气压力之差为负时，称为负压或真空度。因为工艺设备和测量仪表通常是处于大气之中，本身就承受着大气压力，所以用表压或真空度来表示压力的大小更为常见。

按照压力检测原理不同，大致可分为 4 类。

1. 液柱式压力检测

以流体静力学为基础，用液柱产生或传递的压力平衡被测压力的方法进行检测。仪表按其结构形式可分为 U 形管压力计、单管压力计和斜管压力计等。这类压力计适用于低压、负压和压差的测量。

2. 弹性式压力检测

将被测压力转换成弹性元件产生的变形大小进行检测。仪表有弹簧管压力计、波纹管压力计及膜片（盒）压力计等。

3. 电气式压力检测

通过各种敏感元件将被测压力转换成电信号进行检测。检测仪表有电容式压力变送器、应变式压力变送器、压阻式及压电式压力传感器等。

4. 活塞式压力检测

根据流体传送压力的原理，将被测压力与活塞上所加的砝码质量平衡进行检测。测量精度高、检测时需人工增减砝码、不能自动测量。这类仪表一般作为标准仪器对压力仪表进行校验。

工业生产中最常使用的是弹性式压力表和电气式压力变送器。随着压力检测技术的发展和检测对象的变化，出现了用于气体压力检测的振频式压力传感器和用于液体管路压力检测的超声波式、光电式、光纤式压力传感器等，现代压力检测仪表也朝着数字化、智能化的方向发展。

2.3.2 弹性式压力检测

弹性式压力检测仪表根据弹性敏感元件受压时发生弹性形变的原理进行压力检测。仪表由机械元件构成、结构简单、使用可靠、价格低廉、测量范围宽，常用于测量静态压力。若增加附加装置，如记录机构、电气变换装置、控制元件等，则可实现压力的记录、远传、报警和控制。

2.3.2.1 弹性元件

弹性元件是弹性式压力计的测压敏感元件。根据测压范围及被测介质的不同，弹性元件的材质和形状也不同，例如测量低压的元件材料可用磷青铜，测量中压用黄铜，测量高压用不锈钢或合金钢；若被测介质带有腐蚀性，则采用抗腐蚀的不锈钢材料。工业上常用弹性元件形状如图 2-26 所示。

图 2-26a 为单圈弹簧管，是将扁圆形或椭圆形的金属空心管弯成圆弧状，一端封口作为

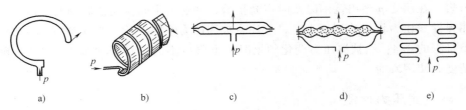

图 2-26 常用弹性元件的形状

a)单圈弹簧管 b)多圈弹簧管 c)弹性膜片 d)弹性膜盒 e)波纹管

自由端,另一端作为测量端通入压力 p 后,自由端产生位移。弹簧管材料刚性较大时,可测量最高达 1000MPa 的高压。图 2-26b 为多圈弹簧管,测量原理与单圈弹簧管相同,只是弹簧管自由端的位移较大,测量范围小于单圈弹簧管,常用于测量低压。图 2-26c 为弹性膜片,是一种沿外缘固定的片状圆形薄膜,根据剖面形状可分为平膜片与波纹膜片两种形式,受到压力变形时,圆心纵向位移,可以测量较低的压力。图 2-26d 为弹性膜盒,将两张膜片沿周边对焊成一薄壁膜盒,内腔充填温度系数很小的液体(如硅油),测量范围比膜片宽。图 2-26e 为波纹管,是一个筒壁为波纹状的薄壁金属筒体。这种弹性元件易于变形,在低压区灵敏度较高,常用于微压与低压测量(一般不超过 1MPa)。但波纹管时滞较大,测量精度只能达到 1.5 级。

2.3.2.2 弹簧管压力表

弹簧管压力表的测量范围很广,规格种类繁多。弹簧管有单圈和多圈之分,多圈弹簧管在形状上分为空间螺旋形和平面螺线形;单圈弹簧管的自由端位移变化量较小,而多圈弹簧管的变化量较大,二者有着相同的测压原理。另外普通压力表和耐腐蚀的氨用压力表、禁油的氧气压力表等外形和结构相同,只是所用的弹簧管形状或材料不同。弹簧管压力表的结构原理如图 2-27 所示。

弹簧管 1 是压力表的测量元件,它是一根弯成 270° 圆弧的椭圆截面空心金属管,自由端 B 封闭,另一端固定在接头 9 上并与被测压力的介质相连。被测压力 p 由接头 9 输入,使弹簧管 1 的自由端 B 产生位移,输入压力 p 越大,弹簧管的变形就越大。弹簧管自由端 B 的位移一般很小,直接显示困难,可通过放大机构指示出来,即通过拉杆 2 使扇形齿轮 3 逆时针偏转,指针 5 通过同轴的中心齿轮 4 带动顺时针偏转,在面板 6 的刻度标尺上指示出被测压力 p 的数值。游丝 7 用来克服因扇形齿轮 3 和中心齿轮 4 间的传动间隙产生的仪表变差。调整螺钉 8 可改变机械传动的放大系数,实现压力表量程的调整。因为弹簧管自由端的位移与被测压力 p 成正比,所以弹簧管压力表的刻度标尺是线性的。

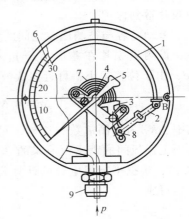

图 2-27 单圈弹簧管压力
表的结构原理

1—弹簧管 2—拉杆 3—扇形齿轮
4—中心齿轮 5—指针 6—面板
7—游丝 8—调整螺钉 9—接头

实际生产中经常需要把压力 p 控制在工艺要求范围内,压力超出上下限时需要报警或启动安全措施。可在普通弹簧管压力表内增加一些带有报警和控制功能的元器件,构成电接点信号压力表，在压力 p 超出范围时及时声光报警，并通过中间继电器启动安全措施。

使用弹性式压力仪表检测压力时，应注意被测压力下限一般不低于量程的 1/3，上限一般不高于量程的 3/4；当被测压力变化频繁时，上限应不高于量程的 2/3，这样可确保仪表的测量精度和使用寿命。

2.3.3 电气式压力检测

电气式压力检测仪表采用压力敏感元件检测压力，并将其转换成标准电信号进行显示、传输，在控制系统中广泛使用。

2.3.3.1 电容式差压变送器

电容式差压变送器是先将差压变化转换为电容量变化，再转换为标准电流信号输出，精度较高，由于没有转动机构，可耐受较大的振动和冲击，可靠性高。

电容式差压传感部件如图 2-28 所示，被测压力 p_1、p_2 分别加载于左右两个隔离膜片 1 上，通过腔内填充的硅油将压力传送到中心测量膜片 4。在两边压力差的作用下，中心测量膜片向低压侧偏移，它与两个固定电极间的电容量一个增大、一个减小，通过引出线将这两个电容引出，测出电容变化便可知道差压数值。

这种结构对膜片的过载保护很有利。当有过大差压出现时，变形的测量膜片自然地贴到球形凹面上，不会过量变形，过载后恢复性好。被测介质不接触测量膜片，图中隔离膜片是波纹状的，在过载时也紧贴在波纹状的底座上使膜片得到保护。

差动电容与被测压差之间的关系如下：

设测量膜片在差压 $\Delta p = p_1 - p_2$ 的作用下移动距离为 Δd，由于位移很小，可近似认为两者呈比例关系，即

$$\Delta d = K_1 \Delta p \qquad (2\text{-}20)$$

式中，K_1 为比例常数。这样，可动极板（测量膜片）与左右固定极板间的距离由原来的 d_0 分别变为 $(d_0 + \Delta d)$ 和 $(d_0 - \Delta d)$，根据平行板电容的计算公式，两个电容 C_1、C_2 可分别写成

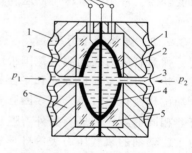

图 2-28 电容式差压变送器传感部件结构图
1—隔离膜片 2、7—固定电极
3—硅油 4—测量膜片
5—玻璃层 6—底座
8—引线

$$C_1 = \frac{K_2}{d_0 + \Delta d} \qquad (2\text{-}21)$$

$$C_2 = \frac{K_2}{d_0 - \Delta d} \qquad (2\text{-}22)$$

式中，K_2 是由电容器极板面积和介质介电系数决定的常数。

从上列关系式可得出差压 Δp 与差动电容 C_1、C_2 的关系：

$$\frac{C_2 - C_1}{C_2 + C_1} = \frac{\Delta d}{d_0} = \frac{K_1}{d_0} \Delta p = K_3 \Delta p \qquad (2\text{-}23)$$

式中，K_3 为综合常数，$K_3 = K_1 / d_0$。

由式（2-23）可知，该变送器测量电路的任务是将（C_2-C_1）对（C_2+C_1）的比式转换为电压或电流。实现这一转换的方法很多，图2-29是一种测充、放电电流的方法。

正弦波电压 U_1 加于差动电容 C_1、C_2 上，若回路阻抗 R_1、R_2、R_3、R_4 都比 C_1、C_2 的阻抗小得多，由图2-29可写出：

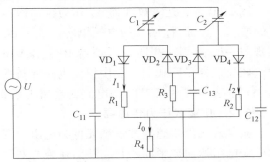

图 2-29　电容式差压变送器测量电路

$$I_1 = \frac{I_0}{C_2\left(\dfrac{1}{C_1}+\dfrac{1}{C_2}\right)} = I_0\frac{C_1}{C_1+C_2} \qquad （2-24）$$

$$I_2 = \frac{I_0}{C_1\left(\dfrac{1}{C_1}+\dfrac{1}{C_2}\right)} = I_0\frac{C_2}{C_1+C_2} \qquad （2-25）$$

$$I_0 = I_1 + I_2 \qquad\qquad （2-26）$$

式中，I_0、I_1、I_2 均为经二极管半波整流后的电流平均值。

令 U_1、U_2、U_4 分别表示 R_1、R_2、R_4 上的压降，即 $U_1 = I_1R_1$、$U_2 = I_2R_2$、$U_4 = I_0R_4$，可得

$$\frac{U_2-U_1}{U_4} = \frac{C_2R_2-C_1R_1}{(C_1+C_2)R_4} \qquad （2-27）$$

若取 $R_1 = R_2 = R_4$，则式（2-27）可化为

$$\frac{U_2-U_1}{U_4} = \frac{C_2-C_1}{C_2+C_1} \qquad （2-28）$$

代入式（2-23），可得

$$\frac{(U_2-U_1)}{U_4} = K_3\Delta p \qquad （2-29）$$

从式（2-29）可知，若 U_4 保持不变，只要测出（U_2-U_1）就可知道差压 Δp 的大小。

这种差动电容式差压变送器的电路原理如图2-30所示，采用负反馈自动调整测量电路激励电压 U 的幅度，使差动电容 C_1、C_2 变化时，流过它们的半波电流 I_1、I_2 之和 I_0 恒定，

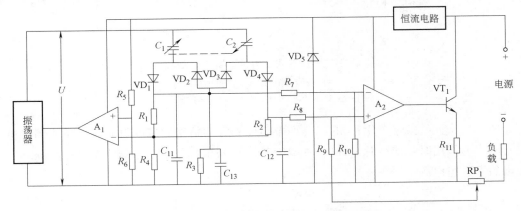

图 2-30　差动电容式差压变送器电路原理图

即保持 U_4 恒定。这样测出 R_1、R_2 上的电位差，便可测出 Δp 的大小。

图 2-30 中，运算放大器 A_1 作为振荡器的电源供给者，通过负反馈调整振荡器输出电压 U 的幅度，保证 R_4 两端的电压恒定。放大器 A_2 的正负输入端分别引入 R_1、R_2 上的电位，实现 U_2-U_1 运算，并通过电位器 RP_1 引入输出电流负反馈，调节 RP_1 可改变变送器的量程。此变送器是两线制，图中恒流电路保持变送器基本消耗电流恒定，使输出电流的起始值为 4mA，流过晶体管 VT_1 的电流随被测压差 Δp 的大小在 4～20mA 范围内线性变化。

2.3.3.2　应变式压力传感器

应变式压力传感器的敏感元件为电阻应变片，由金属导体或半导体材料制成的丝状或箔状应变电阻弯曲成平面栅状，粘贴在绝缘基片上构成。应变片电阻值计算公式如下

$$R = \rho \frac{L}{S} \tag{2-30}$$

式中，ρ 为电阻率；L 为电阻丝/箔长度；S 为电阻丝/箔横截面积。当应变片受到外加作用力产生拉伸或压缩形变导致 L 与 S 变化，由上式可知应变电阻 R 必然变化。通过桥式电路将 R 变化转换成电压 U，测出 U 就测出了应变片电阻 R 的变化，也就测出了应变片受到的外加作用力。

应变式压力传感器的结构如图 2-31a 所示，应变筒 1 的上端与外壳 2 固定在一起，下端与不锈钢密封膜片 3 紧密接触，两个应变片 r_1 和 r_2 的特性完全相同，用特殊胶合剂紧贴在应变筒的外壁上。r_1 轴向粘贴，作为测量片；r_2 圆周向粘贴，作为补偿片。应变片随应变筒变形并与之保持绝缘。当被测压力 p 作用于膜片而使应变筒轴向受压变形时，应变片 r_1 也将产生轴向压缩应变而阻值减小 Δr_1，而应变片 r_2 受到纵向拉伸应变而阻值增大 Δr_2，Δr_2 比 Δr_1 要小。

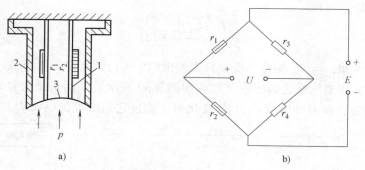

图 2-31　应变式压力传感器工作原理
a）传感器结构　b）测量电桥
1—应变筒　2—外壳　3—不锈钢密封膜片

如图 2-31b 所示，应变片 r_1 和 r_2 与两个阻值相等的精密固定电阻 r_3、r_4 组成测量电桥。当受到压力 p 作用时：应变片 r_1 和 r_2 一减一增，电桥输出不平衡电压，当 $\Delta r_1 \gg \Delta r_2$ 时，电桥输出的不平衡电压 U 为

$$U \approx \frac{E}{4r_1} \Delta r_1 \tag{2-31}$$

当周围环境温度变化时，应变片 r_1 和 r_2 同时增减，不影响电桥的平衡。若能将电桥输出的不平衡电压转换为标准信号输出，则该仪表可称为应变式压力变送器。

2.3.3.3　压阻式压力传感器

压阻式压力传感器是根据压阻效应原理来测量压力的。敏感元件是在半导体材料基片上的扩散电阻，当受压时电阻率发生变化，导致扩散电阻发生变化，用电桥将电阻变化转换成电压输出，就测出了压力（差）。扩散电阻要依附于弹性元件才能检测压力。图2-32是一种扩散硅压力传感部件的结构示意图。

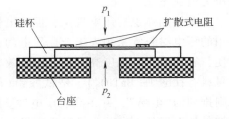

图 2-32　扩散硅压力
传感部件结构图

在杯状单晶硅膜片的上表面，沿一定的晶轴方向扩散 4 个长条形等效电阻。当硅膜片上下两侧受到压力作用时，扩散电阻受到应力作用，内部晶格之间的距离发生变化，使禁带宽度以及载流子浓度和迁移率改变，导致半导体扩散电阻的电阻率 ρ 发生强烈变化，这种现象称为压阻效应。用 Δr 表示扩散硅电阻的变化，则变化率为

$$\Delta r/r = (\Delta \rho/\rho)d\sigma = K\sigma \qquad (2\text{-}32)$$

式中，d 为压阻系数；ρ 为电阻率；σ 为应力；K 为比例常数。可见半导体扩散电阻的电阻变化主要是由电阻率 ρ 的变化造成。其灵敏度比金属应变片电阻高几十倍。在图2-32中，硅杯被烧结在与其膨胀系数相同的玻璃台座上，确保温度变化时台座对硅膜片没有附加应力。

当硅膜片受压时，不同区域受到的应力大小、方向并不相同。应力分布如图2-33a所示，中心区与四周的应力方向不同。当中心区受拉应力时，外围区域将受压应力，离中心为半径63%左右的地方应力为零。为了减小半导体电阻随温度变化引起的误差和提高灵敏度，在膜片中心区和外围区的对称位置各扩散两个电阻，把 r_1、r_2、r_3、r_4 接成桥路，如图2-33b所示。

图2-33b是全桥电路，电桥的4个桥臂都是应变片电阻，在电阻温度漂移得到补偿的同时显著提高检测灵敏度和线性度，在使用几伏电压的电源时，桥路输出信号幅度可达几百毫伏。

压阻式压力传感器的优点是结构简单，体积小，核心部分为一个既是

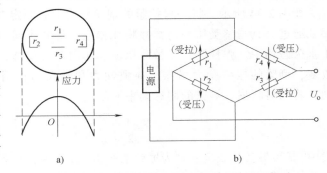

图 2-33　硅膜片应力分析、桥式测量电路
a) 硅膜片表面应力分布　b) 桥式测量电路图

弹性元件又是压敏元件的单晶硅膜片，其扩散电阻的灵敏系数是金属应变片的几十倍，可直接检测微小压力变化，测量精度高，便于大量生产，已成为广泛应用的压力传感器。

2.3.3.4　压电式压力传感器

压电式压力传感器利用材料的压电效应检测压力。能够产生压电效应的材料称为压电材料，常见的压电材料有压电陶瓷、压电晶体等。

压电材料在一定方向受外力作用而产生形变时，内部会出现极化现象，同时在相对表面

上产生正负电荷堆积；当撤掉外力、材料形变消失时，表面电荷丧失，材料又重新返回不带电状态，这种将压力能转变为电能的现象称为压电效应。压电材料表面所产生电荷量与外加压力值成正比。

天然晶体也有压电现象，但压电效应非常微弱，检测难度大，实际应用很少，测量压力用的压电材料常采用人工合成压电陶瓷。压电陶瓷是人工烧结的一种多晶压电材料，烧结方便，容易成形，强度高，而且压电效率高，是天然单晶石英晶体的数百倍。常用的压电陶瓷材料有钛酸钡（$BaTiO_3$）、锆钛酸铅（PZT）等。压电陶瓷材料烧结后，材料内部有许多无规则排列的"电畴"，并不具有压电性。这些"电畴"在一定外界温度下通过强极化电场的作用，按外加电场的方向整齐排列实现极化，极化后的陶瓷材料在撤去外界的极化电场后，其内部"电畴"的排列仍保持不变，具有很强的极化性，这时陶瓷材料就有了压电特性，可用作压力检测的传感元件。

由压电陶瓷制成的压电传感元件受到外部压力作用时产生压缩变形，陶瓷内部束缚的电荷间距离变小，极化强度变小，其相对表面的自由电荷形成堆积，堆积电荷量与所施加的压力成正比，即有

$$Q = K_X S p \tag{2-33}$$

式中，K_X 为压电陶瓷的压电系数；S 为压电陶瓷的作用面积；p 为被测压力。通过测量电荷量即可知道被测压力的大小。压电式压力传感器输出的电荷量用电荷放大器或电压放大器进行放大，转换为与被测压力成比例的电压或电流信号输出。

2.3.3.5 振频式压力传感器

振频式压力传感器将弹性元件自由端位移变化转换为振动元件的振动频率变化，通过测量振动频率变化检测压力。根据振动元件不同，可分为振弦式、振筒式和振膜式等几种类型。下面以振弦式压力传感器为例来说明这种压力传感器的工作原理。

如图 2-34 所示，将一根拉紧的钢丝作为振弦固定在夹具上，下端振弦通过夹具与感受压力的弹性膜片相连。振弦中间有一个纯铁块置于永久磁场中。弹性膜片受被测压力 p 作用产生位移，导致振弦张力改变，绷紧的振弦受力激振，在惯性力和轴向力作用下开始简谐振动。若忽略阻尼，振弦的固有频率 f 为

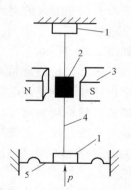

$$f = \frac{1}{2l}\sqrt{\frac{F}{\rho}} \tag{2-34}$$

式中，l 为振弦的长度；F 为振弦的张力；ρ 为振弦材料的线密度。当振弦的长度和材料结构不变时，振弦的固有频率 f 只与振弦所受的张力 F 有关。当被测压力 p 变化时，弹性膜片发生微小位移导致振弦所受张力 F 改变，两者之间的关系可表示为

$$F = \beta p \tag{2-35}$$

图 2-34 振弦式压力
传感器测量原理
1—夹具 2—纯铁块
3—永久磁钢 4—振弦
5—弹性膜片

式中，系数 β 与振弦长度、材料的弹性模量、弹性膜片厚度及有效的工作半径有关。这样振弦的固有频率 f 可表示为

$$f = \frac{1}{2l}\sqrt{\frac{\beta p}{\rho}} \tag{2-36}$$

从式（2-36）可看出，只要测出振弦的固有频率 f，就可知道被测压力的大小。当放置在磁场中的振弦发生振动并切割磁力线时，所产生感应电动势的频率与机械振动频率 f 相等，测出感应电动势的频率即可得出被测压力 p。

振弦式压力传感器输出感应电动势的频率可用直读法或比较法测量，用频率计直接测量出传感器频率称为直读法；用可调标准振荡器输出频率和传感器频率相等，由此得出传感器频率的方法称为比较法。测压的关键是激发振弦振动的固有频率，常用的激振方式有连续激振、线圈激振和间歇激振等。

振弦式压力传感器振弦应选用抗张强度高、有良好导电和导磁性能、线膨胀系数小、弹性模量温度系数小及性能稳定的材质。振弦式压力传感器检测灵敏度和精度高，由于输出为频率信号，抗干扰能力强、零漂小、温度特性好、性能稳定，特别适用于在恶劣环境下的长期使用。

2.3.4　智能式差压变送器

智能式差压变送器的精度、可靠性、稳定性均优于模拟式差压变送器，除检测功能外，还具有静压、温度补偿、计算、显示、报警、控制、诊断等功能；可以输出模拟和数字信号，可通过现场总线与上位机连接。

3051 型差压变送器是美国罗斯蒙特公司的一款两线制智能差压变送器，有电容式和压电式两种。图 2-35 是 3051C 电容式变送器的组成原理框图。

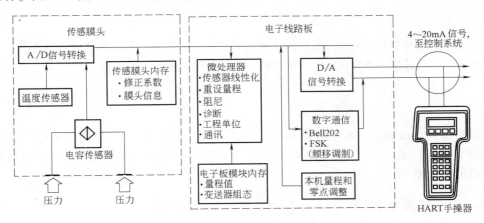

图 2-35　3051C 电容式变送器的原理框图

该变送器采用高精度电容式压力传感器，同时配置温度传感器，用于修正工作环境温度变化导致弹性元件性能变化引起测量误差。传感器测量信号经 A/D 转换后送入微处理器，微处理器完成输入信号的线性化、温度补偿与自诊断等处理，将符合 HART 协议的数字信号叠加在 4~20mA 直流信号线上与上位机通信。HART 手操器可跨接在信号线上，读取变送器的输出信号、对变送器进行组态，也可通过支持 HART 协议的上位机完成对变送器的组态。

组态包括两部分：一部分是变送器参数的设定，包括测量范围、线性或二次方根输出、阻尼时间、工程单位选择等；另一部分是变送器的物理参数和初始参数设定，包括日期、描述符、标签、法兰材质等。

2.4 流量检测及仪表

在连续生产过程中，流量是判断生产状况、衡量设备效率和经济效益的重要指标，对流量的检测是企业能源和物料管理的重要手段。例如在火电厂的热力过程，为了有效地进行生产操作和工艺控制，需要连续监测水、汽、煤和油等的流量或总量；在锅炉运行中，对瞬时给水流量的检测也十分关键，瞬时给水流量减少或中断可能会造成爆管或干锅等严重事故。另外，流量也是产品计量和经济核算的重要手段。

2.4.1 基本概念

流量是指单位时间内流过管道某一截面的流体量，也称为瞬时流量。流量可以用质量表示，也可以用体积表示。单位时间内流过的流体以质量表示时称为质量流量（符号 Q_m 表示），以体积表示时称为体积流量（符号 Q_v 表示）。

质量流量常用的计量单位为 kg/s（千克/秒）、kg/h（千克/小时）、t/h（吨/小时），体积流量常用的计量单位为 L/s（升/秒）、L/min（升/分）、m^3/h（立方米/小时）。当流体密度为 ρ 时，体积流量与质量流量之间的关系可表示为

$$Q_m = Q_v \rho \quad 或 \quad Q_v = \frac{Q_m}{\rho} \tag{2-37}$$

除了上述瞬时流量外，把某一段时间内流过管道流体流量的总和，即瞬时流量在某一段时间内的累计值，称为总量。总量在数值上等于瞬时流量对时间的积分或累加，数学表达式可表示为

$$Q_总 = \int_{t_1}^{t_2} Q dt \quad 或 \quad Q_总 = \sum_{i=1}^{n} Q_i \Delta t \tag{2-38}$$

流量的检测方法较多，检测原理和所应用的仪表（流量计）结构形式各不相同。按检测原理分有节流式、速度式、容积式、电磁式、质量式等；按输出信号的类型分有脉冲频率输出型和模拟输出型等。

2.4.2 差压式流量检测

差压式流量检测是基于流体流动的节流原理，利用节流元件前后的压差检测流量，是目前工业生产中气体、液体流量最常用的检测方法之一。差压式流量计通常由节流装置和差压计两部分组成，其中节流装置包括节流元件和取压装置，节流元件是使管道中的流体产生局部收缩的元件，如孔板、喷嘴、转子等。图 2-36 所示是常见的使用孔板作为节流元件的实际例子。

流动流体的能量有静压势能和动能两种形式，流体因为有压力而具有静压势能，又因为流体有流动速度而具有动能，这两种形式的能量在一定条件下可以互相转化。在没有外部能量输入情况下，根据能量守恒定律，流体动能增加，静压势能必然减小，因此在流束的截面积收缩到最小处时，流速达到最大值，压力必然降至最低点。

图 2-36 中，在管道中插入一片中心开孔的圆盘，当流体经过这个孔板时，流体流束截

面积缩小，流动速度加快，压力下降。依据伯努利方程，在水平管道上，孔板前面稳定流动段 Ⅰ—Ⅰ 截面上的流体压力 p_1'、平均流速 v_1 与流束收缩到最小截面的 Ⅱ—Ⅱ 处的压力 p_2'、平均流速 v_2 之间必然存在如下关系：

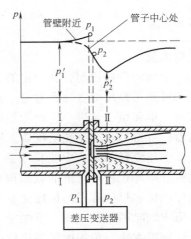

$$\frac{p_1'}{\rho_1 g}+\frac{v_1^2}{2g}=\frac{p_2'}{\rho_2 g}+\frac{v_2^2}{2g}+\xi\frac{v_2^2}{2g} \tag{2-39}$$

式中，ξ 表示流体在截面 Ⅰ—Ⅰ 与 Ⅱ—Ⅱ 间的动能损失系数；g 为重力加速度；ρ_1、ρ_2 分别表示流体在截面 Ⅰ—Ⅰ 和 Ⅱ—Ⅱ 处的密度，如果流体不可压缩，那么 $\rho_1=\rho_2=\rho$ 成立。

由流体流动的连续性方程可知，流过管道的流体体积流量为

$$Q_v=v_1 S_1=v_2 S_2 \tag{2-40}$$

图 2-36　差压流量计原理图

式中，S_1、S_2 分别为流体在截面 Ⅰ—Ⅰ 和 Ⅱ—Ⅱ 处的流束截面积，S_1 等于管道的截面积。

求解联立方程式（2-39）和式（2-40）可得

$$v_2=\frac{1}{\sqrt{1-\left(\dfrac{S_2}{S_1}\right)^2+\xi}}\sqrt{\frac{2}{\rho}(p_1'-p_2')} \tag{2-41}$$

直接按式（2-41）计算流速比较困难。因为 p_2' 和 S_2 都要在流束截面收缩到最小的位置测量，该位置随流速不同而改变。实际测量中只能用固定取压点测定的压差代替式中的 p_1' 和 p_2'。工程上常取紧挨孔板前后的管壁压差 (p_1-p_2) 代替 $(p_1'-p_2')$，它们之间的关系可用系数 φ 表示。

$$\varphi=\frac{p_1'-p_2'}{p_1-p_2} \tag{2-42}$$

此外，为简化计算，引入截面收缩系数 μ 和孔板口相对管道的面积比系数 m。

$$\mu=\frac{S_2}{S_0},\quad m=\frac{S_0}{S_1} \tag{2-43}$$

这里 S_0 是孔板的开孔面积。将这些关系代入式（2-41），可得

$$v_2=\sqrt{\frac{\varphi}{1-\mu^2 m^2+\xi}}\sqrt{\frac{2}{\rho}(p_1-p_2)} \tag{2-44}$$

将式（2-44）代入体积流量式（2-40）可得

$$Q_v=v_2 S_2=v_2\mu S_0=\mu S_0\sqrt{\frac{\varphi}{1-\mu^2 m^2+\xi}}\sqrt{\frac{2}{\rho}(p_1-p_2)} \tag{2-45}$$

令

$$\alpha=\mu\sqrt{\frac{\varphi}{1-\mu^2 m^2+\xi}} \tag{2-46}$$

α 称为流量系数。这样

体积流量
$$Q_v = \alpha S_0 \sqrt{\frac{2}{\rho}(p_1 - p_2)}$$
(2-47)

质量流量
$$Q_m = \rho Q_v = \alpha S_0 \sqrt{2\rho(p_1 - p_2)}$$
(2-48)

　　上面的分析说明，在一定的条件下，流体的流量与节流元件前后压差的平方根成正比。因此可使用差压变送器测量这一差压，经开方运算后得到流量信号。由于这种变送器需要量较大，单元组合仪表中生产专用仪表，将开方器和差压变送器结合成一体，称为差压流量变送器，可直接和节流装置配合，输入差压信号，输出流量信号。

　　上述流量关系式中流量系数 α 与多个因素有关。流量系数的大小与节流装置的形式、孔板开口面积相对管道的截面积比 m 及取压方式密切相关，因此节流元件和取压方式都必须标准化。目前常用的标准化节流元件除孔板外，还有压力损失较小的喷嘴和文丘利管等；取压方式除图 2-36 所表示的在孔板前后端面处取压的角接取压法外，还有在孔板前后法兰上取压等方法。角接取压法比较简单，测量精度高，而法兰取压流量测量精度相对前者要低一些。

　　流量系数 α 与管壁的粗糙度、孔板边缘的尖锐度、流体的黏度、温度及可压缩性等相关，也与流体流动状态有关。流体力学中常用雷诺数 Re 反映流体流动状态。

$$Re = \frac{vD\rho}{\eta}$$
(2-49)

式中，v 为流速；D 为管道内径；ρ 为流体密度；η 为流体动力黏度。Re 是一个无因次量，实验表明，只有 $Re > 10^5$ 时差压流量计 α 为常数。使用差压流量计时只要查阅有关手册，按照规定的标准安装节流装置，便可使用标准的流量系数。

　　差压流量计在较好的情况下测量精度为 $0.5\% \sim 1\%$，由于雷诺数及流体温度、黏度、密度等的变化，以及孔板边缘的腐蚀磨损，因此精度常低于 2%。

2.4.3　转子流量检测

　　转子流量计的基本结构如图 2-37 所示，转子在垂直锥形管中随流体流量变化而升降。转子流量计根据转子与锥形管之间的环形流通面积变化测量体积流量，特别适合于 $10 \sim 150mm$ 的中小管径和每小时几升的小流量测量，其本质上也是根据节流原理测量流体体积流量。

　　在图 2-37 中，一个能上下浮动的转子被置于圆锥形测量管中，当被测流体自下而上通过锥形管时，由于转子的节流作用，转子上下出现压差 Δp，此压差对转子产生一个向上的推力，当向上的推力等于转子重力时，转子便悬浮、停留在测量管中的平衡位置。在转子侧面开几条斜形槽沟，流体流经转子时，作用在斜槽中的力使转子绕中心旋转并稳定居中，以保证转子在锥形管上下移动时不碰到管壁，因而称为转子流量计。

　　转子平衡时，压差 Δp 产生的向上推力等于转子的重力，根据平衡条件可知

$$\Delta p = \frac{(\rho_1 - \rho_2)gV}{S}$$
(2-50)

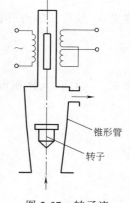

图 2-37　转子流量计结构

式中参数均为常数，即转子平衡时 Δp 为恒值；S 为转子的最大横截面积；ρ_1 为转子材质的密度；ρ_2 为被测流体的密度；g 为重力加速度；V 为转子的体积。转子稳定时转子前后的压降不变，因此转子流量计又称为恒压降流量计。

转子也属于节流元件，流量的计算公式

$$Q_v = \alpha S_0 \sqrt{\frac{2}{\rho}(p_1 - p_2)} = \alpha S_0 \sqrt{\frac{2}{\rho_2}\Delta p} \tag{2-51}$$

式中，S_0 为圆锥形测量管与转子之间环形间隙的流通面积。由于圆锥形测量管由下往上逐渐扩大，所以 S_0 与转子浮起的高度 H 成比例，比例常数为 K。

$$S_0 = KH \tag{2-52}$$

将式（2-50）、式（2-52）代入式（2-51）中，有

$$Q_v = \alpha K H \sqrt{\frac{2(\rho_1 - \rho_2)gV}{\rho_2 S}} = K_v H \tag{2-53}$$

式中，K_v 为常数。因此可知流量 Q_v 与转子的高度成正比。故可从转子的平衡位置高低直接读出流量，或用位置传感器（如差动变压器）将转子位置转换为电信号放大输出。

2.4.4 椭圆齿轮流量检测

椭圆齿轮流量计采用容积式流量检测，其基本结构如图 2-38 所示。

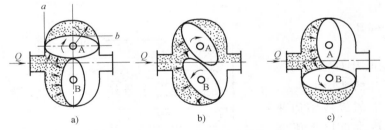

图 2-38 椭圆齿轮流量计结构图

在金属壳体内有一对啮合的椭圆形齿轮 A 和 B（齿较细，图中未画出），椭圆齿轮与壳体之间形成测量室。当流体自左向右通过时，在输入压力的作用下产生力矩，驱动齿轮转动。在图 2-38a 位置时，A 轮左下侧压力大、右下侧压力小，产生的力矩使 A 轮做顺时针转动，它把 A 轮与壳体间半月形测量室内的流体排出出口，并带动 B 轮转动；在图 2-38b 位置时，A 和 B 两轮都有转动力矩，继续转动，并逐渐将 B 轮与壳体间的半月形测量室充满流体；到达图 2-38c 位置时，A 和 B 两轮都转动了 1/4 周期，排出了 1 个半月形容积的流体。此时，作用于 A 轮上的力矩为零，但 B 轮的左上侧压力大于右上侧，产生的力矩使 B 轮成为主动轮，带动 A 轮继续旋转，把 B 轮与壳体间半月形测量室内的流体排至出口。这样椭圆齿轮每转 1 周，向出口排出 4 个半月形容积的流体，故通过齿轮的转数可计算出介质的数量，椭圆齿轮流量计的体积总量为

$$Q_v = 4nV_0 \tag{2-54}$$

式中，n 为椭圆齿轮转速；V_0 为半月形测量室容积。将上式 n 换为总转数，就可得到 $Q_{总}$。

由于椭圆齿轮流量检测是直接按照固定的容积计量流体流速（量），测量精度与流体的流动状态无关，被测流体黏度越大，齿轮间隙中的泄漏量越小，测量误差越小，特别适宜于高黏度流体的测量。只要加工精确，配合紧密，便可得到极高的精度，一般可达0.2%，故常作为标准表及精密测量之用。但要求被测流体中不能有固体颗粒，否则很容易将齿轮卡住或引起严重磨损。此外，如果椭圆齿轮的工作温度超出规定范围，可能会因热胀冷缩发生齿轮卡死无法控制或出现泄漏使测量误差增大。

2.4.5　涡轮流量检测

涡轮流量检测是利用置于流体中的涡轮转速与流体速度成比例的关系，通过检测涡轮转速来间接测得通过管道的体积流量。涡轮流量检测是目前流量检测技术中较成熟的高精度测量方法，测量精度可达0.5级，在化工、石油等行业中得到广泛应用。涡轮流量计结构如图2-39所示，其中，壳体起到固定安装测量部件、连接管道的作用；导流器安装在进出口处，对流体起导向整流作用，避免流体自旋而改变流体对涡轮叶片的作用角，影响测量精度；涡轮是流量计的测量元件，将流体流速转换为涡轮转速；支承部件起到支承传感器和保证涡轮自由旋转，感应线圈将涡轮转速转换为电脉冲信号。

涡轮的轴装在管道中心线上，流体轴向流过涡轮时，推动叶片，使涡轮转动。如果忽略机械摩擦阻力矩，则涡轮转动的角速度为

$$\omega = \frac{\tan\beta}{r}v \qquad (2\text{-}55)$$

式中，β为涡轮叶片对轴线的倾角；r为涡轮叶片的平均半径；v为作用于涡轮上的流体轴向速度，可见涡轮转速正比于流体流速。

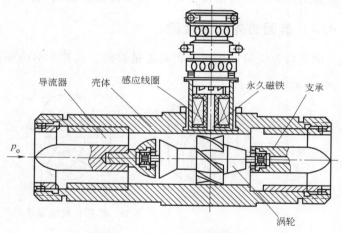

导流器　壳体　感应线圈　永久磁铁　支承　涡轮

图2-39　涡轮流量计结构原理图

如图2-39所示，涡轮转速通过感应线圈测量。涡轮叶片用导磁材料制成，在非导磁材料做成的导管外面安装一组套有感应线圈的磁铁，磁力线能够穿入导管。涡轮旋转时，每当叶片经过磁铁下面就会改变磁路的磁通量，磁通量变化使感应线圈感应出电脉冲。在一定流速范围内，产生的交流电脉冲信号的频率为

$$f = \frac{\omega}{2\pi}Z \qquad (2\text{-}56)$$

式中，Z为涡轮上的叶片数。而管道内流体的体积流量为

$$Q_v = Sv \qquad (2\text{-}57)$$

式中，S为涡轮处的有效流通面积。根据上述关系式可得单位体积流量通过涡轮流量计时输出的信号脉冲频率为

$$f = \frac{Z\tan\beta}{2\pi rS}Q_v = NQ_v \qquad (2\text{-}58)$$

式中，N 为仪表常数。涡轮流量计每通过单位体积的流体，会产生 N 个电脉冲信号，再配用脉冲计数器可计算出一定时间内的流体总量。使用频率/电流转换仪表可将脉冲信号转换成电流信号。

为保证流体沿轴向推动涡轮，在涡轮前后均装有导流器，使涡轮前后流体流向与轴向一致，避免流体自旋改变与叶片的作用角，影响测量精度。尽管如此，还要求在涡轮流量计前后均安装一段直管，上游直管长度应不小于管径的 10 倍，下游直管长度应不小于管径的 5 倍，以保证流体流动的稳定性。涡轮流量计刻度线性，反应迅速，可测脉冲流量。但这种流量计只能在清洁流体中使用，因为它内部有转动部件，易被流体中的颗粒等杂物堵塞。

2.4.6 电磁流量检测

电磁流量检测根据法拉第电磁感应定律进行导电液体流量检测，即利用导电液体通过磁场时在两固定电极上感应出的电动势测量流速，不能检测气体、蒸汽和非导电液体流量，工作原理如图 2-40 所示。

在一段不导磁的测量管两侧装上一对电磁铁，在与磁场垂直方向管壁上，有一对与液体接触的电极。被测液体由管内流过时，将流动的液体当作切割磁力线的导体，根据电磁感应定律，与液体接触的两电极间产生的感应电动势为

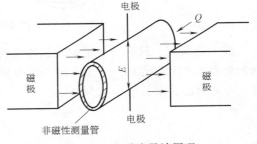

图 2-40 电磁流量计原理

$$E = Bdv_{均} \qquad (2\text{-}59)$$

式中，B 为磁场强度；d 为管道直径，也就是切割磁力线的导体长度；$v_{均}$ 为管内液体的平均流速。则体积流量与流速的关系为

$$Q_v = \frac{\pi d^2}{4}v_{均} = \frac{\pi d}{4B}E = NE \qquad (2\text{-}60)$$

式中，N 为仪表常数，在 d 确定和 B 不变时，体积流量 Q_v 与感应电动势 E 大小成正比，且不受流体的温度、压力、密度、黏度等参数影响。实际电磁流量计流量电动势只有几到几十毫伏。为避免电极在直流电流作用下发生极化，同时也为避免接触电动势等直流干扰，管道外的磁铁都使用交流励磁。获得的流量电动势也是交变的，经过交流放大，再转换成直流信号输出。

电磁流量计常用于检测导电液体流量，被测液体的电导率应大于水的电导率（100μS/cm），不能测量油类或气体的流量。电磁流量计的优点是管道中不设任何节流元件，不会造成压力损失，可测量各种高黏度的导电液体，特别适合测量含有纤维和固体颗粒的导电液体。测量精度为 0.5%~1%，刻度线性，反应速度快，可测量水平或垂直管道中来回两个方向和脉动导电液体流量。

2.4.7　旋涡式流量检测

旋涡式流量检测是20世纪60年代后期发展的一类新型流量检测方法，根据旋涡形式的不同可分为两种：一种是在管道内沿轴线方向设置螺旋形导流片，引导流体围绕轴线旋转形成旋进旋涡，通过测量旋进旋涡的角速度（旋进频率）测定流量，称为旋进型旋涡流量计；另一种是在管道内横向设置阻流体，流体绕过阻流体时，在下游形成两排交替的旋涡列，通过测量旋涡产生的频率测定流量，称为卡曼型旋涡流量计或涡街流量计。下面介绍涡街流量计的工作原理。

如图2-41所示，在管道内径向设置一根非流线形阻流体，当流体遇到阻流体时，在阻流体的上下两侧形成两排内旋、交替出现的旋涡列，旋涡在行进过程中逐渐衰减直至消失。由于这两排旋涡很像街道两边的路灯，故称"涡街"，又因此现象首先由卡曼（Karman）发现，故也称"卡曼涡街"。

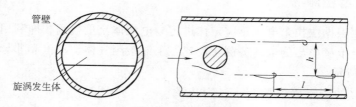

图 2-41　卡曼涡街

据卡曼研究，只有当产生的旋涡排成两列，并且两列旋涡之间的宽度 h 与同列两相邻旋涡的距离 l 之比满足 $h/l = 0.281$ 时，旋涡列才是稳定的。此时，旋涡产生的频率 f 与流体流速 v 有确定的关系，可表示为

$$f = S_t \frac{v}{d} \tag{2-61}$$

式中，d 为阻流体的特征尺寸，对圆柱形阻流体来说，d 就是圆柱体直径；S_t 称为斯特劳哈尔（Strouhal）系数。它与阻流体形状以及阻流体与管道尺寸的比值有关，还与流体流动状态有关，因此阻流体形状、尺寸必须特别设计。目前常用的阻流体形状有圆柱体、三角柱体和方柱体。它们的特点分别为：圆柱体压力损失小，但旋涡偏弱；三角柱体旋涡强烈稳定，压力损失适中；方柱体旋涡强烈，压力损失较大。

若管道的流通面积为 A，则体积流量为

$$Q_v = Av = A\frac{d}{S_t}f = Kf \tag{2-62}$$

式中，K 称为比例系数。可见体积流量 Q_v 与旋涡频率 f 成正比。只要测出旋涡频率便可知道流体体积流量。

旋涡频率的检测方法有热敏式、电容式、应力式、超声式、光电式、电磁式等多种方法。图2-42所示为二种热敏式检测法的原理图。

如图2-42所示，在阻流体两侧交替产生旋涡时，阻流体两侧流体流速和压力会发生周期性变化。在三角柱体内腔正面两侧粘贴两个半导体热敏电阻，加上恒定电流后热敏电阻自身温度会升高，其散热途径主要靠三角柱体外的流体。当某一侧产生旋涡时，流体的流速较低，使该侧热敏电阻散热速度减慢，温度较高，阻值较另一侧热敏电阻偏低。把这两个热敏

电阻接在电桥的两臂，便可由桥路获
得与旋涡频率相同的脉冲电压信号。

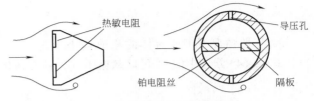

图 2-42　热敏式检测法原理图

检测旋涡也可以在阻流圆柱体内
腔安置一个铂丝电阻，加上恒定电流
后产生的热量使电阻丝温度比腔外流
体温度高（控制在高 20℃ 左右）。当某
一侧产生旋涡时，流体流速降低，静
压比另一侧高，使一部分腔外流体由导流孔进入内腔，向未产生旋涡的一侧流动，经过铂电
阻丝时带走热量，使铂电阻温度降低，电阻减小；随后旋涡离去，铂电阻温度又逐渐回升。
这样，每产生一个旋涡，铂电阻就变小一次，把这个铂电阻接在电桥的一臂，便可由桥路获
得与旋涡频率相同的脉冲电压信号，最终达到测流量的目的。

此外，在图 2-41 中，可在有旋涡的管道上下管壁外安装超声波发射和接收装置，将超
声波束由一侧发射穿透流体，到达另一侧的接收器。超声波发射器在工作时会发出幅度恒定
的超声波，若超声波经过的途径上没有旋涡，则接收器收到的超声波强度恒定；若有旋涡进
入超声波束行进的途径，超声波波束会被散射而使接收器接收到的超声波强度减弱，因此可
根据接收到的超声波强弱变化频率，测得旋涡频率。

涡街流量计的特点是精确度比较高、测量范围宽（量程比可达 10∶1 或 20∶1）、管道内没
有可动元件、可靠性高、压力损失小、结构简单牢固、安装维护方便；可用于液体、气体、蒸
汽和部分混相流体的流量测量；输出为脉冲频率与被测流体的体积流量成正比，方便进行总量
计算；输出频率信号不受流体密度、黏度、压力、温度等影响，一次标定后，无须再修正。

为了保证流量测量准确性，要求管道内流体流速均匀，流量计上下游应有足够的直管长
度，一般旋涡发生体上游直管长度大于管道直径 10 倍、下游直管长度大于管道直径 5 倍。

2.4.8　超声波流量检测

超声波流量计通过超声波发射器产生超声波，以一定的方式穿过流动流体，被接收器接
收后，经过信号处理得出流体流速，流速与管道截面积相乘可得出体积流量。超声波流量计
在封闭管道内按照测量原理不同有多种测量方法，如传播时间法、多普勒效应法、波束偏移
法、相关法等，其中传播时间法是根据声波在流体中的传播速度顺流时增大、逆流时减小的
原理测量流速。按照测量参数的不同，可分为时差法、相位差法和频差法。图 2-43 为时差
法的测量原理。

如图 2-43 所示，设超声波在静止流体中传播速度为 c，流体流速为 v，在管道中安装两
对传播方向相反的超声波收发器，收发器之间的距离为 L。当超声波在流体中的传播方向和
流体流动方向相同时，传播速度为 $(c+v)$，若二
者方向相反时，传播速度为 $(c-v)$，则超声波从
发射器 T_1 到接收器 R_1 所需时间 t_1，发射器 T_2
到接收器 R_2 所需时间 t_2 分别为

$$t_1 = \frac{L}{c+v} \qquad t_2 = \frac{L}{c-v} \qquad (2\text{-}63)$$

两者的时间差为

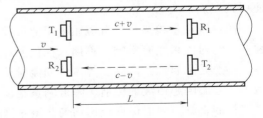

图 2-43　时差法测量原理

$$\Delta t = t_2 - t_1 = \frac{2Lv}{c^2 - v^2} \approx \frac{2Lv}{c^2} \tag{2-64}$$

由于一般情况下工业流体的流速远小于超声波在静止流体中的速度（$c > 1000\text{m/s}$），即 $v \ll c$，式（2-64）分母中的 v^2 可以忽略不计，被测流体流速为

$$v \approx \frac{c^2}{2L}\Delta t \tag{2-65}$$

如果超声波收发器倾斜安装在管道外侧，如图2-44所示。

这时可用两对收发器，两只发射、两只接收；也可以用一对收发器，互为发射与接收。此时，超声波在流体中传播方向与管道轴线成 θ 角，式（2-65）变为

$$v = \frac{c^2 \tan\theta}{2D}\Delta t \tag{2-66}$$

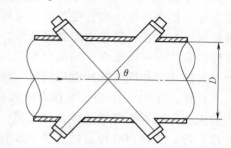

图2-44 超声波换能器的安装

式中，D 为管道直径，这样测出流速 v 便可计算出流量。但时差测量法有两个难点，一是声速 c 受温度影响会变化，二是时间差数值很小（$\Delta t < 1\mu s$），很难精确测量。

相位差法是连续发射频率为 f 的超声脉冲，在顺流和逆流发射时所接收到的信号之间存在相位差 $\Delta\varphi = 2\pi f\Delta t$，测出相位差便测出流速

$$v = \frac{c^2 \tan\theta}{4\pi fD}\Delta\varphi \tag{2-67}$$

相位差法和时差法相比，相位差数值比时差值大一些，但上式中含有声速 c，测量精度仍然受温度影响。

频差法是根据超声脉冲在顺流、逆流时的重复频率差测量流速。测量时由发射器发射一个脉冲，经过流体传播，此信号被接收器接收后，再触发发射器发射第二个脉冲，如此循环，两组发射-接收的循环频率 f_1 和 f_2 的频率差值 Δf 为

$$\Delta f = \frac{c+v}{L} - \frac{c-v}{L} = \frac{2v}{L} \tag{2-68}$$

则流速为

$$v = \frac{L}{2}\Delta f \tag{2-69}$$

由式（2-69）可知，用频差法测量流速不受超声波声速变化的影响，只要测出两组脉冲循环频率之差，即可测得流体流速，而流速乘以管道截面积则可得到流体体积。测量精度高，使用较多。

超声波流量检测技术既应用于工业过程测量，也广泛地应用在河流、海洋观测和医疗等领域，它对流束没有影响，不插入任何元件，为非接触式测量，无压力损失，可用于任何流体，甚至是强腐蚀、高黏度等流体的流量检测，也可检测气体流量。当流体中含有杂质或气泡时，会影响超声波的传播，降低测量精度，因此要求被测流体清洁；要求测量管前后要有足够长的直管段，以保证流速均匀。测量液体流量精度可达0.2级，测量气体流量精度可达0.5级，量程范围可达20：1。

2.4.9　质量流量检测

在电力、石化、食品、制药等流程工业生产中，涉及物料平衡、热量平衡、燃烧过程中的燃料与助燃空气配比等过程都需要检测流体的质量流量。质量流量是指在单位时间内，流经管道截面处流体的质量。

质量流量检测有直接和间接两种方式。直接式是指测量元件的输出信号直接反映被测流体质量流量的大小，理论上不受流体温度、压力、黏度和密度等参数影响。按照不同测量方法可分为差压式直接质量流量计、科里奥利质量流量计、热式质量流量计、冲量式质量流量计等。间接式是指除了测量流体体积流量外，还对流体密度进行测量，或对流体温度和压力进行测量，再换算出对应的密度值，最终将体积流量与密度相乘得出质量流量。按照不同的检测原理可分为推导式质量流量计和补偿式质量流量计两种。下面以直接式的热式质量流量计为例来说明质量流量检测的工作原理。

热式质量流量计主要用于测量气体质量流量，重复性较好、流量测量范围宽、压力损失较小、可测量中高流速的气体，组成简单、运行可靠，测量时需进行温度补偿，多应用于煤粉燃烧过程燃料与空气配比控制、污水处理中气体流量测量、锅炉进风量控制等流程工业和环保行业。热式质量流量计工作原理是根据流体流过被加热管道时产生的温度场变化进行流体质量流量测量，或利用加热流体时流体温度上升到某值所需能量与质量流量之间的关系进行测量，可分为侵入式、边界层式和热分布式。

热式质量流量计的工作原理如图 2-45 所示，在检测金属细管外安装两个铂电阻 R_1 和 R_2 以及加热器 R_3，当流经金属管内的流体静止时，电桥处于平衡状态，当流体在金属管内流动时，温度场会产生变化，在桥臂上的铂电阻 R_1 和 R_2 的阻值同时发生变化，电桥产生不平衡电压，测得输出电压即可知道 R_2 与 R_1 的温差 ΔT，从而计算出被测流体的质量流量。

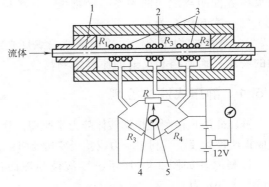

图 2-45　热式质量流量计工作原理
1—金属细管　2—加热线圈　3—测温线圈
4—调零电阻　5—输出电压

热式质量流量检测中被测流体的质量流量为

$$Q_\mathrm{m} = \frac{W}{c\Delta T} \qquad (2\text{-}70)$$

式中，W 为加热器的功率；c 为被测流体的定压比热，ΔT 为加热器前后的温度差。当功率恒定时，测量温度差即可推出质量流量；当温度差恒定时，测量热量的输入功率 W 即可推出质量流量。

2.5　物位检测及仪表

物位的高低是生产过程的重要参数。例如在火力发电厂中，需要对汽包水位、除氧器水位等进行检测与控制，一旦水位超出安全范围，汽包出现"满水"或"干锅"，会导致含水蒸气冲击汽轮机或水冷壁大面积损坏事故，严重危及汽轮机或锅炉的运行安全。因此对物位的检测与控制是保证生产过程正常进行的重要环节。

存储罐等容器中液体的储存高度称为液位；仓库、堆场等储存固体或颗粒状物质的堆积高度和表面位置称为料位；两种密度不同、互不相溶液体介质分界面的位置称为界位，而物位是液位、料位和界位的统称。

实际生产中物位种类繁多，检测原理和环境条件也有很大区别，对物位检测仪表的要求不同，按照工作原理可以将物位检测分为以下几种。

(1)静压式物位检测　根据容器底部压力与液面高度成正比的原理间接检测液位的高低，该类检测仪表可分为压力式、差压式等，适用于液位检测。

(2)浮力式物位检测　根据浮标漂浮高度随液位高低而改变，或根据浮筒在液体内浸没的程度不同而受浮力随液位高度而变化的原理检测容器中的液位，该类检测仪表可分为恒浮力式液位计、变浮力式液位计，适用于液位检测。

(3)电气式物位检测　采用敏感元件将物位的变化转换为电参数的变化，通过检测电参数变化达到测量物位的目的，该类检测仪表可分为电阻式、电容式和电感式等。

(4)核辐射式物位检测　根据核辐射线穿透物料时，不同厚度物料的透射核辐射线强度不同的原理进行检测。工程中应用较多的是穿透能力强的 γ 射线。

(5)超声波式物位检测　根据从发射超声波波头到接收到反射回波波头之间的时间间隔与反射界面距离之间的关系检测物位。该类检测仪表依照超声波不同的传播介质可分为液介式、气介式和固介式。

(6)光学式物位检测　采用普通白炽灯光或激光等作为光源，根据光波在传播中可被不同的物质界面遮挡和反射的原理检测物位。

2.5.1 静压式液位检测

静压式液位检测是根据液体静力学原理：静止液体内某一点的静压力与这一点之上的液柱高度成正比检测液位。利用压力或差压变送器将液位转换成电信号输出。

检测原理如图 2-46 所示，零液位与液面液位高度 H 之间所产生的静压差 Δp 为

$$\Delta p = p_{液} - p_{气} = H\rho g \tag{2-71}$$

式中，$p_{气}$ 为容器上部气体空间的压力；$p_{液}$ 为零液位处的压力；ρ 为被测液体的密度；g 为重力加速度。从式 2-71 可看出，在液体密度一定的情况下，测出静压差 Δp 或零液位处的压力 $p_{液}$ 即可检测出液位高度 H。

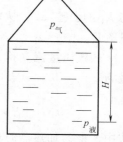

图 2-46　静压式液位计
工作原理

压力式液位计就是根据测压仪表所测压力的大小检测容器液位的高低，适合敞口容器的液位检测，此时 $p_{气}$ 为大气压力，在容器底侧面液位零点处引出压力信号 $p_{液}$，压力变送器指示的表压力即为液位 H 产生的静压。

对于密封容器，可用差压式液位计来检测液位，如图 2-47 所示。用引压管将容器底部侧面与差压计的正压室相通，顶部与负压室相通，容器上部空间的气体压力为 $p_{气}$。由差压计测出的静压差为

$$\Delta p = p_1 - p_2 = H\rho g + p_气 - p_气 = H\rho g \tag{2-72}$$

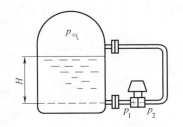

图 2-47 差压式液位
计工作原理

即 Δp 与 H 成正比。若变送器的输出为 4~20mA，则 Δp 为零时变送器对应的输出为 4mA，Δp 为仪表最大量程时对应的输出为 20mA，一般将这种情况称为"无迁移"。当然在不同条件下，差压式液位计存在零点负迁移或正迁移问题。

当容器中的被测液体具有腐蚀性或含有固体颗粒时，为防止堵塞或腐蚀变送器和引压管，在变送器正、负压室与取压点之间分别装有隔离罐，罐内部充有隔离液，密度为 $\rho_隔$，如图 2-48a 所示，差压式液位计的差压为

$$\begin{aligned}\Delta p = p_1 - p_2 &= (\rho_隔 gh_1 + \rho_液 gH + p_气) - (\rho_隔 gh_2 + p_气)\\&= \rho_液 gH - \rho_隔 g(h_2 - h_1)\end{aligned} \tag{2-73}$$

其中正、负压室的压力分别为 p_1 和 p_2，被测液体的密度为 $\rho_液$，隔离罐与正负压室隔离液位高度分别为 h_1 和 h_2。由式（2-73）可知，当被测液体的高度 H 为零时，差压式液位计的差压 Δp 为负值，导致变送器不能正常工作，因此需要在变送器上调整迁移量 $\rho_隔 g(h_2 - h_1)$ 且为负值，这种迁移称为负迁移。

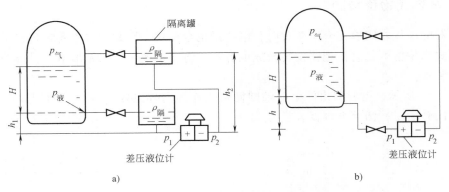

图 2-48 差压式液位计零点迁移原理
a) 负迁移 b) 正迁移

负迁移主要出现在有可凝结蒸汽或需要采用隔离装置的液位检测系统中，而正迁移主要针对差压式液位计的安装位置和被测容器最低液位不在同一高度的情况，如图 2-48b 所示，差压计的安装位置与最低液位相差 h，则差压式液位计的差压为

$$\Delta p = \rho_液 g(H + h) \tag{2-74}$$

当被测液体的高度 H 为零时，差压式液位计的差压 Δp 为正值，因此需要在变送器上调整迁移量 $\rho_液 gh$ 且为正值。

例如，某差压液位计的测量范围为 0~120MPa，对应的输出从 4mA 变化到 20mA，这是无迁移的情况，如图 2-49 中曲线 A 所示。

在式（2-73）中，若 $H=0$ 时，固定压差为 $\Delta p = -\rho_隔 g(h_2 - h_1) = -30$MPa，那么应迁移变送器输出零点，使此时输出为 4mA，即负迁移将曲线 A 迁移至曲线 B，测量范围变为 −30~90MPa，但量程大小不变，只是向负方向迁移了一个固定值。同理正迁移是将曲线 A 迁移至曲线 C 的情况。

若被测液体有腐蚀性或易于堵塞管路时，可使用法兰式差压液位计防止引压管线被腐蚀或堵塞，图 2-50 所示为双法兰式差压液位计。

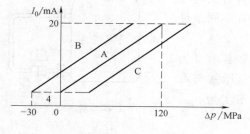

图 2-49　正负迁移特性

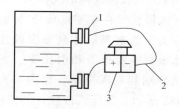

图 2-50　双法兰式差压液位计
1—法兰测量头　2—细管　3—变送器

法兰式测量用金属膜片作为压力传递元件直接与被测液体接触，经细管与变送器的测量室相通。在膜片、细管和测量室所组成的封闭系统内充有硅油，用于传递压力，避免易堵塞或腐蚀性物料进入管路与变送器。

2.5.2　电容式物位检测

电容器的极板之间填充介质变化时，电容量也会变化，因此测量电容量可得出物位的高低。电容式物位检测是直接把物位转换成电容量，再变换成统一的标准电信号传输给控制装置、显示装置。

如图 2-51 所示，电容器由两个同轴圆筒极板作为内外电极构成，在两圆筒间充以介电常数为 ε 的介质时，圆筒电容器容量 C 为

$$C = \frac{2\pi\varepsilon L}{\ln\dfrac{D}{d}} \tag{2-75}$$

式中，L 为圆筒电极高度；D、d 分别为外电极内径和内电极的外径，当 D 和 d 一定时，改变 L 或 ε 参数，会使电容量 C 发生变化。电极板间浸入物料的高度变化，必然导致电容量的变化，通过检测电容值变化可测出物位。

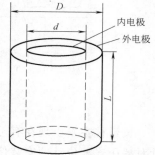

图 2-51　圆柱形电容器的结构

2.5.2.1　液位检测

用于非导电介质液位检测的电容式液位计原理结构如图 2-52 所示。

其中测量电容由作为内电极和外电极的同轴金属套筒构成，外电极上开很多小孔，保证介质能流进电极之间。当液位为零时，两极板间的介质为介电常数 ε_0 的空气，电容的表达式为

$$C_0 = \frac{2\pi\varepsilon_0 L}{\ln\dfrac{D}{d}} \tag{2-76}$$

当液位上升到 H 时，电容变为介电常数不同的上下两部分，上半部分电容的介质是空

气，下半部分电容的介质是液体，设其介电常数为 ε，两部分并联后的总电容量为

$$C=\frac{2\pi\varepsilon H}{\ln\dfrac{D}{d}}+\frac{2\pi\varepsilon_0(L-H)}{\ln\dfrac{D}{d}}=\frac{2\pi(\varepsilon-\varepsilon_0)H}{\ln\dfrac{D}{d}}+\frac{2\pi\varepsilon_0 L}{\ln\dfrac{D}{d}}\quad(2\text{-}77)$$

电容量的变化为

$$\Delta C=C-C_0=\frac{2\pi(\varepsilon-\varepsilon_0)H}{\ln\dfrac{D}{d}}=KH\qquad(2\text{-}78)$$

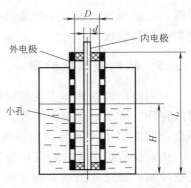

图 2-52　非导电介质液位检测

由式（2-78）可知，电容量的变化与液位高度 H 成正比，K 为比例常数，K 越大，仪表越灵敏。当 $(\varepsilon-\varepsilon_0)$ 值越大时，K 值越大；当电容器两极间的距离越小，即 D 与 d 越接近，K 值越大；不过 D 与 d 太接近时，粘稠液体对电极表面的粘附会造成虚假液位。

如果被测液体导电时，电极的构造就更简单。可用铜或不锈钢棒料，外面套上塑料管或搪瓷绝缘层，插在容器内，就成为内电极。若容器是金属制成的，那么外壳就可作为外电极，如图 2-53 所示。

当容器中没有液体时，内外电极之间的介质是空气和棒上的绝缘层，电容量很小。当导电的液体上升到高度 H 时，充液部分由于液体的导电作用，相当于将外电极由容器壁移近到内电极的绝缘层外侧，电容量大大增加，可以导出液位与电容变化量成比例关系。

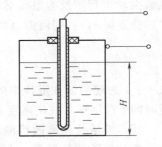

图 2-53　导电介质液位测量

2.5.2.2　料位检测

用电容法检测固体颗粒及粉料的料位时，由于固体颗粒及粉料容易堵塞外电极的流通孔，造成"滞留"。这时采用电极棒及容器壁组成电容器的两极检测非导电固体料位。

电容变化量的检测可用交流电桥法、充放电法、谐振电路法等。图 2-54 为充放电法检测电容值原理图。

用振荡器给测量电容 C_x 加上幅度为 ΔE、周期为 T 的恒定矩形波电压，若矩形波的周期 T 远大于充放电回路的时间常数，则每个周期 T 都有电荷 $q=C_x\Delta E$ 对 C_x 充电及放电，用二极管将充电或放电电流检波，用动圈电流表可测得平均电流

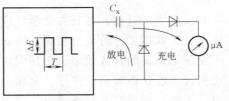

图 2-54　充放电法测电容值原理图

$$I=\frac{C_x\Delta E}{T}=KC_x\qquad(2\text{-}79)$$

这样，充电（或放电）的平均电流 I 与物位电容成正比，图 2-54 中微安表的读数可反映物位的高低。

使用电容式物位计测量非导电液体时，应注意介质浓度、杂质、温度变化对检测精度的

影响，及时调校仪表减小测量误差。被测液体为粘稠性质时应注意去除电极上的粘附物，以免影响检测精度。

2.5.3 超声波液位检测

利用超声波在液体中传播较好的方向性，且传播过程能量损失较少，遇到分界面时能反射的特性，可用回声测距原理，测定超声波发射后波头遇液面反射回来的时间，以确定液面高度。图 2-55 是超声波液位检测的工作原理图。

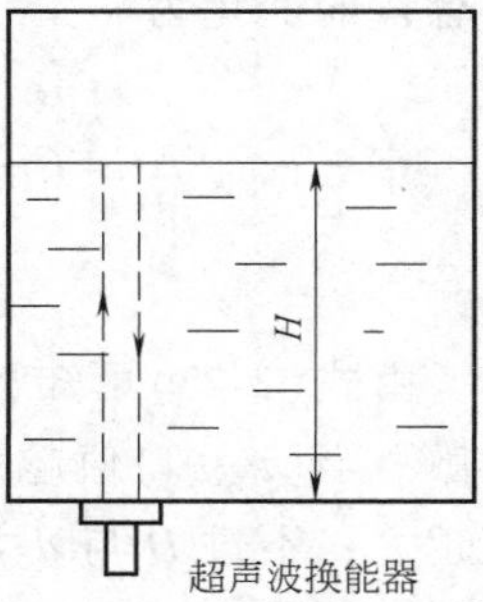

由锆钛酸铅或钛酸钡等压电陶瓷材料做成的换能器安装于容器底壁外侧。通过电路给换能器加一个时间极短的电压脉冲，换能器便将电脉冲转变为超音频的机械振动，以超声波的形式穿过容器底壁进入液体，向上传播到液体表面处被反射后，向下返回换能器。由于换能器的作用是可逆的，在反射波头返回时可作接收器用，将机械振动重新转换为电压脉冲。用计时电路测定超声波头在液体中来回往返时间 t，则液面高度为

$$H = \frac{1}{2}vt \qquad (2-80)$$

图 2-55 超声波检
测液位原理

超声波换能器

式中，v 为超声波在液体中的传播速度。只要知道超声波在液体中的传播速度 v，便可由往返时间 t 直接算出液位高度 H。

超声波液位检测的检测元件可以不与被测液体接触，特别适合于强腐蚀性、高压、有毒、高粘度液体的测量。由于没有机械可动部件，使用寿命长。但被测液体中不能有气泡和悬浮物，液面不能有大的波浪，否则反射的超声波将很混乱，易产生误差。此外，换能器不耐高温，不适用于高温液位的测量。

超声波液位检测的精度主要受声速 v 随温度变化的影响。常温下声速在空气中传播速度随温度每升高 $1℃$ 增加 0.18%；在水中，常温下温度每变化 $1℃$，声速变化 0.3%。要提高测量精度，必须采取措施消除声速变化带来的误差。

2.6 成分检测及仪表

在实际生产过程，尤其在化学反应或混合物分离生产过程，经常需要及时掌握和控制物料成分，这就需要进行成分检测。例如在合成氨生产中，仅仅控制合成塔温度、压力、流量并不能保证最高的合成效率，必须同时分析进气的化学成分，控制合成塔中氢气与氮气的最佳比例，才能获得较高生产率。又如在锅炉燃烧控制中，固定不变地控制燃料与助燃空气的比值，不能达到最好的燃烧效果，需要根据锅炉负荷和烟道中烟气含氧量变化，实时优化调节助燃空气供给量，以获得最高热效率。

成分检测仪表种类多样，按照工作原理可分为电化学式检测仪表（例如氧化锆氧量计、pH 计和电导仪等），色谱式检测仪表（例如气相色谱仪、液相色谱仪等），光学式检测仪表（例如红外线气体成分分析仪），热学式检测仪表（例如热导式气体成分分析仪），磁学式检测仪表（例如热磁式氧量计等）；也可以按照被测参数的不同分为氧量成分检测仪表、氢量成分检测仪表、二氧化碳成分检测表及盐量成分检测仪表等。下面分析几种在过程控制中常

用的成分检测仪表工作原理。

2.6.1 氧化锆氧浓度分析仪

氧化锆氧量检测采用电化学分析方法，利用氧化锆固体电解质作为敏感元件，将氧气含量转换为电信号进行显示和远传，灵敏度高、稳定性好、响应快和测量范围宽，不需要复杂的采样和预处理，可直接安装在恶劣环境中检测氧含量。

2.6.1.1 工作原理

氧化锆（ZrO_2）是一种陶瓷固体电解质。在纯氧化锆中渗入少量氧化钙（CaO）或氧化钇（Y_2O_3），高温焙烧后形成稳定的立方晶体结构，晶体中的 Ca^{2+} 或 Y^{3+} 置换了 Zr^{4+} 的位置，形成氧离子空穴，在高温条件下具有良好的导电特性。

在氧化锆两侧各烧结一层多孔的铂电极就构成氧浓差电池，当两侧气体含氧量不同时，两电极间产生与两侧气体氧浓度相关的电动势，称为氧浓差电动势，如图 2-56 所示。

图 2-56 中氧化锆左侧为被测烟气，氧含量约为 3%~7%，其氧分压为 p_1，氧浓度为 φ_1；右侧为参比气体，例如空气，氧含量 20.8%，其氧分压为 p_2，氧浓度为 φ_2，$\varphi_2 > \varphi_1$，$p_2 > p_1$。

当温度达 600℃ 以上时，空穴型氧化锆就成为良好的氧离子导体。氧气能够以离子形式从浓度高的一侧向浓度低的一侧扩散。高氧侧氧分子从铂电极处得到电子，成为氧离子进入氧化锆并通过氧化锆到达低氧侧，将电子还给铂电极，变成氧分子进入烟气。在迁移过程

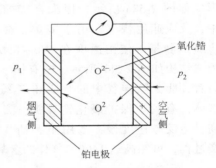

图 2-56 氧浓差电池原理图

中，高氧侧铂电极因失去电子带正电，低氧侧铂电极因得到电子带负电。只要两侧有氧分压差异，上述过程就持续下去，高氧侧铂电极和低氧侧铂电极之间有电动势输出，这就是氧浓差电动势。根据 Nernst 方程，氧浓差电动势 E 可以表示为

$$E = \frac{RT}{nF}\ln\frac{p_2}{p_1} \tag{2-81}$$

式中，R 为气体常数；F 为法拉弟常数；n 为一个氧分子携带电子数（$n=4$）；T 为气体绝对温度；p_1、p_2 分别为被测气体与参比气体的氧分压。

在混合气体中，某气体组分的分压力和总压力之比与容积成分（即浓度）成正比，有

$$\frac{p_1}{p} = \varphi_1 \quad \frac{p_2}{p} = \varphi_2 \tag{2-82}$$

在两侧气体（总）压力相等时，式（2-81）可写为

$$E = \frac{RT}{nF}\ln\frac{\varphi_2}{\varphi_1} \tag{2-83}$$

由此可知，式中 φ_2 为 20.8%，其余参数 R、n、F 为常数，若能保持温度 T 恒定，氧浓差电动势 E 是烟气含氧量 φ_1 的单值函数，可通过电动势来反映烟气含氧量。

此关系稳定的条件：①氧化锆工作温度稳定在一定数值（850℃左右时灵敏度最高），为保证温度恒定，氧化锆探头都装有温度控制装置；②参比气体的氧含量保持恒定；③参比气体与被测气体压力相等，仪表输出即为烟气侧氧浓度（用氧浓度替代氧分压）。此外，氧浓差电动势与烟气含氧量需要经过线性化电路处理后，才能得到与被测含氧量成正比的标准信号。

2.6.1.2 传感器结构

图 2-57 为管状结构的氧化锆分析仪传感器探头。氧化锆管内外侧均烧结一层铂电极层，通过引线与外部显示仪表或变送器相连接。内部热电偶与温度控制器相连接，控制加热炉丝电流使探头工作温度恒定。被测烟气通过陶瓷过滤装置进入测量侧，空气进入参比侧。

氧化锆分析仪的安装方式有直插式和抽吸式两种结构，如图 2-58 所示。我国目前生产的大多数产品为直插式探头。安装形式如图 2-58a 所示，探头直接插入烟道中，反应速度快，多用于锅炉、窑炉烟气含氧量测量，使用温度在 600～850℃。抽吸式结构如图 2-58b 所示，带有抽气和净化装置，能去除样气中的杂质和二氧化硫等气体，有利于保护氧化锆探头，测量精度高，但反应速度慢，多用于石油、化工生产过程，可测高达 1400℃ 气体的含氧量。

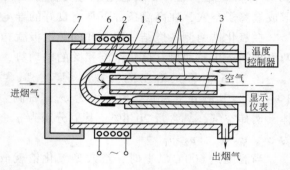

图 2-57 管状结构的氧化锆分析仪传感器探头
1—氧化锆管 2—内外铂电极 3—引线 4—氧化铝管
5—热电偶 6—加热丝 7—陶瓷过滤装置

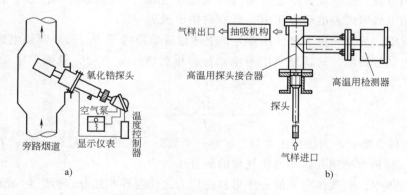

图 2-58 氧化锆含氧量分析仪的安装方式
a)直插式 b)抽吸式

2.6.2 气相色谱分析仪

色谱分析法得名于 1906 年，当时有人把溶有植物色素的石油醚，倒入一根装有碳酸钙吸附剂的竖直玻璃管中，然后再倒入纯的石油醚帮助它自由流下。由于碳酸钙对不同植物色素吸附能力不同，吸附能力弱的色素较快地通过吸附剂，而吸附能力强的色素下降较慢。这样，不同色素在行进过程中就被分离，在玻璃管外可以看到被分离开的一层层不同颜色的谱带。这种分离分析方法被称为色层分析法或色谱分析法。

随着检测技术的发展，这种方法被扩展到无色液体分离和气体的分离，分离后的各组分也不再限于以颜色区分，"色谱"二字失去了本来的含义。由于将各组分分离的方法仍利用原来的分离原理，所以仍沿用原来的名称。

近年来，气相色谱法得到了迅速发展，广泛应用于石油、化工、医药卫生、食品工业等有机化学原料和生产过程的成分分析。气相色谱分析法的分离能力强，分析灵敏度高，例如用于分析石油产品时，一次可分离、分析 100 多种组分；在分析超纯气体时，可分析出含有 1ppm（ppm 表示百万分之一）甚至 0.1ppb（ppb 表示十亿分之一）的组分。

2.6.2.1 色谱分析原理

色谱分析首先是用色谱柱把混合物中的不同组分分离，然后再用检测器分别对它们进行定量测量。色谱柱是一根气固填充柱，由直径 3~6mm、长 1~4m 的玻璃或金属细管填装一定的固体吸附剂颗粒构成。目前常用固体吸附剂有氧化铝、硅胶、活性炭、分子筛等。当被分析的样气脉冲在称为"载气"的运载气体携带下通过吸附剂时，样气中各组分便与吸附剂进行反复的吸附和脱附过程，吸附作用强的组分前进很慢，而吸附作用弱的组分则很快通过。这样，各组分由于前进速度不同而被分开，依次流出色谱柱，逐个地进入检测器接受定量测量。

图 2-59 表示被测混合气体在色谱柱中进行的一次完整分离、分析过程。样气中有 A、B、C 三种不同成分，经色谱柱分离后，依次进入检测器。检测器输出随时间变化的曲线称为色谱流出曲线或色谱图，色谱图上三个峰的面积（或高度）分别代表相应组分在样品中的含量。

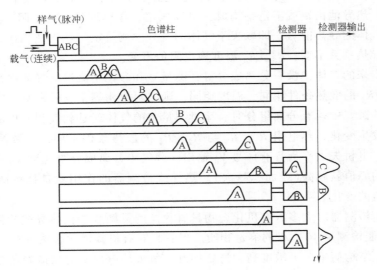

图 2-59　色谱柱分离、分析过程

色谱柱中的吸附剂固定不动，称为固定相。被分析的气体流过吸附剂，称为移动相。色谱柱的尺寸及其填充材料的选择取决于分析对象的特性及分析要求，不同材料具有不同吸附特性。即使是同一种吸附剂，在温度、压力、载气种类以及加工处理方法不同时，也会得到不同的分离效果。

2.6.2.2 检测器

检测器的作用是将色谱柱分离的各组分进行定量测定。由于样品的各组分是在载气的携带下进入检测器，从原理上说，各组分与载气的任何物理或化学性质的差别都可作为检测的依据。目前气相色谱仪中使用最多的是热导式检测器和氢火焰电离检测器。

热导式检测器就是一台气体分析仪，根据不同种类气体具有不同热传导能力的特性，利用导热能力的差异分析气体组分含量，测量装置和检测电路如图 2-60 所示。

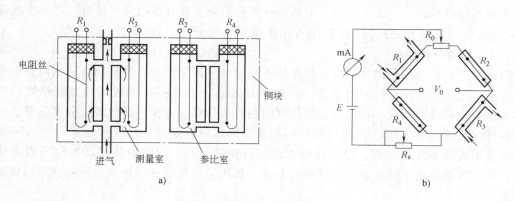

图 2-60 热导式检测器测量电路

a）热导池的构造 b）热导式检测器测量电桥

热导式检测器测量电路由热导池测量室的热电阻 R_1、R_3 和参比室的热电阻 R_2、R_4 构成双臂测量电桥。当热电阻 R_1、R_3 通过恒定电流温度上升后，主要靠热电阻周围的气体向热导池壁散热，热导池由铜或不锈钢构成，温度恒定，导热均匀。热电阻 R_1、R_3 的散热快慢取决于周围气体的导热能力，即取决于气体的成分。测量室与色谱柱相连，参比室通入纯载气，纯载气导热系数不变，R_2、R_4 温度稳定阻值不变。

当色谱柱出来的气体中没有分离成分时，测量室和参比室流过的气体都是载气，热电阻 R_1、R_3 与 R_2、R_4 的散热条件相同，温度相同，则电阻值相等，电桥平衡，输出 V_0 值为零。当色谱柱出来的载气中含有分离组分时，流过测量室的气体就是载气和分离成分的二元混合物，导热系数发生变化，热电阻 R_1、R_3 与 R_2、R_4 的散热条件不同，导致温度不同，则电阻值也不相同，电桥失去平衡且有信号 V_0 输出。载气中分离成分浓度越大，输出信号 V_0 越大，色谱图上的峰值就越高（或面积越大）。热导式检测器的作用就是把待测成分含量的变化转换成电阻值的变化。

氢火焰电离检测器对大多数有机化合物具有很高的灵敏度，比热导式检测器灵敏度高 3~4 个数量级，能检测至 10^{-9} 级的痕量物质。但它只对有机碳氢化合物等在火焰中可电离的组分进行检测，结构简单、灵敏度高、稳定性好，氢火焰电离室的构造如图 2-61 所示。

氢火焰的电离效率很低，约为十万分之一，得到的离子电流很小。如果火焰中引入含碳的有机物，电离电流便会急剧增加，电流大小与火焰中有机物含量成正比。由载气携带的样品气体与纯氢气混合（如果载气是氢气不需要外加氢气）进入检测器后，在洁净空气助燃下形成氢火焰，分离组分中的有机物在氢火焰中被电离成离子和电子，离子和电子在电场作用下定向运动形成电流，电流的大小与分离成分中的碳原子数成正比，这样电流的大小就反映了被测有机成分浓度的高低。经过高阻值电阻变为电压再由放大器放大后输出。

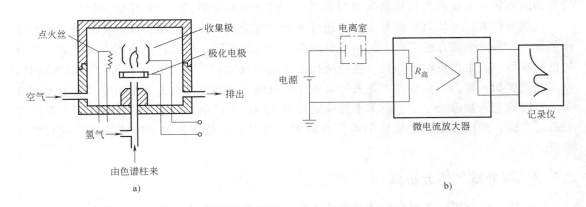

图 2-61　氢火焰电离室的构造及工作原理

a) 电离室构造　b) 工作原理

2.6.2.3　载气及进样装置

由色谱分离原理可知，被分析的样气不能连续输入，而是间隔一定时间的定量脉冲式输入，以保证各组分从色谱柱流出时不发生重叠。脉冲式样气必须由连续通入的"载气"推动，通过色谱柱。载气应是与样气不发生化学作用，且不被固定相所吸附的气体，常用的有氢、氮、空气等。

图 2-62 是工业气相色谱仪的简化原理图。由高压气瓶供给的载气，经减压、稳流装置后(有时还需净化干燥)，以恒定的压力和流量，通过热导检测器左侧的参比室进入六通切换阀。该阀有"取样"和"分析"两种工作位置，受定时装置控制。当六通阀处于"取样"位置时，阀内的虚线联系被切断，气路按实线接通(如图 2-62 所示)。这样，载气与样气分为两路，一路是样气经预处理装置(包括净化、干燥及除去对色谱柱吸附剂有害成分的装置等)，连续通过取样管，使取样管中充满样气，准备分析；另一路是载气，经过参比室直接通过色谱柱，对色谱柱进行清洗后经热导池右侧的测量室放空，这时检测器输出为零。定时控制器动作后，把六通切换阀转到"分析"位置，于是阀内实线表示的气路切断，虚线气路导通。载气推动留在定量取样管中的样气进入色谱柱，经分离后，各组分在载气的推动下依次通过

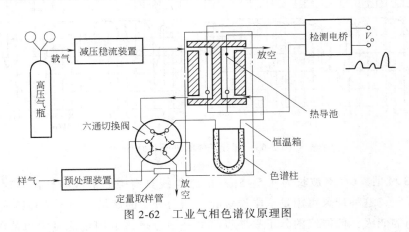

图 2-62　工业气相色谱仪原理图

检测器的测量室。检测器根据测量室与参比室气体导热系数的差别，产生输出信号。

色谱分析方法不仅可作定量分析，还可进行定性分析。实验证明，在一定的固定相及操作条件下，各种物质在色谱图上的出峰时间都有确定的间隔，因此在色谱图上确认某一组分的色谱峰后，可根据资料推知另一些峰所代表的是何种物质。组分比较复杂而不易推测时，可用纯物质加入样品或从样品中先去掉某物质的办法，观察色谱图上待定的峰高是否增加或降低，以确定未知组分。对色谱图上各峰定量标定的最直接的方法是配制已知浓度的标准样品进行实验，测出各组分色谱峰的面积或高度，得出单位色谱峰面积或峰高所对应的组分含量。

2.6.3　红外线气体分析仪

红外线气体分析仪是根据气体对红外线的吸收特性检测混合气体中某一组分的含量。凡是不对称双原子或多原子气体分子，都会吸收特定波长范围内的红外线，随着气体浓度的增加，被吸收的红外线能量越多。

2.6.3.1　工作原理

红外线是指波长在 $0.76 \sim 300\mu m$ 之间的不可见电磁波。红外线分析仪中使用的红外线波长一般在 $1 \sim 25\mu m$ 之间。实验证明，除氦、氖、氩等单原子惰性气体及氢、氧、氮、氯等具有对称结构的双原子气体外，大部分多原子气体对 $1 \sim 25\mu m$ 波长范围内的红外线都具有强烈的选择性吸收的特性，如图 2-63 所示。气体选择性吸收特性是设计红外线气体分析仪的基本依据。

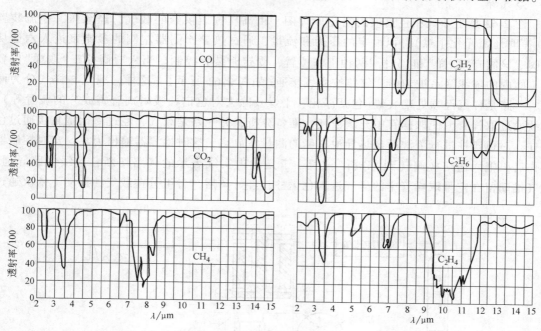

图 2-63　部分气体红外吸收特性

由图 2-63 可见，CO 对波长为 $4.5 \sim 5\mu m$ 的红外线具有强烈的吸收作用，对其他波长的红外线却不吸收，这种现象可用量子学说解释。因为分子的能量状态不能连续变化，即分子只能处于不同的能级，低能级的分子只能吸收恰好使它跳级的固定能量才可能跳入高能级。

而光的能量是以光子形式传播，每个光子的能量为

$$E = h\nu \tag{2-84}$$

式中，h 为普朗克常数；ν 为光的频率。而光的频率等于光速与波长之比。因此，不同波长的红外线具有不同能量，不同气体分子选择吸收的红外波长自然不同。

多原子气体（CO_2、CO、CH_4 等）对红外线都有一定的吸收能力，并选择性吸收特定波段的红外线。这些波段称为特征吸收波段。红外线被吸收的数量与吸收介质的浓度有关，当红外线进入介质被吸收后，透过的红外线强度随介质浓度和厚度按指数规律衰减，根据朗伯-贝尔定律

$$I = I_0 e^{-\mu cl} \tag{2-85}$$

式中，I_0 为入射红外线光强；I 为透出红外线光强；l 为介质厚度；c 为吸收介质浓度；μ 为吸收系数。对不同的物质、不同的波长，吸收系数 μ 不同。若吸收介质厚度很薄、浓度很低，则 $\mu cl \ll 1$，式（2-85）可近似为

$$I = I_0(1 - \mu cl) \tag{2-86}$$

由上式可知，当介质厚度 l 一定时，透射红外线的衰减率与被测介质浓度近似呈线性关系。

当需要分析混合气体中某一组分含量时，可用强度恒定的红外线照射厚度确定的混合气体薄层。由于各种组分吸收红外线波长不同，因此通过测量不同波段透射强度可计算出相应组分在混合气体中的浓度。

2.6.3.2 仪表结构

图 2-64 是工业上常用的红外线气体分析仪原理图。由红外光源发射的红外线，经反光镜反射成两束平行红外线。为了使检测放大系统工作在交流状态，避免直流放大器的零点漂移，用切光片将红外线调制成几赫兹的矩形脉冲波。调制后的两束红外线分别进入测量气室和参比气室。被测混合气体连续通过测量气室，而参比气室内封装对红外线完全不吸收的惰性气体。经过透射的两束红外线分别进入薄膜电容接收器的两个密封的接收气室。接收气室内封装高浓度的待测组分气体，能将特征波长的红外线能量全部吸收，变为接收气室内的温度变化，并表现为气体压力变化。两个接收气室间用弹性金属膜片（$5 \sim 10 \mu m$ 铝箔）相隔，在压力差的作用下膜片位置移动，称为动片，和旁边的定片构成可变电容。

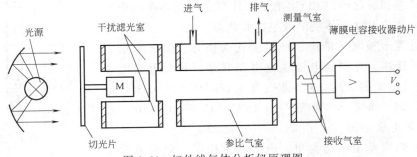

图 2-64 红外线气体分析仪原理图

当测量气室内通入待测气体时，待测气体会吸收特征波长的红外线，从测量气室透出的红外线比参比气室透出的弱，于是两个接收气室间出现压力差，使动片移动。定片与动片间距离变化导致电容量变化。测出电容变化量，则可知待测组分浓度。由于是经过调制的脉动红外线，因此电容量变化也是脉动的。测定电容的变化幅度即可知样气中待测组分浓度。

如果待测气体中的某种组分与被测组分的红外吸收峰有重叠，则其浓度的变化会对被测组分的测量造成干扰。为消除其干扰，可如图 2-64 所示在测量气室和参比气室前分别加装干扰滤光室，里面充以高浓度的干扰气体，使两束红外线中干扰气体可能吸收的能量在这里全部被吸收掉，这样测量室中干扰组分浓度变化就不会影响分析结果。

2.6.4　pH 计

水溶液的酸碱性强弱程度统一用氢离子浓度表示。由于水或水溶液氢离子浓度的绝对值非常小，因此用氢离子浓度常用对数的负值 pH 值表示水或水溶液的酸碱度。水和水溶液的酸碱度对生产过程和生产设备安全具有重要影响。例如发电厂水汽循环系统中，通过监控给水、凝结水、炉水、蒸汽、冷却水 pH 值，防止结垢、结盐，以减缓系统设备金属部件的腐蚀，达到延长热力设备检修周期和使用寿命的目的；另外在水处理等工业与环保领域，pH 计的使用也越来越多。

2.6.4.1　工作原理

pH 值的测量就是水溶液中氢离子浓度（酸碱度）的检测，可采用电化学中的电位测量法进行检测。如图 2-65 所示，在被测溶液中设置一个参比电极和一个测量电极，参比电极的电动势保持恒定（与被测溶液中氢离子浓度无关），而测量电极可产生正比于被测溶液 pH 值的毫伏电动势，两个电极与被测溶液共同组成原电池，其电动势的大小与 pH 值成单值关系，通过测量原电池的电动势即可测出被测溶液的 pH 值。

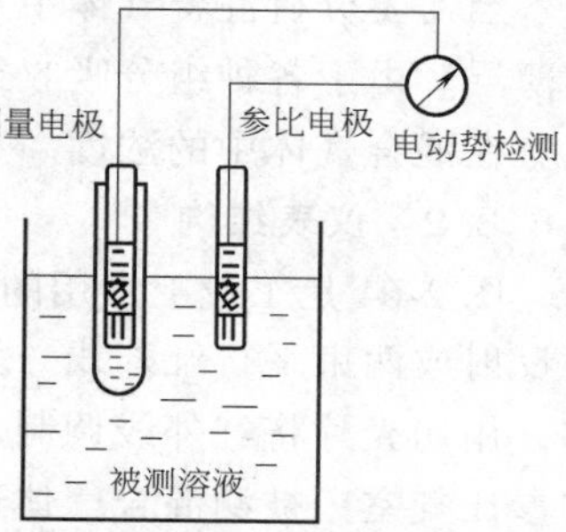

图 2-65　pH 计检测示意图

2.6.4.2　参比电极

pH 值测量中常用的参比电极有甘汞电极和银-氯化银电极。甘汞电极由汞-氯化亚汞及氯化钾溶液组成，结构如图 2-66 所示，分内管和外管两部分。内管顶端的铂丝导线为电极引出线，铂丝下端浸在汞（水银）中，其下部为糊状甘汞即氯化亚汞（Hg_2Cl_2）。汞和甘汞用纤维丝支撑，使其不致流出，但离子可以通过。纤维丝下端浸在外管中的饱和氯化钾（KCl）溶液中，外管末端用多孔陶瓷芯堵住。外管底部的 KCl 晶体使溶液呈饱和状态。

甘汞电极置于被测溶液中，通过多孔陶瓷芯，渗出少量氯化钾实现离子迁移，与测量电极建立电路联系。甘汞电极电位取决于氯离子（Cl^-）的浓度，KCl 浓度有 0.1mol/L、1mol/L 及饱和三种；在 25℃ 时，分别对应 + 0.3365V、+ 0.2810V 及 +0.2458V 三种电极电位。

甘汞电极的优点是结构简单，电极电位稳定。但对温度敏感，电极内可加装进行温度自动补偿的测温电阻，以提高测量准确度。

银-氯化银电极的工作原理及结构类似于甘汞电极，当使用饱和 KCl 溶液且温度为 25℃ 时，电极电位为 + 0.197V，在较高的温度（250℃）时，仍基本稳定，可用于温度较高的场合。

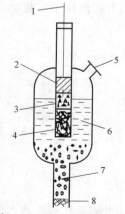

图 2-66　甘汞电极结构图
1—引出导线　2—汞　3—甘汞
4—纤维丝　5—溶液加入口
6—KC1 饱和溶液　7—KC1 晶
体　8—多孔陶瓷芯

2.6.4.3 测量电极

测量电极有玻璃电极和金属锑电极,锑电极属于金属电极,由于其表面容易集聚氧化物,长时间使用会影响精度,必须定期清洗;锑电极对温度敏感,需要采取温度补偿措施;锑自身有毒,锑电极不能用于食品、酿酒、制药等生产过程,特点是廉价,可应用于精度要求不高的场合。

玻璃电极有各种结构形式,如球泡形、圆锥形、平板形等,适用于不同检测场合,图2-67为球泡形结构,它的关键部分是敏感的玻璃膜,由底部呈球形,能导电、能渗透〔H^+〕离子的特殊玻璃薄膜制成,壁厚约0.2mm。玻璃壳内充有pH值恒定的缓冲溶液(内参比溶液)和内参比电极,缓冲溶液使玻璃膜和内参比电极稳定接触。当玻璃电极放入被测溶液后,玻璃膜两侧与不同氢离子浓度的溶液接触并进行氢离子交换反应,从而产生膜电位。玻璃电极的精确度高、线性度好,但机械强度低,耐高温性能差,可在温度20~95℃的环境中使用。

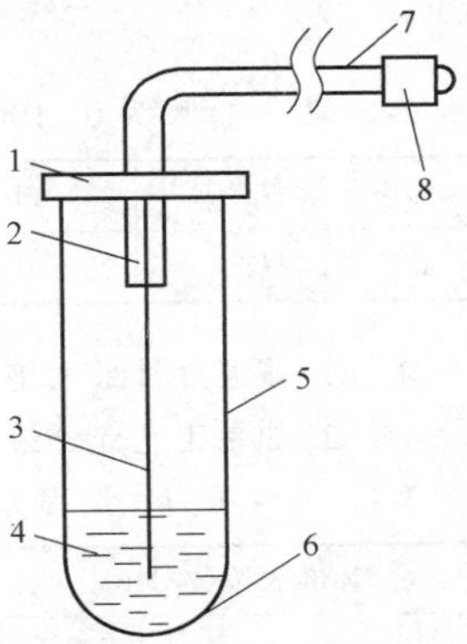

以甘汞电极为参比电极,玻璃电极为测量电极,同时放入被测溶液中,测量系统检测出的总电动势为

$$E = E_0 + 2.303\frac{RT}{F}(\text{pH}-\text{pH}_0) = E_0' + 2.303\frac{RT}{F}\text{pH} = E_0' + S\text{pH}$$

（2-87）

图 2-67 玻璃电极结构图
1—电极帽 2—玻璃管 3—镀银
Pt 丝+AgCl 4—缓冲溶液
5—电极支杆 6—玻璃膜
7—屏蔽引线 8—插头

式中,pH_0 为缓冲溶液的 pH 值;E_0 为甘汞电极的电极电位,温度一定时,在 pH=1~10 范围内电动势 E 与被测溶液的 pH 值为线性关系,如图 2-68 所示;S 为 pH 计的灵敏度,可直接由曲线的斜率得出;E_0' 也可由曲线纵轴的截距得出。

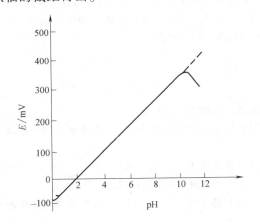

图 2-68 电动势与 pH 值的关系

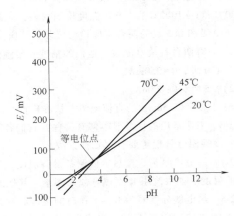

图 2-69 电动势随温度变化特性

pH 测量系统的总电动势受温度影响,如图 2-69 所示。随温度升高,曲线的斜率会增大,在不同温度下的特性曲线相交于一点,该点称为等电位点。一般来说,测量值离等电位点越远,电动势值受温度的影响越大。

实际测量中，由于电极的内阻很高（玻璃电极为 $10 \sim 150 M\Omega$，甘汞电极约 $5 \sim 10 k\Omega$），尽管原电池可以输出数十到数百毫伏的电动势，如果测量电路的输入阻抗不能远远大于原电池的内阻，就很难保证测量准确度和灵敏度，因此，必须采用高输入阻抗的电压测量电路，将电动势 E 放大、转换后，输出标准信号。

思考题与习题

2-1 某一标尺为 $0 \sim 1000℃$ 的温度计出厂前经校验得到如下数据：

标准表读数/℃	0	200	400	600	800	900	1000
被校表读数/℃	0	201	402	604	806	903	1001

求：1）该温度计最大绝对误差和精度等级；

2）如果工艺允许最大测量误差为 $±5℃$，该表是否能用？

2-2 一台压力表量程为 $0 \sim 10MPa$，经检验有以下测量结果：

标准表读数/MPa		0	2	4	6	8	10
被校表读数/MPa	正行程	0	1.98	3.96	5.94	7.97	9.99
	反行程	0	2.02	4.03	6.06	8.03	10.01

求：1）该压力表的变差和基本误差；

2）该压力表是否符合 1.0 级精度？

2-3 某压力表的测量范围为 $0 \sim 10MPa$，精度等级为 1.0 级。试问此压力表允许的最大绝对误差是多少？若用标准压力计来校验该压力表，在校验点为 5MPa 时，标准压力计上读数为 5.07MPa，试问被校压力表在这一点是否符合 1 级精度，为什么？

2-4 某温度控制系统，最高温度为 800℃，要求测量的绝对误差不超过 $±10℃$，现有两台量程分别为 $0 \sim 1500℃$ 和 $0 \sim 1000℃$ 的 1.0 级温度检测仪表，应该选择哪台仪表？如果有量程均为 $0 \sim 1000℃$，精度等级分别为 1.0 级和 0.5 级的两台温度检测仪表，又应该选择哪台仪表？请说明理由。

2-5 有两台直流电流表，他们的精度和量程分别为

1）1.0 级，$0 \sim 250mA$；

2）2.5 级，$0 \sim 75mA$。

现要测量 $0 \sim 50mA$ 的直流电流，从准确性、经济性考虑，选购哪台电流表合适？

2-6 工业常用的标准热电偶有哪些？它们各有什么特点？采用热电偶测温时为什么需要进行冷端温度补偿？冷端温度补偿主要有哪几种方法？

2-7 用分度号为 S 型热电偶测某设备温度，工作时冷端温度为 40℃，测得热电动势为 8.777mV，求工作端的温度。如果改用 K 型热电偶来测量，其他条件不变，那么所测得的热电动势应该是多少？

2-8 热电偶分度号为 K，工作时的冷端温度为 30℃，测得热电动势以后，错用 S 分度表查得工作端温度为 730℃，试求工作端的真实温度应该是多少？

2-9 热电阻测温与热电偶相比有什么不同之处？为什么热电阻常用三线制接法，它有什么作用？

2-10 用 Pt100 测量温度，在使用时错用了 Cu100 的分度表，查得温度为 140℃，问实际温度应为多少？

2-11 无纸笔记录仪主要由几部分组成，各部分的作用是什么？它具有什么特点？

2-12 说明热电偶温度变送器的基本组成和工作原理，在什么情况下要做零点迁移？

2-13 一体化热电偶温度变送器有什么特点?

2-14 有一台 DDZ-Ⅲ型温度变送器,已知输入量程为 200~1000℃,输出为 4~20mA。当变送器输出电流为 8mA 和 15mA 时,对应的被测温度是多少?

2-15 弹性式压力检测的原理是什么?常用的弹性元件有哪些种类?

2-16 试简述弹簧管压力表的基本组成和测压原理。

2-17 试简述电容式差压变送器的工作原理和特点。

2-18 硅膜片压阻式压力传感器为什么用全桥电路转换测量信号?有何优点?

2-19 振弦式压力传感器的工作原理是什么?有何优点?

2-20 什么叫节流元件?试述差压式流量计测量流量的原理,并说明哪些因素对差压式流量计的流量测量精度有影响?

2-21 原来测量水的差压式流量计,现在用来测量相同测量范围的油的流量,读数是否正确?为什么?

2-22 为什么说转子流量计是定压式流量计?而差压式流量计是变压降式流量计?

2-23 椭圆齿轮流量检测的特点是什么?在检测时对介质有何要求?

2-24 试简述涡轮流量计涡轮转速检测方法。

2-25 电磁流量检测的工作原理是什么?在检测时对介质有何要求?

2-26 旋涡式流量检测的工作原理是什么?如何用超声波检测旋涡频率?

2-27 超声波流量计的特点是什么?常用质量流量计的种类有哪些?

2-28 用差压变送器测某储罐的液位,差压变送器的安装位置如图 2-70 所示。请导出变送器所测差压 Δp 与液位 H 的关系。变送器零点需不需要迁移?为什么?

2-29 试述电容式物位检测的工作原理。

2-30 超声波液位检测有哪些特点?超声波液位计适用于什么场合?

2-31 氧化锆为什么能测量气体中的氧含量?保证氧化锆氧分析仪正常工作的条件是什么?

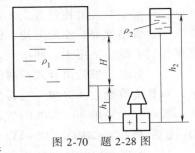

图 2-70 题 2-28 图

2-32 试简述气相色谱分析仪和红外线气体分析仪的工作原理及用途。

2-33 pH 计常用的参比电极和测量电极有哪些?在实际测量中,为什么必须采用高输入阻抗的测量电路进行测量?

第3章 控制仪表

控制仪表又称控制器或调节器，是反馈控制系统判断、决策指挥中心。其作用是将被控参数（过程变量）的测量值（PV，Process Variable）与给定值（SV，Set Variable）相比较，根据比较的结果（偏差 e）进行数学运算，并将运算结果以控制信号（操纵值）（MV，Manipulated Variable）的形式送往执行器，实现对被控参数的自动控制。

控制仪表的发展可分为三个阶段：

第一阶段为基地式控制仪表。这类仪表是将检测装置、控制装置、显示装置组装为一个整体，直接安装在被控设备上。基地式仪表同时具有检测、运算、控制与显示功能，它的功能简单、价格低廉、使用方便，但通用性差，信号不能与其他仪表共享，一般只应用于一些简单控制系统。适用于一些小型、控制要求低的生产设备的自动控制。

第二阶段为单元组合式控制仪表。这类控制仪表主要完成控制运算功能，附带简单的显示，和其他单元之间以统一的标准信号相互联系。单元组合式控制仪表有气动与电动两大类，气动仪表采用 20～100kPa 的气动标准信号；电动仪表采用的信号标准是 DC0～10mA/DC0～10V（Ⅱ型）和 DC4～20mA/DC1～5V（Ⅲ型）。

第三阶段为以微处理器为中心的控制仪表。这类仪表控制功能丰富、操作方便，易于构成各种复杂控制系统，在当前过程控制中得到广泛的应用。主要有单回路数字控制器、可编程序控制器（PLC）和各种计算机控制系统等。

3.1 基本控制规律及特点

所谓控制规律是指控制器的输出值 MV 与输入偏差信号之间的关系。控制器的输入信号是变送器送来的测量值 PV 和内部人工设定的或外部输入的设定值 SV。设定值 SV 信号和测量值 PV 信号经比较环节比较后得到偏差信号 e，它是设定值 SV 信号与测量值 PV 信号之差。

$$e = SV - PV \qquad 或 \qquad e = PV - SV$$

实际控制系统中究竟采用哪个公式，由控制器的正、反作用方式确定（有关内容将在第 6 章 6.2.3.3 讨论）。控制器的控制规律就是控制器输出信号 MV 与偏差信号 e 之间的函数关系，即

$$MV = f(e)$$

控制器有不用外加能源的自力式，有需要外加能源的电动或气动式。基本控制规律只有有限的几种，有位式控制、比例控制、比例积分控制、比例微分控制和比例积分微分控制。位式控制属于断续控制，其他四种属于连续控制，一般简称为 P（Proportional）控制、PD

（Proportional＋Derivative）控制、PI（Proportional＋Integral）控制和 PID（Proportional＋Integral＋Derivative）控制。

不同的控制规律适应不同的生产要求。要选用合适的控制规律，首先必须了解控制规律的特点与适用条件，并根据工艺指标的要求，结合被控对象特性，做出正确的选择。

3.1.1 位式控制

双位控制的输出规律是根据输入偏差的正负，控制器的输出为最大或最小。即控制器只有最大或最小两个输出值，相应的执行器只有开和关两个极限位置，因此又称开关控制。

理想的双位控制器的输出 MV 与输入偏差 e 之间的关系为

$$MV = \begin{cases} MV_{max} & e>0（或 e<0） \\ MV_{min} & e<0（或 e>0） \end{cases} \quad (3-1)$$

理想的双位控制特性如图 3-1 所示。

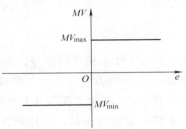

图 3-1 双位控制特性

图 3-2 是一个采用双位控制的液位控制系统，它利用电极式液位控制装置控制贮槽的液位，液体经装有电磁阀 YV 的管道流入贮槽，由出料管流出。贮槽外壳接地，液体是导电的。槽内装有一根电极作为测量液位的装置，电极的一端与继电器 K 的线圈相接，另一端可调整液位设定值的位置，当实际液位低于设定值 H_0 时，液体未接触电极，继电器断路，此时电磁阀 YV 全开，液体以最大流量流入贮槽。当液位上升至设定值时，液体与电极接触，继电器接通，使电磁阀关闭，液体不再进入贮槽，但槽内液体仍在继续排出，故液位要下降。当液位降至低于设定值时，液体与电极脱离，于是电磁阀 YV 又开启，如此反复循环，液位被维持在设定值上下一个小范围内波动。为减少继电器、电磁阀的频繁动作，可加一个延迟中间区。偏差在中间区内时，控制机构不动作，可以降低控制机构开关的频繁程度，以延长控制器中运动部件和继电器、电磁阀的使用寿命。

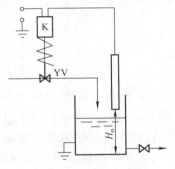

图 3-2 双位控制实例

在位式控制模式下，被控参数持续地在设定值上下作等幅振荡，无法稳定在设定值上。这是由于双位控制器只有两个特定的输出值，控制阀工作在两个（全开或全关）极限位置所致。

3.1.2 比例（P）控制

为了提高控制精度，控制器的输出应当根据偏差的大小连续变化，控制阀的开度也能连续变化，这样就有可能获得与对象负荷相适应的操纵量 MV，从而使被控参数稳定在设定值（或其附近），并保持稳定（平衡状态），这种控制方式称为连续控制。在连续控制方式中，最基本的控制规律就是比例控制。

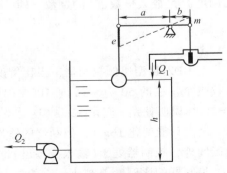

图 3-3 简单的比例控制系统示意图

图 3-3 所示是最简单的自力式液位比例控制系统。图中浮球是测量元件，连接浮球和活塞阀门的杠杆就是一个最简单的控制器，它控制活塞阀开度。当液位高于设定值时，活塞阀关小，液位越高，阀关得越小；若液位低于设定值，活塞阀就开大，液位越低，阀开得越大。在 Q_1 最大值不小于 Q_2 的条件下，该系统总能达到使 $Q_1 = Q_2$ 的液位稳定状态（稳态）。

图中，若杠杆在液位改变前的位置用实线表示，改变后的位置用虚线表示，根据相似三角形关系可得

$$\frac{b}{a} = \frac{m}{e}$$

$$m = \frac{b}{a}e \tag{3-2}$$

式中，e 为杠杆左端点的位移，即液位的偏差量；m 为杠杆右端点的位移，即活塞阀芯的位移量；a、b 分别为杠杆支点与两端的距离。

由式（3-2）可知，在图 3-3 所示的控制系统中，阀门开度的改变量 m 与被控参数（液位）的偏差值 e 成比例关系，即比例控制器的输出信号 MV 与输入偏差 e 之间成比例关系，写成标准形式为

$$MV = K_P e \tag{3-3}$$

式中，K_P 为放大倍数（比例增益），它的大小决定了比例控制作用的强弱。K_P 越大，比例控制作用越强。但在实际的比例控制器中，习惯上使用比例度 P 来表示比例控制作用的强弱。

所谓比例度，是指控制器在比例控制时输入偏差的相对变化值与相应的输出相对变化值之比，用百分数表示

$$P = \left(\frac{e}{PV_{\max} - PV_{\min}} \middle/ \frac{MV}{MV_{\max} - MV_{\min}} \right) \times 100\% \tag{3-4}$$

式中，e 为输入偏差；MV 为相应的输出变化量；$(PV_{\max} - PV_{\min})$ 为测量输入的最大变化量，即控制器的输入量程；$(MV_{\max} - MV_{\min})$ 为输出的最大变化量，即控制器的输出量程。

比例度 P 的物理意义就是使控制器的输出满量程变化时（也就是控制阀从全关到全开或反之），相应的输入测量值变化占仪表输入量程的百分比。它不但表示控制器输入输出间的放大倍数，还表示符合这个比例关系的有效输入区间。因为仪表的量程总是有限的，超出量程的输出是不可能的。对于 DDZ-Ⅲ 型比例控制器，其输入、输出量程均为 4～20mA，此时比例度 P 是放大倍数 K_P 的倒数。即

$$P = \frac{1}{K_P}$$

对 DDZ-Ⅲ 型比例控制器，当比例度为 50%、100%、200% 时，分别说明只要偏差 e 变化占仪表全量程的 50%（8mA）、100%（16mA）时，控制器的输出就可以变化全量程（16mA）；$P = 200\%$ 说明偏差 e 变化 32mA（这是不可能的），控制器输出才能变化全量程（16mA），而偏差 e 最大只能变化 16mA，控制器的输出就只能变化 8mA，在此区间内 e 和 MV 是成比例的，此区间外，控制器处于（输入或输出）饱和状态。

控制器的比例度 P 越小，它的放大倍数 K_P 就越大，它将偏差放大的能力越强，比例控

制作用越强，反之亦然。比例控制作用的强弱通过调整比例度 P 实现。

比例控制的优点是控制及时，反应灵敏，偏差越大、控制作用越大，但控制结果存在余差，例如图 3-3 所示的液位比例控制系统。如果系统原来处于平衡状态，液位恒定在某值上，在 $t=0$ 时，系统外加一个干扰作用，即出水量 Q_2 有一阶跃增加（见图 3-4a），液位开始下降（见图 3-4b），浮球也跟着下降，如果定义偏差 e 为测量值减去给定值，则 e 负方向变大（见图 3-4c），通过杠杆使进水活塞阀的阀杆上升，这就是作用在活塞阀上的控制量 m（见图 3-4d），于是进水量 Q_1 增加（见图 3-4e）。由于 Q_1 增加，促使液位逐渐回升，经过一段时间后，待进水量的增加量与出水量的增加量相等时，系统又建立起新的平衡，液位稳定在一个新值上。控制过程结束时，液位的新稳态值将低于给定值，它们之间的差值就是余差（剩余偏差），这是比例控制规律的必然结果。从图 3-3 可知，原来系统处于平衡状态，进水量与出水量相等，此时进水阀有一固定的开度。$t=0$ 时，出水量有一阶跃增量，引起液位下降，于是浮球下移带动进水阀开大。只有当进水量增加到与出水量相等时才能重新建立平衡，液位才不再变化。但是要使进水阀开大，浮球必然下移，也就是

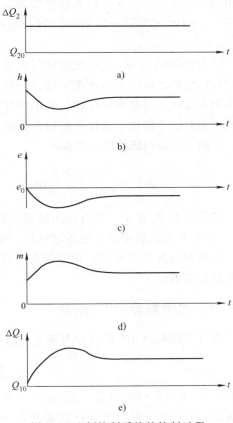

图 3-4 比例控制系统的控制过程

液位稳定在一个比原来稳态值要低的位置上，其与给定值之差就是余差。

存在余差是比例控制的缺点。从式(3-3)也可看出，控制输出增量 MV 是输入偏差 e 引起的。如果偏差不变，控制输出就维持原状，$e=0$，则 $MV=0$。当然，增大放大倍数可以减小余差，但随着放大倍数的增大，控制系统稳定性下降，放大倍数的增大是有限度的。

3.1.3 比例积分(PI)控制

要消除余差，就必须引入积分控制。积分控制作用的输出变化量 MV 是输入偏差 e 的积分

$$MV = \frac{1}{T_1}\int_0^t e\mathrm{d}t \qquad\qquad (3-5)$$

式中，T_1 为积分时间常数。当输入偏差是幅值为 E 的阶跃信号时，上式为

$$MV = \frac{1}{T_1}\int_0^t E\mathrm{d}t = \frac{1}{T_1}Et$$

即输出是一条斜线，如图 3-5 所示。

由图可知，当有偏差存在时，输出信号 MV 将随时间增大（或减小）。当偏差 $e = 0$ 时，输出 MV 停止变化，并保持在使被控参数偏差 e 为 0 的数值上。因此包含积分控制的控制系统可以实现无余差（静差）控制。

积分控制输出 MV 的变化速度与偏差 e 成正比，但其控制作用随着时间积累逐渐增强，控制过程缓慢，控制作用不及时。因此积分作用一般不单独使用，常常把比例与积分组合使用，这样的控制既及时，又能消除余差。比例积分控制规律用下式表示：

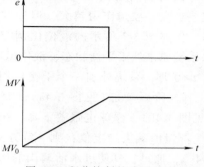

图 3-5　积分控制的阶跃响应

$$MV = \frac{1}{P}\left(e + \frac{1}{T_I}\int_0^t e\,dt\right) \qquad (3\text{-}6)$$

积分时间 T_I 越小，积分作用越强。反之，积分时间 T_I 越大，积分作用越弱。若积分时间 T_I 为无穷大，则积分控制不起作用，就成为纯比例控制了。

比例积分控制可实现定值控制系统被控参数的无余差控制，比例度 P 和积分时间 T_I 两个参数均可调整。

3.1.4　比例微分（PD）控制

微分控制输出 MV 的变化与偏差 e 的变化速率成正比

$$MV = T_D \frac{de}{dt} \qquad (3\text{-}7)$$

式中，T_D 为微分时间常数。T_D 越大，微分作用越强；T_D 等于零时，微分作用消失。当输入偏差 e 为阶跃量时，微分控制输出为一冲激信号，如图 3-6 所示，式（3-7）微分控制表达式称为理想微分控制。由于理想微分控制的输出 MV 持续时间太短，因此往往不能有效推动阀门动作。实际应用中，一般加以惯性延迟，如图 3-7 所示，称为实际微分。

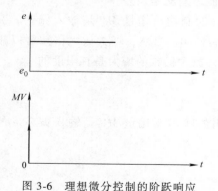

图 3-6　理想微分控制的阶跃响应

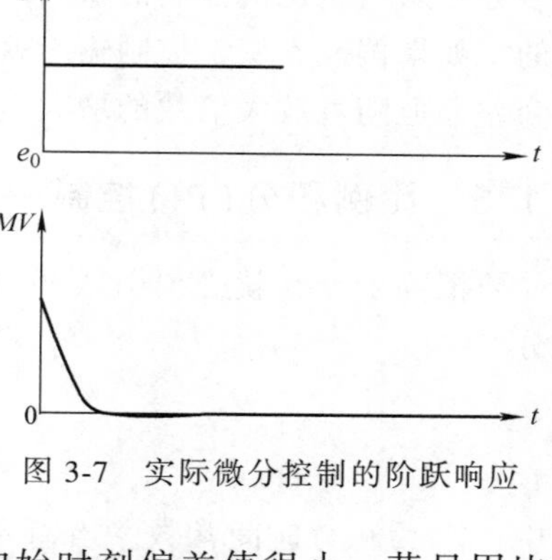

图 3-7　实际微分控制的阶跃响应

对于惯性（容量滞后）较大的对象，受到干扰作用的初始时刻偏差值很小。若只用比例控制，由于偏差值很小时，控制作用也很小，要等到偏差增大时，控制作用才增强。因此，比例控制对于惯性较大的对象控制（过程）缓慢，控制品质不佳。

微分控制的特点是能根据偏差的变化趋势（微分）进行控制。即能在偏差很小但偏差变化速度较大时，按照偏差变化速度（微分），提前增大控制作用，加快控制过程。但从式（3-7）可看出，当偏差存在但不变化时，控制作用为零。因此，微分控制极少单独使用，必须和比例作用组合使用。比例微分控制用下式表示：

$$MV = \frac{1}{P}\left(e + T_D \frac{de}{dt}\right) \qquad (3-8)$$

式中，比例度 P、微分时间 T_D 都可调整。比例微分控制作用可提高系统的控制速度，对惯性大的被控过程，采用比例微分控制，可以减小最大动态偏差，缩短动态控制过程，改善系统动态性能和控制精度。

3.1.5 比例积分微分（PID）控制

当控制对象惯性较大且控制精度要求较高时，可将比例积分微分组合使用。比例积分微分控制规律为

$$MV = \frac{1}{P}\left(e + \frac{1}{T_I}\int e dt + T_D \frac{de}{dt}\right) \qquad (3-9)$$

当输入偏差 e 为阶跃扰动（信号）时，控制作用输出为比例（P）、积分（I）和微分（D）三部分之和，如图 3-8 所示。这种控制既能快速控制，又能消除余差，具有较好的综合控制性能。

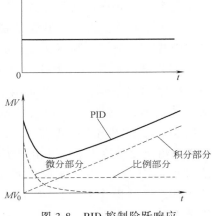

图 3-8 PID 控制阶跃响应

3.2 模拟式控制器

模拟式控制器是用模拟电路实现控制功能的仪表，又称电动控制器。其发展经历了 Ⅰ 型（电子管）、Ⅱ 型（晶体管）和 Ⅲ 型（集成电路）。目前 Ⅰ 型、Ⅱ 型都已淘汰。这里简单介绍 DDZ-Ⅲ 型控制器，使大家对比例（P）、积分（I）和微分（D）控制的实现方法有一个直观的了解。

3.2.1 DDZ-Ⅲ型仪表的特点

DDZ-Ⅲ 型仪表采用了集成电路和安全火花型防爆设计，提高了仪表精度、仪表可靠性和安全性，能够适应化工厂、炼油厂的防爆要求。Ⅲ 型仪表的主要特点如下：

1）采用国际电工委员会（IEC）推荐的统一信号标准，（远距离）现场传输信号为 DC 4～20mA，控制室联络信号为 DC 1～5V，信号电流与电压的转换电阻为 250Ω。这种信号制的主要优点是传输信号零点不为零，而是从 4mA 开始，容易识别断电、断线等故障；因为最小信号电流不为零，为现场变送器实现两线制创造了条件。现场变送器与控制室仪表仅用两根导线联系。DC 4～20mA 既传输信号又为现场变送器提供能源，避免强电进入现场，有利于安全防爆。

2）广泛采用集成电路，仪表电路简化，运算精度、可靠性提高，维修工作量减少。

3）整套仪表可构成安全火花型防爆系统。DDZ-Ⅲ 型仪表按国家防爆规程进行设计，而

且增加了安全栅，实现了控制室安全场所与生产现场危险场所之间的能量限制与隔离，使仪表能在危险场所使用。

3.2.2　DDZ-Ⅲ型控制器的组成与操作

DDZ-Ⅲ型控制器的基本型品种是全刻度指示PID控制器。为满足各种特殊控制功能的需要，还有各种特殊控制器，例如断续控制器，批量、采样、自整定控制器，前馈控制器，非线性控制器等。特殊控制器是在基本型控制器的基础上附加各种特殊运算单元而构成。这里以全刻度指示PID控制器为例，介绍DDZ-Ⅲ型控制器的组成及使用操作。

图3-9是全刻度指示控制器的前面板图。它的表盘正中装有一个双针指示表头（输入（PV）、给定值（SV）指示器）2，其中红色针指示测量信号，黑色针指示给（设）定信号，偏差就是两个指针之差。双针指示器的有效刻度（纵向）为100mm，精度为1级。当仪表处于"内给定"状态时，给定信号值是通过拨动内给定设定轮3确定并由黑色指针显示出来。当使用外给定时，仪表前面板右上方的外给定指示灯7会亮，提醒操作人员此时给定值由外部提供，内给定无效（内给、外给的切换开关在侧面板上）。控制器输出信号值（MV）的大小由输出指示器9显示。输出指示器下方设有一对表示阀门调节区域的输出记忆指针8，X表示关闭，S表示全开。在表盘的最下方设有输入检测插孔11和输出信号插孔12。当控制器发生故障不能正常工作时，可把便携式操作器的输入输出插头插入这两个插孔中，用手动操作器代替控制器进行控制。

控制器前面板右侧设有自动（A）/软手动（M）/硬手动（H）切换开关1。以实现自动控制、软手动控制、硬手动控制的选择。在控制系统投运过程中，一般

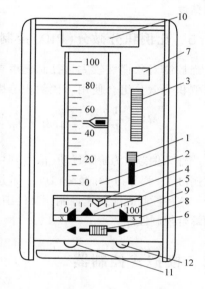

图3-9　全刻度指示控制器的面板
1—自动/软手操/硬手操切换键　2—输入指示器　3—内给定设定轮　4—硬手操杆　5—输出指针　6—软手操杆　7—外给定指示灯　8—阀门调节区域记忆指针　9—输出指示器　10—仪表标牌　11、12—手操器插孔

总是先手动控制，待工况稳定后，再切向自动。当系统运行中出现工况异常时，往往又需要从自动切向手动，所以控制器一般都兼有手动和自动两种控制方式。在Ⅲ型控制器中，手动控制又分为硬手动和软手动两种情况。在软手动状态下，扳动软手动操作板键6，控制器的输出便随时间按一定的速度增加或减小；若放开操作板键，操作板键在弹簧作用下返回断开位置，当时的控制输出信号值被保持。当切换开关处于硬手动状态时，控制器的控制输出信号大小完全决定于硬手动操作杆4的位置，移动硬手动操作杆4的位置，可直接改变控制器输出。

另外，在控制器的右侧面板上设有正、反作用切换开关（把控制器从壳体中拉出即可看到），正作用时，$e = PV - SV$，反作用时，$e = SV - PV$。控制器正、反作用的选择是根据控制系统实现负反馈的基本要求确定，选择方法将在第6章6.2.3.3进行专门讨论。

在控制器的右侧面板上还设有 P、T_I、T_D 参数设定轮。在控制器使用中，根据不同的控制对象特性，可以分别整定 PID 参数 P、T_I、T_D，以获得最佳的系统控制品质。

3.2.3　DDZ-Ⅲ型全刻度指示控制器线路实例

DDZ-Ⅲ型 PID 控制器的原理电路如图 3-10 所示。

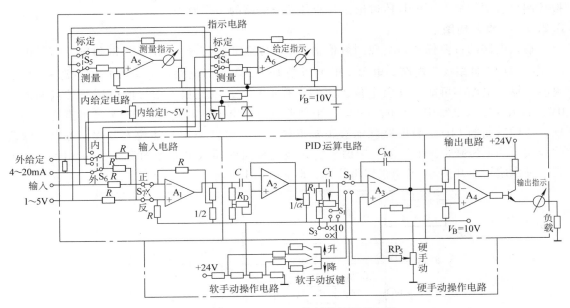

图 3-10　DDZ-Ⅲ型 PID 控制器的原理电路

注：1. 图中所有放大器都用 24V 单电源供电；

2. 基准电平 $V_B = 10V$，由 24V 电源通过稳压集成块取得。

图 3-10 电路主要由输入电路、给定电路、PID 运算电路、自动与手动(包括硬手动和软手动)切换电路、输出电路及指示电路组成，其构成框图如图 3-11 所示。

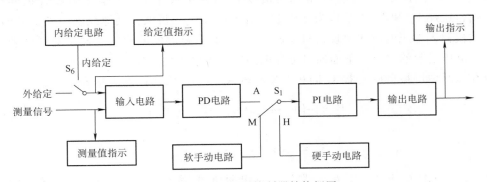

图 3-11　DDZ-Ⅲ型控制器结构框图

图中，控制器接收变送器测量信号值 PV(DC4~20mA 或 DC 1~5V)，在输入电路中与给定信号值 SV 进行比较，得出偏差信号 e。然后在 PD 与 PI 电路中进行 PID 运算，最后由输出电路转换为 DC4~20mA 电流输出。控制器的给定值有"内给定"和"外给定"两种方式，用

切换开关 S_6 进行选择。当控制器工作于"内给定"方式时，给定值 SV（电压）来自控制器内部的稳压电源；当控制器切换到"外给定"位置时，由外来的 $4 \sim 20\text{mA}$ 电流流过 250Ω 精密电阻产生 $1 \sim 5\text{V}$ 的给定电压 V_S。由开关 S_1 在 PD 与 PI 电路中间实现与软手动、硬手动电路的切换。此外还有测量值 PV、给定值 SV 和控制输出 MV 值指示电路。

由于该仪表采用线性集成电路为基本元件，电路清晰、功能完善、运算精度较高，是模拟控制仪表的代表。下面具体讨论控制器各部分电路的工作原理。

3.2.3.1 输入电路

输入电路的首要任务是实现测量值信号 V_P 与给定值信号 V_S 相减，得到偏差信号电压 e。由于 DDZ-Ⅲ 型仪表电路的电源供电电压是 DC+24V，而电路中的运放在单电源+24V 供电时，输出电路不可能出现负电位，而偏差有正有负，因此偏差信号的电压基准点不能为 0V，必须在输入电路中进行电平移动，把偏差电压的电平抬高到以 +10V 为基准点变化的电压，这样后面的 PID 运算电路就能够正常工作。输入电路采用差动输入方式，可以消除公共地线上的电压降带来的误差。考虑了公共地线电阻的输入电路如图 3-12 所示（图 3-10 中正、反作用切换开关 S_7 置于正作用位置，即 $e = V_P - V_S$）。

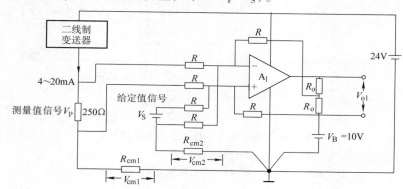

图 3-12　输入电路

如图 3-12 所示，测量信号 V_P 和给定信号 V_S 分别用双臂接到运算放大器 A_1 的同相和反相输入端，这样 V_P 和 V_S 都是作为差模电压输入运放 A_1。虽然公共地线上的干扰电压 V_{cm1}、V_{cm2} 以共模输入电压的形式出现，只要放大器 A_1 具有足够的共模抑制比，就可以避免这些共模干扰电压引起的误差。下面通过推导电路的输入输出关系确认这一结论。

由叠加原理可写出放大器 A_1 同相及反相输入端电压 V_+、V_- 的表达式

$$V_- = \frac{1}{3}\left(V_P + V_{cm1} + V_{cm2} + V_B + \frac{1}{2}V_{o1}\right) \tag{3-10}$$

$$V_+ = \frac{1}{3}(V_S + V_{cm1} + V_{cm2} + V_B) \tag{3-11}$$

由于公共地线电阻 R_{cm1}、R_{cm2} 都比运算电阻 R 小得多，故可只考虑其上的干扰电压，而忽略其阻值对输入电路的影响。同样，因输出端分压电阻 $R_o \ll R$，可只考虑其分压比，而不计其对反馈支路的影响。

设 A_1 是理想运放，则有 $V_+ = V_-$，故由式（3-10）和式（3-11）可得

$$V_{o1} = -2(V_P - V_S) \tag{3-12}$$

式（3-12）表明：

1）输入电路实现测量值 V_P 与给定值 V_S 的相减，获得放大两倍的偏差信号；

2）输出电压 V_{o1} 与公共地线上的压降 V_{cm1}、V_{cm2} 无关。

3）输入电路接受两个以 0V 为基准点的测量值信号 V_P 和给定值信号 V_S，而输出是以 $V_B = 10V$ 为基准点的偏差电压 V_{o1}，实现了电平移动。

由式（3-10）、式（3-11）和式（3-12）可算出 A_1 的输入输出信号范围。设 V_{cm1}、V_{cm2} 的变化范围为 0~1V；当 V_P、V_S 在 1~5V 之间变化时，A_1 的输入端电压 V_+、V_- 变化范围为 3.7~5.7V，输出端对地电压的变化范围为 2~18V。这不仅使 A_1 能正常工作，也使后面 PID 运算电路中的放大器能正常工作。

3.2.3.2　PID 运算电路

DDZ-Ⅲ型控制器的运算电路由 PD 与 PI 两个运算电路串联组成，PID 运算部分详细电路如图 3-13 所示。

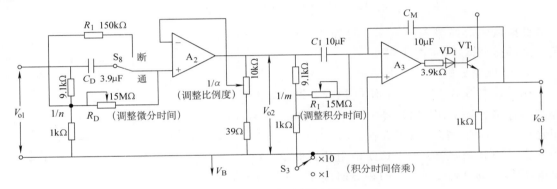

图 3-13　PID 运算电路

由于输入电路已采取电平移动措施，故这里各信号电压都是以 $V_B = 10V$ 为基准点。在分析放大器 A_1 的运算关系时已看到，只要输入输出电压取同一基准，则不管此基准点电压大小如何，都不影响其传递函数表达式。

1. PD 电路分析

由放大器 A_2 组成的比例微分电路中，微分作用可根据需要引入或切除。当不需要微分作用时，开关 S_8 置于"断"位置，放大器 A_2 变为比例放大器。为使微分作用能无扰动地切换，不需要微分时，开关 S_8 将电容 C_D 经 R_1 充电，使 C_D 的右端始终跟随 A_2 输入端电压。这样，在需要引入微分作用时，开关 S_8 可随时切向"通"位，而不会造成 A_2 输出电压的跳变，这样就不会对生产过程产生冲击扰动。

进行 PD 运算时，设流过 C_D 的充电电流为 $I_D(s)$，则对于 A_2 输入端有

$$V_+(s) = \frac{1}{n}V_{o1}(s) + I_D(s)R_D$$

而

$$I_D(s) = \frac{\dfrac{n-1}{n}V_{o1}(s)}{R_D + \dfrac{1}{C_D s}} = \frac{n-1}{n}\frac{C_D s}{1 + R_D C_D s}V_{o1}(s)$$

代入前式简化得

$$V_+(s) = \frac{1}{n} \frac{1 + nR_D C_D s}{1 + R_D C_D s} V_{o1}(s)$$

由图 3-13 中 PD 运算电路可知

$$V_{o2}(s) = \alpha V_+(s) = \frac{\alpha}{n} \frac{1 + nR_D C_D s}{1 + R_D C_D s} V_{o1}(s)$$

若令 $T_D = nR_D C_D$，T_D 称为微分时间常数，则该比例微分电路的输入输出关系为

$$V_{o2}(s) = \frac{\alpha}{n} \frac{1 + T_D s}{1 + \frac{T_D}{n}s} V_{o1}(s) \tag{3-13}$$

当 V_{o1} 为阶跃信号时，V_{o2} 的时域响应为

$$V_{o2}(t) = \frac{\alpha}{n} \left[1 + (n-1) e^{-\frac{n}{T_D}t} \right] V_{o1}$$

此阶跃响应如图 3-14 所示。可知此电路的微分运算是实际的微分运算（见图 3-7）。

2. PI 电路分析

在以放大器 A_3 为核心的比例积分电路中，开关 S_3 为积分时间倍乘开关，当其置于"×1"位置时，将 1kΩ 电阻悬空，$1/m$ 的分压关系不存在，C_I 的充电电压为 V_{o2}；当其置于"×10"位置时，将 1kΩ 电阻接入电路，C_I 的充电电压为 $(1/m)V_{o2}$，使 C_I 的积分时间 T_I 增大 m 倍（$m \approx 10$）。即 S_3 为积分时间的倍乘开关。

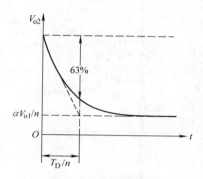

图 3-14　PD 电路的阶跃响应

图 3-13 中，接在放大器 A_3 输出端的电阻（3.9kΩ）、二极管 VD 及三极管 VT_1 构成射极跟随器，主要是为了将 A_3 的输出进行功率放大，以满足 C_M 的充电需要，可以视为 A_3 的延伸。如果开关 S_3 置于"×1"档，则 A_3 反相输入端的节点电流满足

$$\frac{V_{o2}(s)}{R_I} + C_I s V_{o2}(s) + C_M s V_{o3}(s) = 0$$

式中忽略了分压电阻（9.1kΩ），解得

$$V_{o3}(s) = -\frac{C_I}{C_M} \left(1 + \frac{1}{R_I C_I s} \right) V_{o2}(s)$$

设 $T_I = R_I C_I$，称为积分时间（S_3 置于"×10"档时，$T_I = mR_I C_I$），则该比例积分电路的输入输出关系为

$$V_{o3}(s) = -\frac{C_I}{C_M} \left(1 + \frac{1}{T_I s} \right) V_{o2}(s) \tag{3-14}$$

当 V_{o2} 为阶跃信号时，V_{o3} 的时域响应为

$$V_{o3}(t) = -\frac{C_I}{C_M} \left(1 + \frac{t}{T_I} \right) V_{o2}$$

此阶跃响应如图 3-15 所示。

3. PID 运算电路的传递函数

将式(3-12)、式(3-13)和式(3-14)合并后，得 PID 运算电路的传递函数为

$$\frac{V_{o3}(s)}{V_P(s)-V_S(s)} = \frac{2\alpha}{n} \frac{C_I}{C_M} \frac{1+\dfrac{T_D}{T_I}+\dfrac{1}{T_I s}+T_D s}{1+\dfrac{T_D}{n}s}$$

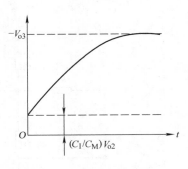

图 3-15　PI 电路的阶跃响应

若令干扰系数 $F=1+\dfrac{T_D}{T_I}$，比例度 $P=\dfrac{n}{2\alpha}\dfrac{C_M}{C_I}$，微分增益 $K_D=n$，则上式可写为

$$\frac{V_{o3}(s)}{V_P(s)-V_S(s)} = \frac{F}{P} \frac{1+\dfrac{1}{FT_I s}+\dfrac{T_D s}{F}}{1+\dfrac{T_D}{K_D}s} \qquad (3-15)$$

这是实际的 PID 传递函数。当 V_S 不变，V_P 为阶跃信号时，V_{o3} 的阶跃响应如图 3-16 所示。（与图 3-8 基本一致，右半部分的差异是由于实际控制器的输出不可能无限上升，达到饱和值以后就不再增加）。

当 $T_I \gg T_D$ 时，$F \approx 1$，并忽略微分惯性项 $\dfrac{T_D}{n}s$，则式(3-15)可写成

$$\frac{V_{o3}(s)}{V_P(s)-V_S(s)} = \frac{1}{P}\left(1+\frac{1}{T_I s}+T_D s\right)$$

这就是典型的 PID 控制器的传递函数。根据电路元器件的参数值可算出此控制器的参数调整范围为

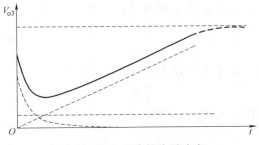

图 3-16　PID 电路的阶跃响应

$P = 2\% \sim 500\% \quad (K_P = 50 \sim 0.2)$

$T_I = 0.01 \sim 2.5\text{min}\ (\times 1\ \text{档})$

$T_I = 0.1 \sim 25\text{min}\ (\times 10\ \text{档})$

$T_D = 0.04 \sim 10\text{min}$

3.2.3.3　输出电路

控制器输出电路的首要任务是将 PID 电路输出的 $V_{o3} = 1 \sim 5\text{V}$ 电压转换为 $4 \sim 20\text{mA}$ 的电流输出，同时还承担电平移动的任务，将以 $V_B = 10\text{V}$ 为基准的电压转换为以 0V 为基准点的电流输出，因为控制器与前后级仪表的联系都是以 0V 为基准(接地)。输出部分电路如图 3-17 所示。

可以看出，输出电路以集成运算放大器 A_4 为核心，以电流负反馈保证输出的恒流特性。为了提高控制器的负载能力，在放大器 A_4 的后面，用晶体管 VT_1、VT_2 组成复合管进

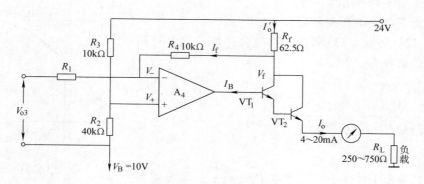

图 3-17 输出电路

行电流放大，这不仅可减轻放大器的（带载）发热、提高总放大倍数、增进恒流性能，而且可以提高电流转换的精度。

设电阻 $R_3 = R_4 = 10\text{k}\Omega$，电阻 $R_1 = R_2 = 4R_3$，则用理想放大器的分析方法可写出

$$V_+ = \frac{R_3}{R_3 + R_2} V_B + \frac{R_2}{R_3 + R_2} \times 24\text{V} = \frac{1}{5} V_B + \frac{4}{5} \times 24\text{V}$$

$$V_- = \frac{R_4}{R_4 + R_1}(V_B + V_{o3}) + \frac{R_1}{R_4 + R_1} V_f = \frac{1}{5}(V_B + V_{o3}) + \frac{4}{5} V_f$$

由 $V_+ = V_-$，将上面两式整理得

$$V_f = 24 - \frac{1}{4} V_{o3}$$

又直接从图 3-17 知

$$V_f = 24 - I_o' R_f$$

对比以上两式，可得

$$I_o' = \frac{V_{o3}}{4R_f}$$

如果认为反馈支路中的电流 I_f 和晶体管 VT_1 的基极电流 I_B 都比较小，可以忽略的话，由

$$I_o = I_o' - I_f - I_B \approx I_o'$$

得

$$I_o = \frac{V_{o3}}{4R_f} \qquad\qquad (3\text{-}16)$$

可见图 3-17 的输出电路实际上是一个实现 $V\text{-}I$ 转换的比例运算器，若取图中所标阻值 $R_f = 62.5\Omega$，则当 $V_{o3} = 1 \sim 5\text{V}$ 时，输出电流 $I_o = 4 \sim 20\text{mA}$。

如果不忽略反馈支路电流 I_f，更精确地计算电路参数，可知当 $R_1 = 4(R_3 + R_f) = 40.25\text{k}\Omega$ 时，可以精确获得转换关系式（3-16）。

3.2.3.4 手动操作电路及无扰切换

在 DDZ-Ⅲ 型控制器中，手动操作电路是在比例积分运算器 A_3 前通过切换开关 S_1 引入的，手动操作部分详细电路如图 3-18 所示。

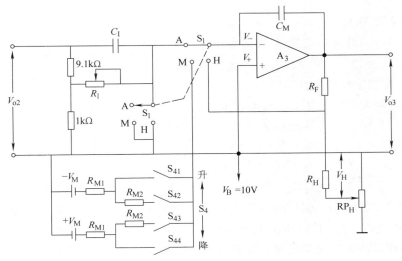

图 3-18 手动操作电路

通过切换开关 S_1 可以选择自动调节"A"、软手动操作"M"、硬手动操作"H"这三种控制方式中的任一种。其中自动调节就是前面讨论过的根据偏差 e 作 PID 运算的控制方式，软手动操作及硬手动操作都是手动操作的控制方式。为了避免切换时给控制系统造成扰动，要求电路设计中尽量做到自动控制与手动操作之间的平滑无扰动切换。

1. A、M 间的切换

当转换开关 S_1 由自动控制位置 A 切向软手动位置 M 时，如果软手动操作扳键开关 S_{41} ~ S_{44} 都不接通，那么积分器 A_3 的输入信号被切断，其反相输入端处于悬空状态，原来充在 C_M 上的电压没有放电回路，则 A_3 的输出电压 V_{o3} 将保持切换前的数值不变，这种状态称为"保持"状态。显然，控制器由"自动"状态切换为这种"软手动"状态对控制输出 MV 是无冲击的，只是使控制器控制输出暂停变化而已。为使控制器由软手动状态向自动状态切换时也不发生扰动，在软手动状态下，用开关 S_1 的另一组接点，把输入电容 C_1 的右端接到基准电压 V_B。由于放大器 A_3 的反相输入端电位 $V_- \approx V_+ = V_B$，故电容 C_1 的右端与放大器 A_3 的反相输入端电位始终十分接近。因而，任何时候将控制器由软手动状态 M 切回自动状态 A 时，C_M 不会有冲击性的充放电电流，放大器 A_3 的输出电压也不会发生突然跳变，不会对生产过程产生冲击扰动。

在软手动状态下，如果需要改变控制器的输出，可推动软手动操作扳键开关 S_{41} ~ S_{44}。这组开关在扳键自由状态下都是断开的，只有当操作人员推动时，根据推动的方向和推力的大小，其中一个或两个接通。例如，当操作者向"升"方向轻推时，开关 S_{42} 接通，放大器 A_3 作为积分器，接受 $-V_M$ 对 C_M 的充电。充电回路中 $R_{M1} + R_{M2} = 500\text{k}\Omega$，这时 A_3 输出以 100s 走完全量程的速度匀速上升。当操作者要使输出作快速变化时，可用力重压这一扳键，使 S_{41} 也接通，这样 R_{M2} 被短接，$-V_M$ 对 C_M 的充电电流增大，于是输出以 6s 走完全量程的高速度上升。操作人员可根据控制器输出表指针指示值，当输出变到希望的数值时松手，扳键在弹簧的作用下，立即自动弹回断开位置，即 $S_{41} \sim S_{44}$ 全部不通。这样，放大器 A_3 又转入"保持"状态，保持松手时的输出值。当然，由于 C_M 存在漏电，长时间的"保持"会出现漂移。

2. A、H 间的切换

当切换开关 S_1 由自动位置 A 切向硬手动位置 H 时，放大器 A_3 接成具有惯性的比例电路，硬手动部分电路如图 3-19 所示。

电阻 R_F 被接入反馈电路中，与电容 C_M 并联构成惯性环节。放大器的输入输出关系为

$$\frac{V_{o3}(s)}{V_H(s)} = -\frac{R_F}{R_H} \frac{1}{1+R_F C_M s}$$

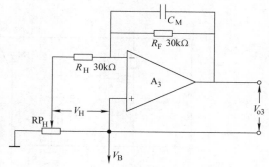

图 3-19　硬手动操作时的电路

从电路元件参数可知，惯性时间常数很小（$T = R_F C_M = 0.3s$），硬手动操作电位器 RP_H 上的电压 V_H 改变时，V_{o3} 只需 0.3s 便可达到稳态值，几乎与手动操作同步。硬手动操作电路可看作传递函数为 1 的比例电路，控制器的输出完全由硬手动操作杆的位置确定。如果开关 S_1 由 A 切向硬手动位置 H 时，硬手动操作杆的位置与控制器输出指示位置不一致，则切换时控制器输出会产生突变。可见，由 A 向 H 的切换时就有可能是有扰切换。避免扰动的方法是切换前，将硬手动操作杆的位置拨动到与控制器输出指示位置一致，然后再切换。在硬手动状态下，只要不移动 RP_H 的位置，输出便保持由 RP_H 确定的数值。

由于在硬手动状态时，与软手动状态一样将输入电容 C_I 的右端接在基准电压 V_B 上，所以切换开关 S_1 由 H 向 A 的切换是无扰切换。

3. M、H 间的切换

控制器由软手动状态 M 切向硬手动状态 H 时，与由 A 向 H 的切换一样，其输出值将由原来的某一数值很快变到硬手动电位器 RP_H 所确定的数值。当控制器由 H 切向 M 时，由于切换后放大器成为保持状态，保持切换前的硬手动输出值，所以切换是无扰动的。

综合以上所述，DDZ-Ⅲ型控制器的切换特性可表示如下：

$$\text{自动}(A) \underset{\text{无扰}}{\overset{\text{无扰}}{\rightleftharpoons}} \text{软手动}(M) \underset{\text{无扰}}{\overset{\text{需平衡才能无扰}}{\rightleftharpoons}} \text{硬手动}(H)$$

3.2.3.5　测量及给定指示电路

DDZ-Ⅲ型全刻度控制器前面板上设有双针指示表，测量指示针和给定指示针分别由两个相同的指示电路驱动，全量程地指示测量值 PV 与给定值 SV。偏差 e 的大小由两个指针间的距离反映出来，在两针重合时偏差为零。

由于使用的指示表是 5mA 满偏转驱动的电流表，故需用转换电路将 $1 \sim 5V$ 的测量或给定信号转换为 $1 \sim 5mA$ 的电流，指示部分详细电路如图 3-20 所示。

图 3-20 电路是一个具有电平移动的差动输入式比例电路，若视 A_5 为理想运放，其传递关系为

$$V_+ = \frac{1}{2}(V_B + V_P)$$

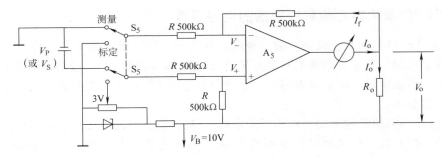

图 3-20 全刻度指示电路

$$V_- = \frac{1}{2}(V_B + V_o)$$

因为

$$V_+ = V_-$$

故得

$$V_o = V_P$$

如果忽略反馈支路电流 I_f，则流过表头的电流为

$$I_o \approx I_o' = \frac{V_o}{R_o} = \frac{V_P}{R_o}$$

若 $R_o = 1k\Omega$，则 V_P 为 1~5V 时，I_o 即为 1~5mA。

为了便于对指示电路的工作进行校验，图 3-20 中设有测量/标定切换开关 S_5。当 S_5 置于标定位置时，就有 3V 的电压输入指示电路，这时流过表头的电流应为 3mA。表头指针应指在 50% 的位置上，若不准确，则调整表头的机械零点。

以上是对 DDZ-Ⅲ 型全刻度控制器原理电路的分析。实际电路中还有电源、补偿、滤波、保护、调整等很多辅助环节，这里不再赘述。

3.3 数字式 PID 控制器

数字式控制器是以微处理器为核心的多功能控制仪表，可接受多路模拟量及开关量输入信号，能实现复杂的控制运算，并具有通信及故障诊断功能，是自动控制、计算机及通信技术(合称 3C，即 Control、Computer 和 Communication)发展的产物。

数字式 PID 控制器通过计算机编程实现 PID 控制功能，又称可编程 PID 控制器，或可编程调节器。由于微处理器的强大计算功能，用户可以根据需要编写复杂的控制程序，所以一台可编程调节器可以代替多台模拟仪表，并且可以通过重新编程更改功能。

可编程调节器产品种类较多，例如原西安仪表厂生产的 YS80 系列和 YS100 系列，四川仪表厂和上海仪表厂生产的 DIGITRONIK 系列等，它们都以 8 位或 16 位微处理器作为调节器的 CPU，外围电路大同小异。下面以原西安仪表厂生产的单回路可编程控制器 SLPC(Single Loop Programmable Controller)为例，介绍这类仪表的工作原理及性能特点。

3.3.1　SLPC 单回路可编程控制器的电路原理

SLPC 是 YS-80 系列数字仪表中的一种代表性机种，其外形结构尺寸和操作方式与Ⅲ型模拟控制仪表相似。在正面表盘上配置有显示设定值 SV、测量值 PV 及输出控制操作值 MV 的指示表头、内给定设定键、串级/自动/手动切换键和手操键等，在侧面板增加了与编程有关的接口、键盘等。

SLPC 有五路模拟量输入端、六路开关量输入/输出端，有通信接口，有两路 $1\sim5V$ 模拟电压输出端，但只有一路可驱动调节阀的 DC4～20mA 电流输出，因而只能控制一个回路，所以被称为单回路可编程控制器。图 3-21 是 SLPC 控制器的电路原理框图。

由图 3-21 可以看到，SLPC 单回路可编程控制器主要由 CPU、ROM、RAM、D/A 转换器，以及过程输入输出接口、数据通信接口、人机接口几部分组成。

SLPC 内的 CPU 采用 8 位微处理器 8085A，其时钟频率为 10MHz，可使仪表在 0.2s 的控制周期内最多运行 240 步用户程序，并根据需要，能将控制周期加快到 0.1s，以保证控制的实时性。

SLPC 内使用一片 27256 型 EPROM 作为系统 ROM，可提供 32KB（1B = 8bit）的存储空间，存放系统管理程序及各种控制运算子程序；使用一片 2716 型 EPROM 作为用户 ROM，可提供 2KB 的存储空间存放用户程序；使用两片 μPD4464 型低功耗 CMOS 存储器作为 RAM，共有 8KB 供存放设定参数及计算结果之用。控制器将系统软件及用户软件全部用 EPROM 固化，以提高控制器抗干扰能力和可靠性。

SLPC 的模拟量输入/端口有五个，可同时接受五路 $1\sim5V$ 直流输入信号 $X_1\sim X_5$。SLPC 的模拟量输出端口有三个，其中 Y_1 输出为 $4\sim20mA$ 直流电流信号，可驱动现场执行器，Y_2 和 Y_3 输出 $1\sim5V$ 直流电压信号，可为控制室其他仪表提供 DC1～5V 模拟信号。

SLPC 的开关量输入/输出端口有六个，可输入或输出通/断型和高（3.5V±1V）/低（0±1V）电平型的开关量，与内部电路之间用高频变压器隔离。这六个 DI/DO 端口可用程序定义其输入或输出功能，即通过编程定义为输入端口或输出端口。这种可编程 DI/DO 接口的原理电路如图 3-22 所示。

图 3-22 中，当电路被指定作为输出端口使用时，内部电子开关 S_1 断开，若这时输出数据为"1"，则电子开关 S_2 在内部驱动脉冲的作用下，作占空比为 50% 的通断切换。变压器绕组 N_1 中有方波电压通过，则每当 S_2 断开时，绕组 N_2 中的感应电压使三极管 VT_1 导通（VT_1 通过输出端口接在外部电路中，得到工作电压），对外输出"1"信号，可接通外接的继电器、指示灯或报警器等。当电路被指定作为输入端口使用时，电子开关 S_2 以较小的占空比作通断切换。内部电子开关 S_1 接通，提供 S_2 断开后的续流回路。若输入信号为"1"（即外部接点处于导通状态或外加电压处于低电平），那么 S_2 接通时，三极管 VT_1 处于导通状态，绕组 N_3 基本被短路，反射到绕组 N_1 边，使得 N_1 阻抗很小，5V 电压加在触发器 D 端，于是在 CP 脉冲的作用下，触发器置"1"，向 DATA 线上送出高电平；若输入信号为"0"，那么 S_2 接通时，三极管 VT_1 处于截止状态，线圈 N_3 可视为开路，反射到线圈 N_1 边，使得 N_1 阻抗很大，5V 电压基本加在 N_1 上，触发器 D 端电压接近 0V，于是在 CP 脉冲的作用下，触发器置"0"，向 DATA 线上送出低电平。这种变压器隔离式输入输出电路由于使用的工作频率相当高，所以变压器尺寸不大，一、二次绕组之间的分布电容很小，隔离相当彻底；即使外接开关电路上存在大幅度的尖峰干扰，内部数字电路完全不受影响。

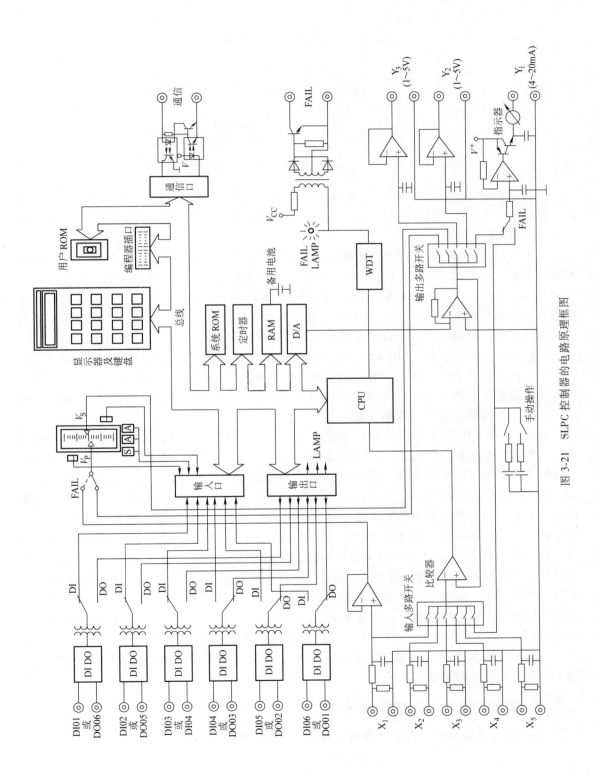

图 3-21　SLPC 控制器的电路原理框图

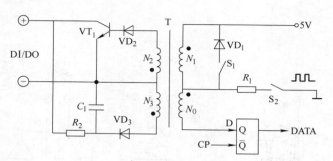

图 3-22 可编程 DI/DO 接口的原理电路

SLPC 用一片 μPC648D 型 12 位高速 D/A 芯片，将 CPU 输出的数字量转换成模拟量输出；同时借助于 CPU 的程序支持，用逐位比较法将模拟输入量转换成数字量，实现模拟输入的 A/D 转换。

SLPC 在仪表侧面装有 8 位 16 段笔划显示器和 16 个键的调整键盘，可以显示、调整各种运行参数。SLPC 的用户程序是用专门的编程器 SPRG 编写，编程器自身不带 CPU，使用时通过专用电缆接到 SLPC 侧面的编程器插口上，利用 SLPC 的 CPU 工作。程序编好后，可以先暂存在编程器的 RAM 中进行试运行。程序运行正确无误后，再写入 EPROM，然后插入仪表侧面的用户 ROM 插座，SLPC 就按照所编程序进行控制。

SLPC 备有通信接口，利用 8251 型可编程通信接口芯片，可与上位设备进行双向串行通信，通信内容包括 16 个 2B 的变量（包括 PV、SV、MV、P、I、D 参数和运行状态参数等），以及一个起动字节和一个垂直奇偶校验字节。每 480ms 进行一次通信，为防止从通信线路引入干扰，通信信号采用光电耦合器隔离。

SLPC 还有 CPU 发生故障时的备用措施。SLPC 要求被控参数的测量值必须从 X$_1$ 端口输入、控制操作量 MV 必须从 Y$_1$ 端口输出。从图 3-21 可以看到，模拟输入信号 X$_1$ 在进入输入多路开关之前，并联引入另一条备用通路，即通过隔离放大器后，直接送到测量值指示表。该表的输入端设有切换开关，在正常状态下接受 X$_1$ 经 CPU 处理后再经 D/A 转换送来的被控参数信号。当仪表工作不正常时，由 CPU 自诊断程序或监视定时器 WDT 发出故障信号 FAIL，并自动将测量值所对应的 PV 表针的输入切向备用通路，直接显示被测信号值；同时，模拟输出回路 Y$_1$ 立即被切换为保持状态，这相当于 DDZ-Ⅲ型仪表中的软手动状态。此时操作人员可以根据 PV 表针的指示，通过手动操作改变输出电流的大小，用手动控制维持系统的继续运行。应当指出，CPU 故障时，PV 表针指示的是未经处理的 X$_1$ 的电压值，若用户程序中含有输入处理程序，则该读数可能与 CPU 正常工作时不同。例如对于流量测量信号，从 X$_1$ 输入的可能是差压信号，需要经过温度、压力补偿及开方、标度变换后，才能显示流量信号。因此，当 CPU 正常工作时，PV 指针指示流量值，而 CPU 故障时，PV 指针指示的是差压值，两者数值不等。

3.3.2 SLPC 的 PID 数字控制算法

SLPC 用程序实现 PID 运算。理想 PID 的传递函数为

$$\frac{MV(s)}{E(s)} = \frac{1}{P}\left(1 + \frac{1}{T_I s} + T_D s\right)$$

式中，$MV(s)$ 为 PID 控制器输出的拉普拉斯变换；$E(s)$ 为输入偏差信号的拉普拉斯变换；P、T_I、T_D 分别为比例度、积分时间常数、微分时间常数。上式的时域表达式为

$$MV(t) = \frac{1}{P}\left[e(t) + \frac{1}{T_I}\int_0^t e(t)\,dt + T_D\frac{de(t)}{dt}\right]$$

式中，$MV(t)$ 为 PID 时域输出；$e(t)$ 为时域输入偏差信号。在数字控制器中，输入信号是经采样得到的离散信号，因此上述公式必须离散化，得到第 n 次采样后的 PID 输出量为

$$MV_n = \frac{1}{P}\left(e_n + \frac{1}{T_I}\sum_{i=1}^n e_i\Delta T + T_D\frac{e_n - e_{n-1}}{\Delta T}\right)$$

式中，e_i 是第 i 次采样时的偏差信号，ΔT 是采样周期。这个公式称为位置式 PID 计算式，是 PID 的基本运算公式。但实际应用中，根据需要可将其改写为增量型运算式

$$\Delta MV_n = MV_n - MV_{n-1} = \frac{1}{P}\left[(e_n - e_{n-1}) + \frac{\Delta T}{T_I}e_n + \frac{T_D}{\Delta T}(e_n - 2e_{n-1} + e_{n-2})\right] \tag{3-17}$$

为了避免理想微分对高频干扰的放大，在实际运算中，还要将上式的第三项理想微分运算改为实际微分运算，实际微分的传递函数为

$$\frac{MV(s)}{E(s)} = \frac{T_D s}{1 + \dfrac{T_D s}{K_D}}$$

式中，K_D 为微分增益。将上式反拉普拉斯变换，得到时域表达式，再进行差分处理，可得实际微分运算的差分表达式

$$MV_n = \frac{T_D}{\Delta T + \dfrac{T_D}{K_D}}(e_n - e_{n-1}) + \frac{\dfrac{T_D}{K_D}}{\Delta T + \dfrac{T_D}{K_D}}MV_{n-1}$$

将上式代替式(3-17)中右边第三项理想微分运算部分，得到实用的 PID 控制运算式为

$$\Delta MV_n = \frac{1}{P}\left[(e_n - e_{n-1}) + \frac{\Delta T}{T_I}e_n + \frac{T_D}{\Delta T + \dfrac{T_D}{K_D}}(e_n - e_{n-1}) + \frac{\dfrac{T_D}{K_D}}{\Delta T + \dfrac{T_D}{K_D}}MV_{n-1}\right] \tag{3-18}$$

式中，K_D 为微分增益。由于输入信号的采样周期为 0.1~0.2s，比一般工业过程对象的时间常数小得多，因此其控制效果非常接近于模拟控制器，可以认为是连续 PID 控制。式(3-18)是 SLPC 的基本控制算法。

为了适应不同的控制需要，SLPC 中还提供几种特殊的 PID 控制算法供用户选用。

3.3.2.1 微分先行的 PID 控制算法(PI-D 算法)

基本的 PID 控制算法中，PID 计算是对偏差进行的，而偏差是给定值 SV 和测量值 PV 的差值。在实际控制过程中，当操作人员用键盘改变给定值时(呈阶跃变化)，由于微分作用会引起控制器输出跳变，即所谓的微分冲击，不利于生产工况的平稳过渡，对于需要频繁改变设定值的工艺过程，这会严重影响生产过程的平稳运行。为了改善这种状况，可以将微分

作用只对测量值 PV 进行，构成微分先行的 PID 算法，又称 PI-D 算法。PI-D 算法的传递函数表达式为

$$MV(s) = \frac{1}{P}\left[\left(\frac{1}{T_I s}+1\right)E(s)-T_D s PV(s)\right] \tag{3-19}$$

这种算法与基本 PID 算法的对比如图 3-23a、b 所示，可等效表示为图 3-23c，进一步用图 3-23d 近似。

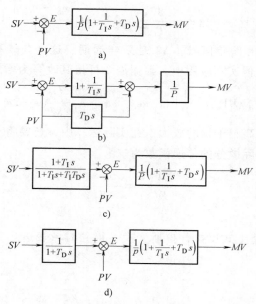

图 3-23　微分先行 PID 的框图变换
a) 基本 PID 运算　b) PI-D 运算　c) 图 b PI-D 运算的等效　d) PI-D 运算的近似等效

3.3.2.2　比例微分先行的 PID 算法（I-PD 算法）

如果将 PI-D 算法中比例作用也只对测量值 PV 进行，那么比例冲击和微分冲击都被消除，这种算法称为比例微分先行的 PID 算法，简记为 I-PD 算法。I-PD 算法的传递函数表达式为

$$MV(s) = \frac{1}{P}\left[\frac{1}{T_I s}E(s)-(1+T_D s)PV(s)\right] \tag{3-20}$$

这种算法与基本 PID 算法及 PI-D 算法的对比如图 3-24 所示。

3.3.2.3　带可变型设定值滤波器的 PID 算法

PI-D 算法相当于在设定值输入通道上加了一个一阶滤波环节（见图 3-23c、d），I-PD 算法相当于在设定值输入通道上加了一个二阶滤波环节（见图 3-24b）。把两者融合在一起，针对不同的对象特性和控制要求，对设定值变化进行灵活的滤波处理，实现所谓两自由度给定值滤波器参数整定。带可变型设定值滤波器（Set Value Filter，SVF）的 PID 算法正是根据这一思路设计而成，其框图如图 3-25 所示。

由图 3-25 可知，带 SVF 的 PID 算法与基本型 PID 相比，在设定值输入通道上加了一个参数可调的滤波环节，其传递函数为

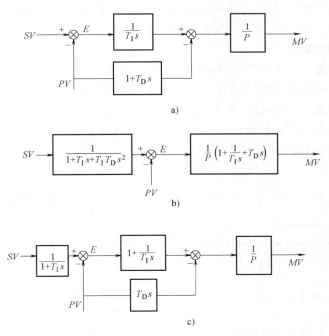

图 3-24 比例微分先行 PID 的框图变换

a) I-PD 运算 　b) I-PD 运算的等效表示 　c) I-PD 运算的等效表示

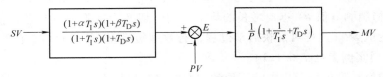

图 3-25 带 SVF 的 PID 的框图

$$MV(s) = \frac{1}{P}\left(1 + \frac{1}{T_I s} + T_D s\right)\left[\left(\frac{1 + \alpha T_I s}{1 + T_I s} \frac{1 + \beta T_D s}{1 + T_D s}\right)SV - PV\right] \quad (3-21)$$

式中，α、β 为设定值滤波调整参数，$\alpha=0\sim1$，$\beta=0\sim1$。当 $\alpha=0$，$\beta=0$ 时，控制器执行 I-PD 算法；当 $\alpha=1$，$\beta=0$ 时，控制器执行 PI-D 算法；当 α、β 在 $0\sim1$ 间任意取值时，可以得到由 I-PD 到 PI-D 连续变化的滤波功能。通过调整 α、β，对于各种对象特性有可能得到最佳的设定值阶跃响应，如图 3-26 所示。

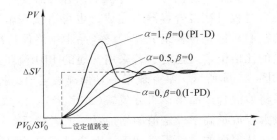

图 3-26 SV 阶跃变化时带 SVF 的 PID 控制动态响应

3.3.2.4 采样 PI 算法

对于滞后时间很长的控制过程（对象），连续（或频繁地采样）进行控制运算和控制输出，系统控制效果并不好。可以放长采样周期，让控制输出保持一段时间，待对象输出发生变化后再进行下一次采样，这种控制方式称为采样控制，已属于断续控制。由于采样周期取得很长，微分控制规律已失去超前控制作用，所以采样控制中都只用 PI 控制。SLPC 中实际使用的采样 PI 控制输出特性如图 3-27 所示，图中控制时间 T_W 可任意设定。有关大滞后过程采样控制的原理与应用，将在 7.3 节进行讨论。

3.3.2.5 批量 PID 算法

这是将开关控制与连续调节相结合的控制算法，主要针对非连续操作的间歇生产过程控制，如精细化工中的间歇反应（器）过程、高分子材料的间歇聚合过程都是典型的批量生产过程。对于重复操作的定型批量（间歇）生产，要求控制系统能够快速而平稳地自动起动生产过程，使每一次生产过程起动时被控参数能以最快的速度向设定值靠近，而又不产生超调。其动作过程如图 3-28 所示。

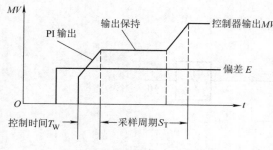

图 3-27　采样 PI 算法输出特性

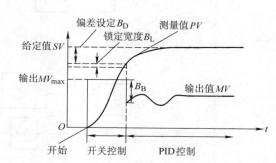

图 3-28　批量 PID 控制过程

在批量生产过程启动时，控制器输出最大值 MV_{max}，使被控参数 PV 迅速接近设定值 SV。当测量值 PV 接近设定值时（偏差小于偏差设定 B_D），控制器的输出值从上限值 MV_{max} 下降 B_B，以便抑制测量值 PV 迅速增长的势头，同时切换为常规 PID 控制，使被控参数 PV 平稳地接近设定值 SV。这样可加快启动过程，有效缩短批量（间歇过程）生产周期，提高生产效率（有关应用实例参见 7.6.1.1）。

为避免在切换点附近受干扰影响而导致控制方式频繁切换，算法中规定了锁定宽度 B_L，使系统切换为 PID 控制后，即使测量值由于干扰作用而回落，只要不超过 B_L 的锁定宽度，就不返回最大输出状态。

3.3.2.6 混合过程 PID 算法

在化工、炼油等生产过程中，有时需要将几种中间产品按一定比例混合形成最终产品，混合过程可在混合容器内完成，也可直接在输送管道中进行，如图 3-29 所示。这种情况下的控制目标是各种组分在最终产品中始终保持准确的比例，而不是单纯关注各管道内瞬时流量的比值恒定。这时，若采用普通的 PID 流量控制算法，在扰动作用下，流量响应曲线将如图 3-30a 所示，某一流量一旦偏离设定值，控制器将使其瞬时流量尽快向设定值靠近，结果将使混合产品中该组分欠缺（或多余）一定数量，原因是流量低于设定值造成该组分减少量大于流量高于设定值的增加量，或者相反。

从上面的讨论不难理解，混合过程要求动态调整过程中流量的正负偏差积分之和为零，如图 3-30b 的过渡过程曲线所示，当扰动使某一种组分的流量下降时，控制器应使流量做补偿性上升，以弥补前一时刻流量减少所造成的缺口；反之亦然。

这种混合 PID 控制的框图如图 3-31 所示，它是在对偏差信号进行积分运算后，再做 PID 运算，其连续 PID 运算函数表达式为

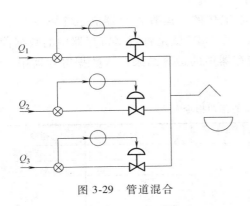

图 3-29　管道混合

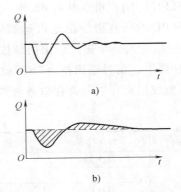

图 3-30　常规 PID 与混合 PID 控制对比
a）常规流量 PID 控制　b）混合流量 PID 控制

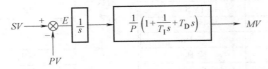

图 3-31　混合 PID 控制框图

$$MV(s) = \frac{1}{P} \frac{1}{s} \left(\frac{1}{T_I s} + 1 + T_D s \right) E(s)$$

$$= \frac{T_D}{P} \left(\frac{1}{T_I T_D s^2} + \frac{1}{T_D s} + 1 \right) E(s) \tag{3-22}$$

混合 PID 算法的离散表达式为

$$MV(n) = \frac{T_D}{P} \left\{ \frac{\Delta T^2}{T_I T_D} \sum_{i=1}^{n} \sum_{i=1}^{n} e_i + \frac{\Delta T}{T_D} \sum_{i=1}^{n} e_i + e_n \right\} \tag{3-23}$$

由以上表达式可知，在偏差的积分之和为零之前，控制器将不断动作，以保证最终产品中各组分比例的准确。

需要说明的是，混合 PID 算法中整定参数 P、T_I、T_D 与普通 PID 中同类参数的作用不同。由传递函数式（3-22）可知，这里 T_D/P 的作用是比例增益，T_D 是积分时间常数，$T_D T_I$ 为双重积分时间常数，在使用中必须注意这些差别。考虑到双重积分有破坏系统稳定性的危险，整定这种控制器的参数时，应选择 $T_I \gg T_D$。

SLPC 中对上述各种控制算法编有相应控制程序模块供用户调用。

3.3.3　SLPC 单回路可编程控制器的编程语言与用户编程

为便于用户编程，SLPC 为用户提供的是采用面向问题和面向过程的"自然语言"编程平台。为此，生产商预先将过程控制中常用的控制运算功能编制成各种标准功能程序模块，每个模块相当于单元组合式仪表中一台仪表的功能。用户根据控制需要，将程序模块用指令连接起来，就完成了编程。这种根据实际生产过程控制需要，利用标准功能模块组成系统的工作称为控制系统"组态（Configuration）"。

SLPC 的用户指令共有 46 种，如表 3-1 所示。

SLPC 的所有指令都是以运算寄存器为中心工作的。运算寄存器有五个 $S_1 \sim S_5$，是在 RAM 中指定的一个先进后出的堆栈。信号输入指令"LD"就是将数据寄存器中的数据读入运算寄存器中，信号输出指令"ST"就是将运算寄存器中的运算结果存入数据寄存器中。SLPC 有 16 个数据寄存器分类存放各种数据。

表 3-1　SLPC 的用户指令

分类	指令符号	指令含义	分类	指令符号	指令含义
输入	LD Xn	读 Xn	函数运算	$FX_{1,2}$	10 折线函数
	LD Yn	读 Yn		$FX_{3,4}$	任意折线函数
	LD Pn	读 Pn		LAG_{1-8}	一阶惯性
	LD Kn	读 Kn		$LED_{1,2}$	微分
	LD Tn	读 Tn		DED_{1-3}	纯滞后
	LD An	读 An		VEL_{1-3}	变化率运算
	LD Bn	读 Bn		VLM_{1-6}	变化率限幅
	LD FLn	读 FLn		MAV_{1-3}	移动平均运算
	LD Din	读 Din		CCD_{1-8}	状态变化检出
	LD Don	读 Don		TIM_{1-4}	计时运算
	LD En	读 En		PGM_1	程序设定
	LD Dn	读 Dn		PIC_{1-4}	脉冲输入计数
	LD CIn	读 CIn		$CPO_{1,2}$	积算脉冲输出
	LD COn	读 COn		HAL_{1-4}	上限报警
	LD KYn	读 KYn		LAL_{1-4}	下限报警
	LD LPn	读 LPn	条件判断	AND	与
输出	ST Xn	向 Xn 输出		OR	或
	ST Yn	向 Yn 输出		NOT	非
	ST Pn	向 Pn 输出		EOR	异或
	ST Tn	向 Tn 输出		GOnn	向 nn 步跳变
	ST An	向 An 输出		GIFnn	条件转移
	ST Bn	向 Bn 输出		GO SUBnn	向子程序 nn 步跳变
	ST FLn	向 FLn 输出			
	ST Don	向 Don 输出		GIF SUBnn	向子程序 nn 条件转移
	ST Dn	向 Dn 输出			
	ST COn	向 COn 输出		SUBnn	子程序
	ST LPn	向 LPn 输出		RTN	返回
结束	END	运算结束		CMP	比较
基本运算	+	加法		SW	信号切换
	−	减法	存储位移	CHG	S 寄存器交换
	×	乘法		ROT	S 寄存器旋转
	÷	除法	控制功能	BSC	基本控制
	$\sqrt{\ }$	开方		CSC	串级控制
	$\sqrt{E}$	小数点切除型开方		SSC	选择控制
	ABS	取绝对值			
	HSL	高值选择			
	LSL	低值选择			
	HLM	高限幅			
	LLM	低限幅			

1) Xn 模拟量输入数据寄存器。

2）Yn 模拟量输出数据寄存器。

3）Pn 可变常数寄存器。

4）Kn 固定常数寄存器。

5）Tn 中间数据暂存寄存器。

6）An 模拟控制量寄存器。

7）FLn 状态标志寄存器。

8）Bn 控制模块的整定参数寄存器。

9）Din 开关量输入寄存器。

10）Don 开关量输出寄存器。

11）En 通信接收用模拟量寄存器。

12）Dn 通信发送用模拟量寄存器。

13）CIn 通信接收用数字量寄存器。

14）COn 通信发送用数字量寄存器。

15）KYn 可编程功能键状态输入寄存器。

16）LPn 可编程功能指示灯输入寄存器。

表 3-1 中除 LD、ST、END 三种指令外，其余 43 种均为功能指令。这 43 种功能指令基本涵盖了控制系统所需的各种运算、控制和数据处理功能。

3.3.3.1 基本运算模块

基本运算指令有 11 种。这 11 种指令的运算都在运算寄存器中完成，不需要专用的存储器存取中间数据，只要程序总长度允许，使用次数没有限制。

1. 四则运算模块 +、-、×、÷

复杂控制系统中往往要用到四则运算，执行时，对运算寄存器 S_1、S_2 中的数据进行四则运算，结果存入 S_1 中。在作减法或除法时，规定 S_2 中存放被减数或被除数，S_1 中存放减数或除数。

2. 开方运算模块 $\sqrt{}$、$\sqrt{E}$

主要用于根据差压信号计算流量值，并具有小信号切除功能。因为差压信号很小时，测量误差很大，开方后误差更大，所以当输入的差压信号小于某一值时，将切除开方功能。

运算模块 $\sqrt{}$ 的小信号切除点是固定的，当输入信号小于量程的 1% 时被切除，令开方结果为零。

运算模块 $\sqrt{E}$ 的小信号切除点是可变的，运算前，被开方数存入 S_2 寄存器，小信号切除阈值存入 S_1 寄存器，作开方运算后，结果存入 S_1 寄存器。当输入低于切除阈值时，令输出等于输入，而不是令输出为零。

3. 取绝对值运算模块 ABS

对寄存器 S_1 中的数据取绝对值，结果仍在 S_1 中。

4. 高选、低选模块 HSL、LSL

从 S_1、S_2 两个寄存器的数据中分别选取高值或低值，结果存入 S_1 中。

5. 高、低限幅模块 HLM、LLM

将 S_2 中的数据幅值限制在 S_1 寄存器数据规定的上、下限范围之内。

3.3.3.2 函数运算模块

有 13 种带编号的函数运算指令，运算时必须配有专用的存储区存放数据。例如每个 10 段折线函数程序模块必须有 22 个存储单元存放转折点坐标，又如纯滞后模块，需要有存储区存放滞后时间 τ 内的采样数据。因此，这些模块的使用数量是有限制的，于是给它们加上编号。每个带编号的功能模块只能使用一次。

1. 折线函数模块 $FX_1 \sim FX_4$

这四个都是用 10 段折线逼近的非线性函数模块。其中 FX_1 和 FX_2 的折线在自变量轴上是等分分段；而 FX_3 和 FX_4 是自由分段的，根据函数在各区间的不同曲率合理分段，更好地逼近所需的曲线。当然，为了存放自变量的分段点，需要多用一些内存单元。

2. 一阶惯性运算模块 LAGn

可以对变量起缓冲作用，降低其变化速度。其传递函数为

$$Y(s) = \frac{1}{1+Ts} X(s)$$

3. 微分运算模块 LEDn

这是微分增益 K_D 为 1 的实际的微分运算，其传递函数为

$$Y(s) = \frac{Ts}{1+Ts} X(s)$$

4. 纯滞后运算模块 DEDn

常用于 Smith 预估补偿系统中，可以改善带纯滞后对象的控制效果（Smith 预估补偿控制原理分析详见 7.3.2）。纯滞后模块 DEDn 的传递函数为

$$Y(s) = e^{-\tau s} X(s)$$

式中，τ 为纯滞后时间。在模拟仪表中，要实现这样的运算十分困难，但用数字仪表很容易实现。在 SLPC 控制器中，使用 20 个存储单元组成一个先进先出的堆栈，进入堆栈的数据每隔 $\tau/20$ 的时间向输出方向移动一次。这样，经过 20 次移位后，便可在输出端得到 τ 秒前的输入变量值，实现了对信号的延迟作用。

5. 变化率运算模块 VELn

主要用于对过程变量的变化率进行监视，这是发现系统异常和故障的重要方法。将输入变量的当前值减去 Δt 之前的值，即为变化率。其输入量 X 与输出量 Y 的关系为

$$Y(t) = X(t) - X(t-\Delta t)$$

6. 变化率限幅模块 VLMn

主要用来限制输出的变化速率，以减少对过程的冲击。如果输入变量作阶跃式的上下变化，则通过 VLMn 运算使输出升降速率不超过规定的上下限。

7. 移动平均运算模块 MAVn

作为滤波手段，将变量的当前值与之前的若干个历史值相加后，取平均值。主要用于滤除信号中的周期性干扰。该模块最多可取 20 个数据作平均运算，即除当前值外，最多可保留以前的 19 个采样值。

8. 状态变化检测模块 CCDn

用于检测输入状态是否发生了"正"跳变。当 S_1 寄存器中的输入信号发生正跳变，即由 0 变为 1 时，在 S_1 寄存器中得到输出数据"1"，其延续时间为 1 个运算周期。

9. 计时模块 TIMn

该模块可用来累计动作或指令执行的时间，常用于顺序控制及批量生产过程控制。模块工作时，每个周期先查看 S_1 寄存器的状态。若 S_1 中的数据为 1，则开始或继续进行计时，若发现 S_1 中的数据为 0，则对计时器清零，并停止工作。

10. 程序设定模块 PGM1

这是一个时间函数发生器，主要用于热处理等要求设定值按一定规律变化的程序控制。程序可分为 10 个时间段，每个时间段内按预定的规律输出。

11. 脉冲计数模块 PICn

可用来对通、断时间均大于控制周期 20ms 以上的脉冲进行计数。当 S_2 内的数据由 0 变为 1 时，PICn 模块计入 1 个脉冲。

12. 积算脉冲输出模块 CPOn

主要用于对流量等变量的累积，通过 Don 端口向外发出宽度为 100ms 的积算脉冲。

3.3.3.3 条件判断运算模块

条件判断运算模块包括 14 种指令。

1. 上、下限报警模块 HALn、LALn

用于对输入变量的上、下限报警。

2. 逻辑运算模块 AND、OR、NOT、EOR

这四个模块分别是两个量的与、或、非、异或逻辑运算。

3. 转移指令 GOnn、GIFnn

GOnn 为无条件转移，直接转到 nn 步；GIFnn 为条件转移。$(S_1) = 1$，则转向 nn 步；若 $(S_1) = 0$，则继续顺序向下执行。

4. 转子指令 GO SUBnn，GIF SUBnn

GO SUBnn 为无条件转向子程序 nn；GIF SUBnn，则视 S_1 内容而定，$(S_1) = 1$，则转向子程序 nn；若 $(S_1) = 0$，则不转。

5. 子程序块 SUBnn 及返回指令 RTN

SLPC 可编 0～99 步主程序及 0～99 步子程序。在 99 步程序区域内，最多可分割成 30 个子程序块，每块子程序以 SUBun 开始，以返回指令 RTN 结束。子程序块可反复调用。

6. 比较指令 CMP

对 S_1、S_2 的内容进行比较，若 $(S_1) < (S_2)$，则 S_1 置 0，反之，则置 1。

7. 信号切换模块 SW

相当于一个单刀双掷开关，用程序进行切换。运算前，将两个输入信号分别存入 S_2、S_3，控制切换的信号存入 S_1。运算时，若控制信号 $(S_1) = 1$，则取 S_2 的内容存入 S_1，向外输出；若控制信号 $(S_1) = 0$，则取 S_3 的内容存入 S_1，向外输出。

3.3.3.4 运算寄存器位移指令 CHG、ROT

CHG 是交换指令，将运算寄存器 S_1、S_2 的内容互换。ROT 是旋转指令，将五个运算寄存器首尾相接后，向上旋转一步。即令 $(S_2) \rightarrow (S_1)$，$(S_3) \rightarrow (S_2)$，$(S_4) \rightarrow (S_3)$，$(S_5) \rightarrow (S_4)$，$(S_1) \rightarrow (S_5)$。

3.3.3.5 控制模块

根据控制系统的常用模式，SLPC 内的控制模块有三种功能结构，可用来组成不同功能的控制回路，如图 3-29 所示。

由图 3-29 可知，基本控制模块 BSC，内含一个调节单元 CNT1，相当于模拟仪表中的一台 PID 控制器，可用来组成各种单回路调节系统；串级控制模块 CSC，内含两个串联的调节单元 CNT1、CNT2，可组成串级调节系统；选择控制模块 SSC，内含两个并联的调节单元 CNT1、CNT2 和一个单刀三掷切换开关 CNT3，可组成选择控制系统。这些调节单元的控制字所代表的功能如表 3-2 所示。

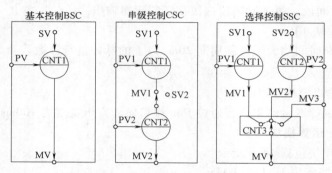

图 3-32　SLPC 的三种控制结构

表 3-2　调节单元的控制字功能

控制字	功　　能	设　定　内　容
CNT1	PID 调节单元	CNT1 = 1 为连续 PID，= 2 为采样 PID，= 3 为批量 PID
CNT2	PID 调节单元	CNT2 = 1 为连续 PID，= 2 为采样 PID
CNT3	选择单元	CNT3 = 0 为选低值，= 1 为选高值
CNT4	控制周期	CNT4 = 0 为 0.2s，= 1 为 0.1s
CNT5	变形 PID 单元	CNT5 = 0 为 I-PD，= 1 为 PI-D，= 2 为 SVF 型 PID

SLPC 的调节单元内部还设计了不同的算法和控制周期，可根据不同的控制要求，选用常规连续 PID 算法或采样 PI 算法。在常规连续 PID 算法中，又可选用 PI-D 算法、I-PD 算法或 SVF 型算法等。此外，控制周期也可根据对象特性及扰动情况，选用 0.2s 或 0.1s。例如，在选用串级控制模块 CSC 时，若设定 CNT1 = 2，CNT2 = 1，CNT4 = 0，CNT5 = 2，则表示串级回路主控制器 CNT1 使用采样 PI 算法，副控制器 CNT2 使用连续 PID 算法，并使用可变型设定值滤波器 SVF，控制周期为 0.2s。这些控制字在系统生成时，要和编制的程序一起，通过专用的编程器写入用户 ROM 中。系统在运行时，操作人员不能更改。

上述 46 种控制模块构成了 SLPC 的全部功能。SLPC 的用户编程就是按照控制方案，将所需的控制模块连接起来。编程举例如下。

例 1　把两个输入变量 X_1、X_2 相加后，从 Y_1 端口输出。

程序:LD X_1 　　　（读入 X_1 数据）

　　　LD X_2 　　　（读入 X_2 数据）

　　　+ 　　　　　　（对 X_1、X_2 求和）

　　　ST Y_1 　　　（将结果送往 Y_1）

　　　END 　　　　（结束程序）

例2　某化学反应工艺启动需要加热，但反应过程放热。当反应罐内温度低时，化学反应速度慢，放热量小；当反应罐内温度升高时，化学反应加热，放热量增大。在不同的温度点，加热量/除热(冷却)量与温度变化之间增益变化很大。控制这类非线性对象，若控制器 P 参数固定不变，则不是低温过程启动、反应缓慢，就是高温下发生振荡甚至失控。为此，可采用根据反应温度，自动改变控制器 P 参数的变增益自适应控制，使控制器增益随反应温度变化做相应变化，以补偿对象增益的变化。

事先设定 10 段折线函数模块 FX_1，作成对象增益变化曲线的反函数。控制过程中先读取温度测量值，算出控制器当前的增益，存入扩展寄存器 A_3 中，根据此增益进行 PID 控制。其程序如下：

$$
\begin{array}{ll}
LD\ X_1 & （读入温度值）\\
FX_1 & （调用折线函数）\\
LD\ K_1 & （读入折线系数）\\
\times & （乘系数）\\
ST\ A_3 & （存入寄存器\ A_3\ 中）\\
LD\ X_1 & （读入温度值）\\
BSC & （进行\ PID\ 运算）\\
ST\ Y_1 & （将结果送往\ Y_1）\\
END & （结束程序）
\end{array}
$$

3.3.4　用户程序写入与调试

SLPC 的用户程序用专门的编程器 SPRG 写入，编程器内部不带 CPU，使用时必须与 SLPC 连接才能工作，SPRG 相当于 CPU 的一个外设。

编程时，利用 SPRG 面板上的显示器和键盘逐句键入用户程序，程序暂存在 SPRG 的 RAM 中。程序输入完毕，进行试运行调试与修改，直至程序正确无误后，写入插在 SPRG 中的用户 ROM。最后，用户 ROM 插入 SLPC 可编程序控制器，系统便可按要求的程序工作。

思考题与习题

3-1　什么是控制器的控制规律？控制器有哪些基本控制规律？

3-2　双位控制规律是怎样的？有何优缺点？

3-3　比例控制为什么会产生余差？

3-4　试写出积分控制规律的数学表达式。为什么积分控制能消除余差？

3-5　什么是积分时间？试述积分时间对控制过程的影响。

3-6　某比例积分控制器输入、输出范围均为 4~20mA，为正作用工作方式，即 $e=PV-SV$。若将比例度 P 设为 100%、积分时间设为 2min、稳态时控制器输出为 5mA。某时刻，PV 阶跃增加 0.2mA，试问经过 5min 后，输出将由 5mA 变化到多少？如果控制器为反作用工作方式，结果又如何？

3-7　比例控制器的比例度对控制过程有什么影响？调整比例度时要注意什么问题？

3-8　理想微分控制的数学表达式是什么？为什么常用实际的微分控制？

3-9　试写出比例、积分、微分(PID)三种控制的数学表达式。

3-10 试分析比例、积分、微分控制各自的特点，积分控制和微分控制为什么不单独使用？

3-11 DDZ-Ⅲ型基型控制器由哪几部分组成？各组成部分的作用是什么？

3-12 DDZ-Ⅲ型控制器的软手动和硬手动有什么区别？各用在什么条件下？

3-13 什么叫控制器的无扰动切换？在DDZ-Ⅲ型控制器中为了实现无扰动切换，在设计PID电路时采取了哪些措施？

3-14 PID控制器中，比例度P、积分时间常数T_I、微分时间常数T_D分别具有什么含义？在控制器动作过程中分别产生什么影响？若将T_I取∞、T_D取0，分别代表控制器处于什么状态？

3-15 什么是控制器的正/反作用？在电路中是如何实现的？

3-16 控制器的输入电路为什么要采取差动输入方式？输出电路是怎样将电压转换成$4\sim20mA$电流的？

3-17 以微处理器为基础的数字控制器与模拟控制器相比有哪些突出优点？

3-18 给出实用的PID数字表达式，数字控制器中常有哪些改进型PID控制算法？

3-19 给出单回路可编程序控制器SLPC的基本组成及工作原理，其控制周期为多少？

第4章　执行器与安全栅

4.1　执行器

　　执行器是过程控制系统的控制操作环节，其作用是根据控制器送来的控制信号改变所操作介质或能量的大小，将被控参数维持在所要求的数值（或其附近）。执行器按其所操作介质/能量的不同有多种形式，如自动调节阀、电磁阀、电压调整装置、电流控制器件、控制电机等。这里介绍过程控制中使用最多的自动调节阀。

　　自动调节阀是能够按照所接受的控制信号自动改变开度的阀门。自动调节阀按其工作能源形式可分为气动、电动、液动三大类。气动调节阀用压缩空气作为工作能源，主要特点是能在易燃易爆环境中安全工作，广泛应用于化工、炼油、热工等生产过程中；电动调节阀以电能为工作能源，其特点是能源取用方便，信号传递迅速，但难以在易燃易爆环境中安全工作；液动调节阀用液压推动，推力很大，一般用于需要大口径、大驱动力的场所。

　　自动调节阀由执行机构和调节机构（阀）两部分组装而成。执行机构是执行器的驱动装置，它根据控制信号推动阀杆位移，带动调节机构（阀门）改变开度到相应位置，控制流过调节阀的流体流量。气动调节阀和电动调节阀的区别在于执行机构不同，调节机构（阀门）可以通用。

4.1.1　气动调节阀

　　气动调节阀是由气压信号控制的阀门，图 4-1 是气动薄膜调节阀的示意图。

　　气动调节阀一般还配备辅助装置，如阀门定位器和手轮驱动机构。阀门定位器的作用是提高阀门开度定位的准确性。手轮驱动机构的作用是当控制信号因故障中断时，利用它可以通过手动操纵调节阀，以维持设备安全和生产过程正常进行。

4.1.1.1　气动调节阀的结构与分类

　　气动调节阀由执行机构和调节机构（阀）两部分组装而成。

　　1. 执行机构

　　执行机构按控制器输出的控制信号，驱动调节机构动作。气动执行机构的输出方式有角行程输出和直行程输出两种。薄膜式和活塞式执行机构为直行程输出，其中薄膜式执行机构最

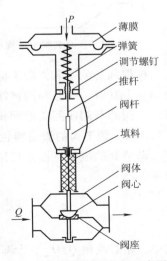

图 4-1　气动薄膜调节阀示意图

为常用，它可以用作一般调节阀的推动装置，组成气动薄膜调节阀。而活塞式执行机构的推力大，主要应用于大口径调节阀或需要大驱动力的场合。而角行程执行机构可以输出转角行程，输出转矩大，适用于驱动蝶阀、风阀等转角控制的调节装置。

薄膜式执行机构的输出位移与输入气压信号成比例关系。阀杆的位移即为执行机构的直线输出位移，也称行程。行程规格有 10mm、16mm、20mm、40mm、60mm、100mm 等。

2. 调节机构

调节机构实际上就是阀门，是一个局部阻力可以改变的节流元件。阀门主要由阀体、阀座、阀心、阀杆等部件组成。阀杆上部与执行机构相连，下部与阀芯相连。阀芯在阀体内移动，通过改变阀芯与阀座之间的距离改变流通面积，调节被控介质的流量，从而达到控制工艺参数的目的。

根据不同的使用要求，调节阀的结构形式很多，有直通单座阀、直通双座阀、角阀、三通阀、隔膜阀、蝶阀、球阀等。最常用的是直通单座阀和直通双座阀。

（1）直通单座阀　直通单座阀阀体内只有一个阀芯，如图 4-2 所示。其特点是结构简单、关闭时泄漏量小，易于保证关闭时完全切断流量。但是流体介质对阀芯上下作用的推力不平衡，当阀前后压差较大或阀芯尺寸较大时，这种不平衡力可能相当大，会影响阀门开关时的推力和阀芯准确定位。因此单座阀一般应用在小口径、低压差的场合。

（2）直通双座阀　直通双座阀阀体内有两个阀芯和阀座，如图 4-3 所示。由于流体同时从上下两个阀座通过，流体作用于上下两个阀芯上的推力方向相反而大致抵消，因而双座阀的不平衡力小，对执行机构的驱动力要求低，适宜于大压差和大管径的场合。由于加工精度的限制，上下两个阀芯阀座不易保证同步密闭，因此关闭时泄漏量较大。

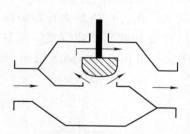

图 4-2　直通单座阀结构示意图

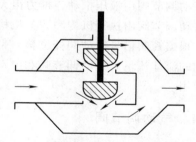

图 4-3　直通双座阀结构示意图

根据阀芯的安装方向不同，这两种阀都有正作用与反作用（或称正装与反装）两种形式。当阀杆下移时，阀芯与阀座间的流通面积减小的称为正作用式；如果将阀芯倒装，则阀杆下移时，阀芯与阀座间流通面积增大，称为反作用式。

4.1.1.2　调节阀的流量特性

调节阀的流量特性是指流过阀门的流体相对流量与阀门的相对开度（相对位移）之间的关系，即

$$\frac{Q}{Q_{\max}} = f\left(\frac{l}{L}\right)$$

式中，相对流量 $Q/Q_{\max}$ 是调节阀某一开度时流量 Q 与全开时最大流量 $Q_{\max}$ 之比；相对开度 l/L 是调节阀某一开度行程 l 与全开行程 L 之比。

从自动控制系统角度看，流量特性是调节阀的一个最重要性质，它对整个自动控制系统特性和调节品质有很大的影响。实际上不少调节系统不能正常工作，往往是由于调节阀特性选择不合适，或阀芯在使用中受到腐蚀、磨损，使流量特性变坏而引起的。

通过调节阀的流量大小不仅与调节阀的开度有关，还和阀前后的压差有关。对串联工作在管路中的调节阀，当阀门开度改变时，随着流量的变化，阀门前后的压差也发生变化。为分析方便，在研究调节阀流量特性时，先把阀门前后压差固定为恒值进行研究，然后再考虑阀门在管路中的实际情况进行分析。

1. 调节阀固有流量特性

在调节阀前后压差固定的情况下得出的流量特性称为固有流量特性，也叫理想流量特性。显然，调节阀的固有流量特性完全取决于阀芯的形状（如图4-4所示），不同的阀芯曲面可得到不同的流量特性。在常用的调节阀中，有三种典型的固有流量特性。

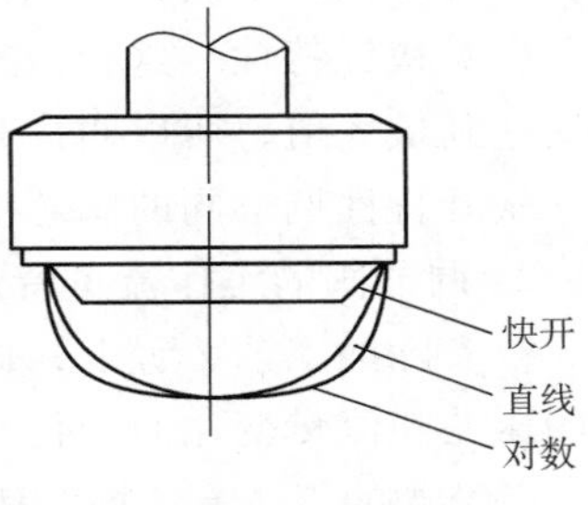

（1）直线流量特性　直线流量特性是指调节阀的相对流量与相对开度成直线关系，即单位阀芯位移所引起的流量变化是常数。用数学公式表示为

$$\frac{Q}{Q_{\max}} = \left(1 - \frac{1}{R}\right)\frac{l}{L} + \frac{1}{R} \qquad (4\text{-}1)$$

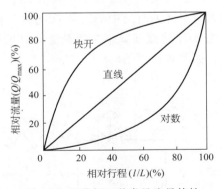

图4-4　不同流量特性
的阀芯形状

式中，R 为调节阀所能控制的最大流量与最小流量的比值（$R = Q_{\max}/Q_{\min}$），称为调节阀的可调比。一般调节阀的可调比 $R = 30$。另外，$Q_{\min}$ 不是指调节阀全关时的泄漏量，而是调节阀能平稳控制的最小流量，一般为最大流量的 2%～4%。调节阀三种常见流量特性如图4-5所示。

从流量特性来看，直线阀的放大系数在任何一点上都是相同的，但其对流量的控制力（即流量变化的相对值）在每一点却是不同的。例如在图4-5的直线特性中观察10%、50%、80%三点，在任一点上行程增大总行程10%所引起的流量变化都是总流量的10%，但流量变化的相对值却分别为：

在10%行程处，开度增大总行程10%时，流量变化的相对值＝（20－10）/10＝100%

在50%行程处，开度增大总行程10%时，流量变化的相对值＝（60－50）/50＝20%

在80%行程处，开度增大总行程10%时，流量变化的相对值＝（90－80）/80＝12.5%

图4-5　调节阀三种常见流量特性

可见，直线阀在流量小时，流量变化的相对值大；在流量增大时，流量变化的相对值减小。也就是说，当阀门在小开度时控制力很强；而在大开度时控制力很弱。

（2）等百分比（对数）流量特性　等百分比流量特性是指调节阀的相对流量与相对开度成对数关系，即调节阀的放大系数随相对流量的增加而增大。用数学式表示为

$$\frac{Q}{Q_{max}} = R^{\left(\frac{l}{L} - 1\right)}$$

或

$$\ln \frac{Q}{Q_{max}} = \frac{l}{L} \ln R - \ln R \qquad (4-2)$$

流量特性如图4-5所示，在不同点上行程增大总行程10%所引起的流量变化是不同的。同样观察10%、50%、80%三点，行程增大总行程10%所对应的控制力，则有

在10%行程处，开度增加总行程10%时，流量变化的相对值 = (6.58% − 4.68%)/4.68% ≈ 41%

在50%行程处，开度增加总行程10%时，流量变化的相对值 = (25.7% − 18.2%)/18.2% ≈ 41%

在80%行程处，开度增加总行程10%时，流量变化的相对值 = (71.2% − 50.6%)/50.6% ≈ 41%

可见，在不同的行程位置，流量变化的相对值都是相等的百分数，故称等百分比流量特性。等百分比调节阀在小开度时和在大开度时相对控制能力相等。

（3）快开特性　这种流量特性在阀门开度较小时，流量变化迅速，随着开度增大，流量很快达到最大值，所以叫快开特性，它不像前两种特性有一定的数学表达式。

快开特性调节阀的阀芯形状是平板形的，适用于迅速开启的通断阀或双位控制系统。

2. 调节阀的工作流量特性

在实际的工艺装置上，调节阀由于和其他阀门、设备、管道等串联或并联使用，阀门两侧的压差随流量变化而变化，这时的流量特性称为工作流量特性。

调节阀的工作流量特性是其固有流量特性的畸变。管道阻力越大，流量变化在管道中产生的压力变化越大，引起的调节阀前后压差变化也越大，调节阀特性畸变越显著。所以调节阀的工作流量特性除与调节阀的结构有关外，还取决于配管情况。同一个调节阀，在不同的外部条件下具有不同的工作流量特性。在实际应用中最关心的也是调节阀的工作流量特性。

（1）调节阀与管道串联工作的流量特性　图4-6a表示的是调节阀与工艺设备及管道串联的情况，这是一种最常见的典型工况。如果流体介质外加压力 P_o 恒定，那么当调节阀开度加大时，随着管道中的流量 Q 增大，管道中产生的压力损失 ΔP_g 逐渐增大，调节阀前后的压差 ΔP_T 将逐渐减小。随着流量 Q 的增加，设备及管道上的压降 ΔP_g 与流量 Q 成二次方增加，如图4-6b所示。

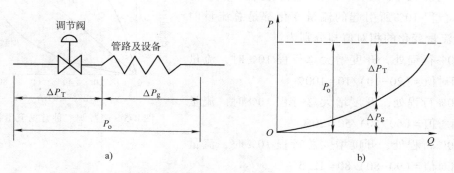

图 4-6　调节阀与管路串联工作及管路与调节阀上压力变化

a）调节阀与管路串联工作　b）串联管路调节阀上压力变化

因此，调节阀开度越大，阀前后压差 ΔP_T 越小，同样的阀芯位移所形成的流量变化也越小。如果固有特性是直线特性调节阀，由于串联阻力的影响，实际的工作流量特性将变成

图 4-7a 中表示的曲线(图中的直线为调节阀的固有流量特性)。

在图 4-7 中，纵坐标是相对流量 Q/Q_{max}，Q_{max} 表示串联管道阻力为零，阀全开时达到的最大流量。用阀阻比 $S = \Delta P_{Tmin}/p_o$ 表示存在管道阻力的情况下，调节阀全开时，调节阀前后的最小压差 ΔP_{Tmin} 占总压力 P_o 的比值，于是可得串联管道中以 S 作参比值的调节阀工作流量特性，如图 4-7 所示。

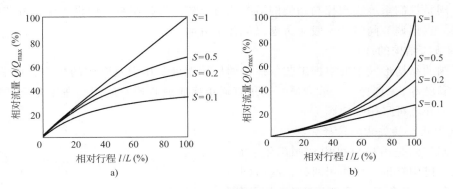

图 4-7 串联管道中调节阀的工作流量特性

a) 直线阀工作流量特性　b) 对数阀工作流量特性

从图 4-7 可以看到，当 $S = 1$ 时，管道压降为零，调节阀前后的压差始终等于总压力，故其工作流量特性即为固有流量特性；在 $S < 1$ 时，由于串联管道阻力的影响，使调节阀开大时流量达不到固有流量特性的预期值，调节阀的可调范围变小。随着 S 值的减小，直线特性逐渐趋近于快开特性，等百分比特性逐渐接近直线特性。阀阻比 S 的值愈小，流量特性畸变的程度愈大。所以，在实际使用中，一般 S 值应不低于 0.3。

(2)调节阀与管道并联工作的总流量特性　在实际的工程系统中，调节阀除了与管道串联工作之外，还可能与设备管道或其他阀门(调节阀、手动闸阀等)并联安装。当并联管道上的阀门打开(全开或部分打开)时，调节阀的总管道流量特性曲线如图 4-8 所示。

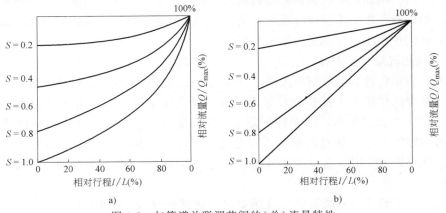

图 4-8 与管道并联调节阀的(总)流量特性

a) 对数阀并联(总)流量特性　b) 直线阀并联(总)流量特性

在图 4-8 中，当 $S = 1$ 时，即旁通管道(阀门)关闭时，调节阀总流量特性与理想流量特性一致。随着旁通阀逐渐打开，旁通流量逐步增大，S 持续减小，调节阀可调范围不断下降。这将导致调节阀所能控制的流量越来越小，直至失去流量控制作用。另一方面，总管道存在的串联管阻会使调节阀特性发生畸变，导致调节阀流量控制能力进一步下降。根据实际工程经验，旁路流量应不超过总流量的20%，即 S 不小于 0.8，并联调节阀才能发挥流量调节作用。

4.1.1.3　调节阀的选择

调节阀是控制系统实现控制功能的最终执行装置。在控制系统的设计中，调节阀的选择十分重要。选用调节阀时，一般应考虑以下几个方面。

1. 调节阀结构的选择

调节阀的结构形式主要根据工艺条件，如使用温度、压力及介质的物理、化学特性(如腐蚀性、黏度等)来选择。一般介质可选用直通单座阀或直通双座阀，高压介质可选用高压阀，强腐蚀介质可采用隔膜阀等。

2. 气开式与气关式的选择

由于调节阀是由执行机构和阀门组装而成，而执行机构有正、反作用两种，阀门(具有双导向阀芯)也有正、反作用两种。因此气动调节阀有气开式与气关式两种工作方式，如图4-9所示。

无压力信号时阀全开，随着压力信号增大，阀门逐渐关小的气动调节阀为气关式。反之，无压力信号时阀全闭，随着压力信号增大，阀门逐渐开大的气动调节阀为气开式。

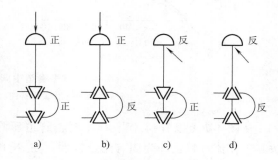

图4-9　调节阀的气开式与气关式
a)、d)气关式　b)、c)气开式

气开、气关方式的选择原则是：从工艺生产安全考虑，一旦控制系统发生故障、信号中断时，调节阀所处的开关状态应能保证操作人员和过程设备的安全。如果控制信号中断时，阀处于打开位置危害性小，则应选用气关式调节阀；反之，若阀处于关闭位置时危害性小，则应选用气开阀。例如，蒸汽锅炉的燃料输入管道应选用气开式调节阀，即当控制信号中断时应切断进炉燃料，以免炉温过高造成事故；而给水管道应选择气关式调节阀，即当控制信号中断时应开大进水阀，以免锅炉缺水而损坏。

3. 调节阀的流量特性选择

调节阀的流量特性影响控制系统的调节品质。按照古典控制理论的基本要求，要使一个调节系统在整个工作范围内都具有较好的品质，就应使系统在整个工作范围内呈现线性特性，即总(静态)放大倍数尽可能保持恒定。通常，变送器、控制器和执行机构的静态放大倍数是常数(线性)，但被控过程的特性往往是非线性的，其放大倍数常随工作点的不同而变化。因此选择调节阀时，希望以调节阀的非线性补偿调节对象的非线性，使系统总体上呈现线性特性。

下面通过一个热交换系统实例来说明如何通过被控过程(对象)特性的分析，正确选择调节阀流量特性。

对于图4-10所示的热交换系统，若设定温度不变，冷物料流量(系统负荷)增大，或者冷物料流量不变，热物料出口温度提高，都要求热水流量必须增大(换热器内热水流速必然加快)，以保持被加热物料出口温度稳定在设定值(或其附近)。随着热水流量加大、流速加快，热水对冷物料加热（升温）效果变差——这是因为热交换需要时间，而热水流量大、流速快时，热水在换热器内滞留时间短，不能充分换热所致；另一方面，随着被加热物料温度升高，换热温差变小，也会使换热推力降低。总之是放大倍数（特性曲线的斜率）随着热水流量增大不断减小，换热器的静特性如图4-11所示。因此，换热器的热水流量与温度之间的静特性（放大倍数）是非线性的。

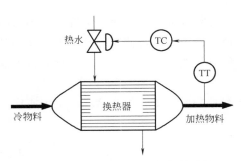

图4-10 换热器出口温度控制系统

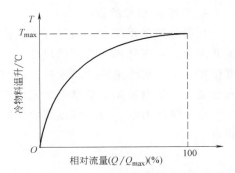

图4-11 物料流量恒定时换热器温度静态特性

针对换热器静态特性的非线性，调节阀可选择等百分比流量特性对其进行补偿，使执行器和换热器总体特性接近线性，如图4-12所示。

由于实际生产中很多过程（对象）的放大倍数是随负荷加大而减小的，这时若能选用放大倍数随负荷加大而增加的对数流量特性调节阀，便能使两者互相补偿，使调节阀开度和被控参数之间的总体放大倍数基本不变，如图4-13所示，从而保证整个控制系统在工作范围内都有较好的调节质量。由于对数特性调节阀具有这种特性，因此在实际工程中应用比较多。

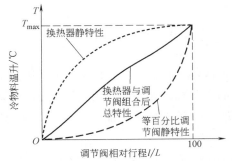

图4-12 冷物料流量恒定时等百分比调节阀与换热器组合后总（静态）特性

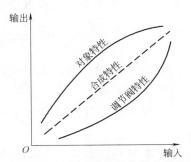

图4-13 被控对象和调节阀非线性特性相互补偿示意图

最后要强调的是，并不是所有对象特性都是如图4-13所示的非线性。在图4-10换热器出口温度控制系统中，若用蒸汽加热，由于冷凝放热很快，该特性接近直线特性；或者将热物料与被加热的冷物料混合进行加热，则加热过程必然是线性特性。若调节对象的特性是线性的，则应选用具有直线流量特性的调节阀，以保证系统总放大倍数保持恒定。至于快开特性的调节阀，由于小开度时放大倍数高，容易使系统振荡，大开度时调节不灵敏，因此在连续调节系统中很少使用，一般只用于两位式控制的场合。

必须说明，按上述原则选择的调节阀特性是实际需要的工作流量特性。在选择调节阀时，必须考虑实际管道、设备的连接情况以及（加压）泵的特性，再由工作流量特性推出需要的固有流量特性。例如，在一个其他环节都具有线性特性的系统中，按总体线性的原则，应选择工作流量特性为线性的调节阀，但如果管道的阻力状况使 $S = 0.3$，则由图 4-7 可知，此时固有流量特性为对数特性的阀，工作特性已经畸变为直线特性，故必须选用固有特性为对数特性的阀，才能得到直线特性的工作流量特性。

4. 调节阀口径的选择

在设计控制系统时，为保证工艺操作的正常进行，必须根据工艺要求，准确计算阀门的流通能力，合理选择调节阀的尺寸。如果调节阀的口径选得太大，将使阀门经常工作在小开度位置，调节阀流量特性精度低，调节质量不好。如果口径选得太小，阀门完全打开也不能满足最大流量的需要，就难以保证生产过程的正常进行。

根据流体力学，对不可压缩的流体，在通过调节阀时产生的压力损失 ΔP 与流体速度之间有

$$\Delta P = \xi \rho \frac{v^2}{2} \tag{4-3}$$

式中，v 为流体的平均流速；ρ 为流体密度；ξ 为调节阀的阻力系数（与阀门的结构及开度有关）。

因流体的平均流速 v 等于流体的体积流量 Q 除以调节阀连接管的截面积 A，即 $v = Q/A$，代入上式并整理，即得流量表达式

$$Q = \frac{A}{\sqrt{\xi}} \sqrt{\frac{2\Delta P}{\rho}} \tag{4-4}$$

若面积 A 的单位取 cm^2，压差 ΔP 的单位取 kPa，流体密度的单位取 kg/m^3，流量 Q 的单位取 m^3/h，则上式可写成数值表达式

$$Q = 3600 \frac{1}{\sqrt{\xi}} \frac{A}{10^4} \sqrt{2 \times 10^3 \frac{\Delta P}{\rho}} = 16.1 \frac{A}{\sqrt{\xi}} \sqrt{\frac{\Delta P}{\rho}}$$

由式（4-4）可知，通过调节阀的流体流量除与阀门两端的压差及流体种类有关外，还与阀门口径 $D(A = \pi D^2/4)$ 有关。对于一个装配好的成品调节阀，如果阀门两端压差 ΔP 及流体确定后，调节阀的口径就决定了调节阀的流通能力。调节阀的流通能力用流量系数 C 值表示。

流量系数 C 的定义：在阀两端压差为 $100kPa$，流体（水）密度为 $1000\ kg/m^3$ 的条件下，阀门全开时每小时能通过调节阀的流体流量（m^3/h）。例如，某一阀门全开时，当阀门两端压差为 $100kPa$ 时，如果流经阀的水流量为 $40m^3/h$，则该调节阀的流量系数 $C = 40$。

根据流通能力 C 的上述定义，由上式可知

$$C = 16.1 \frac{A}{\sqrt{\xi}} \sqrt{\frac{100}{1000}} = 5.09 \frac{A}{\sqrt{\xi}} \tag{4-5}$$

在有关的调节阀手册上，对不同口径和不同结构形式的阀门分别给出了流通能力 C 的数值，可供用户查阅。

实际应用中阀门两侧压差不一定是 $100kPa$，流经阀的流体也不一定是水，必须进行换算。

将式（4-4）代入式（4-5），可得

$$C = Q \sqrt{\frac{\rho}{10\Delta P}} \qquad (4\text{-}6)$$

此式可在已知差压 ΔP、流体密度 ρ 及需要的最大流量 Q_{max} 的情况下，确定调节阀的流通能力 C，选择阀门的口径。但当流体是气体、蒸气或气、液二相流时，计算公式(4-6)必须要进行相应的修正。

4.1.2　电/气转换器

由于气动调节阀能够用于易燃易爆危险现场的优点，还不能被电动调节阀所取代。为了使气动调节阀能够接收电动控制器输出的(电流)控制信号，必须使用电/气转换器把控制器输出的 DC4~20mA 标准信号转换为 20~100kPa 的标准气压信号。电/气转换器的作用就是将电信号转换为气压信号。图 4-14 是一种力平衡式电/气转换器的原理图。

在杠杆的最左端安装了一个线圈，该线圈能在永久磁铁的气隙中自由地上下运动，由电动控制器送来的电流 I 通入线圈。当输入电流 I 增大时，线圈与磁铁间产生的吸引力增大，使杠杆左端下移，并带动安装在杠杆上的挡板靠近喷嘴，改变喷嘴和挡板之间的间隙，进而改变喷嘴与大气之间的气阻。

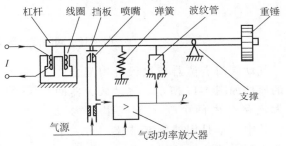

图 4-14　力平衡式电/气转换器的原理图

喷嘴挡板机构是气动仪表中最基本的变换和放大环节，能将挡板对于喷嘴的微小位移灵敏地变换为气压信号，其结构如图 4-15 所示。

喷嘴挡板机构是一种很好的位移检测元件，由恒阻节流孔、背压室及喷嘴挡板三部分组成。恒阻节流孔是一段狭窄细长的管道，压力为 140kPa 的压缩空气由气源经恒阻节流孔进入背压室，再由喷嘴挡板间的缝隙排出。当挡板靠近喷嘴时气阻增大，使背压室压力增大，则输出压力 P 增大。当恒阻节流孔与喷嘴的尺寸配合适当时，这种简单的机构能得到极高的灵敏度，挡板只要有几丝米(百分之几毫米)的位移，输出压力 P 就可发生满幅度的变化。

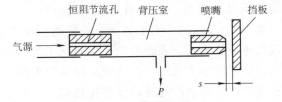

图 4-15　喷嘴挡板机构原理图

背压室的输出压力 P 功率很小，需要经过气动功率放大器的放大后，才能输出 20~100kPa 的气压信号 P 去推动调节阀。同时，输出压力 P 也作用于波纹管，对杠杆产生向上的反馈力。它以支点 O 形成的力矩与电磁力矩相平衡，构成负反馈闭环系统，使输入电流信号 I 能精确地按比例转换成气压信号 P 输出。

在图 4-14 中，弹簧用于调整输出零点。量程调整时，粗调可左右移动波纹管的安装位置，细调可调节永久磁场的磁分路螺丝。重锤用来平衡杠杆的重量，支点采用十字簧片弹性支撑。这种转换器的精度一般为 0.5 级，气源压力为 140±14kPa，输出气压信号为 20~100kPa，可作较远距离的传送，直接推动气动执行机构。

4.1.3 阀门定位器

在图 4-1 的气动调节阀中，阀杆的位移是由薄膜上的气压推力与弹簧反作用力平衡来确定的。实际上，气压推力受到的阻力还有阀杆和阀体密封处的填料对阀杆的摩擦力和阀内流体对阀芯的作用力，这些附加力的大小不确定，会影响执行机构与输入信号之间的定位关系。因此，在执行机构工作条件差或调节质量要求高的场合，都要在调节阀上加装阀门定位器。将阀杆的位移负反馈到输入端，和输入信号进行比较调节，使调节阀能根据输入信号精确地确定开度。阀门定位器负反馈工作原理如图 4-16 所示。

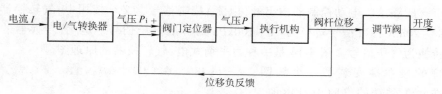

图 4-16　阀门定位器负反馈系统原理

气动阀门定位器与执行机构配合使用的原理如图 4-17 所示。气动放大器的放大气路是由两个变节流孔串联构成的，其中一个是用球阀变节流，另一个是用锥阀变节流。球阀用来控制气源的进气量，只要使圆球有很小的位移，便可引起进气量的很大变化。锥阀是用来控制排入大气的气量，这两个阀由阀杆连接成为一体。当挡板移近喷嘴，由控制器来的气压信号 P_i 作用于波纹管，推动托板靠近喷嘴，使其背压室（气动放

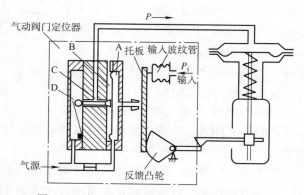

图 4-17　气动阀门定位器与执行机构的配合

大器中气室 A）内压力上升时，就推动膜片使锥阀关小，球阀开大。这样，气源的压缩空气就较难排入大气，而较易从 D 室进入 C 室，使 C 室的压力 P 上升。C 室的压力 P 也就是阀门定位器的输出气压，此压力送往执行机构，通过薄膜产生推力，推杆移动。推杆的位移量通过反馈杆带动凸轮转动而使托板离开喷嘴（呈正比关系），从而使气动放大器输出压力减小，最后达到平衡位置。

在这一位移负反馈系统中，由于气动放大器的放大倍数很高，喷嘴与挡板之间距离的很小变化便可引起输出气压 P 的很大变化。根据负反馈原理，可推知执行机构行程必与输入信号气压 P_i 成精确的比例关系。需要时，还可通过改变反馈凸轮形状，修正调节阀流量特性。

图中的气动放大器是一种典型的功率放大器，其气压放大倍数约为 10~20 倍，它的输出气量很大，有很强的负载能力，因而也能改善调节阀的动态性能，加快执行机构的动作速度。

4.1.4　电/气阀门定位器

如果同时需要电/气转换和阀门定位两个功能，可以把上述的电/气转换器和阀门定位器结合成一体，组成电/气阀门定位器，即直接将正比于输入电流信号的电磁力矩与正比于阀

杆行程的反馈力矩进行比较，建立力矩平衡关系，实现输入电流对阀杆位移的直接转换。这种装置的结构原理如图 4-18 所示。

图中，在杠杆上绕有直流磁力线圈，并置于永磁场之中。当输入电流 I 增大时，磁力线圈在磁场受到的磁力矩增大，使杠杆绕支点 O 顺时针转动，带动挡板靠近喷嘴，使其背压增大，经气动功率放大器放大后，推动薄膜执行机构使阀杆移动。在阀杆移动时，通过连杆及反馈凸轮拉动反馈弹簧。反馈弹簧的拉力与阀杆位移呈正比关系，在反馈力矩等于电磁力矩时，杠杆平衡。这时，阀杆的位置必定精确地由输入电流 I 确定。

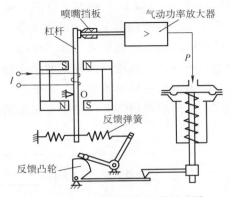

图 4-18　电/气阀门定位器原理图

4.1.5　电动调节阀

电动调节阀接受来自控制器的电流信号，将其转换为调节阀开度。电动调节阀有别于电磁阀。电磁阀是利用电磁铁的吸合和释放，对阀门进行通、断两种状态的控制，而电动调节阀是用电动机对阀门开度作连续调节。

电动调节阀也由执行机构和调节阀两部分组成，其中阀门部分和气动调节阀相同，不同的只是执行机构部分。这里只介绍电动执行机构。

电动执行机构根据所配调节阀的不同要求，有直行程、角行程和多转式三种输出方式。电动执行机构一般采用位置随动系统的方案组成，如图 4-19 所示。

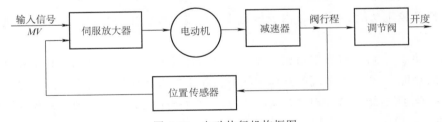

图 4-19　电动执行机构框图

从控制器来的信号通过伺服放大器驱动伺服电动机，经减速器带动调节阀，同时将阀杆行程反馈给伺服放大器，组成位置随动系统。依靠位置负反馈，保证输入控制信号准确地转换为阀杆的行程。

伺服放大器的工作原理如图 4-20 所示。它由前置放大器和晶闸管驱动电路两部分组成。前置放大器是一个比较放大器，根据输入信号与反馈信号相比较后偏差的正负，输出正向或反向直流电压，使晶闸管触发电路 1 或 2 中的一个工作，发出触发脉冲，导通晶闸管，从而控制电机正转或反转。例如，当前置放大器输出电压的极性为 a(+)、b(−) 时，触发电路 1 工作，连续地发出触发脉冲，使晶闸管 VT_1 完全导通。由于 VT_1 接在二极管桥式整流器的直流端，它的导通使桥式整流器的 c、d 两端近于短接，故 220V 的交流电压一路直接接到伺服电动机的绕组 Ⅰ 上，另一路经分相电容 C_F 加到绕组 Ⅱ 上。由于绕组 Ⅱ 中的电流相位比绕组 Ⅰ 超前 90°，形成旋转磁场，使电动机朝某个方向转动。反之，如果前置放大器的输出电压极性 a(-)b(+)，则触发电路 1 截止，VT_1 不通；而触发电路 2 控制 VT_2 完全导通，使电源电压一路直接加于电动机绕组 II 上，另一路经分相电容 C_F 加到绕组 I 上。这样，绕组 I 中的电流相位比绕组 II 超前 90°，电动机朝相反方向转动。当 VT_1 和 VT_2 都不导电时，伺服电动机不转。这里晶闸管起的是无触点开关的作用。

伺服电动机输出转速高、力矩小，必须经过减速器减速，才能推动调节机构。电动执行机构中常用的减速器有行星齿轮和蜗轮蜗杆两种，可以输出转角位移或直线位移。

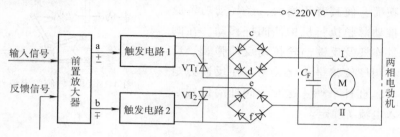

图 4-20　伺服放大器原理图

4.1.6　智能调节阀

随着电子技术的迅速发展，微处理器也被引入到调节阀中，出现了智能调节阀。它集控制功能和执行功能于一体，可直接接受变送器送来的检测信号，进行控制计算并转换为阀门开度。智能调节阀的主要功能如下：

（1）控制及执行功能　可接受从变送器来的检测信号，按预定程序进行控制运算，并将运算结果直接转变为阀门开度。

（2）补偿及校正功能　可通过内置传感器的环境温度、压力等检测信号自动进行补偿及校正运算。

（3）通信功能　可进行数字通信，操作人员可在远方对其进行检测、整定和修改参数。

（4）诊断功能　智能调节阀的阀体和执行机构上装有传感器专门用于故障诊断，电路上也设置了各种监测功能，微处理器在运行中连续地对整个装置进行监视，发现问题立即执行预先设定的保护程序，自动采取措施并报警。

（5）保护功能　无论电源、机械部件、控制信号、通信或其他方面出现故障时，都会自动采取保护措施，以保证本身及生产过程安全可靠；还具有掉电保护功能，当外电源掉电时能自动用备用电池驱动执行机构，使阀位处于预先设定的安全位置。

4.2　安全火花防爆系统与安全栅

安全栅（又称防爆栅）是防止危险电能从控制系统信号线进入爆炸危险区域的安全保护（隔离）器。在某些生产过程中，由于生产原料中含有易燃、易爆气体、粉尘等危险物质，使生产现场成为爆炸危险区域，在此区域内所使用电气仪表的电火花或电气元件的发热可能引起火灾爆炸事故。因此，在危险区域使用的电气仪表必须是安全防爆的，不能给现场带来危险。

4.2.1　安全防爆的基本概念

我国 1987 年公布的《爆炸危险场所电气安全规程》(试行)中规定了爆炸危险场所和电气安全标准。

在大气条件下，气体蒸气、薄雾、粉尘或纤维状的易燃物质与空气混合，点燃后燃烧将在整个范围内快速传播的混和物，称为爆炸性混合物。含有爆炸性混合物的环境，称为爆炸性环境。如果区域内爆炸性混合物出现或可能出现的数量较大，则要求对区域内电气设备的结构、安装和使用采取预防措施，这样的区域称为爆炸性危险场所。危险场所分为气体爆炸危险场所和粉尘爆炸危险场所。按爆炸性混合物出现的频度、持续时间和危险程度，又可将危险场所划分成不同级别的危险区。不同的爆炸性混合物及不同的危险等级对电气设备的防爆要求不同，煤矿井下用电气设备属 I 类设备；有爆炸性气体的工厂用电气设备属 II 类设备；有爆炸性粉尘的工厂用电气设备属 III 类设备。

对于 II 类电气仪表、装置，安全防爆的重要措施就是限制和隔离仪表电路产生火花的能量。对于不同的爆炸性物质以及它与空气的不同混合比，安全火花的能量限制是不同的，这种能量限制主要决定于仪表电路中电压和电流的数值。例如对于纯电阻电路，当电路的电压限制在直流 30V 时，几种爆炸性气体混合物在其最易燃浓度下的最小引爆电流如表 4-1 所示。

表 4-1　爆炸性气体混合物的最小引爆电流

级别	最小引爆电流/mA	爆炸性气体混合物种类
II A	$i>120$	乙烷、丙烷、汽油、甲醇、乙醇、丙酮、氨、一氧化碳等
II B	$70<i<120$	乙烯、乙醚、丙烯腈等
II C	$i \leqslant 70$	氢、乙炔、二硫化碳、水煤气、焦炉煤气等

爆炸性最高的级别是 II C 级爆炸性气体。例如，在氢气混合物中工作的电路，电压 30V、电流超过 70mA，产生爆炸的可能性就较大；电流低于 70mA 以下，即使在氢气中产生了火花也不会发生爆炸。在乙烷混合物中工作的电路，电压 30V、电流超过 120mA，产生爆炸的可能性就较大。

一般电路中会有电感、电容等储能元件。要防止电路断路或短路时能量释放引起打火能量过大，应当在电感、电容上加设续流二极管或钳位二极管，前者为释能提供通道，后者不让电容储能过高。如果可能，还可以在放电的通道上设置限流电阻。

4.2.2　安全火花防爆系统

气动、液动仪表本质上属于本安仪表，而电动仪表则存在电路产生火花的可能。传统的电动仪表防爆方法都是从结构上采取防爆措施，有充油型、充气型、隔爆型等，其基本思想是把可能产生危险火花的电路从结构上与爆炸性气体隔离开来。随着电子器件的集成化，电路的功耗大大减小，为降低电路打火能量创造了条件，因而出现了安全火花防爆方法。采取安全火花防爆措施的仪表从电路设计开始就考虑防爆，把电路在短路、开路及误操作等各种状态下可能产生的火花能量都限制在爆炸性气体的点燃能量之下，从而消除了电动仪表引发爆炸的根本原因。

安全火花防爆仪表可以认为和气动、液动仪表一样是本质安全(简称本安)仪表，与结构防爆（隔爆）仪表相比，安全火花防爆仪表的防爆性能更好，长期使用不降低防爆等级，可用于氢气、乙炔等最危险的场所。另外，这种仪表还可在运行中，用安全火花型测试仪器在危险现场进行带电测试和检修，因此被广泛用于石油、化工等危险生产现场。

如果在危险现场使用的仪表是安全火花防爆仪表，并且危险现场仪表与非危险场所（如控制室）仪表的电路连线之间设置了安全栅，这样的控制系统称为安全火花（本安）防爆系统。对一台安全火花防爆仪表来说，它只能保证自己内部不发生危险火花，对控制室引来的信号线（仪表外部）是否安全则无法保证。如果从控制室引来的信号线没有采取限压限流措施，那么，在控制室仪表、设备发生故障时，完全可能将危险能量通过连接线路传入危险现场，在现场产生危险火花。当然，如果只有安全栅也不能构成安全防爆系统，因为安全栅只能限制进入现场的瞬时功率，如果现场仪表不是安全火花型仪表，其中有较大的电感或电容等储能元件，那么，当仪表内部发生短路、开路等故障时，储能元件存储积累的电磁能量完全可能造成危险火花，引起爆炸。因此，安全火花防爆仪表和安全栅是构成安全火花防爆系统的二要素，二者缺一不可。图4-21是安全火花防爆系统的基本结构图。

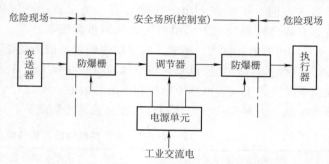

图中，现场变送器和执行器都是安全火花防爆仪表（装置），现场

图 4-21　安全火花防爆系统的基本结构图

仪表与控制室仪表之间线路通过安全栅相连。安全栅对送往现场的电压和电流进行严格的限制，可保证通过线路进入现场的电能在安全范围之内。

4.2.3　安全栅的工作原理

安全栅的作用是防止安全场所的危险能量（电能通过电路）窜入危险场所，在正常情况下，它只起信号传递作用。安全栅的种类很多，例如：电阻式安全栅是利用电阻的限流作用限制能量；中继放大式安全栅是利用运放的高输入阻抗特性实现隔离；齐纳式安全栅是利用齐纳二极管的反向击穿特性限制能量；光电隔离式安全栅是利用光电耦合器进行隔离；变压器隔离式安全栅是利用变压器进行隔离。目前应用最多的是齐纳式安全栅和变压器隔离式安全栅。

4.2.3.1　齐纳式安全栅

齐纳式安全栅利用齐纳二极管的反向击穿特性进行限压，用电阻进行限流，其基本电路原理如图4-22所示，目的是限制流过的能量 V_i 与 I_i，不让它们超过安全值。当输入电压 V_i 在正常范围（24V）内时，齐纳二极管 VD 不动作；当电压 V_i 过高时，齐纳二极管被击穿，将电压钳制在安全值以下，此时电流瞬时值急剧增大，快速熔断器 FU 熔断，从而将可能造成事故的高电压与危险现场断开。当输入电流 I_i 过大时，电阻 R 限制了流往现场的电流。

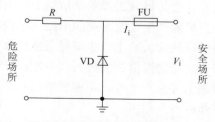

图 4-22　齐纳式限压限流电路

为了改善工作性能，图 4-22 的电路实际应用时需要做两点改进。

1. 限流电阻 R 由固定电阻改为阻值可变的限流电路

限流电阻 R 串联在信号通路之中，阻值取小了起不到限流作用，取大了对正常通过的信号衰减过多。因此，理想的限流电阻应在通过正常信号时阻值为零，不衰减信号；当电流一旦超出安全范围，其阻值骤增（动态电阻值为无穷大），起强烈的限制作用。

2. 电路没有进入保护状态时，接地不起作用

通常仪表系统采用单点接地，若有两点以上接地会造成信号通过大地短路形成干扰。实际控制系统和安全栅相接的仪表都有接地点，因此，安全栅上的接地点必须在正常通过信号时对地断开（避免形成多点接地）。

图 4-23 是齐纳式安全栅电路原理图。图中由二极管 $VD_1 \sim VD_4$ 和快速熔断器 $FU_1 \sim FU_4$ 组成双重限压电路。二极管 VD_1、VD_2 和 VD_3、VD_4 背靠背连接中点接地。这样，在正常工作范围内，这些二极管都不导通，将接地点与信号线路隔断。当输入 V_i 出现过电压时，齐纳二极管击穿，接地点起作用，阻止高电压进入危险场所。

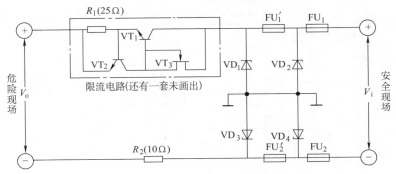

图 4-23　齐纳式安全栅电路原理图

图 4-23 中，用双重晶体管限流电路（还有一套电路未画出）取代图 4-22 电路中的固定电阻 R，这个限流电路利用三极管的动态电阻变化来适应安全栅的不同工作状态。场效应管 VT_3 工作于零偏压，作为恒流源向晶体管 VT_1 提供足够的基极电流，保证 VT_1 在 R_1 的电流为直流 $4 \sim 20mA$ 的正常范围内处于饱和导通状态，使安全栅的限流电阻很小；如果 R_1 的电流超过 24mA，则 R_1 上的压降将超过 0.6V，于是晶体管 VT_2 导通，分流恒流管 VT_3 的电流，使 VT_1 的基极电流大大减小，VT_1 将退出饱和，使安全栅的限流电阻很大，阻止大电流进入危险现场，起到很好的限流隔离作用。

齐纳式安全栅结构简单，价格便宜。由于齐纳二极管过载能力低，对熔断丝的熔断时间和可靠性要求非常高，要求特殊的快速熔断丝。一般要求流过的电流为额定电流 10 倍时，应在 1ms 时间内熔断。熔丝是一次性使用的元件，一旦烧断，必须更换后安全栅才能重新工作，这就限制了齐纳式安全栅广泛应用。

4.2.3.2　隔离式安全栅

隔离式安全栅采用变压器作为隔离元件，分别将输入、输出和电源电路进行隔离，以防止危险能量通过连接线路直接窜入现场。同时用晶体管限压限流电路，对进入危险场合的过电压或过电流作截止式的控制。

DDZ-Ⅲ型仪表的隔离式安全栅有两种，一种是和变送器配合使用的检测端安全栅，一

种是和执行器配合使用的执行端安全栅。

1. 检测端安全栅

作为连接现场变送器与控制室仪表的安全栅，要向变送器提供 DC 24V 工作电源，变送器根据所测参数的大小从工作电源吸取 4～20mA 直流工作电流。安全栅还要将代表所测参数大小的 4～20mA 直流工作电流（即信号电流）经隔离变压器传送给控制室仪表或系统。由于采用双重限压限流电路，使输往现场变送器的电压和电流不会超过 DC 30V、DC 30mA，从而确保危险场所的安全。图 4-24 是这种安全栅的原理框图。

在图 4-24 中，24V 直流电源经直流/交流变换器变成 8kHz 的交流电压，经变压器 T_1 隔离传递，一路经整流滤波为解调放大器供电，另一路经整流滤波和限压限流电路为变送器提供 DC 24V 电源。流入变送器的 4～20mA 直流信号电流同时进入调制器，被调制成交流后，由变压器 T_2 隔离传递给解调放大器，再经解调放大器恢复成 4～20mA 直流信号，输出给控制室仪表。其中电源、变送器、控制室仪表之间除磁通联系之外，电路上是互相绝缘的，起到隔离作用。这种检测端安全栅的电路实现如图 4-25 所示。

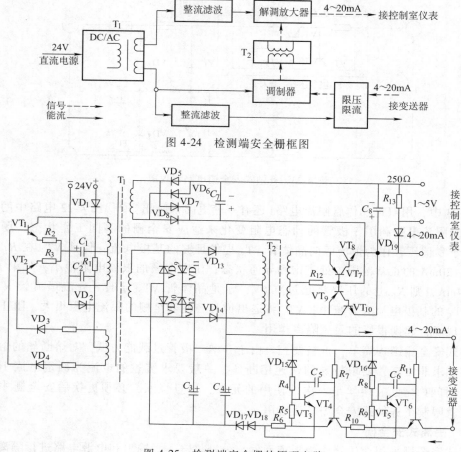

图 4-24　检测端安全栅框图

图 4-25　检测端安全栅的原理电路

电源直流/交流变换器是由晶体管 VT_1、VT_2、二极管 $VD_1～VD_4$、变压器 T_1 和电容电阻组成的磁耦合自激多谐振荡器。将 24V 直流电压变换成交流后磁耦合到变压器 T_1 的二次绕组。二次绕组有两组线圈，一组线圈的感应电压经二极管 $VD_5 \sim VD_8$ 和电容 C_7 整流滤波后给解调电路供电；另一组线圈的感应电压经二极管 $VD_9 \sim VD_{12}$ 和电容 C_3 整流滤波后给限压限流电路供电，同时经二极管 VD_9、VD_{10}、VD_{13}、VD_{14} 和电容 C_4 整流滤波后给变送器供电。之所以要将限压限流电路的供电和变送器的供电电路分开，是因为变送器的供电电流反映了被测参数的大小，不能和其他电流混淆。

为了安全栅工作可靠，图 4-25 中串联使用了两套完全相同的限压限流电路。晶体管 VT_4、VT_6 分别被 VT_3、VT_5 控制，相当于两个电子开关。电阻 R_5、R_6、R_9、R_{10} 为安全检测元件。在正常工作中，VT_3、VT_5 基极电压不够，处于截止状态，于是 VT_4、VT_6 的基极电压很高，处于饱和导通状态，变送器的 $4 \sim 20mA$ 直流信号电流可顺利通过限压限流电路。

如果送往变送器的电压高于安全限，则 VD_{15}、VD_{16} 被击穿，流经 R_5、R_9 的电流增大，VT_3、VT_5 基极电压升高，进入导通状态，夺取 VT_4、VT_6 的基极电流，使 VT_4、VT_6 趋于关断，送往变送器的电压减小，起到限制电压的作用。

如果送往变送器的电流高于安全限，则电阻 R_6、R_{10} 上的压降增大，VT_3、VT_5 基极电压升高，进入导通状态，夺取 VT_4、VT_6 的基极电流，同样使 VT_4、VT_6 趋于关断，送往变送器的电流减小，起到限制电流的作用。与限压限流电路串联的二极管 VD_{17}、VD_{18} 是为防止电压反向而设置。

将变压器 T_2 一次线圈的上下两半分别接入二极管 VD_{13}、VD_{14} 支路中，变送器的 $4 \sim 20mA$ 直流信号电流将交替地进入变压器一次线圈的上下两部分，起信号调制作用。T_2 二次绕组感应的正负半周方波电压分别经复合管 VT_7、VT_8 和 VT_9、VT_{10} 放大成两个半波恒流输出，相加后，就得到与原来信号电流相等的 $4 \sim 20mA$ 直流电流，此电流可直接供给控制室仪表，也可经 250Ω 电阻转化为 $1 \sim 5V$ 直流电压输出。齐纳二极管 VD_{19} 是电流输出端的续流二极管，当电流输出端上接有正常负载时它不工作；不接电流负载时，VD_{19} 便被击穿（击穿电压为 $6 \sim 7V$），以使电压输出端能正常输出。

2. 执行端安全栅

执行端安全栅用于控制室中控制器和现场执行器之间，是 $4 \sim 20mA$ 调节信号的安检通道。执行端安全栅的框图如图 4-26 所示。

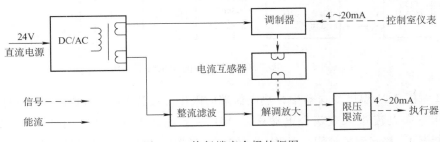

图 4-26 执行端安全栅的框图

24V 直流电源经磁耦合多谐振荡器变成交流方波电压，通过隔离变压器分成两路，一路供给调制器，作为 $4 \sim 20mA$ 直流信号电流的斩波电压；另一路经整流滤波，给解调放大器、限压限流电路提供电源。

由控制室控制器来的 $4 \sim 20mA$ 直流信号电流经调制器变成交流方波，通过电流互感器耦合到解调放大电路，经解调恢复为与原来相等的 4～20mA 直流电流，经限压限流输出给现场的执行器。执行端安全栅和检测端安全栅一样，都是传递系数为 1 的带限压限流装置的信号传送器，和检测端安全栅不同的是，执行端安全栅不需要向执行器提供工作电压。图4-26 的各种环节与检测端安全栅大致相同，这里不再作具体介绍。

虽然隔离式安全栅线路复杂、体积大、成本较高，但不要求特殊元件，便于生产，工作可靠，防爆定额较高，可达到交直流 220V，精度可达到 0.2 级，故得到广泛的应用。

4.3　现场仪表电路的本安设计

存在爆炸危险的过程生产现场必须采用安全火花（本安）防爆控制系统。本安控制系统中的安全栅可有效阻止安全区域可能引发爆炸的大电流、高电压通过，有效防止安全区域的危险电能通过控制系统的接线进入危险区域；另一方面就是严格防止现场出现危险电火花，只要危险现场选用符合防爆等级的的安全火花（本安）仪表，就构成了安全火花（本安）防爆控制系统。在危险现场使用的主要是检测端仪表和执行端仪表。检测端仪表包括传感器和变送器，执行端仪表包括电/气转换器（危险现场均采用气动执行器）。下面以电/气阀门定位器为例，简要说明安全火花仪表的设计原理。

图 4-18 所示的电/气阀门定位器，与调节阀一起安装在生产现场，故应采取安全防爆措施。除了将控制器输出电流信号的电路用安全栅隔离外，由于电/气阀门定位器中的磁力线圈是储能元件，需用环氧树脂浇注固封，再加以双重续流保护，如图 4-27 所示。

正常工作时，保护二极管 VD_1、VD_2 导通，VD_3、VD_4 截止。当信号回路发生断线故障时，储存在磁力线圈中的电能可以使 VD_3、VD_4 正向导通，续流释放，从而限制断线处的火花能量在安全火花范围之内。另外，这些保护二极管都布置在磁力线圈附近，与磁力线圈一起用硅橡胶进行二次灌封，这是密封隔爆措施。因而，电/气阀门定位器属于安全火花和隔爆复合型防爆结构。

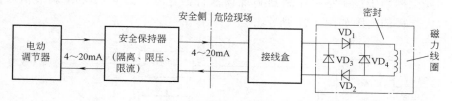

图 4-27　电/气阀门定位器的安全防爆措施

在第 2 章图 2-21 温度变送器中，热电偶端的限压二极管 VD_{i1}、VD_{i2}、限流电阻 R_{i1}、R_{i2} 限制高电压、大电流进入现场；电源端的 VD_{s1}～VD_{s4}、熔断器 F_s，信号输出端的 VD_{s5}、VD_{s6}、熔断器 F_o 都起到限流限压的作用，使该变送器成为安全火花型防爆仪表。

思考题与习题

4-1　气动调节阀主要由哪两部分组成？各起什么作用？

4-2 试问调节阀的结构有哪些主要类型？各使用在什么场合？

4-3 为什么双座阀产生的不平衡力比单座阀的小？

4-4 什么叫调节阀的理想流量特性和工作流量特性？常用的调节阀理想流量特性有哪些？

4-5 为什么说等百分比特性又叫对数特性？与线性特性比较起来它有什么特点？

4-6 什么叫调节阀的可调范围？在串联管道中可调范围为什么会变化？

4-7 什么是串联管道中的阀阻比 S？S 值的变化为什么会使理想流量特性发生畸变？

4-8 什么是气动调节阀的气开方式与气关方式？其选择原则是什么？

4-9 如图 4-28 所示的蒸汽加热器对物料进行加热。为保证控制系统发生故障时，加热器的耐热材料不被烧坏，试确定蒸气管道上调节阀的气开、气关方式。

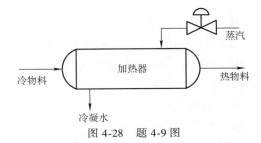

图 4-28 题 4-9 图

4-10 为什么合理选择调节阀的口径，也就是合理确定调节阀的流通能力 C 非常重要？

4-11 试述电/气转换器的用途与工作原理。

4-12 试述电/气阀门定位器的基本原理与工作过程。

4-13 电动调节阀有哪几种类型？各使用在什么场合？

4-14 安全火花是什么概念？电动仪表怎样才能用于易燃易爆场所？

4-15 试述安全火花防爆仪表的设计思想和实现方法。如果一个控制系统中的仪表全部采用了安全火花防爆仪表，是否就构成了安全火花防爆系统？

4-16 齐纳式安全栅的基本结构是什么？它是怎样实现限压、限流的？

4-17 只要是防爆的仪表就可以应用于有爆炸危险的区域吗？为什么？

4-18 安全防爆控制系统指构成该系统的所有设备都应该是安全防爆的设备吗？为什么？

4-19 简述第2章中热电偶变送器(电路图参见图2-29)是怎样实现仪表电路安全火花(防爆)的。

4-20 图4-18电/气阀门定位器的电路(见图4-27)是怎样实现安全火花和隔爆复合型防爆的。

第5章 被控过程的数学模型

前面几章讨论了过程控制中可能涉及的变送器、控制器、执行器等各种仪表与装置，这些仪表与装置是实现生产过程自动化的重要技术设备。过程控制系统是由自动化仪表、装置与被控过程组成的自动控制系统，控制系统性能与组成系统每个环节的特性都有密切关系。

在各式各样的被控过程中，有的被控过程（也称对象）容易控制，而有些则很难控制，有些控制过程进行得很快，而有些进行的非常缓慢，产生这些差别的关键在于被控过程本身，在于它的动态特性。虽然在一个实际过程控制系统中，其他环节，如控制器、执行器也起重要作用，但要强调的是：其他环节的存在及其特性选择在很大程度上取决于被控过程的特性和控制要求——因为过程控制系统的方案设计和仪表、装置选型都是以被控过程的动态特性和控制要求为基本依据进行的。只有全面了解被控过程的动态特性、环境条件和生产过程的控制要求，才能设计出合理的控制方案，选择合适的自动化仪表、装置，并进行控制器参数整定。被控过程的特性、尤其是动态特性对于过程控制系统方案设计、仪表与装置选用、控制器参数整定、控制性能分析与改善都具有有极为重要的意义。

要精确地描述被控过程的动态特性，离不开数学模型。被控过程的数学模型是描述被控过程在输入（控制输入与扰动输入）作用下，其状态和输出（被控参数）变化的数学表达式。描述被控过程动态特性的数学模型有各种类型，本书主要采用传递函数作为表达被控过程的数学模型，也仅限于讨论线性、单输入-单输出过程（对象）的数学模型。

5.1 被控过程数学模型的作用与要求

1. 数学模型的作用

被控过程动态特性的数学模型是表示其输入变量与输出变量之间动态（含静态）关系的数学描述。从控制的角度来看，控制变量和扰动都属于被控过程的输入变量，被控参数属于过程的输出变量。与动态数学模型相对应，也有静态数学模型。静态数学模型表示系统运行在稳定的平稳工况下，输入变量与输出变量之间的数学关系。被控过程的动态数学模型与静态数学模型应用都很广泛，无论是对越来越复杂、规模越来越大的现代生产过程的工艺设计，还是过程控制系统设计、优化及参数整定，都要用到被控过程的数学模型。被控过程的数学模型在生产过程工艺分析、设计及控制系统分析与设计方面有广泛的应用，归纳起来主要有以下几个方面：

（1）设计过程控制系统及整定控制参数　选择被控参数与控制变量、确定控制方案、检测仪表与执行器选型，以及控制算法设计、控制器参数的最佳整定等都以被控过程的数学模型为主要依据。新型控制方案及控制算法的设计更离不开被控过程的数学模型。例如预测控制、推理控制、前馈控制、解耦控制、Simth 预估补偿控制等的设计都是在被控过程数学模型已知的基础上进行；要提高复合控制系统的控制品质，就要求对调节通道与干扰通道特性的数学模型有比较准确的掌握；要进行解耦控制设计，则必须知道各控制通道的耦合特性；如果没有精确、可靠的数学模型，则无法实现控制方案优化，最优控制根本无从谈起。

（2）指导生产工艺及其设备的设计与过程操作　通过对生产工艺过程及其相关设备数学模型的分析和动态仿真，可以确定有关因素对整个被控过程特性的影响，从而指导生产工艺及其设备的设计、优化与操作。

（3）对被控过程进行仿真研究　由于安全、成本及其他方面的原因，对一些有危险的过程试验及设备的破坏性试验，不可能重复进行或不允许实际进行。通过被控过程及相关设备的数学模型进行仿真和模拟试验，在计算机上进行计算、分析，以获取代表接近真实过程的定量关系，可以为控制系统的设计、调试与优化提供数据，从而大大降低设计、实验成本，并节约时间、加快设计进程。

（4）培训运行操作人员　对于一些复杂的大型现代化生产过程（如核电站、高危化工过程、大型火电机组）都需要对操作人员进行上岗前的实际操作培训。在生产过程数学模型的基础上，利用仿真技术建立的仿真培训系统，可以高速、安全、低成本地培训工程技术人员和运行操作人员；也可以利用仿真系统设计、验证和制定突发状况时的应急处理与操作预案。

（5）工业过程的故障检测与诊断　利用数学模型进行工业过程的故障检测与诊断，可以及时发现系统的故障及其原因，并为及时维护和避免故障造成重大损失提供正确的解决途径。

2. 数学模型的要求

实际生产过程的动态特性是非常复杂的，为了得到实用的模型，在建立其数学模型时不得不突出主要因素，忽略次要因素。根据用途的不同，过程动态数学模型的具体要求也有所不同，但总的原则一是尽量简单，二是正确可靠。这主要是基于以下考虑：

1）如果模型参数是用估计方法根据输入输出数据计算得到的，则选用数学模型越复杂，需要计算的模型参数就越多。由于计算过程的近似处理和误差积累，所以难以保证所得到参数的精度及数学模型的准确性。

2）如果数学模型用于前馈控制、解耦控制、推理控制等复杂控制时，模型过于复杂，则控制规律和算法也会比较复杂，实现困难。

3）如果模型太复杂，则控制系统进行在线参数整定与系统优化的计算量很大。为了保证实时性，必须配置高速在线运算设备，将增加控制系统的复杂性和投资。

鉴于以上原因，在实际应用中，被控过程的传递函数或其他动态数学模型的阶次一般不高于三阶，在过程控制领域，大量采用具有纯滞后的一阶和二阶模型，最常用的是带纯滞后的一阶形式。

5.2　建立被控过程数学模型的方法

建立被控过程数学模型的基本方法有两种，即机理法和测试法。

1. 机理法

机理法建模是根据生产过程工艺参数之间的作用机理，写出相关的平衡方程，如：物质平衡方程、能量平衡方程、动量平衡方程，以及反映流体流动、传热、化学反应等基本规律的运动方程、物性参数方程和某些设备的特性方程，并通过分析、计算获得所需的数学模型。

机理法建模的首要条件是必须对生产过程的机理有充分的了解，并且能够比较准确地用数学语言加以描述。机理法建模需要充分而可靠的先验知识，如果先验知识不充分，就无法得到正确的数学模型。机理法的最大优点是能在没有系统设备之前就得到被控过程的数学模型，这对于控制系统方案的设计、比较和分析十分有利。

机理法建模的基础是物质与能量平衡关系，利用物质与能量平衡的基本关系及相应的物理、化学定理，列写出相应的(代数、微分)方程，并进行一定的运算、变换即可得到需要的传递函数。由于原始的机理方程往往比较复杂，需要进行一定程度的简化才能获得实用的数学模型。常用的简化方法有以下三种：一是一开始就引入简化假定，使复杂的方程简化；二是在得到较复杂的高阶方程后，用低阶方程去近似；三是对得到的原始模型进行仿真，得到一系列响应曲线(如阶跃响应曲线或频率特性)，再用低阶模型近似。

许多被控过程内在机理比较复杂，人们对过程的变化机理知之甚少，很难用机理法得到简洁的数学模型。在计算机普遍应用以前，几乎无法用机理法建立复杂过程的动态数学模型。随着计算机技术的发展和普及，被控过程数学模型的研究有了迅速的发展。只要机理清楚，就可以利用计算机求解出几乎任何复杂过程的数学模型。

用机理法建模时也会出现模型中有些参数难以确定的情况，这时可以用辨识方法把这些参数估计出来，最后得到被控过程实用的数学模型。

2. 测试法

测试法建模通过对被控过程输入、输出的实测数据进行数学处理后求得其数学模型，这种方法也称为系统辨识。用测试法建模时，可以在不十分清楚内部机理的情况下，把被研究的对象视为一个黑匣子，完全通过外部测试来确定它的动态特性。

被控过程的动态特性只有当它处于变动状态时才对外表现出来。为了获得过程的动态特性，必须使被控过程处于被激励的状态，例如对被控过程施加阶跃扰动或脉冲扰动等。为了有效地进行这种测试，对被控过程内部机理有一定程度的了解，有助于确定哪些因素起主要作用，各种因素之间存在的因果关系等。了解和掌握被控过程丰富的先验知识，有助于测试法建立被控过程数学模型的顺利进行和取得好的结果。那些内部机理尚未被人们充分了解的过程，例如复杂的生化过程，由于缺乏基本的先验知识，也就难以用测试法建立其动态数学模型。

用测试法建模一般比机理法简单、通用性强，尤其对复杂生产过程，其优势更为明显。如果机理法和测试法两者都能达到同样的目的时，那么一般优先选用测试法建模。

测试法建模又可分为经典辨识法和现代辨识法两大类。经典辨识法不考虑测试数据中偶然性误差的影响，只需要对少量的测试数据进行比较简单的数学处理，数据处理与计算工作量较小。现代辨识法的特点是可以消除测试数据中的偶然性误差(噪声)的影响，因而需要用特定的方法处理大量的测试数据，计算机是必不可少的工具。现代辨识法所涉及的内容相当丰富，已经成为现代控制理论一个专门的学科分支。

用单一的机理法或测试法建立复杂被控过程的数学模型比较困难。综合机理法和测试法两种基本方法特点的混合法是建立复杂被控过程数学模型的有效方法。混合法通常有两种处理方式：对被控过程工作机理已经非常熟悉的部分，采用机理法推导出相应数学模型；对于尚不十分熟知或不很肯定的部分，则采用测试法得出其数学描述，这样可以减少全部采用实验测试的工作难度。另一方式是先通过机理分析，确定模型的结构形式，再通过实验数据确定模型中各个参数的具体数值。

5.3　机理法建模

5.3.1　机理法建模的基本原理

工业生产中的工业窑炉、反应器、精馏塔、物料输送装置等设备都是过程控制的被控对象。被控参数通常为温度、压力、流量、物位、成分、湿度、pH 值等。尽管过程控制中所涉及的对象千差万别，被控过程内部的物理、化学过程各式各样，但从控制的观点来看，它们在本质上又有许多相似之处。其中最重要的特点是它们都涉及物质和能量的流动与转换，而被控参数与控制变量的变化都与物质和能量的流动与转换有密切关系，这一点是机理法建模的重要依据。

1. 基本概念

（1）流入量与流出量　如果把被控过程看作一个独立的隔离体，从外部流入被控过程的物质或能量流量称为流入量，从被控过程流出的物质或能量流量称为流出量，与之相关的基本关系是能量守恒与物质守恒的平衡关系。

（2）静态平衡与动态平衡　如果单位时间内被控过程的流入量等于流出量，过程才可能处于稳定工况。被控过程处于稳定工况时，其各种状态变量与参数都稳定不变。把这种状态和参数不变、被控过程流入量等于流出量的平衡状态称为静态平衡。

如果流入量不等于流出量，被控过程物质与能量的静态平衡被打破，这时能量与物质的平衡关系则由动态平衡表示：单位时间内被控过程流入量与流出量之差等于被控过程内部存储量的变化率，用公式可表示为

$$单位时间内物质/能量流入量-单位时间内物质/能量流出量$$
$$=被控过程内部物质/能量存储量的变化率 \qquad (5-1)$$

被控过程内部存储量的变化率不为 0，必然导致某一个物理量发生变化，并通过对应的参数显现出来，例如被控过程物质储量的变化通过物位、压力、密度、浓度等的变化反映出来，物体速度、温度变化则反映了被控过程能量储量的变化、压力变化反映了被控过程物质储量变化或能量储量变化、或二者同时发生变化等。

被控过程的流入量与流出量是过程控制中的重要概念，通过这些概念能正确理解被控过程动态特性的实质。物质与能量的平衡关系是反映过程特性的基本关系，也是激励法建立被控过程数学模型的基础。要特别注意：流入量、流出量的概念与控制系统的输入变量、输出变量概念之间的区别与关系。在控制系统原理图——系统框图上，由于外部原因引起的流入量、流出量变化，都是引起被控参数变化的原因，都是控制系统的（扰动）输入变量。

2. 机理法建模的步骤

机理法建模物理概念清楚，不但可以得到过程输入输出变量之间的关系，也能得到一些

内部状态和输入输出之间的关系，使人们对被控过程有一个比较清晰的了解，故称为"白箱模型"。机理法建模在工艺过程尚未建立时（如在设计阶段）也可进行，对尺寸不同的设备也可类推。用机理法建模的首要条件是生产过程的机理已经被充分掌握，并且可以比较确切地加以数学描述。机理法建模的基本步骤如下。

（1）根据建模过程和模型使用目的作出合理假设 任何数学模型都有一定的假设条件，不可能完全精确地用数学公式把客观实际全部描述来。由于模型的应用场合与要求不同、假设条件不同，同一个被控过程最终所得的模型可能不同。如对一加热炉系统，若假设加热炉中每一点温度一致，则可得到用常微分方程描述的集中参数模型；若假设加热炉中的温度非均匀，则得到用偏微分方程描述的分布参数模型。

（2）根据被控过程内在机理建立数学模型 被控过程建模的主要依据是物料、能量的动态平衡关系，最基本的关系式就是式(5-1)，其次还有被控过程内部发生物理、化学变化应遵守的基本定律和相关的动量平衡方程、相平衡方程以及反映流体流动、传热、化学反应等基本规律的动力学方程、物性参数方程和某些设备的特性方程等方程式，通过这些方程式就可得到描述被控过程动态特性的方程组。

消去原始方程组中的中间变量，就可得到反映输出变量 y 与输入变量 u 之间动态关系的微分方程或传递函数。在建立被控过程动态数学模型时，输出变量 y 与输入变量 u 之间的关系可用三种不同的形式，既可用实际值 y 与 u 表示，也可用增量形式 Δy 与 Δu 表示或用无因次形式的 y^* 与 u^* 表示。

（3）简化 在满足控制工程要求的前提下，对动态模型进行必要的简化处理，从工程应用的角度讲，尽可能简化是十分必要的。常用的方法有忽略次要参数、模型降阶处理等。

用机理法建模时，有时也会出现模型中某些参数难以确定的情况，这时可用实验数据确定这些参数，这已属于混合法建模和系统辨识的范畴。

5.3.2 单容过程建模

所谓单容过程是指只有一个储蓄（能量或物料）容量的被控过程。下面通过实例说明单容过程的建模方法。

5.3.2.1 单容储液箱液位过程

图 5-1 单容液位过程只有一个储液箱。流入量为 Q_1，由阀门 1 的开度 μ 控制 Q_1 的大小；流出量为 Q_2，随下游工序的需要而变化，其大小由阀门 2 的开度控制；在阀门 2 开度不变的情况下，液位 h 越高，储液箱底静压越大，流出量 Q_2 越大。下面以阀门 1 的开度 μ 为液位过程输入，液位 h 为被控参数即输出，分析阀门 1 开度 μ 与液位 h 之间的动态关系，建立该单容过程的数学模型。先定义各变量的符号如下：

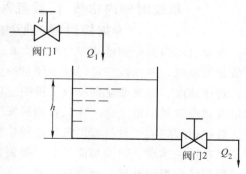

图 5-1 单容液位过程

Q_1：输入流量（m^3/s）

Q_{10}：输入稳态流量（m^3/s）

ΔQ_1：输入流量相对于稳态值的增量（m^3/s）

Q_2：输出流量（m^3/s）

Q_{20}：输出稳态流量（m^3/s）

ΔQ_2：输出流量相对于稳态值的增量（m^3/s）

h：液位（m）

h_0：稳态液位（m）

Δh：液位相对于稳态值的增量（m）

μ：阀门 1 的开度（%）

μ_0：阀门 1 的稳态开度（%）

$\Delta \mu$：阀门 1 开度相对于稳态值的增量（%）

V：储液箱中储存液体的体积（m^3/s）

A：储液箱横截面积（m^2）

根据物料平衡关系，即在单位时间内储液箱的液体流入量与单位时间内储液箱的液体流出量之差，应等于储液箱中液体储存量的变化率，故有

$$\frac{\mathrm{d}V}{\mathrm{d}t} = Q_1 - Q_2$$

式中，$V = A \cdot h$；$\dfrac{\mathrm{d}V}{\mathrm{d}t}$ 是液体储存量的变化率。因储液箱截面积 A 是常量，所以 $\dfrac{\mathrm{d}V}{\mathrm{d}t} = A\dfrac{\mathrm{d}h}{\mathrm{d}t}$，代入上式可得

$$A\frac{\mathrm{d}h}{\mathrm{d}t} = (Q_1 - Q_2) \qquad 或 \qquad \frac{\mathrm{d}h}{\mathrm{d}t} = \frac{1}{A}(Q_1 - Q_2) \tag{5-2}$$

从式（5-2）可以看出，液位变化 $\mathrm{d}h/\mathrm{d}t$ 决定于两个因素：一个是储液箱的截面积 A，一个是流入量与流出量之差（$Q_1 - Q_2$）。A 越大，$\mathrm{d}h/\mathrm{d}t$ 越小。A 是决定储液箱液位变化率大小的因素，称为储液箱的容量系数，也称液容。它的物理意义是要使液位升高 1m，储液箱应充入液体的体积。

一般来讲，被控过程都具有一定储存物料或能量的能力，其储存能力用容量系数表征，用符号 C 表示。其物理意义是：引起（被控）参数产生单位变化时，所对应的（能量、物料）储存量的变化量。对图 5-1 所示的液位过程，则有 $C = A$。

单容液位过程稳态时，$Q_1 = Q_{10}$、$Q_2 = Q_{20}$、$h = h_0$，此时液体的流入量与流出量保持平衡：$Q_{10} = Q_{20}$，代入式（5-2）得：

$$A\frac{\mathrm{d}h_0}{\mathrm{d}t} = (Q_{10} - Q_{20}) = 0 \tag{5-3}$$

若以增量形式表示各变量相对于稳态值的变化量，即 $\Delta h = h - h_0$、$\Delta Q_1 = Q_1 - Q_{10}$、$\Delta Q_2 = Q_2 - Q_{20}$，代入式（5-2）可得

$$A\frac{\mathrm{d}\Delta h}{\mathrm{d}t} = (\Delta Q_1 - \Delta Q_2) \tag{5-4}$$

以上各式中的流入量 Q_1 只取决于阀门 1 的开度 μ，Q_1 的变化量 ΔQ_1 是由阀门 1 的开度变化量 $\Delta \mu$ 引起的，当阀门 1 前后的压差不变时，假定 ΔQ_1 与 $\Delta \mu$ 成正比，即

$$\Delta Q_1 = K_\mu \Delta \mu \tag{5-5}$$

式中，K_μ 为（流量）比例系数（m^3/s）。

流出量 Q_2 随液位 h 的升降发生变化。假定在小范围变化时，二者的变化量 ΔQ_2 与 Δh 之间的关系为

$$\Delta Q_2 = \frac{\Delta h}{R_2} \quad \text{或} \quad R_2 = \frac{\Delta h}{\Delta Q_2} \tag{5-6}$$

式中，R_2 是阀门 2 的流体阻力，称液阻。它的物理意义为：要使流出量增加 $1\,\text{m}^3/\text{s}$，液位应该升高的数值。液位变化范围不大时，认为 R_2 近似为常数，即流出量 Q_2 的增量 ΔQ_2 决定于储液箱中液位 Δh 和阀门 2 的阻力 R_2。严格讲 R_2 不是一个常数，它与液位 h、流量 Q_2 的关系是非线性的。为使问题简化，在工作点 $(h_0,\ Q_{20})$ 附近进行线性化处理，常用的方法是切线法，即在稳态工作点附近的小范围内，以切线代替原来的曲线，即用式(5-6)表示流出量变化和液位变化之间的关系。

将式(5-5)、式(5-6)代入式(5-4)，可得

$$K_\mu \Delta \mu - \frac{\Delta h}{R_2} = A\frac{\mathrm{d}\Delta h}{\mathrm{d}t} \tag{5-7}$$

或

$$AR_2\frac{\mathrm{d}\Delta h}{\mathrm{d}t} + \Delta h = K_\mu R_2 \Delta \mu \tag{5-8}$$

令 $T = AR_2$，$K = K_\mu R_2$，则式(5-8)可写成

$$T\frac{\mathrm{d}\Delta h}{\mathrm{d}t} + \Delta h = K\Delta \mu \tag{5-9}$$

对式(5-9)取拉普拉斯变换，可得储液箱液位变化 Δh 与阀门 1 开度变化 $\Delta \mu$ 之间的传递函数

$$\frac{H(s)}{\mu(s)} = \frac{K}{Ts+1} \tag{5-10}$$

式中，$H(s) = \mathscr{L}\{\Delta h(t)\}$；$\mu(s) = \mathscr{L}\{\Delta \mu(t)\}$；$T$ 称为液位过程的时间常数；K 为液位过程的放大系数。

下面讨论液位过程的阶跃响应曲线。所谓阶跃响应曲线，是指输入量作阶跃变化时，输出量的变化曲线。在工程界，常常把阶跃响应曲线称作飞升曲线。

在图 5-1 所示的液位系统中，当流入阀门 1 开度出现一个阶跃变化 $\Delta \mu \left(\text{对应拉普拉斯变换为 } \mu(s) = \dfrac{\Delta \mu}{s}\right)$ 时，将使流入量有一阶跃变化 ΔQ_1。对式(5-10)求解，就能得出液位的变化

$$\Delta h = K\Delta \mu(1 - \mathrm{e}^{-t/T}) \tag{5-11}$$

液位变化曲线如图 5-2 所示。当 $t \to \infty$ 时，液位变化量趋向稳态值 $\Delta h(\infty) = K\Delta \mu$。对于该液位过程，输入量的变化 $\Delta \mu$ 经过储液箱这个环节后，引起输出量变化 Δh 的稳态值 $\Delta h(\infty) = K\Delta u$，因而称 K 为放大系数。液阻

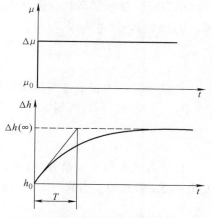

图 5-2 单容液位过程阶跃响应曲线

R_s 不但影响液位过程的时间常数 T，而且影响放大倍数 K；而容量系数 C 仅影响液位过程的时间常数 T。式（5-10）中时间常数 T 表示液位 $\Delta h(t)$ 在 $t=0$ 以最大速度一直变化到稳态值 $\Delta h(\infty)=K\Delta\mu$ 所需的时间，它是表征液位过程响应快慢的参数。

5.3.2.2 被控过程的自衡特性与单容储液箱液位过程 Ⅱ

由式（5-11）可知，对于图 5-1 所示的液位系统，当输入量有一阶跃变化 $\Delta\mu$ 时，过程输出量——液位的变化 $\Delta h(t)$ 最后会到达新的稳态 $\Delta h(\infty)=K\Delta\mu$。新稳态的建立是由于在液位 $\Delta h(t)$ 变化的作用下，流出量 Q_2 发生变化的结果。在扰动作用破坏其平衡工况后，被控过程在没有外部干预的情况下自动恢复（新）平衡的特性，称为自衡特性。

为了进一步了解自衡特性，对储液箱中液位变化机理进行进一步分析。当流入阀门 1 开大 $\Delta\mu$ 时，输入流量随之增加了 ΔQ_1。由于进出流量不相等，储液箱中的液位逐渐上升，使得作用在流出阀 2 上的压力增大，并导致输出流量随之增加，这种增加将延续到输出流量的增量 ΔQ_2 与输入流量的增量 ΔQ_1 相等为止，其原理框图如图 5-3 所示。由此可见，判断被控过程有无自衡特性的基本标志是系统受扰后

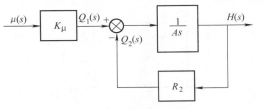

图 5-3 单容液位过程方框图

被控参数的变化能否对破坏工况平衡的扰动作用施加反作用，即被控过程输出对扰动是否存在负反馈。

在具有自衡特性的被控过程中，常以自衡率 ρ 来表示被控过程自衡能力的大小。如果被控参数能以较小的变化 Δh 来抵消较大的扰动量 $\Delta\mu$，就表示这个被控过程的自衡能力大。因此，可定义 $\rho=\dfrac{\Delta\mu}{\Delta h(\infty)}$，而放大系数 $K=\dfrac{\Delta\mu(\infty)}{\Delta\mu}$，可见，$\rho$ 和 K 互为倒数。对一个被控过程来说，总是希望自衡率 ρ 大一些。如果 ρ 大，即使加上一个很大的扰动 $\Delta\mu$，$\Delta h(\infty)$ 也不会太大。

并不是所有被控过程都具有自衡特性。图 5-4 所示的液位过程就是一个不具有自衡特性的例子。它与图 5-1 的不同之处是其流出量 Q_2 由一台恒流泵确定，与液位 h 无关，这样，当流入量 Q_1 出现一个阶跃变化 ΔQ_1 后，流出量 Q_2 保持不变。流入量与流出量的差额并不会随液位的改变而逐渐减小，而是始终保持不变，液位 h 将以恒定速度不断上升（或下降），直至从储液箱顶部溢出（或抽空）。对于这类被控过程，由于输出量不能对扰动作用施加反作用，只要被控过程的平衡工况被破坏，就无法自行重建平衡，这就是无自衡特性的本质。

下面讨论图 5-4 所示的液位过程数学模型的建立方法。在图 5-4 中，除了将图 5-1 中的阀门 2 换为恒流泵以外，其余环节参数都没有改变。

根据物料动态平衡关系，式（5-4）必须被满足。图 5-4 中储液箱在液位变化过程中，流出量 Q_2 始终保持不变，则 $\Delta Q_2 \equiv 0$，代入式（5-4）可得

$$A\frac{\mathrm{d}\Delta h}{\mathrm{d}t}=\Delta Q_1 \tag{5-12}$$

将 $\Delta Q_1 = K_\mu\Delta\mu$ 代入式（5-12），得

$$A\frac{\mathrm{d}\Delta h}{\mathrm{d}t}=K_\mu\Delta\mu \tag{5-13}$$

对式(5-13)取拉普拉斯变换可得

$$\frac{H(s)}{\mu(s)}=\frac{K}{Ts} \tag{5-14}$$

式中，$K=K_\mu$；$T=A$。

其阶跃（$\Delta\mu>0$）响应曲线如图5-5所示。

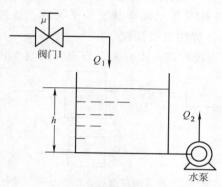

图5-4　无自衡单容液位过程

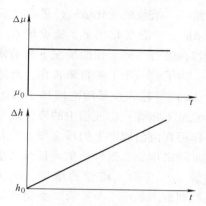

图5-5　非自衡单容液位控制
过程阶跃响应曲线

由图5-5可知，当输入发生阶跃扰动 $\Delta\mu$ 后，理论上输出量 Δh 将持续（无限制）地变化下去。这是因为当阀门1开度阶跃变化引起输入流量 Q_1 阶跃变化后，液位 h 将跟着变化。由于恒流泵的存在，输出流量 Q_2 并不改变，这意味着储液箱的液位 $h(\Delta h)$ 将恒速改变下去：要么一直上升直至液体满箱溢出，要么一直下降直至储液箱被抽空。

5.3.2.3　单容温度过程建模及其他单容过程

某单容电加热过程如图5-6所示，容器内液体的总热容为 C，液体的比热容为 C_p，流体流量（流入、流出相等）为 q，液体以温度 T_i 流入加热容器，以温度 T_p（容器内液体充分搅拌时，T_p 同时也是容器中液体的温度）流出加热容器。设容器所在的环境温度为 $T_c(T_p>T_c)$。在环境温度 T_c、液体流入温度 T_i 和流量 q 不变的条件下，建立电加热器电压 u 与液体输出温度 T_p 之间动态关系的数学模型。

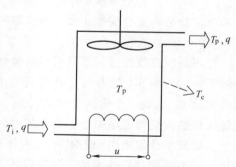

图5-6　单容电加热热力过程

把加热容器看作为一个独立的隔离体，根据能量动态平衡关系，单位时间内进入容器的热量 Q_i 与单位时间内流出容器的热量 Q_o 之差等于容器内储存热量的变化率，可得

$$Q_i-Q_o=C\frac{\mathrm{d}T_p}{\mathrm{d}t} \tag{5-15}$$

式中，输入热量 Q_i 由电加热器的发热量 Q_e 和流入液体携带热量 qC_pT_i 两部分组成

$$Q_i=Q_e+qC_pT_i \tag{5-16}$$

同样，由加热容器输出的热量 Q_o 由流出液体携带热量 qC_pT_p 和容器向周围散发的热量

Q_r 两部分组成

$$Q_o = Q_r + qC_pT_p \tag{5-17}$$

由传热学知识可知，单位时间内加热容器向四周散发热量与容器散热面积（设为 A）、保温材料的传热系数（设为 K_r）以及容器内、外温差（T_p-T_c）成正比

$$Q_r = AK_r(T_p-T_c)$$

将上式代入式（5-17）得

$$Q_o = AK_r(T_p-T_c) + qC_pT_p \tag{5-18}$$

加热过程工作在稳态时，T_p 保持不变，从加热容器输出的热量 Q_o 等于从外部输入的热量 Q_i，即 $Q_i=Q_o$，则有

$$Q_i - Q_o = C\frac{\mathrm{d}T_p}{\mathrm{d}t} = 0 \tag{5-19}$$

若以增量形式表示变量相对于稳态值的变化量，即 $\Delta T_p = T_p - T_{p0}$，$\Delta Q_i = Q_i - Q_{i0}$，$\Delta Q_o = Q_o - Q_{o0}$，则由式（5-19）可知 $Q_{i0}-Q_{o0}=0$。将以上增量式代入式（5-15）可得

$$\Delta Q_i - \Delta Q_o = C\frac{\mathrm{d}\Delta T_p}{\mathrm{d}t} \tag{5-20}$$

假设 q、T_i、T_c 不变，$\Delta Q_e = Q_e - Q_{e0}$，从式（5-16）可得

$$\Delta Q_i = \Delta(Q_e + qC_pT_i) = \Delta Q_e + 0 = \Delta Q_e \tag{5-21}$$

从式（5-18）可得

$$\Delta Q_o = \Delta[AK_r(T_p-T_c) + qC_pT_p] = (AK_r+qC_p)\,\Delta T_p \tag{5-22}$$

将式（5-21）、式（5-22）代入式（5-20）得

$$\Delta Q_e - (AK_r+qC_p)\Delta T_p = C\frac{\mathrm{d}\Delta T_p}{\mathrm{d}t} \tag{5-23}$$

电加热器的发热量与外加电压的二次方成正比，故 Q_e 与电压 u 成非线性关系。为使问题简化，在工作点（u_0，Q_{e0}）附近进行线性化处理：在工作点附近的小范围内，以切线代替原来的曲线，可用下式表示电压变化（增量）Δu 和加热量变化（增量）ΔQ_e 之间的关系

$$\Delta Q_e = K_q\Delta u$$

将其代入式（5-23）得

$$K_q\Delta u - (AK_r+qC_p)\Delta T_p = C\frac{\mathrm{d}\Delta T_p}{\mathrm{d}t} \tag{5-24}$$

令 $T = \dfrac{C}{AK_r+qC_p}$，$K = \dfrac{K_q}{AK_r+qC_p}$，则上式可表示为

$$T\frac{\mathrm{d}\Delta T_p}{\mathrm{d}t} + \Delta T_p = K\Delta u \tag{5-25}$$

对式（5-25）取拉普拉斯变换，可得到输出液体温度与电加热器电压之间的传递函数

$$\frac{T_p(s)}{U(s)} = \frac{K}{Ts+1} \tag{5-26}$$

式中，$T_p(s) = \mathscr{L}\{\Delta T_p(t)\}$；$U(s) = \mathscr{L}\{\Delta u(t)\}$。

除了前面讨论的单容液位过程、单容温度过程以外，凡是只有一个储蓄容量的单容被控

过程都有相似的动态特性。图 5-7 所示的储气罐压力过程、溶液浓度过程都属于这一类单容过程，其输入输出之间传递函数均为一节惯性环节 $\dfrac{K}{Ts+1}$。

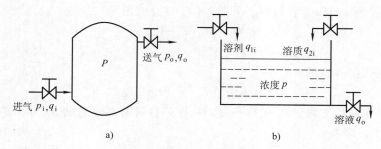

a)   b)

图 5-7   其他单容过程

a)气罐压力过程   b)溶液浓度过程

5.3.3   多容过程建模

前面讨论了只有一个储蓄容量的被控过程，实际生产中的被控过程要复杂得多，大多具有一个以上的储蓄容量。有一个以上储蓄容量的过程称为多容过程。下面通过实例说明多容过程的建模方法。

5.3.3.1   多容液位过程

图 5-8 所示的液位过程由管路分离的两个独立水箱串联组成，它有两个储水的容器，称为双容过程。不计两个水箱之间管路所造成的时间延迟，以阀门1的开度 μ 为输入、第二个水箱的液位 h_2 为输出，建立液位过程的数学模型。

根据物料动态平衡关系，可以列写出增量化方程

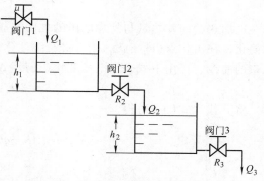

$$\Delta Q_1 - \Delta Q_2 = A_1 \frac{\mathrm{d}\Delta h_1}{\mathrm{d}t}$$

$$\Delta Q_1 = K_\mu \Delta \mu$$

$$\Delta Q_2 = \frac{\Delta h_1}{R_2}$$

$$\Delta Q_2 - \Delta Q_3 = A_2 \frac{\mathrm{d}\Delta h_2}{\mathrm{d}t}$$

$$\Delta Q_3 = \frac{\Delta h_2}{R_3}$$

图 5-8   分离式双容液位过程

式中，Q_1、Q_2、Q_3 分别为流过阀门1、2、3的流量；h_1、h_2 为水箱1、2的液位；A_1、A_2 为水箱1、2的截面积；R_2、R_3 为阀门2、3的液阻；μ 为阀门1的开度；K_μ 为阀门1的（流量）比例系数。

消去中间变量 ΔQ_1、ΔQ_2、ΔQ_3、Δh_1，并取 $T_1 = A_1 R_2$、$T_2 = A_2 R_3$、$K = K_\mu R_3$，可得

$$T_1 T_2 \frac{\mathrm{d}^2 \Delta h_2}{\mathrm{d}t^2} + (T_1 + T_2) \frac{\mathrm{d}\Delta h_2}{\mathrm{d}t} + \Delta h_2 = K \Delta \mu \tag{5-27}$$

对式(5-27)取拉普拉斯变换,可得阀门 1 开度变化 $\Delta\mu$ 与水箱 2 液位变化 Δh_2 之间的传递函数

$$\frac{H_2(s)}{\mu(s)} = \frac{K}{T_1 T_2 s^2 + (T_1 + T_2)s + 1} = \frac{K}{(T_1 s + 1)(T_2 s + 1)} \tag{5-28}$$

式中, $H_2(s) = \mathscr{L}\{\Delta h_2(t)\}$; $\mu(s) = \mathscr{L}\{\Delta\mu(t)\}$ 。

当阀门 1 开度 μ 有一阶跃变化 $\Delta\mu$ 时,双容过程输出变化量 $\Delta h_2(t)$ 的响应曲线如图 5-9 中的实线所示,不再是指数曲线,而呈现 S 形。

对于图 5-10 串联式双容液位过程,用与前面类似的推导过程,可以求得阀门 1 开度变化 $\Delta\mu$ 与第二个水箱的液位变化 Δh_2 之间的传递函数

$$\frac{H_2(s)}{\mu(s)} = \frac{K}{T_1 T_2 s^2 + (T_1 + T_2 + T_{12})s + 1} \tag{5-29}$$

式中, $T_1 = A_1 R_2$ 、 $T_2 = A_2 R_3$ 、 $T_{12} = A_1 R_3$; $K = K_\mu R_3$ 。其他参数同上。

与图 5-8 分离式双容液位过程的传递函数式(5-28)相比,式(5-29)分母一次项系数增加了 T_{12} ,这是由于图 5-10 双容液位过程的第二个水箱液位,对第一个水箱的流出量 Q_2 有影响的结果。而图 5-8 分离式双容液位过程第二个水箱液位 h_2 对第一个水箱的流出量 Q_2 则没有影响。

图 5-10 串联式双容液位过程的阶跃响应仍是单调上升曲线,与图 5-8 双容过程的阶跃响应曲线类似。

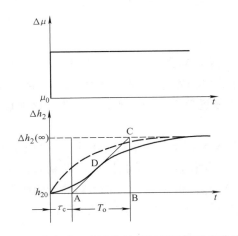

图 5-9　分离式双容液位控制过程阶跃响应曲线

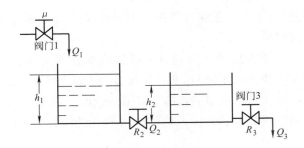

图 5-10　串联双容液位过程

5.3.3.2　容量滞后与纯滞后

1. 容量滞后

双容过程阶跃响应曲线如图 5-9 中的实线所示,是 S 形曲线,在起始阶段与单容过程的阶跃响应曲线(图 5-9 中的虚线,为指数曲线)有很大差别。这是由于在阀门 1 开度变化 $\Delta\mu$ 出现的瞬间,液位 h_1 有一定的变化速度,但其变化量仍为零,而 ΔQ_2 暂无变化[$\Delta Q_2(0)=0$],导致 h_2 的起始变化速度也为零[$\Delta h_2(0)=0$],经过一段延迟时间之后, h_2 的变化速度才达

到最大值。多容过程对于扰动的响应在时间上的这种延迟被称为容量滞后，常用 τ_c 表示。τ_c 的值可用作图法近似求出。具体方法是在图 5-9 中，通过响应曲线 $\Delta h_2(t)$ 的拐点 D 作切线，与时间轴交于 A，与 $\Delta h_2(t)$ 的稳态值 $\Delta h_2(\infty)$ 相交于 C，C 点在时间轴上的投影为 B，OA 即为容量滞后时间 τ_c 的值；将 AB 记为 T_0，可作为被控过程的时间常数。

有时为了简化双容过程的数学模型式（5-28），用有时延的单容过程来近似双容过程，这时双容过程的近似传递函数可写为

$$\frac{H_2(s)}{\mu(s)} = \frac{K_0}{T_0 s + 1} e^{-\tau_c s} \tag{5-30}$$

式中，$K_0 = \dfrac{\Delta h(\infty)}{\Delta \mu}$；$T_0$、$\tau_c$ 如图 5-9 所示。

被控过程的容量系数 C 越大，τ_c 越大；容量个数越多（阶数 n 越高），也会使 τ_c 增大，阶跃响应曲线上升过程越慢。图 5-11 所示为 n 取不同值时多容过程（$n = 1 \sim 5$）的阶跃响应曲线。

实际被控过程容量的数目可以很多，每个容量的大小也不相同，但多容过程的阶跃响应曲线与图 5-11 基本相似，其动态特性（传递函数）都可以用参数为 K_0、

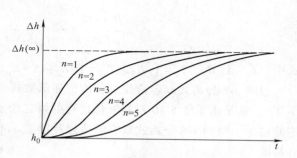

图 5-11　多容过程阶跃响应曲线

T_0、τ_c 的一阶惯性+滞后环节 $\dfrac{K_0}{T_0 s + 1} e^{-\tau_c s}$ 近似描述。

2. 纯滞后

除了前面讨论的容量滞后之外，在生产过程中还经常遇到由（物料、能量、信号）传输延迟引起的纯滞后 τ_0。例如皮带运输机、输送管道的传输距离引起的物料、能量输送（时间）延迟滞后就是纯滞后。由于纯滞后 τ_0 大都是由传输延迟产生的，所以也称为传输滞后或纯时延。

图 5-12 所示为具有纯滞后的单容液位过程，与图 5-1 所示的单容液位控制过程相比，除了流入的流量 Q_1 要经过长度为 l 的水槽延迟之外，其余部分完全相同，假设从阀门 1 开度变化到流入储液箱的流量 Q_1 变化之间的时间延迟为 τ_0。仿照 5.3.2 中单容储液箱液位控制过程的建模方法，对图 5-12 存在纯滞后的液位控制过程可写出下列增量方程组：

$$A \frac{\mathrm{d}\Delta h}{\mathrm{d}t} = (\Delta Q_1 - \Delta Q_2)$$

$$\Delta Q_1 = K_\mu \Delta \mu u(t - \tau_0)$$

$$\Delta Q_2 = \frac{\Delta h}{R_2}$$

式中，$u(t)$ 为单位阶跃函数。消去中间变量 ΔQ_1、ΔQ_2，并令 $T = AR_2$、$K = K_\mu R_2$，可得

$$T \frac{\mathrm{d}\Delta h}{\mathrm{d}t} + \Delta h = K \Delta \mu u(t - \tau_0)$$

　　取拉普拉斯变换并整理可得阀门 1 的开度变化 $\Delta\mu$ 与储液箱液位变化 Δh 之间的传递函数

$$\frac{H(s)}{\mu(s)} = \frac{K}{Ts+1}e^{-\tau_0 s} \tag{5-31}$$

式中，$H(s) = \mathscr{L}\{\Delta h(t)\}$，$\mu(s) = \mathscr{L}\{\Delta\mu(t)\}$。

　　图 5-12 所示液位过程对 $\Delta\mu$ 阶跃变化的响应曲线如图 5-13 所示。与图 5-2 相比，具有纯滞后液位过程的阶跃响应在时间上有一个 τ_0 时间的纯滞后。

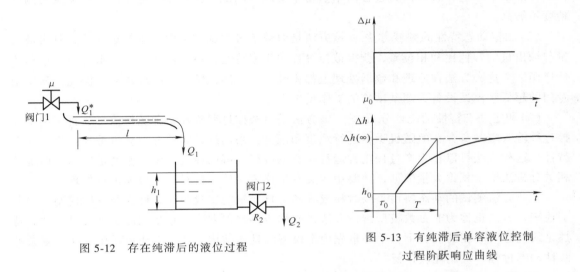

图 5-12　存在纯滞后的液位过程

图 5-13　有纯滞后单容液位控制
过程阶跃响应曲线

　　对于既有纯滞后 τ_c，又有容量滞后 τ_0 的被控过程，它的总滞后 τ 应包含这两部分，即：$\tau = \tau_c + \tau_0$。

　　不论是纯滞后还是容量滞后，都对控制系统的品质产生非常不利的影响。由于滞后的存在，往往会导致扰动作用不能及早察觉，控制作用不能及时发挥，导致控制效果不好、振荡加剧，甚至无法控制。

5.4　测试法建模

　　前一节讨论的机理法建模，主要是通过分析过程的工作机理、物料或能量平衡关系，求得被控过程的微分方程式与传递函数。许多工业过程内部的作用过程复杂，按机理建立被控过程的微分方程非常困难。即使可以用机理法建模，在推导时，也要进行一些假设和近似，与实际情况势必有一些差距，使所建模型的精度受到影响；用机理法得到数学模型，仍然希望通过实验来进行验证和改进。尤其当实际被控过程比较复杂，无法用机理分析得到可用的数学模型时，就只有依靠实验测试方法来获得。

　　实验测试法建模是根据工业过程输入、输出的实测数据进行适当数学处理后得到数学模型。其主要特点是把被研究的工业过程视为一个黑匣子，完全用外部特性测试求取它的动态特性。由于系统内部运动状态不得而知，故称为"黑箱模型"。

与机理法相比，测试法建模的主要特点是不需要深入了解被控过程机理，但必须预先设计一个合理的测试方案，通过试验数据以获得尽可能多的信息量，对于那些复杂的工业过程，测试方案设计尤为重要。

为了获得动态特性信息，必须使被控过程处于被激励状态。根据加入的激励信号和数据的分析方法不同，测试被控过程动态特性的实验方法也不同，主要有以下几种。

（1）测定动态特性的时域方法　该方法是对被控过程施加阶跃输入，测出被控过程的阶跃响应曲线，或施加方波脉冲输入，测出过程的方波脉冲响应曲线，由响应曲线求出被控过程的传递函数。这种方法测试过程简单、易于实现，测试工作量小，应用广泛；缺点是测试精度不够高。

（2）测定动态特性的频域方法　该方法是对被控过程施加不同频率的正弦波，测出输入量与输出量的幅值比和相位差，获得被控过程的频率特性，最后由频率特性求得被控过程的传递函数。这种方法在原理和数据处理上都比较简单，测试精度比时域法高，但此法需要用专门的超低频测试设备，测试试验的工作量较大。

（3）测定动态特性的统计分析法　该方法是对被控过程施加某种随机信号或直接利用被控过程输入端本身存在的随机噪声进行观察和记录，采用统计相关分析获得被控过程的动态特性。这种方法可以在生产过程正常运行状态下进行，可以在线辨识，精度也较高。但统计相关分析法要求积累大量数据，并要用相关专用仪表或计算机对这些数据进行处理。

上述方法测试的动态特性是以时间或频率为自变量的实验曲线，称为非参数模型。因此上述三种方法也称为非参数模型辨识方法，或称经典辨识方法。它是在假定被控过程动态特性是线性且时不变的前提下，不必事先确定模型的具体结构。这类方法可适用于任意复杂的线性动态过程，应用比较广泛。

此外还有一些参数模型辨识方法，称为现代辨识方法。现代辨识方法必须为被辨识过程假定一种模型结构，通过极小化模型与被控过程之间的误差准则函数来确定模型的参数。这类辨识方法又可分为最小二乘法、梯度校正法、极大似然法等。本书仅对最小二乘法进行简单介绍。

5.4.1　阶跃响应曲线法建模

阶跃响应曲线法，使处于开环、稳态的被控过程输入量做阶跃变化，测得被控过程输出变量的阶跃响应曲线，然后再根据阶跃响应曲线，求出被控过程输入与输出之间的动态数学关系——传递函数。

5.4.1.1　阶跃响应曲线的测定

1. 阶跃响应曲线的直接测定

直接测定阶跃响应曲线的原理很简单，即在被控过程处于开环、稳态时，通过手动或遥控装置使被控过程的输入量（一般是调节阀开度或流量）做阶跃变化；用记录仪或数据采集系统记录被控过程输出的变化曲线，直至被控过程进入新的稳态，所得到的记录曲线就是被控过程的阶跃响应曲线。

现场试验往往会遇到许多问题，例如，不能因测试使正常生产受到严重干扰，还要尽量地减少其他随机扰动的影响以及避免系统中的非线性因素等。为了得到可靠的测试结果，应注意以下事项：

（1）合理地选择阶跃输入信号的幅度　过小的阶跃输入幅度可能使过程阶跃响应信号被其他干扰淹没而难以识别，而过大的扰动幅度则会使正常生产过程受到严重干扰甚至危及生产安全。一般阶跃扰动量取为被控过程正常输入信号的 5%~15%。

（2）试验时被控过程应处于相对稳定的工况　试验期间应设法避免出现其他偶然性的扰动。避免其他扰动引起的动态变化与试验时的阶跃响应混淆在一起，影响辨识结果。

（3）要仔细记录阶跃曲线的起始部分　这一部分数据准确性对确定被控过程动态特性参数的影响很大，要准确记录。对有自衡能力的被控过程，试验过程应在输出信号达到新的稳定值时结束；对无自平衡能力的被控过程，则应在输出信号变化速度不再改变时结束。

（4）多次测试，消除非线性　考虑到被控过程的非线性，应选取不同负荷，在不同设定值下进行多次测试。即使在同一负荷和同一设定值下，也要在正向和反向扰动下重复测试，以求全面掌握被控过程的动态特性。完成一次试验测试后，应使被控过程恢复到原来的工况并稳定一段时间，再作第二次试验测试。

2. 矩形脉冲法测定被控过程的阶跃响应曲线

阶跃响应曲线直接测定法简单易行，但当扰动输入信号幅度较大、存在时间较长时，被控参数变化幅度可能超出允许范围而影响生产过程的正常进行，可能造成产品产量与质量下降，甚至引发安全事故。为了能够施加比较大的扰动幅度而又不至于严重干扰生产，可用矩形脉冲输入代替阶跃输入，测出被控过程的矩形脉冲响应曲线，再根据矩形脉冲响应曲线求出对应的阶跃响应曲线，具体方法如下。

图 5-14a 所示的矩形脉冲输入信号 $x(t)$ 可以看作是幅值为 ΔX 的两个阶跃信号 $x_1(t)$ 和 $x_2(t)$ 的叠加，一个是在时刻 $t=0$ 时输入被控过程的正阶跃信号 $x_1(t)$，另一个是在 $t=\Delta t$ 时输入被控过程的负阶跃信号 $x_2(t)=-x_1(t-\Delta t)$，即

$$x(t)=x_1(t)+x_2(t)=x_1(t)-x_1(t-\Delta t) \tag{5-32}$$

如果被控过程是线性的，则其矩形脉冲 $x(t)$ 的响应 $y(t)$ 是阶跃输入 $x_1(t)$ 和 $x_2(t)=-x_1(t-\Delta t)$ 的响应 $y_1(t)$ 和 $y_2(t)=-y_1(t-\Delta t)$ 的叠加，即

$$y(t)=y_1(t)+y_2(t)=y_1(t)-y_1(t-\Delta t) \tag{5-33}$$

由式（5-33）可知其阶跃响应为

$$y_1(t)=y(t)+y_1(t-\Delta t) \tag{5-34}$$

利用式（5-34）和矩形脉冲 $x(t)$ 的响应 $y(t)$，可通过滚动迭代运算求得其阶跃响应 $y_1(t)$；也可以用作图法从测得的矩形脉冲响应曲线 $y(t)$ 作出阶跃响应曲线 $y_1(t)$。在 $0\sim\Delta t$ 这一段时间范围内，阶跃响应曲线与矩形脉冲响应曲线重合；Δt 以后的阶跃响应曲线为该段的矩形脉冲响应 $y(t)$ 加上其 Δt 时段之前的阶跃响应曲线值 $y_1(t-\Delta t)$。作图时，先把时间轴分成间隔为 Δt 的等分时段，在第一时段（$0<t<\Delta t$），$y_1(t-\Delta t)=0$，故 $y_1(t)=y(t)$；Δt 之后每一时段的 $y_1(t)$，则是该段中的 $y(t)$ 与相邻前一段的阶跃响应 $y_1(t-\Delta t)$ 之和。这样依次类推，就可以由矩形脉冲响应（曲线）$y(t)$ 求得完整的阶跃响应（曲线）$y_1(t)$，图 5-14c 是通过作图法得到自衡过程阶跃响应曲线的方法，通过作图法得到非自衡过程阶跃响应曲线的方法与自衡过程的方法相同（如图 5-14d 所示）。

5.4.1.2　由阶跃响应曲线确定被控过程传递函数

对过程控制系统进行分析、设计或参数整定时，仅有被控过程的阶跃响应曲线是不够的，一般都要用到被控过程的传递函数，因此，还需要通过阶跃响应曲线，求出被控过程的

传递函数。

由阶跃响应曲线求出传递函数，首先要根据被控过程阶跃响应曲线的形状，选定过程（模型）传递函数的形式，然后再确定具体参数。在工业生产中，大多数过程的过渡过程都是有自衡能力的非振荡过程，其传递函数可以用一阶惯性环节加滞后、二阶惯性环节加滞后或 n 阶惯性环节加滞后几种形式来近似

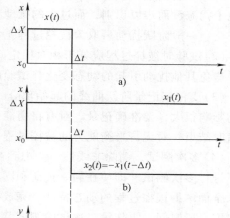

$$G(s) = \frac{K}{Ts+1}e^{-\tau s} \qquad (5\text{-}35)$$

$$G(s) = \frac{K}{(T_1s+1)(T_2s+1)}e^{-\tau s} \qquad (5\text{-}36)$$

$$G(s) = \frac{K}{(Ts+1)^n}e^{-\tau s} \qquad (5\text{-}37)$$

对于无自平衡能力的被控过程，可以选用以下传递函数近似：

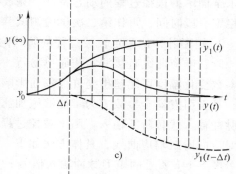

$$G(s) = \frac{1}{Ts}e^{-\tau s} \qquad (5\text{-}38)$$

$$G(s) = \frac{1}{T_1s(T_2s+1)}e^{-\tau s} \qquad (5\text{-}39)$$

$$G(s) = \frac{1}{T_1s(T_2s+1)^n}e^{-\tau s} \qquad (5\text{-}40)$$

对于具体的控制对象，传递函数形式的选用一般从以下两方面考虑：

1）根据被控过程的先验知识选用合适的传递函数形式。

2）根据建立数学模型的目的及对模型的准确性要求，选用合适的传递函数形式。

在满足精度要求的情况下，尽量选用低阶传递函数的形式，实际工作中，大量的工业过程都采用一、二阶传递函数的形式。

确定了传递函数形式之后，只要能由阶跃响

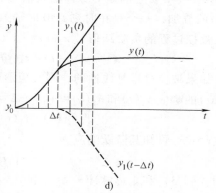

图 5-14　矩形脉冲输入 $x(t)$ 与矩形脉冲
响应曲线 $y(t)$，阶跃响应曲线 $y_1(t)$
a）脉冲输入　b）脉冲输入的分解
c）自衡过程　d）非自衡过程

应曲线求得被控过程动态特性的特征参数（即放大系数 K、时间常数 T_i、迟延时间 τ 等），被控过程的数学模型（传递函数）就可确定。实际生产过程的阶跃响应曲线呈现 S 形单调曲线是最常见的，下面就被控过程的阶跃响应为 S 形单调曲线的情况，给出几个确定传递函数参数的方法。

1. 由阶跃响应曲线确定一阶惯性加滞后环节的特性参数

若被控过程的阶跃响应是一条如图 5-15 所示的 S 形单调曲线，可以选用式（5-35）有纯

滞后的一阶惯性环节作为该过程的传递函数。

阶跃响应曲线的稳态幅值 $y(\infty)$ 与阶跃输入的幅值 ΔX 之比即为被控过程的静态放大系数

$$K = \frac{y(\infty)}{\Delta X} \tag{5-41}$$

确定被控过程时间常数 T 与滞后时间 τ 的常用方法有作图法和(两点)计算法。

(1)确定被控过程时间 T 与滞后时间 τ 的作图法　在图 5-15 中阶跃响应曲线变化速度最快的拐点(D 点)处作一条切线,该切线与时间轴交于 A 点,与 $y(t)$ 的稳态值 $y(\infty)$ 交于 C 点,C 点在时间轴上的投影为 B 点,AB 即为被控过程的时间常数 T,OA 即为被控过程的滞后时间 τ。

由于阶跃响应曲线的拐点不易找准,切线的方向也有较大的随意性,因此通过作图求得的 T、τ 值因人而异,误差较大。

(2)确定被控过程时间 T 与滞后时间 τ 的计算法　计算法是利用阶跃响应 $y(t)$ 上两个点的数据计算 T 和 τ。为了计算方便,首先将 $y(t)$ 转换成无量纲形式 $y^*(t)$(如图 5-16 所示),即

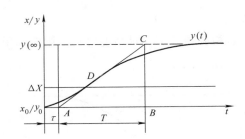

图 5-15　由阶跃响应曲线作图确定一阶滞后环节的 T、τ

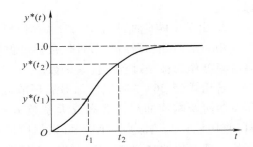

图 5-16　两点计算法确定一阶滞后环节的 T、τ

$$y^*(t) = \frac{y(t)}{K\Delta X} = \frac{y(t)}{y(\infty)} \tag{5-42}$$

与式(5-35)相对应的阶跃响应无量纲形式为

$$y^*(t) = \begin{cases} 0 & t < \tau \\ 1 - e^{-\frac{t-\tau}{T}} & t \geq \tau \end{cases} \tag{5-43}$$

式(5-43)中只有两个参数即 T 和 τ。为了确定 T 和 τ,在图 5-16 选取两个不同时刻 t_1 和 t_2,以及对应的 $y^*(t_1)$ 和 $y^*(t_2)$,其中 $t_2 > t_1 > \tau$,代入式(5-43)得

$$\left. \begin{aligned} y^*(t_1) &= 1 - e^{-\frac{t_1-\tau}{T}} \\ y^*(t_2) &= 1 - e^{-\frac{t_2-\tau}{T}} \end{aligned} \right\} \tag{5-44}$$

由式(5-43)可解出

$$T = \frac{t_2 - t_1}{\ln\left[1 - y^*(t_1)\right] - \ln\left[1 - y^*(t_2)\right]} \tag{5-45}$$

$$\tau = \frac{t_2 \ln\left[1 - y^*(t_1)\right] - t_1 \ln\left[1 - y^*(t_2)\right]}{\ln\left[1 - y^*(t_1)\right] - \ln\left[1 - y^*(t_2)\right]} \tag{5-46}$$

为了计算方便，选 $y^*(t_1) = 1 - e^{1/2} = 0.394$、$y^*(t_2) = 1 - e^{-1} = 0.632$，代入式(5-46)可得

$$\left.\begin{array}{l} T = 2(t_2 - t_1) \\ \tau = 2t_1 - t_2 \end{array}\right\} \tag{5-47}$$

计算出 T、τ 后，还应用式(5-43)的计算结果与实测曲线进行比较，以检验所得模型的准确性。t_3、t_4、t_5 时刻的计算结果如下：

$$t_3 < \tau, \qquad\qquad y^*(t_3) = 0$$

$$t_4 = 0.8T + \tau, \qquad y^*(t_4) = 0.55$$

$$t_5 = 2T + \tau, \qquad\quad y^*(t_5) = 0.865$$

若计算结果与实测值的差距可以接受，表明所求得的一阶惯性加滞后环节的传递函数满足要求。否则，表明用一阶惯性加滞后环节近似被控过程的传递函数不合适，应选用高阶传递函数。

2. 由阶跃响应曲线确定二阶及高阶模型特性参数 K、τ、T_1、T_2

用一阶惯性加滞后环节近似被控过程传递函数，若检验结果不满足精度要求，则应选用高阶模型作为被控过程的传递函数。

若用式(5-36)二阶惯性加滞后环节近似图5-15所示的阶跃响应曲线，静态放大系数 K 仍用式(5-41)直接计算。纯滞后时间 τ 可根据阶跃响应曲线开始出现变化的时刻来确定，如图5-17所示；然后在时间轴上截去纯滞后 τ，化为无量纲形式的阶跃响应 $y^*(t)$。

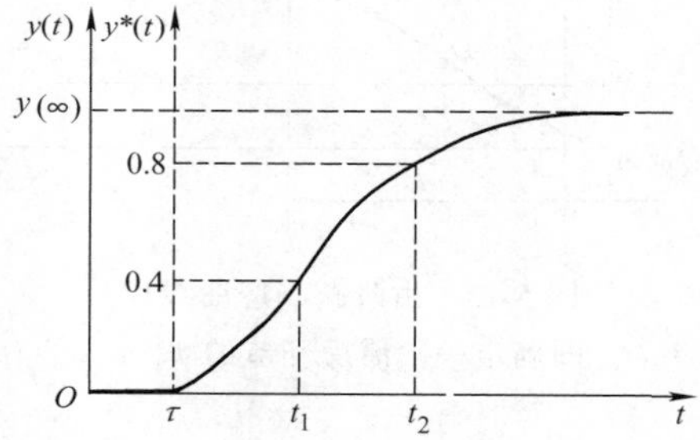

式(5-36)截去纯滞后并化为无量纲形式后，可用下式表示：

图 5-17 根据阶跃响应确定二阶
滞后环节时间常数 T_1、T_2

$$G(s) = \frac{1}{(T_1 s + 1)(T_2 s + 1)} \quad (T_1 > T_2)$$

与上式对应的单位阶跃响应为

$$y^*(t) = 1 - \frac{T_1}{T_1 - T_2} e^{-\frac{t}{T_1}} + \frac{T_2}{T_1 - T_2} e^{-\frac{t}{T_2}}$$

或

$$1 - y^*(t) = \frac{T_1}{T_1 - T_2} e^{-\frac{t}{T_1}} - \frac{T_2}{T_1 - T_2} e^{-\frac{t}{T_2}} \tag{5-48}$$

根据式(5-48)，可以利用阶跃响应曲线上两个点的数据 $[t_1, y^*(t_1)]$、$[t_2, y^*(t_2)]$ 确定 T_1 和 T_2。一般可选取 $y^*(t_1) = 0.4$、$y^*(t_2) = 0.8$ 两点，再从曲线上确定对应的 t_1 和 t_2，如图5-16所示，即可得到方程组

$$\left.\begin{array}{r}
\dfrac{T_1}{T_1-T_2}\mathrm{e}^{-\frac{t_1}{T_1}}-\dfrac{T_2}{T_1-T_2}\mathrm{e}^{-\frac{t_1}{T_2}}=0.6 \\[4mm]
\dfrac{T_1}{T_1-T_2}\mathrm{e}^{-\frac{t_2}{T_1}}-\dfrac{T_2}{T_1-T_2}\mathrm{e}^{-\frac{t_2}{T_2}}=0.2
\end{array}\right\} \qquad (5\text{-}49)$$

从式(5-49)可以求出近似解

$$\left.\begin{array}{r}
T_1+T_2 \approx \dfrac{1}{2.16}(t_1+t_2) \\[4mm]
\dfrac{T_1 T_2}{(T_1+T_2)^2} \approx 1.74\dfrac{t_1}{t_2}-0.55
\end{array}\right\} \qquad (5\text{-}50)$$

当 $0.32 < t_1/t_2 < 0.46$ 时，被控过程 $y^*(t)$ 可近似为二阶惯性环节，时间常数 T_1 和 T_2 可由式(5-49)或式(5-50)求出。

当 $t_1/t_2 \leqslant 0.32$ 时，被控过程数学模型可近似为一阶惯性环节，时间常数为

$$T_1 = \frac{t_1+t_2}{2.12}, \qquad T_2 = 0$$

当 $t_1/t_2 = 0.46$ 时，被控过程数学模型可近似为

$$G(s) = \frac{K}{(Ts+1)^2}$$

时间常数为

$$T_1 = T_2 = T = \frac{t_1+t_2}{2\times2.18}$$

当 $t_1/t_2 > 0.46$ 时，被控过程数学模型应用高于二阶的环节近似，即

$$G(s) = \frac{K}{(Ts+1)^n}$$

时间常数为

$$T \approx \frac{t_1+t_2}{2.16n}$$

式中的 n 可根据 t_1/t_2，由表 5-1 查出。

表 5-1 高阶被控过程数学模型的阶数 n 与 t_1/t_2 的关系

n	1	2	3	4	5	6	8	10	12	14
t_1/t_2	0.32	0.46	0.53	0.58	0.62	0.65	0.685	0.71	0.735	0.75

3. 由阶跃响应曲线确定无自衡被控过程数学模型的参数

无自衡被控过程的阶跃响应随时间 $t \to \infty$ 将无限增大，但其变化速度会逐渐趋于一个常数，其阶跃响应曲线如图 5-18 所示。无自衡被控过程的传递函数可选用式(5-38)、

式(5-39)或式(5-40)近似表示。

若用式(5-38)近似图 5-18 的阶跃响应曲线，为了从响应曲线确定时间常数 T，作阶跃响应曲线的渐近线(稳态部分的切线)与时间轴交于 t_2，与时间轴的夹角为 θ，如图 5-18 所示。可得

$$\tau = t_2, \quad y'(\infty) = \tan\theta = \frac{y(t)}{t - \tau}, \quad t > \tau$$

则有

$$T = \frac{x_0}{\tan\theta}$$

式中，x_0 是阶跃输入的幅值。这样就得到了被控过程的传递函数

$$G(s) = \frac{1}{Ts} e^{-\tau s}$$

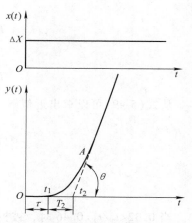

图 5-18　无自衡过程的阶跃响应曲线

用式(5-38)近似图 5-18 的阶跃响应曲线方法简单，但在 t_1 到 A 这一段误差较大。若要求这一部分也较准确，可采用式(5-39)来近似被控过程的传递函数。

从图 5-18 可看出，在 $O \sim t_1$ 之间 $y(t) = 0$，可取纯滞后 $\tau = t_1$。在阶跃响应达到稳态后，主要是积分作用为主，则有

$$T_1 = \frac{x_0}{\tan\theta}$$

在 $t_1 \sim A$ 时间段，惯性环节起主要作用，可取 $T_2 = t_2 - t_1$，则被控过程的传递函数为

$$G(s) = \frac{1}{T_1 s(T_2 s + 1)} e^{-\tau s}$$

为了检验其准确性，设阶跃输入为 $x(t) = x_0 u(t)$，则 $X(s) = \dfrac{x_0}{s}$，由上式可得

$$Y(s) = G(s)X(s) = \frac{x_0}{T_1 s^2 (T_2 s + 1)} e^{-\tau s}$$

$$y(t) = \frac{x_0}{T_1} \left[(t - \tau) - T_2 (1 - e^{-\frac{t-\tau}{T_2}}) \right] u(t - \tau) = \tan\theta \left[(t - \tau) - T_2 (1 - e^{-\frac{t-\tau}{T_2}}) \right] u(t - \tau)$$

在 $t = 0 \sim t_1$ 之间，$y(t) = 0$；当 $t \to \infty$ 时，$y(t) \to \tan\theta(t - \tau - T_2) = \tan\theta(t - t_1 - t_2 + t_1) = \tan\theta(t - t_2) = \dfrac{x_0}{T_1}(t - t_2)$。

在 $t = t_2$ 时

$$y(t_2) = \frac{x_0}{T_1} \left[(t_2 - \tau) - T_2 (1 - e^{-\frac{t_2 - \tau}{T_2}}) \right] = \frac{x_0}{T_1} \left[T_2 - T_2 (1 - e^{-1}) \right]$$

$$= \frac{x_0 T_2}{T_1} e^{-1} = 0.368 T_2 \tan\theta = 0.368 (t_2 - t_1) \tan\theta$$

显然要比用式(5-38)的结果更精确一些。如果对 $t_1 \sim A$ 时间段有更高的精度要求，则可选式(5-40)的高阶环节作为被控过程的传递函数。

5.4.2　测定动态特性的频域法

被控过程的动态特性也可用频率特性 $G(j\omega) = \dfrac{y(j\omega)}{x(j\omega)} = |G(j\omega)| \underline{/G(j\omega)}$ 来表示，它用频域特性表征了系统的动态运动规律。

用频率特性测试法可得到被控过程的频率特性曲线。其测试原理如图 5-19 所示，在被测过程的输入端加入特定频率的正弦信号，同时记录输入和输出的稳定波形（幅度与相位），在所选定范围的各个频率重复上述测试，便可测得该被控过程的频率特性。

图 5-19　过程频率特性测试原理图

用正弦输入信号测定频率特性的优点是能直接从记录曲线上求得频率特性。稳态正弦激励实验利用线性系统频率保持性，即在单一频率输入时，系统的输出也是单一频率，而把系统的噪声干扰及非线性因素引起输出畸变的谐波分量都看作干扰，在实验过程中容易发现干扰的存在和影响。实验测量装置应能滤出与激励频率一致的正弦信号，显示其响应幅值与相对于激励信号的相移，或者给出其同相分量及正交分量。通过测出被测过程通频带内抽样频点的幅、相值，就可画出 Nyquist 图或 Bode 图，进而获得被控过程的传递函数。

在频率特性测试中，幅频特性较易测得，而相角信息的精确测量比较困难。因为要保证测量滤波装置对不同频率不造成相移、或有恒定的相移，则比较困难。

在实际测试中，输出信号常混有大量的噪声，严重时甚至会将有用信号淹没，这就要求采取有效的滤波手段，在噪声背景下提取有用信号，基于相关原理设计的频率特性测试装置在这方面具有明显的优势。其工作原理是对激励输入信号进行波形变换，得到幅值恒定的正余弦参考信号，将参考信号与被测信号进行相关处理（即相乘和平均），所得常值（直流）部分保存了被测信号基波的幅值和相位信息。基于相关原理的频率特性测试装置组成原理如图5-20 所示。

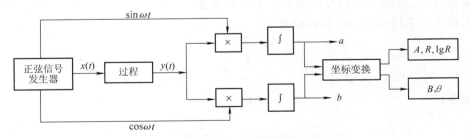

图 5-20　频率特性相关测试原理图

图中函数信号发生器产生正弦激励信号 $x(t)$，送到被测过程输入端。信号发生器还产生幅值恒定的正弦、余弦参考信号，分别送到两个乘法器，与被测过程的输出信号 $y(t)$ 相乘后，通过积分器得到两路直流信号：同相分量 a 与正交分量 b。

图中其他符号的含义为：A 为被测过程频率响应 $G(j\omega)$ 的同相分量，B 为被测过程频率响应 $G(j\omega)$ 的正交分量，R 为输出的基波幅值，θ 为被测过程输出与输入信号的相位差，$\lg R$ 为被测过程输出基波幅值的对数值。相关测试原理的数学表述如下。

被测过程在输入信号 $x(t) = R_1 \sin\omega t$ 的激励下，其理想输出为

$$y_\omega(t) = R\sin(\omega t + \theta) = a\sin\omega t + b\cos\omega t$$

$$a = R\cos\theta, \quad b = R\sin\theta;$$

式中，R_1、R 分别为被测过程的输入、输出信号的幅值；a 为被测过程输出信号的同相分量；b 为被测过程输出信号的正交分量；θ 为输出信号相对于输入信号的相移（相位差）。

考虑到直流干扰及高频干扰的存在，实际输出可表示为

$$y(t) = \frac{a_0}{2} + a\sin\omega t + b\cos\omega t + \sum_{k=2}^{\infty} (a_k \sin k\omega t + b_k \cos k\omega t) + n(t)$$

式中，$a\sin\omega t$、$b\cos\omega t$ 为基波分量；$a_0/2$ 为直流干扰；$a_k \sin k\omega t$、$b_k \cos k\omega t (k \geqslant 2)$ 为高次谐波干扰分量；$n(t)$ 为随机（噪声）干扰。

对输出信号 $y(t)$ 分别与 $\sin\omega t$ 及 $\cos\omega t$ 进行相关运算

$$\frac{2}{NT}\int_0^{NT} y(t)\sin\omega t\mathrm{d}t = \frac{2}{NT}\int_0^{NT} \frac{a_0}{2}\sin\omega t\mathrm{d}t + \frac{2}{NT}\int_0^{NT} (a\sin\omega t + b\cos\omega t)\sin\omega t\mathrm{d}t$$

$$+ \frac{2}{NT}\int_0^{NT} \sum_{k=2}^{\infty} (a_k \sin k\omega t + b_k \cos k\omega t)\sin\omega t\mathrm{d}t + \frac{2}{NT}\int_0^{NT} n(t)\sin\omega t\mathrm{d}t$$

$$= a + \frac{2}{NT}\int_0^{NT} n(t)\sin\omega t\mathrm{d}t \approx a$$

当 N 足够大时，上式中的 $\frac{2}{NT}\int_0^{NT} n(t)\sin\omega t\mathrm{d}t \approx 0$。

同理可得

$$\frac{2}{NT}\int_0^{NT} y(t)\cos\omega t\mathrm{d}t = b + \frac{2}{NT}\int_0^{NT} n(t)\cos\omega t\mathrm{d}t \approx b$$

上面各式中，T 为正弦信号的周期；N 为正整数。

被测过程频率特性 $G(j\omega)$ 的同相分量

$$A = \frac{a}{R}$$

正交分量

$$B = \frac{b}{R}$$

幅值

$$|G(j\omega)| = \sqrt{A^2 + B^2}$$

相角

$$\angle G(j\omega) = \arctan\frac{b}{a}$$

然后将$|G(\mathrm{j}\omega)|$、$\angle G(\mathrm{j}\omega)$以极坐标或对数坐标的形式表示出来，就可得到被测过程的Nyquist图或Bode图，进而获得被控过程的传递函数。频率测试法的优点是简单、方便、精度较高。

对于惯性比较大的生产过程，要测定其频率特性需要持续很长的时间。一般实际生产现场不允许生产过程较长时间偏离正常运行状态，使被控过程特性频率测试法在线测试的运用受到一定的限制。

5.4.3　测定动态特性的统计分析法

统计分析法是建立被控过程数学模型的方法之一，该方法可在正常运行的生产过程中使用。相关分析法可以在生产正常进行的基础上，向被控过程输入一种对正常生产过程影响不大的特殊信号——伪随机测试信号，通过对被控过程的输入、输出数据进行相关分析得到被控过程的数学模型；有时也可以不加专门信号，直接利用生产过程正常运行时所记录的输入、输出数据，进行相关分析得到被控过程数学模型。统计相关分析法的抗干扰性较强，在获得同样信息量的情况下，对系统正常运行的干扰程度比其他方法低。相关分析法需要计算处理大量数据，由于计算机的广泛使用，数据处理已非难事，控制系统中在线工作的计算机可以进行模型的在线辨识，实现控制系统参数的自整定。由于其所具备的优点，使得统计相关分析法的应用日益广泛。

相关分析法的基本思路：向被控过程输入伪随机信号$x(t)$，测量输出信号$y(t)$，计算出输入信号的自相关函数$R_{xx}(\tau)$、输入信号与输出信号的互相关函数$R_{xy}(\tau)$，通过$R_{xx}(\tau)$、$R_{xy}(\tau)$求出被控过程的冲激响应$g(t)$，再求出传递函数$G(s)$。

在讨论相关分析法辨识线性系统的原理之前，首先回顾一下随机过程的基础知识。

5.4.3.1　平稳随机过程、相关函数及功率谱密度

1. 随机信号与随机过程

在图5-21中，$x_1(t)$是随时间随机变化的信号，称为随机信号。同样，$x_2(t)$，…，$x_n(t)$都是随机信号，用$X(t)$表示这一信号簇$x_1(t)$，$x_2(t)$，…，$x_n(t)$。$X(t)$不仅随不同的观测曲线有所不同，还会随时间变化。在某时间点$t = T_1$，$X(T_1)$是一组随机变量$x_1(T_1)$，$x_2(T_1)$，…，$x_n(T_1)$，如图5-21所示，将$X(t)$称为随机函数或随机过程，把$x_i(t)$称为随机过程的一个实现。

2. 随机过程的统计规律、平稳随机过程

随机过程一般只能用统计描述方法来刻画它的数学特征。若有K个随机信号实现，K又足够大，就可以用随机信号在$t = T_1$时刻的总体平均值和总体均方值来描述随机过程的统计规律，即

$$\overline{x}(T_1) = \frac{1}{K}\sum_{i=1}^{K} x_i(T_1) \tag{5-51}$$

$$\overline{x^2}(T_1) = \frac{1}{K}\sum_{i=1}^{K} x_i^2(T_1) \tag{5-52}$$

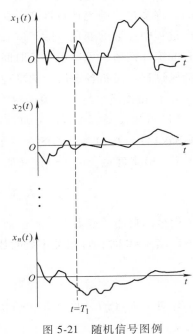

图5-21　随机信号图例

式中，$x_i(T_1)$ 是随机信号在 $t=T_1$ 时刻的数值；$\overline{x}(T_1)$ 和 $\overline{x^2}(T_1)$ 是随机信号的总体平均值和总体均方值，是随机过程统计特性的描述。

3. 各态历经的平稳随机过程

如果随机过程的统计特性在各个时刻都不变，即

$$\left.\begin{array}{l} \overline{x}(T_1) = \overline{x}(T_2) = x(T_3) = \cdots\cdots \\ \overline{x^2}(T_1) = \overline{x^2}(T_2) = \overline{x^2}(T_3) = \cdots\cdots \end{array}\right\} \qquad (5\text{-}53)$$

这样的随机过程称为平稳随机过程。

如果平稳随机过程在任一时刻的总体平均值与任意一个随机信号的时间平均值相等，则称其为各态历经的平稳随机过程。用 $\overline{x}(T_i)$ 表示任一时刻的总体平均值，$\overline{x}_i$ 表示任意一个随机信号的时间平均值，对于各态历经的平稳随机过程应有

$$\overline{x}(T_i) = \overline{x}_i = \lim_{T \to \infty} \frac{1}{2T} \int_{-T}^{T} x_i(t)\,\mathrm{d}t \qquad (5\text{-}54)$$

类似地，对于均方值也有

$$\overline{x^2}(T_i) = \overline{x_i^2} = \lim_{T \to \infty} \frac{1}{2T} \int_{-T}^{T} x_i^2(t)\,\mathrm{d}t \qquad (5\text{-}55)$$

对随机过程在相同条件下做足够多（K 足够大）的试验观测，才能得到它的有关统计特性，要做到这一点实际上是不现实的。根据上述性质，如果随机过程是各态历经的平稳随机过程，只需一个时间足够长的试验曲线即可求得它的统计特性，如式（5-54）、式（5-55）所示。这样就可以用一个实现的时间平均值代替多个实现的总体平均值，这为实际应用带来很大便利。

各态历经的平稳随机过程是一种数学抽象，实际的随机过程要真正达到其条件要求是很难的。许多过程的统计特性变化非常慢，可以在足够长的时间内认为是平稳随机过程。许多生产过程中参数的变化，除了装置的起停过程之外，可认为是各态历经的平稳随机过程。对于它的统计性质，可以用一条时间足够长的记录曲线来表征。如果不加特别说明，后面讨论的随机过程均是指各态历经的平稳随机过程。

4. 自相关函数与互相关函数

（1）自相关函数　若信号 $x(t)$ 在 t 时刻的值总是在一定程度上影响 $t+\tau$ 时刻的值 $x(t+\tau)$，则称 $x(t)$ 与 $x(t+\tau)$ 是相关的。一个信号的未来值与现在值之间的依赖关系可用"自相关函数" $R_{xx}(\tau)$ 来度量。$R_{xx}(\tau)$ 定义如下：

$$R_{xx}(\tau) = \lim_{T \to \infty} \frac{1}{2T} \int_{-T}^{T} x(t)x(t+\tau)\,\mathrm{d}t \qquad (5\text{-}56)$$

一个信号的自相关函数有下列性质：

1）当 $\tau = 0$ 时，自相关函数的数值等于该信号的均方值，即

$$R_{xx}(0) = \lim_{T \to \infty} \frac{1}{2T} \int_{-T}^{T} x(t)x(t)\,\mathrm{d}t = \overline{x^2}$$

2）对于 $R_{xx}(\tau)$，总有 $R_{xx}(\tau) \leqslant R_{xx}(0)$，因为任何一个实数的平方总是非负的，所以下式成立：

$$\lim_{T \to \infty} \frac{1}{2T} \int_{-T}^{T} [x(t) - x(t + \tau)]^2 \mathrm{d}t \geq 0$$

上式展开可得

$$\lim_{T \to \infty} \frac{1}{2T} \left[\int_{-T}^{T} x^2(t) \mathrm{d}t + \int_{-T}^{T} x^2(t + \tau) \mathrm{d}t - 2\int_{-T}^{T} x(t)(t + \tau) \mathrm{d}t \right] \geq 0$$

即有

$$R_{xx}(0) + R_{xx}(0) \geq 2R_{xx}(\tau), \ \text{或} \ R_{xx}(0) \geq R_{xx}(\tau)$$

3）$R_{xx}(\tau)$ 是 τ 的偶函数，即 $R_{xx}(\tau) = R_{xx}(-\tau)$。关于这一点，从式（5-56）可看出

$$R_{xx}(\tau) = \lim_{T \to \infty} \frac{1}{2T} \int_{-T}^{T} x(t)x(t + \tau) \mathrm{d}t \xlongequal{t = \mu - \tau} \lim_{T \to \infty} \frac{1}{2T} \int_{-T+\tau}^{T+\tau} x(\mu - \tau)x(\mu) \mathrm{d}\mu = R_{xx}(-\tau)$$

（2）互相关函数　除了同一信号的相互关系外，有时一个信号 $x(t)$ 在 t 时刻的值对另一个信号 $y(t)$ 在 $t+\tau$ 时刻的值 $y(t+\tau)$ 也会有所影响，这时可以说 $x(t)$ 与 $y(t+\tau)$ 之间是有关系的，称之为相关的。其中 τ 是时间间隔，其相关性的度量可用两个信号互相关函数 $R_{xy}(\tau)$ 来表示。互相关函数 $R_{xy}(\tau)$ 的定义如下：

$$R_{xy}(\tau) = \lim_{T \to \infty} \frac{1}{2T} \int_{-T}^{T} x(t)y(t + \tau) \mathrm{d}t \tag{5-57}$$

显然，若 $y(t) = x(t)$，互相关函数就变成自相关函数了。

自相关函数的三个性质，对于互相关函数不一定成立：

1）一般而言，互相关函数 $R_{xy}(\tau)$ 并非偶函数。

2）通常，当 $\tau = 0$ 时，互函数 $R_{xy}(\tau)$ 并非取最大值。

3）$R_{xy}(\tau) = R_{yx}(-\tau)$ 是显然的，因 $y(t)$ 向后推移时间间隔，与 $x(t)$ 向前移动时间间隔 τ 的效果是一样的。

5. 功率谱密度

信号 $x(t)$ 的自相关函数 $R_{xx}(\tau)$ 是信号时域特性的描述，对 $R_{xx}(\tau)$（时间函数）进行 Fourier 变换，就得到信号特性的频域描述。信号 $x(t)$ 自相关函数 $R_{xx}(\tau)$ 的 Fourier 变换称为信号 $x(t)$ 的谱密度函数，或称能量谱密度，用 $S_{xx}(j\omega)$ 表示

$$S_{xx}(j\omega) = \int_{-\infty}^{\infty} R_{xx}(\tau) e^{-j\omega\tau} \mathrm{d}\tau = \int_{-\infty}^{\infty} R_{xx}(\tau)\cos\omega\tau\mathrm{d}\tau - j\int_{-\infty}^{\infty} R_{xx}(\tau)\sin\omega\tau\mathrm{d}\tau$$

$$= \int_{-\infty}^{\infty} R_{xx}(\tau)\cos\omega\tau\mathrm{d}\tau \tag{5-58}$$

$R_{xx}(\tau)$ 是偶函数，所以式中的虚部等于 0。显然上述积分是 ω 的实函数，故通常用 $S_{xx}(\omega)$ 来表示。

6. 白噪声

白噪声是借鉴白光的频谱分析形成的概念，白噪声具有特殊的物理性质，是系统辨识中具有重要意义的激励信号。其定义是：如果平稳随机信号 $x(t)$ 的能量谱密度

$$S_{xx}(\omega) = \text{常数}, \quad -\infty < \omega < \infty$$

则称 $x(t)$ 为白噪声

白噪声功率密度谱等于常数，就是说不论频率 ω 为何值，它所对应的功率密度谱一样。

白噪声的物理意义是在功率密度谱中每一个频率都不起主要作用，它是一种"均匀谱"。

根据能量谱密度的定义可知，平稳随机过程 $x(t)$ 的自相关函数

$$R_{xx}(\tau) = K\delta(\tau) \qquad (5-59)$$

式中，K 是常数；$\delta(\tau)$ 是单位冲激函数；$x(t)$ 的能量谱密度

$$S_{xx}(\omega) = \int_{-\infty}^{\infty} \left[K\delta(\tau) \right] e^{-j\omega\tau} dt = K$$

这说明白色噪声的自相关函数是冲激函数。从式（5-59）看出，$\tau \neq 0$，$R_{xx}(\tau) = 0$，意味着白噪声任意两个不同时刻的值都是不相关的。

白噪声的功率谱密度在整个频率域内是恒值，其图像是一条与水平轴（ω 轴）平行的直线。图 5-22 画出了白噪声的自相关函数及功率谱密度的图形，白噪声的总功率是无限的。白噪声信号只是理论抽象，实际并不存在。如果一个随机信号的功率密度谱在所考虑的频率范围内（例如一个被控过程所能够响应的频率范围内）是恒值的话，该随机信号可以近似地认为是一个白噪声。辨识被控过程的数学模型时，若采用白噪声作为输入信号，将会使辨识的计算变得非常简单。

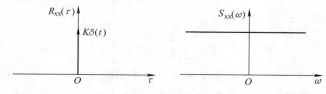

图 5-22　白噪声 $x(t)$ 的相关函数 $R_{xx}(\tau)$ 与频谱密度 $S_{xx}(\omega)$

5.4.3.2　相关分析辨识被控过程动态特性的基本原理

如果一个线性被控过程的输入信号 $x(t)$ 是平稳的随机过程，则相应的输出 $y(t)$ 亦是平稳的随机过程。设 $g(t)$ 为被控过程的单位冲激响应函数，如图 5-23 所示。相关分析辨识的思想就是试图从输入 $x(t)$ 与输出 $y(t)$ 的互相关函数来确定冲激响应函数 $g(t)$。

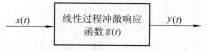

图 5-23　过程输入-输出关系示意图

在经典控制理论中，线性被控过程的动态特性可以用"冲激响应函数"来描述，可以把任意形式的输入 $x(t)$ 看作是由无数个"冲激"叠加而成（见图 5-24）。由于 $x(t)$ 是由许多冲激组成，如 $x(t_1)\Delta\tau\delta(t-t_1)$，$x(t_2)\Delta\tau\delta(t-t_2)$，…，对于每一个"冲激"输入，输出端都有一个响应，即 $y_1(t)$，$y_2(t)$，…。既然是线性系统，必满足叠加原理，那么总的输出 $y(t)$ 就是 $y_1(t)$，$y_2(t)$，…的累加。只要知道一个线性系统的"冲激响应函数"，就可以求出该系统对任意输入信号的响应。

"冲激响应函数" $g(t)$ 就是过程的输入量为单位冲激函数 $\delta(t)$ 时，输出量随时间变化的函数。当输入 $x(t)$ 为任意形式的时间函数，如图 5-25a 所示，可将它分解成多个冲激之和，而每个冲激的强度（面积）为 $x(\tau)\Delta\tau(t=\tau)$。当 $\Delta\tau \to 0$ 时，冲激强度（面积）为 $x(\tau)d\tau$，对应的冲激强度可表示为

$$x(\tau)d\tau\delta(t-\tau)$$

对应于这样一个冲激输入，被控过程的响应为

$$x(\tau)g(t-\tau)d\tau$$

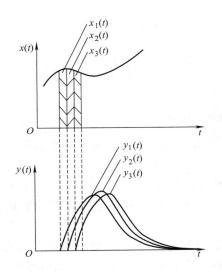

图 5-24　线性过程输入-输出
响应关系示意图

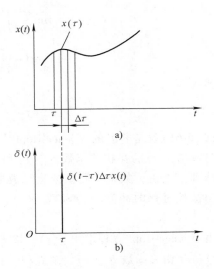

图 5-25　线性过程输入信号
分解为多个冲激之和示意图

对于一个线性因果被控过程，输出 $y(t)$ 应当是所有 $\tau < t$ 的响应之和，即

$$y(t) \approx \sum_{k=-\infty}^{\frac{t}{\Delta\tau}} x(\tau)g(t-k\Delta\tau)\Delta\tau$$

$$= \lim_{\Delta\tau\to 0}\sum_{k=-\infty}^{\frac{t}{\Delta\tau}} x(\tau)g(t-k\Delta\tau)\Delta\tau$$

$$= \int_{-\infty}^{t} x(\tau)g(t-\tau)\mathrm{d}\tau$$

令 $t-\tau=u$，代入上式可得

$$y(t) = -\int_{\infty}^{0} x(t-u)g(u)\mathrm{d}u = \int_{0}^{\infty} g(u)x(t-u)\mathrm{d}u \qquad (5\text{-}60)$$

式中，$g(t)$ 是被控过程的冲激响应函数。式 $(5\text{-}60)$ 表达了 $y(t)$ 与 $x(t)$ 之间的重要关系。

现在考虑被控过程输入和输出皆为平稳随机过程，将式 $(5\text{-}60)$ 中 t 换成 $t+\tau$ 可得

$$y(t+\tau) = \int_{0}^{\infty} x(t-u+\tau)g(u)\mathrm{d}u$$

上式两边同乘以 $x(t)$

$$x(t)y(t+\tau) = \int_{0}^{\infty} x(t)x(t-u+\tau)g(u)\mathrm{d}u$$

上式两边取时间平均值可得

$$\lim_{T\to\infty}\frac{1}{2T}\int_{-T}^{T} x(t)y(t+\tau)\mathrm{d}t = \lim_{T\to\infty}\frac{1}{2T}\int_{-T}^{T}\int_{0}^{\infty} x(t)x(t-u+\tau)g(u)\mathrm{d}u\mathrm{d}t$$

上式左边为 $R_{xy}(\tau)$，右边交换积分次序，可得

$$R_{xy}(\tau) = \lim_{T \to \infty} \frac{1}{2T} \int_{-T}^{T} \int_{0}^{\infty} x(t)x(t-u+\tau)g(u)\mathrm{d}u\mathrm{d}t$$

$$= \int_{0}^{\infty} g(u) \left[\lim_{T \to \infty} \int_{-T}^{T} x(t)x(t-u+\tau)\mathrm{d}t \right] \mathrm{d}u$$

进一步可写成

$$R_{xy}(\tau) = \int_{0}^{\infty} g(u) R_{xx}(\tau - u)\mathrm{d}u \tag{5-61}$$

式（5-61）就是著名的 Wiener-Hopf 方程，它给出了输入 $x(t)$ 的自相关函数 $R_{xx}(\tau)$、输入 $x(t)$ 与输出 $y(t)$ 的互相关函数 $R_{xy}(\tau)$ 和冲激响应函数 $g(t)$ 三者之间的关系。

从理论上讲，如果从测试或运行数据计算得到 $R_{xx}(\tau)$ 与 $R_{xy}(\tau)$，就可从 Wiener-Hopf 方程推出被控过程的冲激响应函数 $g(t)$，对 $g(t)$ 进行拉普拉斯变换即求得被控过程的传递函数。

由 Wiener-Hopf 方程求出 $g(t)$，需要解卷积方程式（5-61）。对于一般信号的自相关函数 $R_{xx}(\tau)$ 与互相关函数 $R_{xy}(\tau)$，解卷积方程是很困难的。若 $x(t)$ 为特殊信号，如白噪声信号，Wiener-Hopf 方程转化为一个简单等式，求 $g(t)$ 非常容易。

用白噪声信号作为被控过程的输入信号，其自相关函数

$$R_{xx}(\tau) = K\delta(\tau)$$

将上式代入式（5-61）可得

$$R_{xy}(\tau) = \int_{0}^{\infty} g(u) R_{xx}(\tau - u)\mathrm{d}u = \int_{0}^{\infty} g(u) K\delta(\tau - u)\mathrm{d}u = Kg(\tau)$$

从上式可得

$$g(\tau) = \frac{1}{K} R_{xy}(\tau) \tag{5-62}$$

由式（5-62）可知，当输入为白噪声时，输入 $x(t)$、输出 $y(t)$ 的互相关函数 $R_{xy}(\tau)$ 与冲激响应函数 $g(\tau)$ 成比例，由互相关函数很容易得到冲激响应函数 $g(t)$。

互相关函数可由下式计算：

$$R_{xy}(\tau) = \lim_{T \to \infty} \frac{1}{T} \int_{0}^{T} x(t)y(t+\tau)\mathrm{d}t = \lim_{T \to \infty} \frac{1}{T} \int_{0}^{T} x(t-\tau)y(t)\mathrm{d}t$$

这样，就可以用如图 5-26 的方法获得冲激响应函数。

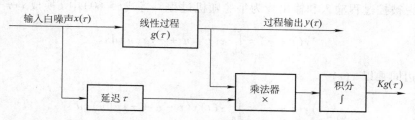

图 5-26 相关分析法求过程对象冲击响应函数原理框图

对 $g(t)$ 求拉普拉斯变换可得到被控过程的传递函数

$$G(s) = \mathscr{L}\{g(t)\}$$

相关分析法的优点是试验可以在生产正常状态下进行，不需要被测被控过程长时间过大

偏离正常运行状态，因为白噪声是整个分布在一个很宽的频率范围内，它对正常运行状态影响不大。但要获得精确的互相关函数，就必须在较长一段时间内进行积分，这样会产生信号漂移等问题。

5.4.3.3　用周期白噪声进行被控过程动态特性辨识

为了克服用白噪声作为输入计算冲激响应函数需要较长时间的缺陷，可以采用周期白噪声信号作为输入信号。周期白噪声的自相关函数 $R_{xx}(\tau)$ 是一个周期为 T 的冲激函数，$R_{xx}(\tau)$ 在 $\tau = 0$、T、$2T$、$\cdots$ 以及 $-T$、$-2T$、$\cdots$ 各点取 $\sigma^2 \delta(\tau - nT)$ 值（σ^2 是周期白噪声的均方值，n 为整数），周期白噪声信号的自相关函数的图形如图 5-27 所示。

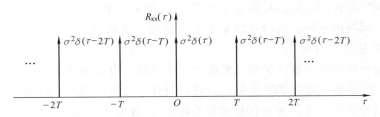

图 5-27　周期白噪声信号的自相关函数

如果对线性被控过程输入周期白噪声，则互相关函数 $R_{xy}(\tau)$ 计算简单。

$$R_{xx}(\tau) = \lim_{T_1 \to \infty} \frac{1}{T_1} \int_0^{T_1} x(t)x(t+\tau)\,dt = \lim_{nT \to \infty} \frac{1}{nT} \int_0^{nT} x(t)x(t+\tau)\,dt = \frac{1}{T} \int_0^T x(t)x(t+\tau)\,dt$$

$$(5\text{-}63)$$

由于周期白噪声当 $\tau = nT$（$n = 0$、± 1、± 2、$\cdots$）时，$R_{xx}(\tau)$ 取最大值 $\sigma^2 \delta(\tau - nT)$；$\tau$ 为其他值时，$R_{xx}(\tau)$ 的值为零，即

$$R_{xx}(\tau) = \sigma^2 \delta(\tau - nT) \qquad (5\text{-}64)$$

将式（5-63）表示为下式：

$$R_{xx}(\tau - u) = \frac{1}{T} \int_0^T x(t)x(t+\tau-u)\,dt$$

并代入式（5-61）

$$R_{xy}(\tau) = \int_0^\infty g(u) R_{xx}(\tau - u)\,du$$

$$= \frac{1}{T} \int_0^T \left[\int_0^\infty g(u) x(t+\tau-u)\,du \right] x(t)\,dt$$

将式（5-60）代入上式得

$$R_{xy}(\tau) = \frac{1}{T} \int_0^T x(t)y(t+\tau)\,dt \qquad (5\text{-}65)$$

式（5-65）表明，如果输入为周期白噪声信号，相关函数 $R_{xy}(\tau)$ 只要计算一个周期就可以了。将式（5-64）代入 Wiener-Hopf 方程式（5-61）

$$R_{xy}(\tau) = \int_0^\infty g(u) R_{xx}(\tau - u)\,du$$

$$= \int_0^T g(u) R_{xx}(\tau - u)\,du + \int_T^{2T} g(u) R_{xx}(\tau - u)\,du + \int_{2T}^{3T} g(u) R_{xx}(\tau - u)\,du + \cdots$$

$$= \int_0^T g(u)\sigma^2\delta(\tau-u)\,\mathrm{d}u + \int_T^{2T} g(u)\sigma^2\delta(\tau+T-u)\,\mathrm{d}u + \int_{2T}^{3T} g(u)\sigma^2\delta(\tau+2T-u)\,\mathrm{d}u\cdots$$

$$= \sigma^2 g(\tau)u(\tau) + \sigma^2 g(\tau+T)u(\tau+T) + \sigma^2 g(\tau+2T)u(\tau+2T) + \cdots \tag{5-66}$$

如果周期白噪声输入信号周期 T 足够大，使被测被控过程的冲激响应在一个 T 内已衰减为零，则在 $0<\tau<T$ 的时间区间内，$g(\tau+T)\approx0$，$g(\tau+2T)\approx0$，$\cdots$；取 $\sigma^2=K$，于是对于 $0<\tau<T$

$$R_{xy}(\tau)\approx Kg(\tau) \text{ 或 } g(\tau)\approx\frac{R_{xy}(\tau)}{K} \tag{5-67}$$

比较式（5-67）与式（5-62），形式完全相同，但含义是不一样的。式（5-67）中的 $R_{xy}(\tau)$ 计算只需在一个周期内进行，而（5-62）却不是。显然，采用周期白噪声作为输入测试信号，可使 $R_{xy}(\tau)$ 计算量大为减少。

如果能找到一种周期信号或序列，它的自相关函数具有接近冲激函数的特征，并呈周期性，用这样的周期信号作为测试输入信号，通过对被控过程的输入、输出进行相关分析获得被控过程的近似冲激响应或其他响应的曲线（函数），进而求得被控过程的传递函数。这种人为产生、具有某些特定随机信号统计特性的信号称为伪随机信号。

5.4.3.4 采用二电平 M 序列伪随机信号辨识被控过程数学模型

伪随机信号的种类和产生方法有多种形式，在实践中最常采用的是所谓的二位式最大周期长度序列伪随机信号，简称 M 序列信号。M 序列信号的自相关函数比较接近 δ 函数（冲激信号），其统计特性也很接近周期白噪声。此外，用 M 序列信号作为被控过程辨识的输入测试信号，具有抗干扰能力强、对系统正常运行影响小等优点。

1. M 序列信号的产生

M 序列信号可以用一组线性反馈移位寄存器产生。将 n 个具有移位功能的触发器（有 0 与 1 两个状态）链接成组成的移位寄存器，如图 5-28 所示。图中的每个方块为一级触发器，代表一位，可取"0"或"1"两种状态之一。在移位脉冲作用下，每一触发器状态（"0"或"1"），都右移一位，而第 n 位移出状态则作为输出。为了保持持续工作，第 i 级的状态先与 a_i 相乘，经过模 2 求和后反馈到第一级的输入端作为第一级移位数码输入。这样，在移位脉冲作用下，移位寄存器不断进行循环移位，就会在第 n 级输出端输出一个二位序列。图 5-28 中，a_i 取 1 表示该状态参与模 2 求和运算，取 0 表示该状态不参与模 2 求和运算，a_i 取值不同，就形成不同的

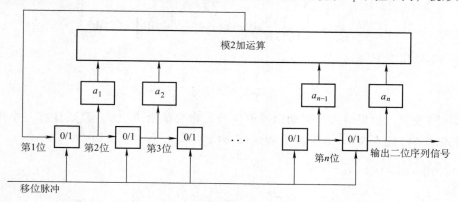

图 5-28 n 级线性反馈移位寄存器产生二位式序列

反馈逻辑，第 n 级输出移位寄存器就有不同顺序的二位式序列输出。

（1）图 5-29 所示的四级移位寄存器，用 c_i 表示寄存器的状态。c_3 与 c_4 作模 2 加法后输入第一级的输入端。

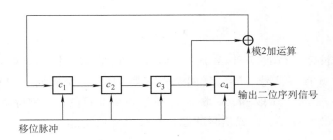

图 5-29　四级线性反馈移位寄存器产生二位式序列

1）若（c_1、c_2、c_3、c_4）初始状态为（0、0、0、0）时，在移位脉冲的激励下，输出序列：
000000000000000000000000…。

2）若（c_1、c_2、c_3、c_4）初始状态为（1、0、0、0）时，在移位脉冲的激励下，输出序列：
000100110101111，000100110101111，000100110101111，000100110101111，…。

3）若（c_1、c_2、c_3、c_4）初始状态为（0、0、1、0）时，在移位脉冲的激励下，输出序列：
010011010111100，010011010111100，010011010111100，010011010111100…。

4）若（c_1、c_2、c_3、c_4）初始状态为（1、1、1、1）时，在移位脉冲的激励下，输出序列：
111100010011010，111100010011010，111100010011010，111100010011010…。

除了初始状态全为零时，输出序列全为"0"之外，其余三种初始状态的输出序列顺序每隔 15 位重复一次，构成周期长度为 15 的周期序列；在图 5-29 给定的反馈逻辑条件下，任一非零初始状态[（c_1、c_2、c_3、c_4）≠（0、0、0、0）]所得到的一个序列都可以通过其他序列的平移得到。

（2）如果在图 5-29 所示的逻辑电路中，c_2 与 c_4 作模 2 加法后输入第一级的输入端。

1）当（c_1、c_2、c_3、c_4）初始状态为（0、0、0、0）时，在移位脉冲的激励下，输出全零序列。

2）当（c_1、c_2、c_3、c_4）初始状态为（1、0、0、0）时，在移位脉冲的激励下，输出序列为：000101，000101，000101，…；序列周期长度为 6。

3）当（c_1、c_2、c_3、c_4）初始状态为（0、0、0、1）时，在移位脉冲的激励下，输出序列为：100010，100010，100010，…；序列周期长度为 6。

4）当（c_1、c_2、c_3、c_4）初始状态为（0、1、1、0）时，在移位脉冲的激励下，输出序列为：011，011，011…；序列周期长度为 3。

对上述（1）、（2）两种反馈情况下的输出序列进行对比可以发现，反馈组合逻辑不同，同样级数的移位寄存器输出序列周期长度不一样。在第二种情况下，周期长度还与初始状态有关。

上面的移位寄存器由四级寄存器组成，每级有"0"和"1"两种状态，四级共有 $2^4 = 16$ 种组合形式。除去全零序列，四级移位寄存器输出数码序列的最大周期长度为 $2^4 - 1 = 15$。

选择不同的反馈（逻辑）线路，多位移位寄存器输出序列信号不同。序列信号可分为两类：一种为 M 序列（最大长度序列），另一种为非 M 序列。一个序列信号是前者还是后者，要看它的周期长短。对于一个 n 位移位寄存器，因为每位有两种状态，则共有 2^n 个状态。除去各位全为 0 的情况，最多只有 2^n-1 种状态。如果一个 n 位寄存器所产生的序列信号其周期为

$$N = 2^n - 1$$

该信号就称为最大长度二位式序列（M 序列）信号。在图 5-29 中，$n=4$，$2^4-1=15$，因此所得到的序列是一个 M 序列信号。$N=15$（四个寄存器）时，一个周期（111100010011010）的 M 序列如图 5-30 所示（图中，1 取 $-a$，0 取 a）。关于各种不同位数的寄存器，如何选择合适的反馈结构才能取得最大长度二位式信号问题，有文献专门论述。

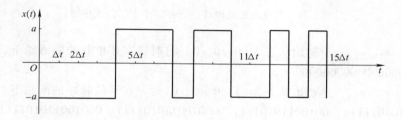

图 5-30 $N=15$ 的 M 序列

2. M 序列信号的性质

1）由 n 位移位寄存器所产生 M 序列的周期为

$$N = 2^n - 1$$

2）在一个 M 序列周期中，1 出现的个数为 2^{n-1}，0 出现的个数为 $2^{n-1}-1$。

3）在一个周期内 0 与 1 的交替次数中，游程（二位序列中相同数字 0 或 1 连在一起称为一游程，游程长度为其包含的数字位数）长度为 1 的占游程总数的 1/2，游程为 2 的占 1/4，…，周期为 2^n-1 时，长度为 n 和 $n-1$ 的游程都占 $1/2^{n-1}$。

4）当二位序列的 0 取高电平 a、1 取低电平 $-a$、脉冲宽度为 Δt 时，周期为 $N=2^N-1$，M 序列的自相关函数

$$R_{xx}(\tau) = \begin{cases} a^2\left(1 - \dfrac{|\tau|}{\Delta t}\,\dfrac{N+1}{N}\right) & -\Delta t < \tau < \Delta t \\ -\dfrac{a^2}{N} & \Delta t \leqslant \tau \leqslant (N-1)\Delta t \end{cases} \qquad (5\text{-}68)$$

当 $\tau > N$ 时，$R_{xx}(\tau)$ 的数值是 $0 < \tau < N-1$ 中 $R_{xx}(\tau)$ 数值的周期延拓。一个周期的 $R_{xx}(\tau)$ 图像如图 5-31 所示。

M 序列的自相关函数是周期为 N 的周期函数，把 M 序列的自相关函数与周期白噪声的自相关函数比较可发现，当 N 很大时，二者的相关函数相似。这是把 M 序列称为伪随机序列的原因。伪随机序列有很多种，M 序列是最重要的伪随机序列之一。

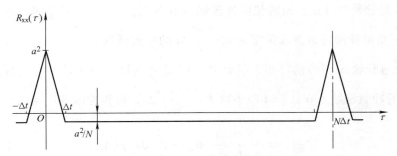

图 5-31 M 序列自相关函数图像

3. 采用二电平 M 序列伪随机信号辨识被控过程的数学模型

把 M 序列信号作为被控过程的输入信号，当该信号的周期 $T = N\Delta t$ 大于被控过程冲激响应函数的衰减时间，并认为 M 序列的自相关函数近似为冲激时，如式（5-68）所示，被控过程的输入、输出之间的互相关函数与被控过程的冲激响应函数成正比。

把二位式伪随机序列的自相关函数 $R_{xx}(\tau)$ 分成两部分

$$R_{xx}(t) = R_{xx}{}'(t) + R_{xx}{}''(t)$$

一部分是周期为 $N\Delta t$ 的周期三角形脉冲，它在一个周期内的表达式为

$$R_{xx}{}'(\tau) = \begin{cases} a^2 \dfrac{N+1}{N}\left(1 - \dfrac{|\tau|}{\Delta t}\right) & -\Delta t < \tau < \Delta t \\ 0 & \Delta t \leqslant \tau \leqslant (N-1)\Delta t \end{cases} \tag{5-69}$$

如图 5-32 所示；另一部分为直流分量

$$R_{xx}{}''(\tau) = -\frac{a^2}{N} \tag{5-70}$$

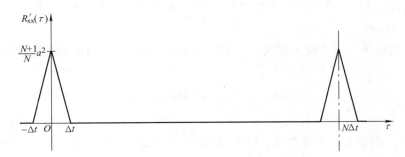

图 5-32 M 序列自相关函数三角脉冲部分图像

它的图形如图 5-33 所示。

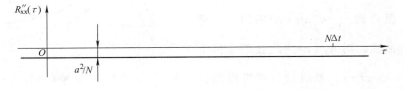

图 5-33 M 序列自相关函数直流分量部分图像

周期三角形脉冲部分虽然与理想的冲激函数有区别，但当 Δt 很小时，两者很相像。当 Δt 很小时，三角形脉冲可以看成强度为 $a^2 \dfrac{N+1}{N}\Delta t$ 的冲激函数。

如果被控过程输入 $x(t)$ 的自相关函数 $R_{xx}(\tau)$ 是周期性三角形脉冲，它可近似看作强度为 $a^2 \dfrac{N+1}{N}\Delta t$ 的冲激函数，在式（5-67）中取 $K = \dfrac{N+1}{N}a^2\Delta t$，可得冲激响应函数

$$g(\tau) = \frac{N}{N+1}\frac{1}{a^2\Delta t}R_{xy}(\tau) \quad 0 \leqslant \tau < N\Delta t \tag{5-71}$$

实际输入 $x(t)$ 的自相关函数由周期性三角形脉冲和直流分量两部分组成，要获得输入、输出互相关函数 $R_{xy}(\tau)$ 与冲激响应函数 $g(\tau)$（三角脉冲响应的近似）的关系，需要重新推导公式。

把周期三角形脉冲看成 δ 函数，二位式伪随机序列 $x(t)$ 的自相关函数可表示为

$$R_{xx}(\tau) = \frac{N+1}{N}a^2\Delta t\delta(\tau) - \frac{a^2}{N} \quad 0 \leqslant \tau < N\Delta t \tag{5-72}$$

由 Wiener-Hopf 方程式（5-61），并利用 $R_{xx}(\tau)$ 的周期性，可得

$$R_{xy}(\tau) = \int_0^{N\Delta t} g(t)R_{xx}(t-\tau)\,\mathrm{d}t \qquad 0 \leqslant \tau < N\Delta t$$

$$= \int_0^{N\Delta t} \left(\frac{N+1}{N}a^2\Delta t\delta(t-\tau) - \frac{a^2}{N}\right)g(t)\,\mathrm{d}t$$

$$= \frac{N+1}{N}a^2\Delta tg(\tau) - \frac{a^2}{N}\int_0^{N\Delta t}g(t)\,\mathrm{d}t \qquad 0 \leqslant \tau < N\Delta t \tag{5-73}$$

式（5-73）右边第二项不随 τ 而变，可记为常数 $A = \dfrac{a^2}{N}\displaystyle\int_0^{N\Delta t}g(t)\,\mathrm{d}t$，将式（5-73）改写为

$$R_{xy}(\tau) = \frac{N+1}{N}a^2\Delta tg(\tau) - A \tag{5-74}$$

如图 5-34 所示。图中上面一条曲线（实线）表示 $\dfrac{N+1}{N}a^2\Delta tg(\tau)$ 的图像，下面一条曲线（虚线）表示 $R_{xy}(\tau)$ 的图像。纵坐标为 $-A$ 的水平直线称为基线。如果由测试数据计算出相关函数 $R_{xy}(\tau)$，并画出曲线，只要将 $R_{xy}(\tau)$ 的曲线向上平移距离 A 就得到 $\dfrac{N+1}{N}a^2\Delta tg(\tau)$ 的曲线。把基线作为横坐标轴，则 $R_{xy}(\tau)$ 曲线在新坐标下就是曲线 $\dfrac{N+1}{N}a^2\Delta tg(\tau)$，基线的位置可以用目测方法画出来。

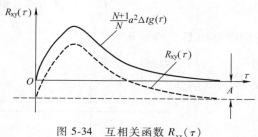

图 5-34 互相关函数 $R_{xy}(\tau)$
及其平移 A 后的图像

向被控过程输入 M 序列信号时，输入、输出互相关函数 $R_{xy}(\tau)$ 可按式(5-65)进行计算。当 Δt 很小时

$$R_{xy}(\tau) = \frac{1}{T}\int_0^T x(t)y(t+\tau)\mathrm{d}t = \frac{1}{N\Delta t}\int_0^{N\Delta t} x(t)y(t+\tau)\mathrm{d}t$$

$$= \frac{1}{N\Delta t}\Big[\int_0^{\Delta t} x(t)y(t+\tau)\mathrm{d}t + \int_{\Delta t}^{2\Delta t} x(t)y(t+\tau)\mathrm{d}t + \cdots + \int_{(N-1)\Delta t}^{N\Delta t} x(t)y(t+\tau)\mathrm{d}t\Big]$$

$$\approx \frac{1}{N}\sum_{i=0}^{N-1} x(i\Delta t)y(i\Delta t + \tau) \tag{5-75}$$

式中，τ 取 0，Δt，$2\Delta t$，$\cdots$，$(N-1)\Delta t$。在式(5-75)中，输出时间不仅在 $[0, T]$ 内，还经常跑到下一个周期 $(T, 2T)$ 内，这是由于在式(5-75)中，$y(i\Delta t+\tau)$ 的自变量为 $i\Delta t+\tau$。如 $\tau = (N-1)\Delta t$ 时，式(5-75)中 $y(i\Delta t+\tau)$ 的自变量取 $(N-1)\Delta t$，$(N)\Delta t$，$(N+1)\Delta t$，$\cdots$，$(2N-1)\Delta t$。因此，只要输入两个周期 M 序列信号，再测得输出采样值 $y(0)$，$y(\Delta t)$，$y(2\Delta t)$，$\cdots$，$y[(N-1)\Delta t]$，$y(N\Delta t)$，$\cdots$，$y[(2N-1)\Delta t]$，就能计算出 $R_{xy}(\tau)$。如将 $x(i\Delta t)$ 用下式表示：

$$x(i\Delta t) = a\,\mathrm{sign}\{x(i\Delta t)\}$$

式中，sign 为符号函数

$$\mathrm{sign}\{x(i\Delta t)\} = \begin{cases} +1 & x(i\Delta t) > 0 \\ -1 & x(i\Delta t) < 0 \end{cases}$$

则

$$R_{xy}(\tau) = \frac{a}{N}\sum_{i=0}^{N-1}\mathrm{sign}\{x(i\Delta t)\}y(i\Delta t + \tau) \tag{5-76}$$

对于给定的 τ，若不计 a/N，式(5-76)相当于进行分类累加。

为了提高计算的精度，可以多输入几个周期，利用较多的输出数值计算互相关函数[即式(5-75)中的平均区间 T 变为 rT，近似计算式的 N 变为 rN]。输入 $r+1$ 个周期 M 序列信号，记录 $r+1$ 个周期输出的采样值，则

$$R_{xy}(\tau) = \frac{1}{rN}\sum_{i=0}^{rN-1} x(i\Delta t)y(i\Delta t + \tau) = \frac{a}{rN}\sum_{i=0}^{rN-1}\mathrm{sign}\{x(i\Delta t)\}y(i\Delta t + \tau) \tag{5-77}$$

当求出互相关函数 $R_{xy}(\tau)$ 后，即可由式(5-74)计算出被测过程的冲激响应函数 $g(\tau)$。被控过程的传递函数则是其冲激响应函数 $g(\tau)$ 的拉普拉斯变换

$$G(s) = \mathscr{L}[g(\tau)]$$

由于 M 序列伪随机信号的自相关函数是一个周期性的三角波，互相关函数 $R_{xy}(\tau)$ 实际上相当于被控过程对三角波输入的响应，该三角波的水平线与横坐标的距离为 $-a/N$，并非零。只有当 Δt 选得很小、N 很大时，才能近似成基准为零的理想情况。但是，若 Δt 选得过小，被控过程的输出也将变小，影响测试结果的精确性；若 Δt 选得比较大，自相关函数 $R_{xy}(\tau)$ 与 δ 函数差距就比较大，用式(5-74)计算的 $g(\tau)$ 误差也较大。为了解决这一问题，在实际应用中，对数据处理方法进行一些改进，将使数据处理大为简化、精度提高，并可由此简便地求得被控过程的阶跃响应。

如果在测定过程的动态特性时，采用 M 序列伪随机信号 $x(t)$ 作为输入，然后根据此信号再构造一个信号 $x'(t)$，如图 5-35 所示。$x'(t)$ 是一个离散的周期（冲激）序列信号，其周期也是 $T = N\Delta t$，它仅在$\cdots$，$-k\Delta t$，$-(k-1)\Delta t$，$\cdots$，$-2\Delta t$，$-\Delta t$，0，Δt，$2\Delta t$，$\cdots$，$k\Delta t$，$\cdots$等时刻为一个理想冲激函数，其正负号随 $x(t)$ 的正负而定，则

$$x'(t) = \sum_{k=-\infty}^{\infty} \text{sign}\{x(t)\}\delta(t - k\Delta t)$$

(5-78)

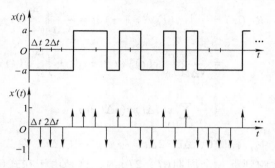

图 5-35 连续 M 序列 $x(t)$ 与对于应离散 $x'(t)$

式中，$\text{sign}\{x(t)\}$ 表示取 $x(t)$ 的符号。

利用信号的周期性质，计算 $x(t)$ 与 $x'(t)$ 的互相关函数 $R_{x'x}(\tau)$ 时，积分时间可取 $0 \sim T$，故

$$R_{x'x}(\tau) = \frac{1}{T}\int_0^T x'(t)x(t + \tau)\,dt$$

(5-79)

由于 $x'(t)$ 是冲激信号，利用其积分性质，式(5-79)积分可写成求和式

$$R_{x'x}(\tau) = \frac{1}{N}\sum_{k=0}^{N-1} \text{sign}\{x(k\Delta t)\}x(k\Delta t + \tau)\,dt$$

上式表明，只要对 τ、$\tau+\Delta t$、$\tau+2\Delta t$、$\cdots$、$\tau+(N-1)\Delta t$，共 N 个时刻的 $x(t)$ 乘以 $x'(t)$ 在 0、Δt、$2\Delta t$、$\cdots$、$(N-1)\Delta t$ 时刻的符号值（+1 或 -1），相加后再除以 N 即得

$$R_{x'x}(\tau) = \begin{cases} a & kN\Delta t < \tau < (kN+1)\Delta t, k \text{ 为整数} \\ -\dfrac{a}{N} & \tau \text{ 为其他值} \end{cases}$$

(5-80)

$R_{x'x}(\tau)$ 的图像如图 5-36 所示，是一个周期性脉冲方波，方波宽度为 Δt，总的高度为 $a(N+1)/N$，周期为 $N\Delta t$。

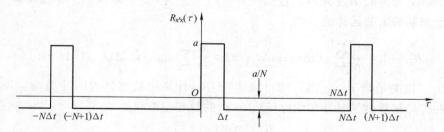

图 5-36 $x'(t)$ 与 $x(t)$ 互相关函数 $R_{x'x}(\tau)$图像

$x'(t)$ 与 $y(t)$ 的互相关函数

$$R_{x'y}(\tau) = \frac{1}{T}\int_0^T x'(t)y(t + \tau)\,dt$$

从式(5-60)可得

$$y(t + \tau) = \int_0^{\infty} g(u)x(t + \tau - u)\,du$$

将上式代入前式，可得

$$R_{x'y}(\tau) = \frac{1}{T}\int_0^T x'(t)\int_0^\infty g(u)x(t+\tau-u)\mathrm{d}u\mathrm{d}t$$

$$= \int_0^\infty g(u)\left[\frac{1}{T}\int_0^T x'(t)x(t+\tau-u)\mathrm{d}t\right]\mathrm{d}u$$

$$= \int_0^\infty g(u)R_{x'x}(\tau-u)\mathrm{d}u \tag{5-81}$$

与 Hiener-Hopf 方程式(5-61)对照可知，若以 $R_{x'x}(\tau)$ 作为被控过程的输入，则 $R_{x'y}(\tau)$ 就是对应于它的输出，因为 $R_{x'x}(\tau)$ 是一个方波脉冲，所以 $R_{x'y}(\tau)$ 相当于被测过程对一个方波脉冲的响应。关于方波脉冲响应，在 5.4.1.1 节已经介绍了各种处理方法，很容易由它获得被控过程的阶跃响应曲线以及传递函数。如果 Δt 选得很小，而周期 $(N\Delta t)$ 又大于过渡过程时间，则 $R_{x'y}(\tau)$ 可以近似为被控过程的冲激响应函数。

$R_{x'y}(\tau)$ 的计算比较简单。$x'(t)$ 是冲激信号，利用其积分性质，则积分

$$R_{x'y}(\tau) = \frac{1}{T}\int_0^T x'(t)y(t+\tau)\mathrm{d}t$$

转化为求和式

$$R_{x'y}(\tau) = \frac{1}{T}\int_0^T x'(t)y(t+\tau)\mathrm{d}t = \frac{1}{N}\sum_{i=0}^{N-1}\mathrm{sign}\{x(i\Delta t)\}y(i\Delta t+\tau) \tag{5-82}$$

只要对 τ、$\tau+\Delta t$、$\tau+2\Delta t$、$\cdots$、$\tau+(N-1)\Delta t$ 共 N 个时刻的 $y(t)$ 乘以 $x'(t)$ 在 0、Δt、$2\Delta t$、$\cdots$、$(N-1)\Delta t$ 时刻的符号值($+1$ 或 -1)，相加后再除以 N 即得 $R_{x'y}(\tau)$。

为了提高计算精度，可输入 $r+1$ 个周期 M 序列信号，则

$$R_{x'y}(\tau) = \frac{1}{rT}\int_0^T x'(t)y(t+\tau)\mathrm{d}t = \frac{1}{rN}\sum_{i=0}^{rN-1}x'(i\Delta t)y(i\Delta t+\tau) \tag{5-83}$$

求出的互相关函数 $R_{x'y}(\tau)$ 即为被测过程对方波脉冲的响应。可按第 5 章 5.4.1 节已讨论的方法求出被测过程的数学模型。

采用相关分析方法测定过程的动特性与前面介绍的其他方法相比，当输出存在干扰 $n(t)$ 时，如果它与 $x(t)$ 不相关且平均值为零，对最终辨识结果没有影响。当系统存在缓慢漂移时，可以用逆对称式 M 序列伪随机信号消除缓慢漂移对辨识结果的影响。相关分析方法只有被控过程为"线性"时才能使用，这个要求在许多实际情况是可以满足的，因为实验可在正常运行条件附近较小变化范围内进行。

二电平 M 序列伪随机信号有专门的信号发生器产生，也容易由计算机产生，所得结果用计算机来处理很方便，因而得到越来越广泛的应用。

对于具体的被测过程，二电平 M 序列伪随机信号参数的脉冲宽度 Δt、信号幅度 a、周期长度 N 选择的原则如下：

(1)脉冲宽度(步长)Δt 的选择　先作预测试验，对被测过程输入一周期为 $\Delta\tau$、正负交替的脉冲方波信号，改变 $\Delta\tau$ 观察输出 $y(t)$，当 $\Delta\tau$ 小于某一定值 τ_c 时，输出 $y(t)$ 几乎为零，则 τ_c 可近似看作被测过程的截止周期(被控过程大多为低通特性)，可取 $\Delta t=(2\sim5)\tau_c$；

若事先已知被测过程的截止频率 f_c，即可由 $\tau_c = 1/f_c$ 直接算出。

（2）N 的确定　　N 应根据被测过程的过渡过程时间 T_s 而定。只有使 M 序列信号周期 $T = N\Delta t$ 大于 T_s，才能保证一个周期内计算所得的 $R_{xy}(\tau)$［或 $R_{x'y}(\tau)$］具有足够的准确度。一般取 $N\Delta t = (1.2 \sim 1.5)T_s$。

（3）输入信号幅度 a 的选择　　a 的大小应根据被测过程的动态线性范围以及生产工艺要求而定。a 的最大幅度不能超过被测过程的线性变化范围，还要考虑生产工艺允许的输出偏差大小。在二者均满足的前提下，电平幅度 a 应尽量大一些，使输出的采样测量信号对输入 $x(t)$ 的每一幅值变化都有反应，尽可能提高输出测量的准确度。在生产工艺对 a 的幅值要求较严的情况下，可以适当加大 Δt 来保证输出的测量精度。一般取输入幅值为其正常稳态值的 $5\% \sim 10\%$。

4. 用 M 序列伪随机信号辨识被控过程数学模型的应用实例

一加热炉如图 5-37 所示，炉膛温度随燃料流量变化，燃料流量由燃料调节阀开度确定，调节阀开度由气压信号控制，现在要求测定燃料流量与炉膛温度之间的动态关系。实验时，直接测定燃料控制阀的控制压力与温度之间的关系，在阀门的正常工作压力（阀门开度与炉膛稳态温度830℃对应）之上叠加一个 M 序列伪随机信号 $x(t)$，测定炉膛温度的变化。通过预备实验，预估出被控过程的过渡过程时间 $T_s \leqslant 50\text{min}$，被控过程的截止周期 $\tau_c \approx 1\text{min}$。

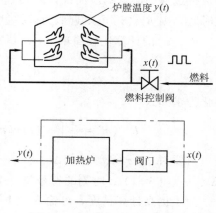

图 5-37　加热炉示意图及框图

按照 M 序列伪随机信号参数的选取原则，$x(t)$ 参数选择如下：

$$\Delta t = (2 \sim 5)\tau_c = 2 \sim 5\text{min}, \text{取 } \Delta t = 4\text{min};$$

$$N = \frac{1.2 \sim 1.5}{\Delta t}T_s = 15 \sim 18.75, \text{取 } N = 15$$

根据运行经验，取燃料压力的扰动幅 $a = 0.003\text{MPa}$，可保证被控过程工作不进入非线性区，并可获得明显变化的响应曲线。

实验结果 $y(t)$ 的曲线如图 5-38 所示，共得到三个周期的输出曲线，三个周期的曲线并不完全重复，这是由于在实验中存在实验误差（包括生产过程的随机性波动及仪表的测量误差）的原因。

为了获得平稳的温度响应，计算互相关函数时，所采用的记录是在 M 序列加入一个周期以后的炉膛温度记录。

互相关函数 $R_{x'y}(\tau)$ 的计算比较简单，下面用表格和计算式说明它的详细计算过程。用两个周期计算互相关函数值，在式（5-83）中取 $r = 2$，得

$$R_{x'y}(\tau) = \frac{1}{rN}\sum_{i=0}^{rN-1} x'(i\Delta t)y(i\Delta t + \tau) = \frac{1}{2 \times 15}\sum_{i=0}^{29} \text{sign}[x(i\Delta t)]y(i\Delta t + \tau)$$

先将 $y(t)$ 在 0，Δt，$2\Delta t$，$3\Delta t$，…，$44\Delta t$ 各时刻的采样值记录并列表，如表 5-2 所示。表中所记的 $y(i\Delta t)$ 值是减去基准值830℃之后的数值。

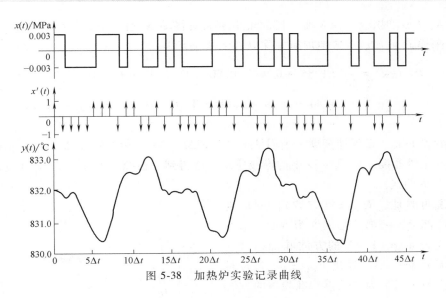

图 5-38　加热炉实验记录曲线

表 5-2　炉膛温度采样记录

$i\Delta t$	0	1	2	3	4	5	6	7	8	9	10	11	12	13	14
$y(i\Delta t)$	2.06	1.84	1.84	1.79	1.08	0.68	0.44	0.80	1.91	2.38	2.47	2.53	3.05	2.69	1.94
$\tau=0$	+	−	−	−	−	+	+	+	−	+	+	−	−	+	−
$\tau=\Delta t$		+	−	−	−	−	+	+	+	−	+	+	−	−	+
$\tau=2\Delta t$			+	−	−	−	−	+	+	+	−	+	+	−	−
...				...		...		...		...		...		...	
$\tau=14\Delta t$		...		...		...		...		...		...		...	

$i\Delta t$	15	16	17	18	19	20	21	22	23	24	25	26	27	28	29
$y(i\Delta t)$	1.82	1.82	2.03	2.03	1.03	0.68	0.52	0.86	1.78	2.50	2.50	2.32	3.28	2.82	2.04
$\tau=0$	+	−	−	−	−	+	+	+	−	+	+	−	−	+	−
$\tau=\Delta t$		+	−	−	−	−	+	+	+	−	+	+	−	−	+
$\tau=2\Delta t$	+		−	+	−	−	−	+	+	+	−	+	+	−	−
...		...		...		...		...		...		...		...	
$\tau=14\Delta t$	−	−	−	−	+	+	+	−	+	+	−	−	+	−	+

$i\Delta t$	30	31	32	33	34	35	36	37	38	39	40	41	42	43	44
$y(i\Delta t)$	2.01	1.67	1.70	1.82	1.04	0.59	0.38	0.81	1.91	2.55	2.28	2.56	3.13	2.70	2.06
$\tau=0$	+	−	−	−	−	+	+	+	−	+	+	−	−	+	−
$\tau=\Delta t$	−	+	−	−	−	−	+	+	+	−	+	+	−	−	+
$\tau=2\Delta t$	+	−	+	−	−	−	−	+	+	+	−	+	+	−	−
...		...		...		...		...		...		...		...	
$\tau=14\Delta t$	−	−	−	−	+	+	+	−	+	+	−	−	+	−	+

在计算 $R_{x'y}(0)$ 时，可按照表中 $\tau=0$ 那一栏的正负号对应地将采样值相加减，并最后除以采样值的个数 $N=30$，则得

$$R_{x'y}(0) = \frac{1}{30}\big[(2.06+0.68+0.44+0.80+2.38+2.47+2.69+1.82+0.68+0.52+0.86+2.50+2.50+2.82)$$
$$-(1.85+1.84+1.79+1.08+1.91+2.51+3.05+1.94+1.82+2.03+1.03+1.78+2.32+3.28+2.04)\big]$$

$$=-0.303$$

计算 $R_{x'y}(\Delta t)$ 时，将 $\tau = 0$ 那一栏的正负号向右移动 Δt 后，得到 $\tau = \Delta t$ 的形式，$y(i\Delta t)$ 将 $y(t)$ 的采样值 $y(i\Delta t)$ 对应地加减并除以 $N = 30$，即得

$$R_{x'y}(\Delta t) = \frac{1}{30}\left[\,(1.85 + 0.44 + 0.80 + 1.91 + \cdots + 2.04)\right.$$
$$\left. - (1.84 + 1.79 + 1.08 + 0.68 + \cdots + 2.01)\,\right] = -0.27$$
$$\cdots\cdots$$

如此继续下去，直到计算满一个周期 $\tau = T = 15\Delta t$ 结束，并将 $R_{x'y}(i\Delta t)$ 在坐标图上标出，将各离散点光滑连接，如图 5-39 中的虚线所示，就得到了被控过程输入为 $R_{x'x}(t)$（方波）的响应 $R_{x'y}(t)$ 的曲线。

需要说明的是，$R_{x'x}(\tau)$（方波）的图形也可分解为两部分：一部分是周期为 $N\Delta t$、基准为零、高度为 $a(N+1)/N$ 的方波脉冲；另一部分是直流分量 $-a/N$，输出 $R_{x'y}(\tau)$ 也包含对应它的响应稳态值。为了求得基准为零的方波响应，应将以上计算的互相关函数 $R_{x'y}(\tau)$ 减去稳态值，即由测试计算画出互相关函数 $R_{x'y}(\tau)$ 的图像，向上移动一个稳态值。平移后的图像，就是基准为零、高度为 $a(N+1)/N$、宽度为 Δt 的方波输入 $[R_{x'x}(\tau)]$ 的响应曲线，如图 5-39 的实线所示。最后按 5.4.1 节中已讨论过的方法，先求取被控过程的阶跃响应曲线，

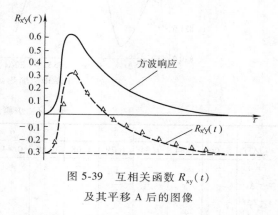

图 5-39 互相关函数 $R_{xy}(t)$
及其平移 A 后的图像

再求出所需的传递函数。对这一问题，最终求出的二阶传递函数为

$$G(s) = \frac{87.5}{44.09 s^2 + 13.28 s + 1} e^{-3.32 s}$$

5.4.4 最小二乘法建立被控过程的数学模型

5.4.4.1 线性系统特性的差分方程描述

前面讨论的都是建立被控过程的连续时间数学模型，如微分方程或传递函数。连续时间模型描述了被控过程的输入、输出信号随时间连续变化的特性。为了适应计算机控制技术的发展，需要建立被控过程的离散时间数学模型。这是因为基于计算机的控制系统，其输入、输出信号在时间上是离散的序列。对于计算机控制系统，采用离散时间数学模型进行系统分析与设计更为直接和便捷。

对于一个单输入、单输出（SISO）线性定常系统，可以用连续（时间）模型描述，如微分方程、传递函数 $G(s) = \dfrac{Y(s)}{U(s)}$；也可以用离散（时间）模型来描述，如差分方程、传递函数 $G(z) = \dfrac{Y(z)}{U(z)}$。如果对被控过程的连续输入信号 $u(t)$、输出信号 $y(t)$ 进行采样，则可得到一组输入序列 $u(k)$ 和输出序列 $y(k)$，输入序列和输出序列之间的关系可用下面的差分方程进行描述（不考虑纯滞后）：

$$y(k) + a_1 y(k-1) + a_2 y(k-2) + \cdots + a_n y(k-n)$$
$$= b_1 u(k-1) + b_2 u(k-2) + \cdots + b_n u(k-n) \tag{5-84}$$

式中，k 为采样次数；$u(i)$ 为被控过程输入序列；$y(i)$ 为被控过程输出序列；n 为模型阶数；a_1，a_2，$\cdots$，a_n 及 b_0，b_1，b_2，$\cdots$，b_n 为常系数。

被控过程建模（辨识）的任务，一是确定模型的结构，即确定模型的阶数 n 和滞后 τ_0（在差分方程中用 d 表示，$d = \tau_0 / T$，T 为采样周期）；二是确定模型结构中的参数。最小二乘法是在 n 和 τ_0 已知的前提下，根据输入、输出数据推算模型参数 a_1，a_2，$\cdots$，a_n 及 b_1，b_2，$\cdots$，b_n 常用的方法之一。

5.4.4.2 最小二乘法参数估计原理

在 n 和 τ_0 已知的前提下，最小二乘法是根据已获得的被控过程输入、输出数据，求出 a_1，a_2，$\cdots$，a_n 及 b_1，b_2，$\cdots$，b_n 的估计值 $\hat{a}_1$，$\hat{a}_2$，$\cdots$，$\hat{a}_n$，$\hat{b}_1$，$\hat{b}_2$，$\cdots$，$\hat{b}_n$，使系统按照式（5-84）模型描述时，对输入、输出数据拟合的误差平方和最小。

将式（5-84）写成如下形式：

$$y(k) = -a_1 y(k-1) - a_2 y(k-2) - \cdots - a_n y(k-n) + b_1 u(k-1) + b_2 u(k-2) + \cdots + b_n u(k-n) \tag{5-85}$$

考虑到测量误差、模型误差和干扰的存在，如果将实际采集到的被控过程的输入、输出数据代入上式，同样存在一定的误差。如果用 $e(k)$ 表示这一误差（称为模型残差），则式（5-85）变为如下形式：

$$y(k) = -a_1 y(k-1) - a_2 y(k-2) - \cdots - a_n y(k-n) + b_1 u(k-1) + b_2 u(k-2)$$
$$+ \cdots + b_n u(k-n) + e(k) \tag{5-86}$$

若通过试验或现场监测，采集到被控过程或系统的 $n+N$ 对输入、输出数据

$$\{u(k), \quad y(k); \quad k = 1, 2, \cdots, n+N\}$$

为了估计模型中的 $2n$ 个参数 a_1，a_2，$\cdots$，a_n 及 b_1，b_2，$\cdots$，b_n，将采集的 $n+N$ 对输入、输出数据代入式（5-86），得到 N 个方程

$$\left.\begin{aligned}
y(n+1) &= -a_1 y(n) - a_2 y(n-1) - \cdots - a_n y(1) + b_1 u(n) + b_2 y(n-1) + \cdots + b_n u(1) + e(n+1) \\
y(n+2) &= -a_1 y(n+1) - a_2 y(n) - \cdots - a_n y(2) + b_1 u(n+1) + b_2 y(n) + \cdots + b_n u(2) + e(n+2) \\
&\quad \cdots \\
y(n+N) &= -a_1 y(n+N-1) - \cdots - a_n y(N) + b_1 y(n+N-1) + \cdots + b_n u(N) + e(n+N)
\end{aligned}\right\} \tag{5-87}$$

式中，$N \geq 2n+1$。

将方程组（5-87）表示成矩阵形式

$$\boldsymbol{Y}(N) = \boldsymbol{X}(N) \boldsymbol{\theta}(N) + \boldsymbol{e}(N) \tag{5-88}$$

或

$$\boldsymbol{Y} = \boldsymbol{X}\boldsymbol{\theta} + \boldsymbol{e} \tag{5-89}$$

式（5-89）中

$$\boldsymbol{Y} = \boldsymbol{Y}(N) = \begin{bmatrix} y(n+1) \\ y(n+2) \\ \vdots \\ y(n+N) \end{bmatrix}$$

$$X = X(N) = \begin{bmatrix} X_1 \\ X_2 \\ \vdots \\ X_N \end{bmatrix}$$

$$= \begin{bmatrix} -y(n) & -y(n-1) & \cdots & -y(1) & u(n) & u(n-1) & \cdots & u(1) \\ -y(n+1) & -y(n) & \cdots & -y(2) & u(n+1) & u(n) & \cdots & u(2) \\ \vdots & \vdots & \cdots & \vdots & \vdots & \vdots & \cdots & \vdots \\ -y(n+N-1) & -y(n+N-2) & \cdots & -y(N) & u(n+N-1) & u(n+N-2) & \cdots & u(N) \end{bmatrix}$$

上式中

$$X_k = [-y(n+k-1),\ -y(n+k-2),\ \cdots,\ -y(k),\ u(n+k-1),\ u(n+k-2),\ \cdots,\ u(k)]$$

$$\boldsymbol{\theta} = \boldsymbol{\theta}(N) = \begin{bmatrix} a_1 \\ \vdots \\ a_n \\ b_1 \\ \vdots \\ b_n \end{bmatrix} \qquad \boldsymbol{e} = \boldsymbol{e}(N) = \begin{bmatrix} e(n+1) \\ e(n+2) \\ \vdots \\ e(n+N) \end{bmatrix}$$

最小二乘法参数估计是指选择参数 $\hat{a}_1,\ \hat{a}_2,\ \cdots,\ \hat{a}_n,\ \hat{b}_1,\ \hat{b}_2,\ \cdots,\ \hat{b}_n$，使模型误差尽可能的小，即要求估计参数 $\hat{\boldsymbol{\theta}}^T = [\hat{a}_1,\ \hat{a}_2,\ \cdots,\ \hat{a}_n,\ \hat{b}_1,\ \hat{b}_2,\ \cdots,\ \hat{b}_n]$ 使方程组（5-87）的参差平方和（损失函数）

$$J = \sum_{k=n+1}^{n+N} e^2(k) = \boldsymbol{e}^T \boldsymbol{e} \tag{5-90}$$

取最小值。

将基于参数估计值

$$\hat{\boldsymbol{\theta}} = [\hat{a}_1,\ \hat{a}_2,\ \cdots,\ \hat{a}_n,\ \hat{b}_1,\ \hat{b}_2,\ \cdots,\ \hat{b}_n]^T$$

的残差值

$$\boldsymbol{e} = \boldsymbol{Y} - \boldsymbol{X}\hat{\boldsymbol{\theta}}$$

代入式（5-90），可得损失函数

$$J = [\boldsymbol{Y} - \boldsymbol{X}\hat{\boldsymbol{\theta}}]^T [\boldsymbol{Y} - \boldsymbol{X}\hat{\boldsymbol{\theta}}] \tag{5-91}$$

为了求得使 J 达到最小值的参数值 $\hat{\boldsymbol{\theta}} = [\hat{a}_1,\ \hat{a}_2,\ \cdots,\ \hat{a}_n,\ \hat{b}_1,\ \hat{b}_2,\ \cdots,\ \hat{b}_n]^T$，可通过对 J 求极（小）值，即

$$\left. \frac{\partial J}{\partial \boldsymbol{\theta}} \right|_{\hat{\boldsymbol{\theta}}} = 0$$

求得。对式（5-91）求导并代入上式，可得矩阵方程

$$\frac{\partial J}{\partial \hat{\boldsymbol{\theta}}} = \frac{\partial}{\partial \hat{\boldsymbol{\theta}}} [\boldsymbol{Y} - \boldsymbol{X}\hat{\boldsymbol{\theta}}]^T [\boldsymbol{Y} - \boldsymbol{X}\hat{\boldsymbol{\theta}}] = -2\boldsymbol{X}^T [\boldsymbol{Y} - \boldsymbol{X}\hat{\boldsymbol{\theta}}] = 0$$

$$X^T X \hat{\theta} = X^T Y$$

若 $X^T X$ 为非奇异矩阵(通常情况下这一点可以满足),可得唯一的最小二乘参数估计值

$$\hat{\theta} = [X^T X]^{-1} X^T Y \qquad (5\text{-}92)$$

5.4.4.3 参数估计的递推最小二乘法

式(5-92)是在采集一批输入输出数据($n+N$ 对)后进行计算,求出参数的估计值 $\hat{\theta}$。如果新增加一对(或数对)数据,按照式(5-92),就要把新数据加到原先的数据中再重新计算 $\hat{\theta}$。随着数据的不断增加,不仅计算工作量不断增大,而且要保存所有的数据,内存的占用量会越来越大,不适合在线辨识。如果利用新增加的数据对原先已计算出的参数估计值 $\hat{\theta}$ 进行适当的修正,使其不断刷新,这样就不需要对全部数据进行重新计算和保存,可减少内存占用量和计算量,提高计算速度,这就是递推最小二乘法估计参数的思路。递推最小二乘法计算速度快、占用内存少,适合进行在线辨识。

把由 $n+N$ 对数据获得的最小二乘参数估计记为 $\hat{\theta}(N)$,由 $n+N+1$ 对数据获得的最小二乘参数估计记为 $\hat{\theta}(N+1)$。

在 $n+N$ 对数据的基础上再增加一对实测数据 $[u(n+N+1), y(n+N+1)]$ 时,输出矢量 Y 增加一个元素,矩阵 X 增加一行,记为

$$Y(N+1) = \begin{bmatrix} Y(N) \\ y(n+N+1) \end{bmatrix}; \qquad X(N+1) = \begin{bmatrix} X(N) \\ X_{N+1} \end{bmatrix}$$

式中

$$X_{N+1} = [-y(n+N), -y(n+N-1), \cdots, -y(N+1), u(n+N), u(n+N-1), \cdots, u(N+1)]$$

由式(5-92)可知,由 $n+N$ 对数据求得的最小二乘参数估计值

$$\hat{\theta}(N) = [X^T(N) X(N)]^{-1} X^T(N) Y(N)$$

将 $Y(N+1)$、$X(N+1)$ 代入式(5-92),可得 $n+N+1$ 对数据求出的最小二乘参数估计

$$\hat{\theta}(N+1) = [X^T(N+1) X(N+1)]^{-1} X^T(N+1) Y(N+1) \qquad (5\text{-}93)$$

令

$$P(N) = [X^T(N) X(N)]^{-1}, \quad 则有$$

$$P(N+1) = [X^T(N+1) X(N+1)]^{-1} = \left[\begin{bmatrix} X(N) \\ X_{N+1} \end{bmatrix}^T \begin{bmatrix} X(N) \\ X_{N+1} \end{bmatrix} \right]^{-1}$$

$$= [X^T(N) X(N) + X_{N+1}^T X_{N+1}]^{-1}$$

$$= [P^{-1}(N) + X_{N+1}^T X_{N+1}]^{-1} \qquad (5\text{-}94)$$

由矩阵求逆引理

$$(A + BCD)^{-1} = A^{-1} - A^{-1} B (C^{-1} + D A^{-1} B)^{-1} D A^{-1}$$

令

$$A = P^{-1}(N), \ B = X_{N+1}^T, \ C = 1, \ D = X_{N+1}$$

则由式(5-94)可得

$$P(N+1) = P(N) - P(N) X_{N+1}^T [1 + X_{N+1} P(N) X_{N+1}^T]^{-1} X_{N+1} P(N) \qquad (5\text{-}95)$$

将式(5-93)中的变量代换可得

$$\hat{\theta}(N+1) = [X^T(N+1) X(N+1)]^{-1} X(N+1)^T Y(N+1) = P(N+1) \begin{bmatrix} X(N) \\ X_{N+1} \end{bmatrix}^T \begin{bmatrix} Y(N) \\ y(n+N+1) \end{bmatrix}$$

$$= \boldsymbol{P}(N+1)\boldsymbol{X}^{\mathrm{T}}(N)\boldsymbol{Y}(N) + \boldsymbol{P}(N+1)\boldsymbol{X}_{N+1}^{\mathrm{T}}y(n+N+1)$$

为了将 $\hat{\boldsymbol{\theta}}(N)$ 与 $\hat{\boldsymbol{\theta}}(N+1)$ 联系起来，将上式写成如下形式：

$$\hat{\boldsymbol{\theta}}(N+1) = \boldsymbol{P}(N+1)\boldsymbol{P}^{-1}(N)\boldsymbol{P}(N)\boldsymbol{X}^{\mathrm{T}}(N)\boldsymbol{Y}(N) + \boldsymbol{P}(N+1)\boldsymbol{X}_{N+1}^{\mathrm{T}}y(n+N+1)$$

$$= \boldsymbol{P}(N+1)\boldsymbol{P}^{-1}(N)\hat{\boldsymbol{\theta}}(N) + \boldsymbol{P}(N+1)\boldsymbol{X}_{N+1}^{\mathrm{T}}y(n+N+1) \qquad (5\text{-}96)$$

由式(5-94)可得

$$\boldsymbol{P}^{-1}(N) = \boldsymbol{P}^{-1}(N+1) - \boldsymbol{X}_{N+1}^{\mathrm{T}}\boldsymbol{X}_{N+1}$$

将上式代入式(5-96)得

$$\hat{\boldsymbol{\theta}}(N+1) = \hat{\boldsymbol{\theta}}(N) + \boldsymbol{P}(N+1)\boldsymbol{X}_{N+1}^{\mathrm{T}}[y(n+N+1) - \boldsymbol{X}_{N+1}\hat{\boldsymbol{\theta}}(N)] \qquad (5\text{-}97)$$

式(5-95)与式(5-97)共同组成参数估计最小二乘法的递推公式。对两式的含义简要说明如下：

1) $n+N$ 对数据获得参数估计为 $\hat{\boldsymbol{\theta}}(N)$，若再增加一对新的实测数据，则由式(5-97)可知新的估计值 $\hat{\boldsymbol{\theta}}(N+1)$ 为 $\hat{\boldsymbol{\theta}}(N)$ 加上一个修正项

$$\boldsymbol{P}(N+1)\boldsymbol{X}_{N+1}^{\mathrm{T}}[y(n+N+1) - \boldsymbol{X}_{N+1}\hat{\boldsymbol{\theta}}(N)]$$

式中

$$\boldsymbol{X}_{N+1}\hat{\boldsymbol{\theta}}(N) = -\hat{a}_1 y(n+N) - \hat{a}_2 y(n+N-1)\cdots -\hat{a}_n y(N+1)$$
$$+ \hat{b}_1 u(n+N) + \hat{b}_2 u(n+N-1)\cdots + \hat{b}_n u(N+1)$$

可知 $\boldsymbol{X}_{N+1}\hat{\boldsymbol{\theta}}(N)$ 是根据上一次的参数估计值 $\hat{\boldsymbol{\theta}}(N)$ 和以前的实测值推算出来的当前输出值（称为预报值）。而 $y(n+N+1)$ 是新的实测输出值，如果实测值和预报值相等，即

$$y(n+N+1) = \boldsymbol{X}_{N+1}\hat{\boldsymbol{\theta}}(N)$$

那么修正项为零，$\hat{\boldsymbol{\theta}}(N+1) = \hat{\boldsymbol{\theta}}(N)$，前一次参数的估计值不需要修正。

2) $y(n+N+1) \neq \boldsymbol{X}_{N+1}\hat{\boldsymbol{\theta}}(N)$，必须对 $\hat{\boldsymbol{\theta}}(N)$ 进行修正以获得新的参数估计值 $\hat{\boldsymbol{\theta}}(N+1)$。修正项与 $[y(n+N+1)-\boldsymbol{X}_{N+1}\hat{\boldsymbol{\theta}}(N)]$ 成正比，$\boldsymbol{P}(N+1)\boldsymbol{X}_{N+1}^{\mathrm{T}}$ 为修正因子，$y(n+N+1)$（实测值）与 $\boldsymbol{X}_{N+1}\hat{\boldsymbol{\theta}}(N)$（预报值）的差值越大，或者修正因子 $\boldsymbol{P}(N+1)\boldsymbol{X}_{N+1}^{\mathrm{T}}$ 越大，修正项越大。

3) 修正因子中的 $\boldsymbol{X}_{N+1}^{\mathrm{T}}$ 由实测数据确定，$\boldsymbol{P}(N+1)$ 根据式(5-95)递推得到。

4) 式(5-95)中的 $[1+\boldsymbol{X}_{N+1}\boldsymbol{P}(N)\boldsymbol{X}_{N+1}^{\mathrm{T}}]$ 实际上是一个标量，因此 $[1+\boldsymbol{X}_{N+1}\boldsymbol{P}(N)\boldsymbol{X}_{N+1}^{\mathrm{T}}]^{-1}$ 只是求倒数运算。由式(5-95)和式(5-97)构成的递推算法并不需要进行矩阵求逆运算，算法简单，运算速度快。

5.4.4.4 模型阶次 n 和纯滞后 τ_0 的确定

以上讨论都是假定模型阶次 n 已知，而且没有考虑纯延迟时间（即认为 $\tau_0 = 0$），实际上 n 未必能事先知道，τ_0 也不一定为 0，需要根据实验数据确定。

1. 模型阶次 n 的确定

确定模型阶次 n 的方法很多，最为简单的方法是拟合度检验法，也称损失函数检验法，它是通过比较不同阶次的模型输出与实测输出的拟合好坏，决定模型阶次，其具体作法是：先依次设定模型的阶次 $n=1$，2，3，…，再计算不同阶次时的最小二乘参数估计值 $\hat{\boldsymbol{\theta}}_n$ 及其相应的损失函数 J，然后比较相邻的不同阶次 n 的模型与实测数据之间拟合程度的好坏，确定模型的阶次。

若 J_{n+1} 较 J_n 有明显的减小，则阶次 n 上升到 $n+1$，直至阶次增加后 J 无明显变化，

$J_{n+1}-J_n<\varepsilon$，最后选用 J 减小不明显的阶次作为模型的阶次。拟合好坏的指标可以用误差平方和函数或损失函数 J 来评价，即

$$J = e^{\mathrm{T}}e = [Y - X\hat{\theta}]^{\mathrm{T}}[Y - X\hat{\theta}] \tag{5-98}$$

式中，$\hat{\theta}$ 为某一给定阶次 n 的模型参数的最小二乘估计值。

一般情况下，刚开始时，随着模型阶次 n 的增加，J 值有明显减小。当设定的阶次比实际的阶次大时，J 值就无明显的下降，可以应用这一原理来确定合适的模型阶次。下面用一个实例来说明这一方法的具体应用。

设被控过程模型可用如下差分方程表示：

$$y(k) = -\sum_{i=1}^{n} a_i y(k-i) + \sum_{i=1}^{n} b_i u(k-i) + e(k) \tag{5-99}$$

在式（5-99）中，首先假设 $n=1$、2、3，对模型进行仿真，然后对不同的模型噪声水平，根据输入、输出数据来估计不同阶次时的参数 $\hat{\theta}$，求出 $n=1$、2、3 所对应的 J 值。计算结果如表 5-3 所示。

由表 5-3 可知，不管噪声大小，$n=2$ 时的 J 值比 $n=1$ 时的 J 值有明显减小；$n=2$ 时的 J 值与 $n=3$ 时的 J 值相差不大，故选择模型的阶次为 $n=2$。

在表 5-3 中，当 $\sigma=0$、$n=2$ 时，$J=0$；当 $\sigma=0$、$n>2$ 时，由于 $X^{\mathrm{T}}X$ 为奇异矩阵，最小二乘参数估计值 $\hat{\theta}$ 不存在。当 $\sigma\neq0$ 时，对于 $n=1$、2、3，$X^{\mathrm{T}}X$ 均为非奇异矩阵，参数估计值 $\hat{\theta}$ 均存在。

表 5-3 不同阶次 n 时的 J 值比较

噪声水平	损失函数 J		
	$n=1$	$n=2$	$n=3$
$\sigma=0.0$	265.863	0.00	—
$\sigma=0.1$	248.447	0.987	0.983
$\sigma=0.5$	335.848	24.558	24.451
$\sigma=1.0$	308.132	99.863	98.898
$\sigma=5.0$	5131.905	2462.220	2440.245

2. 纯滞后 τ_0 的确定

在以上的最小二乘估计算法中，为了简化，均未考虑纯滞后时间，即 $\tau_0=0$。但在实际生产过程中，纯滞后不一定为零，所以必须加以辨识。对于离散时间模型，只要采样时间间隔不是很大，纯延迟时间 τ_0 一般取采样时间间隔 T 的整数倍，如 $\tau_0=mT$，$m=1$、2、3、$\cdots$。

被控过程有纯滞后时的差分方程为

$$y(k) = -\sum_{i=1}^{n} a_i y(k-i) + \sum_{i=1}^{n} b_i u(k-m-i) + e(k) \tag{5-100}$$

式（5-100）与前面所用计算式的不同之处，仅在于输入信号从 $u(k-i)$ 变为 $u(k-m-i)$。所以，对应的最小二乘估计算法也只要将数据矩阵中的 $u(k-i)$ 换成 $u(k-m-i)$，其他部分不需要作任何变动。

被控过程纯滞后 τ_0 通常是可以事先知道的。当 τ_0 大小未知时，可以通过前面所述的阶

跃响应曲线实验法获得，或者通过比较不同纯滞后时间的损失函数 J 的方法来求取，具体作法与模型阶次 n 的确定方法相同，即设定 $\tau_0 = mT$，$m = 1$，2，3，$\cdots$，给定不同的 n 和 m 反复进行最小二乘估计，使损失函数 J 为最小值的 n 和 m 就是所研究的最终 n 和 m 值，很明显，n 和 τ_0 完全可结合起来同时确定。

思考题与习题

5-1 什么是被控过程的数学模型？

5-2 建立被控过程数学模型的目的是什么？过程控制对数学模型有什么要求？

5-3 建立被控过程数学模型的方法有哪些？各有什么要求和局限性？

5-4 什么是流入量？什么是流出量？它们与控制系统的输入、输出信号有什么区别与联系？

5-5 机理法建模一般适用于什么场合？

5-6 什么是自衡特性？具有自衡特性被控过程的系统框图有什么特点？

5-7 什么是单容过程和多容过程？

5-8 什么是过程的滞后特性？滞后有哪几种？产生的原因是什么？

5-9 对图 5-40 所示的液位过程，流入量为 Q_1，流出量为 Q_2、Q_3。以 Q_1 为控制变量，液位 h 为被控参数，水箱截面为 A，并设 R_2、R_3 为线性液阻。

(1)列写液位过程的微分方程组；

(2)画出液位过程的框图；

(3)求出传递函数 $H(s)/Q_1(s)$，并写出放大倍数 K 和时间常数 T 的表达式。

5-10 以 Q_1 为输入、h_2 为输出列写图 5-10 串联双容液位过程的微分方程组，并求出传递函数 $H_2(s)/Q_1(s)$。

5-11 已知图 5-41 中气罐的容积为 V，入口处气体压力 p_i 和气罐内气体温度 T 均为常数。假设罐内气体密度 ρ 在压力变化不大的情况下可视为常数，等于入口处气体密度；R_1 在进气量变化不大时可近似为线性气阻。试求以送气量 Q_o 为输入变量、气罐压力 p 为输出的传递函数 $P(s)/Q_o(s)$。

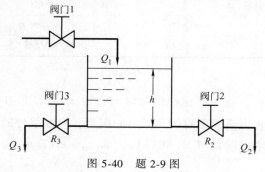

图 5-40 题 2-9 图

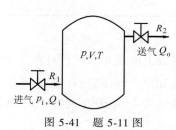

图 5-41 题 5-11 图

5-12 何为测试法建模？它有什么特点？

5-13 应用直接法测定阶跃响应曲线时应注意哪些问题？

5-14 简述将矩形脉冲响应曲线转换为阶跃响应曲线的方法；矩形脉冲法测定被控过程的阶跃响应曲线的优点是什么？

5-15 实验测得某液位过程的阶跃响应数据如下：

t/s	0	10	20	40	60	80	100	140	180	250	300	400	500	600	$\cdots$
h/cm	0	0	0.2	0.8	2.0	3.6	5.4	8.8	11.8	14.4	16.6	18.4	19.2	19.3	$\cdots$

当阶跃扰动为 $\Delta\mu = 20\%$ 时：

（1）画出液位的阶跃响应曲线；

（2）用一阶惯性环节加滞后近似描述该过程的动态特性，确定 K、T、τ。

5-16　某一流量对象，当调节阀气压改变 0.01MPa 时，流量变化数据如下：

t/s	0	1	2	4	6	8	10	…	…
$\Delta Q/(\mathrm{m^3 \cdot h})$	0	40	62	100	124	140	152	…	160

用一阶惯性环节近似该被控对象，确定其传递函数。

5-17　某温度过程矩形脉冲响应实测数据如下：

t/min	1	3	4	5	8	10	15	16.5	20	25	30	40	50	60	70	80
$\theta/℃$	0.46	1.7	3.7	9.0	19.0	26.4	36	37.5	33.5	27.2	21	10.4	5.1	2.8	1.1	0.5

矩形脉冲幅值为 2t/h，脉冲宽度 $\Delta t = 10\mathrm{min}$

（1）将该矩形脉冲响应曲线转化为阶跃响应曲线；

（2）用二阶惯性环节该温度过程的传递函数。

5-18　实验测得某液位过程的矩形脉冲响应数据如下：

t/s	0	10	20	40	60	80	100	120	140	160	180	200	220	240	260
h/cm	0	0	0.2	0.6	1.2	1.6	1.8	2.0	1.9	1.7	1.4	1	0.8	0.6	0.6

t/s	280	300	320	340	360	400	450	600	……
h/cm	0.5	0.4	0.4	0.3	0.2	0.15	0.10	0.00	……

矩形脉冲幅值 $\Delta\mu = 20\%$ 阀门开度变化，脉冲宽度 $\Delta t = 40\mathrm{s}$：

（1）将该矩形脉冲响应曲线转化为阶跃响应曲线；

（2）用一阶惯性环节加滞后近似描述该过程的动态特性，试用不同方法确定 K、T、τ。并对结果进行分析。

5-19　简述频率法测试动态特性的基本原理及其优点与局限。

5-20　什么是平稳随机过程？随机过程各态历经的含义是什么？

5-21　什么是白噪声？

5-22　相关分析辨识过程动态特性的优点是什么？

5-23　什么是 M 序列？M 序列与白噪声有何区别与联系？

5-24　用 M 序列辨识过程的动态特性时，选择 M 序列的周期 N，脉冲宽度 Δt 的原则是什么？电平幅值怎样确定？

5-25　估计模型参数最小二乘法的一次完成算法与递推算法的区别是什么？

5-26　递推最小二乘法递推公式中的 $\boldsymbol{X}_{N+1}\hat{\boldsymbol{\theta}}(N)$ 的含义是什么？$y(n+N+1) - \boldsymbol{X}_{N+1}\hat{\boldsymbol{\theta}}(N)$ 的含义是什么？$y(n+N+1) = \boldsymbol{X}_{N+1}\hat{\boldsymbol{\theta}}(N)$ 意味着什么？

5-27　用最小二乘法估计模型参数时怎样确定模型的阶次 n 和纯滞后 τ？

第6章 简单控制系统设计与参数整定

6.1 简单控制系统的组成与结构

在第 1 章曾介绍过,过程控制的对象复杂多样,控制方案和系统结构种类较多。所谓简单控制系统,是指由一个测量传感器及变送器、一个控制(调节)器、一个调节阀和一个被控过程(对象)组成,并只对一个被控参数进行控制的单闭环反馈控制系统。

图 6-1 所示的水箱液位控制系统和图 6-2 所示的热交换器温度控制系统都是简单控制系统的例子。

在图 6-1 所示的水箱液位控制系统中,液位是被控参数,液位变送器 LT 将反映液位高低的检测信号送往液位控制器 LC;控制器根据水箱液位实际检测值与液位设定值的偏差情况,输出控制信号给执行器(调节阀),改变调节阀的开度,调节水箱输出流量以维持液位稳定。

在 6-2 所示的热交换器温度控制系统中,被加热物料换热器出口温度是被控参数,温度变送器 TT 将换热器出口温度信号送入温度控制器 TC,控制器通过控制调节阀开度,调节进入热交换器的载热介质流量,将换热器出口物料温度控制在规定的数值。

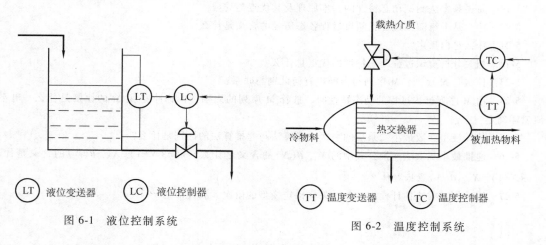

图 6-1 液位控制系统

图 6-2 温度控制系统

图 6-3 是简单控制系统的典型框图。由图可知,简单控制系统由四个基本环节组成,被控过程(对象)、测量变送装置、控制器、执行器四个部分的传递函数分别为 $G_o(s)$、$G_m(s)$、$G_c(s)$ 和 $G_v(s)$。不同控制系统的被控过程、被控参数不同,所采用的检测装置、控制介质也不一样,但都可以用图 6-3 的框图表示。由图 6-3 可以看出,简单控制系统只有一

个反馈控制回路，因此也称为单回路控制系统。

单回路控制系统是最基本的控制系统。由于其结构简单、投资少、易于调整、操作维护比较方便，又能满足多数工业生产的控制要求，应用十分广泛，占到控制系统总量的80%以上。只有在单回路控制系统不能满足生产过程控制要求的情况下，才采用复杂控制系统。

另一方面，简单控制系统的分析、设计方法是各种复杂控制系统分析、设计的基础。掌握了简单控制系统，将会给复杂控制系统的分析与设计提供很大的方便。因此，学习和掌握简单控制系统的分析、设计是十分必要的。前面几章分别介绍了简单控制系统各个组成部分的基本知识。本章将围绕简单控制系统，介绍过程控制系统设计的方法与基本原则；重点讨论被控参数及控制变量的选择、控制器控制规律的选择及控制器参数的工程整定。

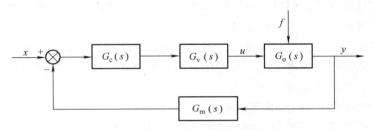

图 6-3　单回路控制系统框图

在图 6-1 和图 6-2 中，变送器和控制器都用一个内部标有数字的圆圈表示。国家标准规定，在过程控制系统工程施工图中，检测和控制仪表用直径 12mm 或 10mm 的细实线圆圈表示，圆圈上半部的字母代号(一般用英文单词的缩写)表示仪表的类型，第 1 位表示被测或被控变量的类型，后序字母表示仪表功能；下半部的数字为仪表位号(一般用阿拉伯数字和英文字母表示)，前面 1(或 2)位数字表示工段号，后续 2～3 位数字表示顺序号。上下中间有分隔直线的表示控制室(架装、盘装)仪表，中间无分隔直线的为现场仪表，如图 6-4 所示。关于图形符号字母的含义及其他装置(如执行器)的表示符号可查阅国家有关标准。

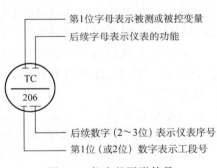

图 6-4　仪表的图形符号

在本书中由于图中仪表数量少，为了简便，只标注表示仪表的类型字母代号而省略仪表位号。

6.2　简单控制系统设计

6.2.1　过程控制系统方案设计的基本要求、主要内容与设计步骤

6.2.1.1　过程控制系统方案设计的基本要求

生产过程对过程控制系统的要求是多种多样的，其中最主要的要求可简要归纳为安全性、稳定性和经济性三个方面。

安全性是指在整个生产过程中，过程控制系统能够确保人员与设备的安全(并兼顾环境

卫生、生态保护等社会性安全要求），这是对过程控制系统最重要也是最基本的要求。过程控制系统本身就是生产过程的一道安全屏障，在生产过程出现异常时采取设备/装置失控复位、参数越限报警、事故报警、联锁保护等措施，保证生产、设备与人身安全。

稳定性是过程控制系统保证生产过程正常工作的必要条件。稳定性是指在存在一定扰动的情况下，过程控制系统能够将工艺参数控制在规定的范围内，维持设备和系统长期稳定运行，使生产过程平稳、持续地进行。由自动控制理论的知识可知，过程控制系统除了要满足绝对稳定性(并具有适当的稳定裕度/量)的基本要求之外，同时要求系统具有良好的动态响应特性(过渡过程时间短，动态、稳态误差小等)。

经济性是指过程控制系统在提高产品质量、产量的同时，节省原材料，降低能源消耗，提高经济效益与社会效益，同时尽可能降低建设成本与运维费用。采用有效手段对生产过程进行优化控制是满足工业生产对经济性要求不断提高的重要途径。

在实际工程中，对过程控制系统的各种要求之间往往存在矛盾。因此在实际控制系统设计时，应根据实际需要，分清主次，首先保证满足最重要的安全、质量指标要求并留有适当余地；同时协调、兼顾其他的指标要求。

6.2.1.2 过程控制系统设计的主要内容

过程控制系统设计包括控制系统方案设计、工程设计、仪表与装置安装设计和仪表调校、控制器控制策略设计与参数整定等四个主要内容。

控制方案设计是过程控制系统设计的核心。如果控制方案设计不合理，无论选用什么样先进的过程控制仪表、设备或系统，施工质量多么好，用什么样的方法整定控制参数，都不可能使控制系统及生产过程很好地工作，甚至控制系统不能正常运行、生产过程无法进行。控制方案的优劣对于过程控制系统设计的成功与否至关重要。

工程设计是在控制方案正确设计的基础上进行的，它包括仪表选型、现场仪表与设备安装位置确定、控制室操作台和仪表盘设计、供电与供气系统设计、信号及联锁保护系统设计、安装设计等。

控制系统设备的正确安装是保证系统正常运行的前提。系统安装完成后，还要对每台仪表、设备(计算机系统的每个环节)进行单体调校和控制回路的联校。

在控制方案设计合理、系统仪表及设备正确安装的前提下，控制器控制策略设计与参数整定是系统运行在最佳状态的重要步骤，是过程控制系统实施过程的重要环节。

6.2.1.3 过程控制系统设计的步骤

过程控制系统设计，从设计任务提出到系统投入运行，是一个从理论设计到实践，再从实践到理论设计多次反复的过程。过程控制系统设计大致可分为以下几个步骤。

(1)熟悉和理解生产工艺对控制系统的技术要求与性能指标 控制系统的技术要求与性能指标一般由生产过程设计、设备制造单位或用户提出，这些技术要求与性能指标是控制系统设计的基本依据，设计者必须全面、深入地理解与掌握。技术要求与性能指标必须科学合理、切合实际。

(2)建立被控过程数学模型 被控过程数学模型是控制系统分析与设计的基础，建立数学模型是过程控制系统设计的第一步。在控制系统设计中，首先要解决如何用恰当数学模型来描述被控过程的动态特性。只有掌握了过程的数学模型，才能深入分析被控过程的特性、选择正确的控制方案。

（3）控制方案确定　控制方案包括控制方式选定和系统组成结构的确定，是过程控制系统设计的关键步骤。控制方案的确定既要依据被控过程的工艺特点、环境条件、动态特性、技术要求与性能指标，还要考虑生产过程的安全性、经济性和技术实施的可行性、使用与维护的简单性等因素，进行反复比较与综合评价，最终确定合理的控制方案。必要时，可在初步控制方案确定之后，应用系统仿真等方法进行系统静态、动态特性分析计算，验证控制系统的稳定性、过渡过程等特性是否满足工艺要求，再对控制方案进行修正、完善与优化。

（4）控制设备选型　根据控制方案和过程特性、工艺要求、工质性质、使用环境等条件，选择合适的检测变送器、控制器与执行器等。

（5）实验（或仿真）验证　实验（或仿真）验证是检验系统设计正确与否的重要手段。有些在系统设计过程中难以确定和考虑的因素，可以在实验或仿真中引入，并通过实验检验系统设计的正确性，以及系统的性能指标是否满足要求。若系统性能指标与功能不能满足要求，则必须进行改进或重新设计。

6.2.2　被控参数与控制变量的选择

6.2.2.1　被控参数的选择

生产中希望借助控制系统保持恒定值或按一定规律变化的参数称为被控参数，也称为被控变量。被控参数选择是控制方案设计中的重要一环，对控制系统能否达到稳定操作、增加产量、提高质量、节能降耗、改善劳动条件、保证生产安全等具有决定性意义，关系到控制方案的成败。如果被控参数选择不当，则不管采用什么形式的控制系统，也不管选用多么先进的检测控制设备，均难以达到预期的控制效果。

被控参数的选择与生产工艺密切相关。影响生产过程正常运行的因素很多，并非所有影响因素都要加以控制。在选择被控参数时，必须根据工艺要求，深入分析生产过程，找出对产品的质量和产量、安全生产、经济运行、环境保护、节能降耗等具有决定性作用，能较好反映生产工艺状态及变化的参数作为被控参数。

根据被控参数与生产过程的关系，被控参数的选择通常有两种方法。一种是选择能直接反映生产过程中产品产量、质量或生产安全，又易于测量的参数作为被控参数，称为直接被控参数法。例如可选水位作为蒸汽锅炉水位控制系统的直接被控参数，因为水位过高或过低均对生产过程不利，甚至会造成严重生产事故。

如果生产过程要求对产品质量指标进行控制，按理应以直接反映产品质量的变量作为被控参数，但有时由于缺乏检测直接反映产品质量参数的有效手段，无法对产品质量参数进行直接检测；或虽能检测，但检测信号很微弱或滞后很大，直接参数检测不能及时、正确地反映生产过程的实际情况。这时可以选择与质量指标有单值对应关系、易于测量的变量作为间接被控参数，间接反映产品质量、生产过程的实际情况。

被控参数选择有时是一件十分复杂的工作，除了前面所提到的因素之外，还要涉及许多其他因素。下面通过一个例子来说明间接被控参数的选择方法。

图6-5是二元精馏过程示意图。精馏是利用被分离混合物中两种组分沸点/挥发度不同，实现组分分离。假定精馏塔的目标是塔顶（或塔底）馏出物达到规定的纯度，那么塔顶（或塔底）馏出物组分 x_d（或 x_w）的浓度是直接反映产品质量的指标，理应作为被控参数。但组分 x_d（或 x_w）浓度的检测比较困难，这时可在与 x_d（或 x_w）浓度相关联的变量中找出合适的变量

作为被控参数，进行质量指标的间接控制。

气-液两相并存时，塔顶气相中易挥发组分浓度 x_d 与气相温度 T_d、压力 p_d 之间有确定关系。压力恒定时，浓度 x_d 和温度 T_d 之间存在单值关系。以苯和甲苯二元组分混合物为例，在气液共存的恒压容器中，气相中易挥发组分苯的浓度（x_d）与温度之间的关系如图6-6所示，混合气体（相）温度越低，苯浓度越高，混合气体（相）温度越高，苯的浓度越低。

当温度 T_d 恒定时，气相中苯浓度（x_d）和压力 p_d 之间也存在单值对应关系，如图6-7所示。气体（相）压力越高，对应苯浓度（x_d）越高；反之，气体（相）压力越低，苯浓度越低。因此，在组分、温度、压力三个变量中，只要固定温度或压力中的一个，另一个变量就可以代替浓度作为被控参数。选温度或压力中哪一个参数作为被控参数，还要结合其他要素进行分析。从工艺合理性的角度考虑，常常选择温度作为被控参数，这是因为在精馏过程中，一般要求塔内压力固定。只有在规定压力下，才能保证精馏塔的生产效率和生产能力。

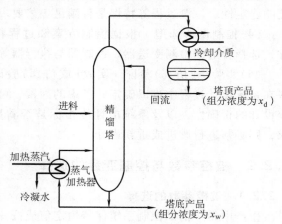

图6-5 二元精馏过程示意图

如果塔压波动、塔内的气-液平衡和气体（相）流速不稳定，相对挥发度也不稳定，精馏塔处于不良工况。另外，塔压变化还会引起与之相关的物料量（流量）变化，影响精馏塔物料平衡，引起精馏塔负荷波动。塔压固定，精馏塔各层塔板上压力稳定，各层塔板上的温度与组分之间可保持单值对应关系。由此可知，固定压力，选择温度作为控制产品质量的间接被控参数在工艺上是合理的。

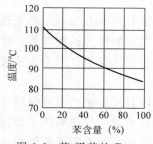

图6-6 苯-甲苯的 T_d-x_d

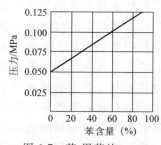

图6-7 苯-甲苯的 p_d-x_d

在选择间接被控参数时，还要求所选参数对其所代表的直接参数有足够高的灵敏度。在上面的例子中，温度 T_d 对 x_d 的变化必须足够灵敏，即由 x_d 变化引起的 T_d 变化足够大，能够被测温元件所感受。此外还要考虑被控参数之间的独立性。当塔顶和塔底产品纯度都有要求时，可在固定塔压的情况下，在塔顶和塔底分别设置温度控制系统实现两端产品的质量控制。由于精馏塔塔顶温度与塔底温度之间存在关联，若以两个简单控制系统分别控制塔顶温度与塔底温度，两者之间存在（气相、液相的上下流动）相互干扰，将导致控制系统的控制效果变差，甚至不能正常工作。当简单控制系统不能满足生产过程工艺要求时，就要采用复杂控制系统方案。有关这方面的内容将在第7章进行讨论。

选取被控参数的基本原则是首先考虑选择对产品质量和产量、安全生产、经济运行和环境保护具有决定性作用、可直接测量的工艺参数为被控参数；当直接参数不易测量，或其测量精度低、滞后很大时，应选择一个易于测量，与直接参数有单值关系的间接参数作为被控参数；同时兼顾工艺上的合理性和所用仪表的性能及经济性。

6.2.2.2　控制变量的选择

在自动控制系统中，把用来克服干扰对被控参数的影响，实现控制作用的变量称为控制变量(也称操纵变量)。在过程控制中最常见的控制变量是介质的流量。在有些生产过程中，控制变量是很明显的，如图 6-1 所示的液位控制系统，其控制变量是出口流体的流量；在图 6-2 所示的温度控制系统中，控制变量是载热介质的流量。但在有些生产过程中，影响被控参数的变量有几个，这些(输入)变量中，有些允许控制，有些则不允许控制。从理论上讲，所有允许控制的变量都可选作为控制变量，但在单输入-单输出(SISO)系统中只能有一个控制变量。原则上，在考虑生产过程特点和产品特点的情况下，要从所有允许控制的变量中尽可能地选择一个对被控参数影响显著、控制性能好的(输入)变量作为控制变量。

从控制原理的观点来看，从所有允许控制的变量中选出一个作为控制变量，需要分析、比较不同的控制通道(控制变量对被控参数作用的通道，如图 6-3 中 $u \rightarrow y$ 通道)和不同的扰动通道(扰动量对被控参数的作用通道，如图 6-3 中的 $f \rightarrow y$ 通道)特性和对系统控制品质的影响，作出合理的选择。选择控制变量就是选择正确的控制通道。当控制变量选定以后，其他所有未被选中的变量均被视为控制系统的干扰。

控制变量与(扰动)干扰都作用于被控过程，都会引起被控参数的变化，其关系可用图 6-8 表示。干扰变量通过干扰通道作用于被控过程，使被控参数偏离设定值，对控制质量起着破坏作用；控制变量通过控制通道作用于被控过程，使被控参数回复到设定值，起着校正作用。控制变量和干扰变量对被控参数的影响都与过程的特性密切相关。因此，要认真分析被控过程的特性，选择合适的控制变量，以获得良好的控制品质。

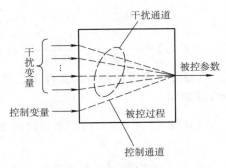

图 6-8　被控参数、控制变量、干扰及通道关系示意图

下面通过分析过程特性对控制品质的影响，讨论控制变量选择的方法。

1. 过程(通道)静态特性对控制品质的影响

在图 6-9 所示的单回路控制系统框图中，$G_c(s)$ 为控制器的传递函数并假设采用比例控制；$G_o(s)$ 为广义控制通道(包括执行器和变送器)的传递函数，$G_f(s)$ 为扰动通道的传递函数；并设

$$\left.\begin{array}{l} G_o(s) = \dfrac{K_o}{T_o s + 1} \\[2mm] G_c(s) = K_c \\[2mm] G_f(s) = \dfrac{K_f}{T_f s + 1} \end{array}\right\} \qquad (6\text{-}1)$$

　　被控参数 $y(t)$ 受设定信号 $x(t)$ 和干扰信号 $f(t)$ 的共同影响，其拉普拉斯变换 $Y(s)$ 可用下式表示：

$$Y(s) = \frac{G_o(s)G_c(s)}{1 + G_c(s)G_o(s)}X(s) + \frac{G_f(s)}{1 + G_c(s)G_o(s)}F(s) \tag{6-2}$$

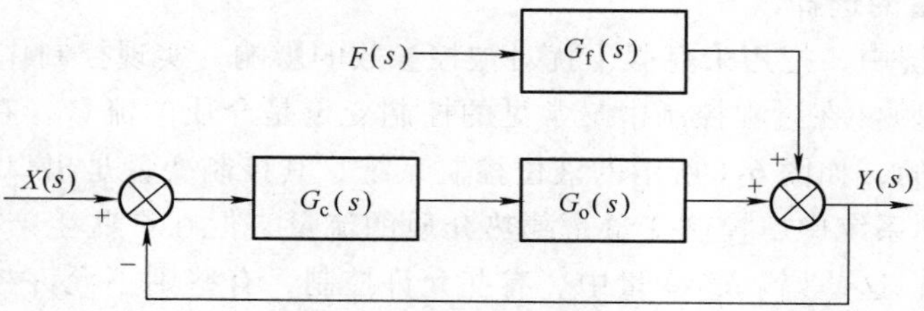

图6-9　单回路控制系统框图

系统偏差为 $e(t) = x(t) - y(t)$，其拉普拉斯变换为

$$E(s) = X(s) - Y(s) \tag{6-3}$$

将式(6-2)代入式(6-3)可得

$$E(s) = \frac{1}{1 + G_c(s)G_o(s)}X(s) - \frac{G_f(s)}{1 + G_c(s)G_o(s)}F(s) = E_x(s) + E_f(s) \tag{6-4}$$

式中

$$E_x(s) = \frac{1}{1 + G_c(s)G_o(s)}X(s) = \frac{T_0 s + 1}{(T_0 s + 1) + K_0 K_c}X(s) \tag{6-5}$$

$$E_f(s) = -\frac{G_f(s)}{1 + G_c(s)G_o(s)}F(s) = -\frac{K_f(T_0 s + 1)}{(T_0 s + 1)(T_f s + 1) + K_0 K_c(T_f s + 1)}F(s) \tag{6-6}$$

　　下面分析在系统稳定的条件下，当 $t \to \infty$ 时，设定值 $x(t)$ 和干扰 $f(t)$ 对系统稳态偏差 $e(\infty)$ 的影响。

　　(1) 当 $f(t) = 0$、$x(t)$ 作单位阶跃变化时，$x(s) = \dfrac{1}{s}$

$$E(s) = E_x(s) = \frac{T_0 s + 1}{(T_0 s + 1) + K_0 K_c}\frac{1}{s}$$

$$e(\infty) = \lim_{t \to \infty} e(t) = \lim_{s \to 0} s E_x(s) = \lim_{s \to 0} s \frac{T_0 s + 1}{(T_0 s + 1) + K_0 K_c}\frac{1}{s} = \frac{1}{1 + K_0 K_c}$$

　　从上式可知，设定值 $x(t)$ 作阶跃变化时，控制通道的静态放大系数 K_0 越大，控制系统的稳态偏差(绝对)值越小，控制精度越高。

　　(2) 当 $x(t) = 0$、$f(t)$ 为单位阶跃扰动时，$F(s) = \dfrac{1}{s}$

$$E(s) = E_f(s) = -\frac{K_f(T_0 s + 1)}{(T_0 s + 1)(T_f s + 1) + K_0 K_c(T_f s + 1)}\frac{1}{s}$$

$$e(\infty) = \lim_{t \to \infty} e(t) = \lim_{s \to 0} s E_f(s) = -\lim_{s \to 0} s \frac{K_f(T_0 s + 1)}{(T_0 s + 1)(T_f s + 1) + K_0 K_c(T_f s + 1)}\frac{1}{s}$$

$$= -\frac{K_f}{1 + K_0 K_c}$$

通过上面的分析可知，控制通道的静态放大系数 K_0 越大，干扰所产生的系统静态偏差（绝对值）越小，表明控制系统克服干扰的能力越强，控制效果越好。干扰通道的静态放大系数 K_f 越大，外部扰动对被控参数的影响程度越大；反之，干扰通道的静态放大系数 K_f 越小，表明外部扰动对被控参数的影响越小。选择控制变量时，其对应控制通道的静态放大系数 K_0 越大越好；干扰通道的静态放大系数 K_f 越小越好。

2. 过程（通道）动态特性对控制品质的影响

（1）干扰通道动态特性对控制品质的影响

1）干扰通道时间常数 T_f 对控制品质的影响。对如图 6-9 所示的闭环系统，干扰 $f(t)$ 对被控参数 $y(t)$ 的影响 $y_f(t)$ 可用下面的传递函数表示：

$$\frac{Y_f(s)}{F(s)}=\frac{G_f(s)}{1+G_c(s)G_o(s)} \tag{6-7}$$

若干扰通道为单容过程，干扰通道传递函数可用一阶惯性环节表示：

$$G_f(s)=\frac{K_f}{T_f s+1}$$

将上式代入式（6-7）并整理可得

$$\frac{Y_f(s)}{F(s)}=\frac{G_f(s)}{1+G_c(s)G_o(s)}=\frac{K_f}{T_f}\frac{1}{s+\dfrac{1}{T_f}}\frac{1}{1+G_c(s)G_o(s)} \tag{6-8}$$

由式（6-8）可知，由于一阶惯性环节的滤波作用，干扰通道时间常数 T_f 使干扰 $f(t)$ 对 $y(t)$ 影响的动态分量减小，由 $f(t)$ 产生的最大动态偏差随着 T_f 的增大而减小，系统控制品质提高。所以，干扰通道的容积或惯性环节越多，时间常数 T_f 越大，干扰 $f(t)$ 对被控参数 $y(t)$ 的影响越小，系统的控制品质越好。

2）干扰通道纯滞后 τ_f 对控制品质的影响。对如图 6-9 所示系统，如果干扰通道在一阶惯性环节的基础增加纯滞后，其传递函数如下式：

$$G_f'(s)=\frac{K_f}{T_f s+1}e^{-\tau_f s}=G_f(s)e^{-\tau_f s}$$

同理可得干扰 $f(t)$ 对被控参数 $y(t)$ 的影响 $y_{f\tau}(t)$ 可用下面的传递函数表示：

$$\frac{Y_{f\tau}(s)}{F(s)}=\frac{G_f'(s)}{1+G_c(s)G_o(s)}=\frac{G_f(s)}{1+G_c(s)G_o(s)}e^{-\tau_f s}=\frac{Y_f(s)}{F(s)}e^{-\tau_f s} \tag{6-9}$$

从式（6-9）可得

$$Y_{f\tau}(s)=Y(s)e^{-\tau_f s} \tag{6-10}$$

由式（6-10），并根据拉普拉斯变换的时移性质，在干扰 $f(t)$ 的作用下，被控参数的响应 $y_f(t)$ 与 $y_{f\tau}(t)$ 之间的关系为

$$y_{f\tau}(t)=y_f(t-\tau_f)$$

由此可见，干扰通道存在纯滞后并不影响系统控制品质，仅仅使被控参数对干扰的响应在时间上推迟了 τ_f。

3）扰动进入控制通道的位置对控制品质的影响。实际的生产过程往往存在多个干扰，

各个干扰进入系统的位置不同，其对被控参数的影响是不同的。下面通过对图 6-10 存在 3 个干扰的单回路控制系统进行分析，定性讨论干扰进入系统的位置对控制品质的影响。

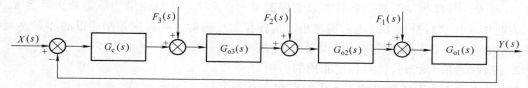

图 6-10　在控制通道不同点存在多个外部干扰的单回路控制系统框图

为讨论方便，设图 6-10 控制通道中的串联环节 $G_{o1}(s)$、$G_{o2}(s)$、$G_{o3}(s)$ 均为一阶惯性环节，静态放大系数都为 1，时间常数大小相近。干扰 $F_1(s)$、$F_2(s)$、$F_3(s)$ 进入系统的位置如图所示。在设定值 $x(t)$ 和外部干扰的共同作用下，系统被控参数 $y(t)$ 的拉氏变换 $Y(s)$ 可用下式表示：

$$Y(s) = \frac{G_o(s)G_c(s)}{1+G_o(s)G_c(s)}X(s) + \frac{G_{of1}(s)}{1+G_o(s)G_c(s)}F_1(s)$$

$$+ \frac{G_{of2}(s)}{1+G_o(s)G_c(s)}F_2(s) + \frac{G_{of3}(s)}{1+G_o(s)G_c(s)}F_3(s)$$

$$= Y_x(s) + Y_f(s)$$

式中，$G_c(s)$ 为控制器的传递函数；

$$G_o(s) = G_c(s)G_{o1}(s)G_{o2}(s)G_{o3}(s)$$

$$G_{of1}(s) = G_{o1}(s)$$

$$G_{of2}(s) = G_{o1}(s)G_{o2}(s)$$

$$G_{of3}(s) = G_{o1}(s)G_{o2}(s)G_{o3}(s)$$

$$Y_x(s) = \frac{G_o(s)G_c(s)}{1+G_o(s)G_c(s)}X(s) \tag{6-11}$$

$$Y_f(s) = \frac{G_{of1}(s)}{1+G_o(s)G_c(s)}F_1(s) + \frac{G_{of2}(s)}{1+G_o(s)G_c(s)}F_2(s) + \frac{G_{of3}(s)}{1+G_o(s)G_c(s)}F_3(s) \tag{6-12}$$

在系统稳定、设定值 $x(t)$ 保持不变的情况下，被控参数 $y(t)$ 的变化由式（6-12）决定。它是被控参数 $y(t)$ 在各个干扰共同影响下总体响应的拉氏变换。从式（6-12）可以看出，各个干扰通道的闭环传递函数

$$\frac{Y(s)}{F_1(s)} = \frac{G_{of1}(s)}{1+G_o(s)G_c(s)}$$

$$\frac{Y(s)}{F_2(s)} = \frac{G_{of2}(s)}{1+G_o(s)G_c(s)}$$

$$\frac{Y(s)}{F_3(s)} = \frac{G_{of3}(s)}{1+G_o(s)G_c(s)}$$

的分子不同。由于各干扰通道闭环传递函数的分母相同（这是因为闭环系统的特征方程式一

样），不管干扰从哪个位置进入，系统的稳定程度、过渡过程的衰减系数、振荡周期都相同。由于干扰通道闭环传递函数的分子不同，当干扰量 $f_1(t) = f_2(t) = f_3(t)$ 时，它们对被控参数 $y(t)$ 影响的幅度不同，具体表现为每一个干扰使被控参数 $y(t)$ 产生的最大动态偏差与静差不相同。当然，如果控制器有积分作用，则稳态偏差（静差）均为零。

下面分析干扰进入系统控制通道的位置对最大动态偏差的影响。如果图 6-10 中的反馈通道断开（系统处于开环状态），$f_1(t)$、$f_2(t)$、$f_3(t)$ 分别单独发生单位阶跃变化时，引起被调参数相对于稳态值 y_0 的（开环）响应曲线用图 6-11a、b、c 中的 $y_k(t)$ 表示。系统闭环状态时，$y'(t)$ 表示控制器控制作用 $u(t)$ 对偏差 $y_k(t)$ 所产生的反向校正作用（在图中，$y'(t)$ 以反向画出，y_b 为控制器的灵敏限）。当被控参数偏差绝对值上升到 y_b 时，控制器控制信号 $u(t)$ 变化；$u(t)$ 进入控制通道，并经过 Δt 后到达系统输出端，对被控参数产生反向校正作用 $y'(t)$，与 $y_k(t)$ 相减，使被控参数沿着曲线 $y(t)$ 变化。通过图 6-11 三种情况比较可知，干扰作用进入系统的位置离被控参数 $[y(t)]$ 测量点近，动态偏差大；反之，干扰位置离测量点远，动态偏差小。这也可以用各干扰通道传递函数不同来解释，即 $f_1(t)$ 通道惯性小，受干扰后被调参数变化速度快；而控制通道惯性大，控制信号要经过三个环节后才发挥作用，当控制作用见效时，被调参数已经变化较大——系统出现较大的动态偏差。干扰作用点向远离测量点 $[y(t)]$ 方向移动，干扰通道的容量滞后增加，系统动态偏差减小，控制品质变好。所以扰动进入系统的位置离被控参数（检测点）越近，干扰对被控参数影响越大，控制品质越差；相反，当扰动离被控参数越远 $[$ 如 $f_3(t)$ 要通过三个串联一阶惯性环节，才能到达 $y(t)]$，干扰对被控参数影响越小，控制品质越好。

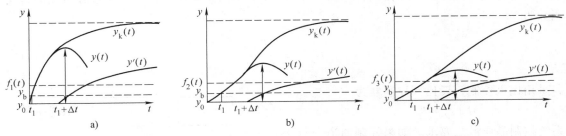

图 6-11　外部干扰 $f_i(t)$ 由不同位置进入时系统被控参数 $y(t)$ 的变化曲线

a) 单位阶跃干扰 $f_1(t)$ 作用　b) 单位阶跃干扰 $f_2(t)$ 作用　c) 单位阶跃干扰 $f_3(t)$ 作用

（2）控制通道动态特性对控制品质的影响

1）系统控制性能评价。过程（通道）静态特性对控制品质的影响分析中，得到在保证稳定性的前提下，控制通道的静态放大系数 K_0 越大，稳态偏差越小的结论。但控制过程通道选定后，K_0 一般是不能改变的。如果将控制器的放大系数 K_c 包括进去，控制通道的静态放大系数变成 $K_c K_0$。通过增大 K_c，可使控制通道的静态放大倍数增大。

对于包含控制器的控制通道，设控制系统的临界放大系数为 K_{max}，临界振荡频率为 ω_M（系统处于临界稳定的放大系数和振荡频率，可通过系统开环频率特性求出）。K_{max} 与 ω_M 的乘积 $K_{max} \cdot \omega_M$ 在一定程度上代表了被控过程的控制性能。K_{max} 越大，控制器静态放大系数 K_c 可选范围的上限越大。K_c 越大（从而使 $K_c K_0$ 越大），则系统稳态误差越小。同样 ω_M 越大，控制系统可选的工作频率 ω_c 越大，过渡过程越快。因此，$K_{max} \cdot \omega_M$ 越大，表明系统的可控性越好；反之，表明系统的可控性越差。

2）控制通道时间常数 T_0 对控制品质的影响。控制通道时间常数大小反映了控制变量克服干扰对被控参数影响的快慢程度。若控制通道时间常数 T_0 太大，则控制变量的控制影响缓慢，对被控参数的偏差校正不及时，动态偏差大，系统过渡过程时间长，控制品质差。因此，在控制系统设计时，要求控制通道时间常数 T_0 越小越好，使被控参数对控制变量的反应灵敏、控制及时，控制品质好。

3）控制通道多个时间常数 T_{oi} 之间关系对控制品质的影响。系统控制通道的开环传递函数 $G_k(s)$（包括调节阀、被控过程以及测量变送器）通常可表示为多个一阶惯性环节的串联。如某系统由 3 个一阶惯性环节串联构成，其开环传递函数可表示如下：

$$G_k(s) = G_{o1}(s) G_{o2}(s) G_{o3}(s) = \frac{K_1}{T_{01}s+1} \frac{K_2}{T_{02}s+1} \frac{K_3}{T_{03}s+1}$$

由自控理论知识可知，开环传递函数中几个时间常数值错开，可提高系统的工作频率，减小过渡过程时间和最大偏差等，有利于改善控制质量。

在实际生产过程中，若被控过程本身存在多个时间常数，最大的时间常数是决定被控对象特性的关键，一般不能或难以改动；减小第二个和第三个时间常数则比较容易实现。几个时间常数错开也是选择过程控制通道和控制变量的依据之一。

4）控制通道的滞后 τ 对控制品质的影响。对于既有纯滞后 τ_0，又有容量滞后 τ_c 的控制过程，它的总滞后 τ 应包含这两部分，即 $\tau = \tau_c + \tau_0$。它们对系统的控制品质都有不利的影响，两者比较，纯滞后 τ_0 的影响较大。以图 6-12 的单回路系统为例，如果过程对象的传递函数为

$$G_o(s) = \frac{K_0}{T_0s+1} \tag{6-13}$$

若采用比例控制，设比例控制器为

$$G_c(s) = K_c$$

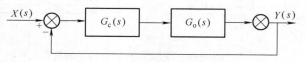

图 6-12 单回路控制系统框图

系统控制品质满足要求。如果控制通道增加一个纯滞后 τ_0 环节，被控过程的传递函数变为

$$G_o'(s) = G_o(s) e^{-\tau_0 s} = \frac{K_0}{T_0s+1} e^{-\tau_0 s} \tag{6-14}$$

如果还采用原来的比例控制器 $G_c(s) = K_c$，则系统的稳定性变差，甚至不稳定而无法工作。这是由于滞后环节 $e^{-\tau_0 s}$ 带来的相位滞后 $\omega\tau_0$，使系统的相位裕度降低，系统的稳定性下降，动态偏差增大。当相位裕度降低为 0 时，系统出现剧烈振荡，无法正常工作。可见纯滞后 τ_0 的存在会使系统的稳定性降低。τ_0 值越大，对系统的影响越大。下面通过响应曲线比较，定性分析控制通道纯滞后对系统控制品质的影响。如果将图 6-12 中的反馈通道断开，系统处于开环状态时，被控参数 $y(t)$ 在某一干扰作用下，相对于稳态值 y_0 的变化曲线（这时无校正作用）如图 6-13 中的 $y_k(t)$ 所示；当系统在闭环状态时，图 6-13 中的 $y_1'(t)$ 和 $y_2'(t)$ 分别表示控制通道纯滞后为 τ_0' 和 $\tau_0''(\tau_0'' > \tau_0')$ 时，控制变量 $u(t)$ 对被控参数的偏差 $y_k(t)$ 所产生的

校正作用(在图中以反向画出), $y_1(t)$ 和 $y_2(t)$ 分别表示存在纯滞后 τ_0' 和 τ_0'' 的情况下, 被控参数在干扰作用与校正作用同时影响下的变化曲线。

控制通道纯滞后为 τ_0' 时, 当控制器在 t_0 时刻接收到偏差信号并输出控制信号 $u(t)$, 在 $t_0+\tau_0'$ 对被控参数产生校正作用 $y_1'(t)$, 使被控参数从 $t_0+\tau_0'$ 以后沿曲线 $y_1(t)$ 变化; 当对象纯滞后为 τ_0'' 时, 控制器也在 t_0时刻接收到偏差信号, 同时输出控制信号 $u(t)$, 在$t_0+\tau_0''$ 产生校正作用 $y_2'(t)$, 使被控参数从 $t_0+\tau_0''$ 以后

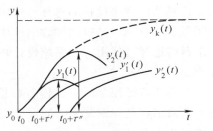

图 6-13　控制通道纯滞后 τ_0 对
系统品质的影响

沿曲线 $y_2(t)$ 变化。比较图 6-13 中曲线 $y_1(t)$、$y_2(t)$ 可以发现, 纯滞后 τ_0 越大, 扰动引起的动态偏差越大, 并使过渡过程的振荡加剧, 过渡过程时间延长, 系统稳定性变差。

控制通道的容量滞后 τ_c 同样会造成控制作用不及时, 控制质量下降, 但因其作用机理与纯滞后有所不同, 对系统的影响比纯滞后 τ_0 对系统的影响缓和。通过控制器的微分作用, 可对因容量滞后 τ_c 引起的负面影响有所改善。

3. 控制变量选择的一般原则

通过上述分析, 设计单回路控制系统时, 选择控制变量的原则可归纳为以下几条:

1) 控制变量应是可控的, 即工艺上允许调节的变量。

2) 控制变量一般应比其他干扰对被控参数的影响灵敏。为此, 应通过合理选择控制变量, 使控制通道的放大系数 K_0 大、时间常数 T_0 小、纯滞后时间 τ_0 越小越好。

3) 为使干扰对被控参数的影响小, 应使干扰通道的放大系数 K_f 尽可能小、时间常数 T_f 尽可能大。扰动引入系统(控制通道)的位置要远离被控参数(检测点), 尽可能靠近调节阀(控制器)。

4) 被控过程存在多个时间常数, 在选择设备及控制参数时, 应尽量使时间常数错开, 使其中一个时间常数比其他时间常数大很多, 同时注意减小其他时间常数。这一原则同样适用于控制器、调节阀和测量变送器时间常数的选择。控制器、调节阀和测量变送器(三者均为系统控制通道中的环节)的时间常数应远小于被控过程中最大的时间常数(这个时间常数一般难以改变)。

5) 在选择控制变量时, 除了从提高控制品质的角度考虑外, 还要考虑工艺的合理性、生产过程安全性与生产效率、经济效益等因素。一般不宜选择生产负荷作为控制变量, 因为生产负荷直接关系到产品的产量或者用户的需求, 不允许控制。另外, 从经济性考虑, 应尽可能地降低物料与能量的消耗。

6.2.3　检测环节、执行器及控制器正反作用选择

6.2.3.1　传感器、变送器选择

过程控制系统中用于参数检测的传感器、变送器是系统中获取生产过程运行状况信息的装置。传感器、变送器完成对被控参数以及其他一些参数、变量的检测, 并将测量信号传送至控制器。测量信号是控制器进行控制的基本依据, 对被控参数迅速、准确地测量是实现高性能控制的重要条件。测量不准确或不及时, 会产生失调、误调或调节不及时, 影响之大不容忽视。因此, 传感器、变送器的选择是过程控制系统设计的重要环节。

传感器与变送设备的选择与使用，主要根据被检测参数的性质以及控制系统设计的总体功能要求来决定。被检测参数的性质、测量精度以及对控制系统性能要求等都影响传感器、变送器的选择与使用，在系统设计时，要从工艺的合理性、经济性、可替换性等方面加以综合考虑。

在第 2 章已经介绍了过程参数检测中常用的一些传感器和变送器的工作原理、使用条件。下面结合过程控制系统的设计，简要讨论传感器、变送器选择的一般原则及使用中应注意的一些事项。

1. 传感器、变送器测量范围与精度等级的选择

在控制系统设计时，对要检测的参数和变量都有明确的测量范围和测量精度要求，参数与变量可能的变化范围一般都是已知的。因此，在选择传感器与变送器时，应按照生产过程的工艺要求，首先确定传感器与变送器合适的测量范围（量程）与精度等级。

2. 尽可能选择时间常数小的传感器、变送器

传感器、变送器都有一定的响应时间，特别是测温元件，由于存在热阻和热容，本身具有一定的时间常数 T_m，这些时间常数和纯滞后必然造成测量滞后；对于气动仪表，由于现场传感器与控制室仪表间的信号通过管道传递，还存在一定的传送滞后。测量环节时间常数对测量信号的影响如图 6-14 所示。被测变量 $x(t)$ 作阶跃变化时，测量值 $y(t)$ 慢慢靠近 $x(t)$，如图 6-14a 所示，显然，刚开始两者有较大差距；若 $x(t)$ 作等速变化，则 $y(t)$ 一直跟不上 $x(t)$，总是存在测量偏差，如图 6-14b 所示。

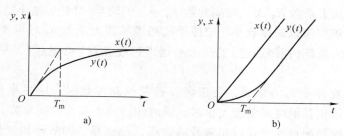

图 6-14　传感器与变送器对测量信号的影响

测量元件的时间常数 T_m 越大，$x(t)$ 与 $y(t)$ 的差异越显著。将一个常数 T_m 较大的测量环节用于控制系统，当被控参数变化时，由于测量值与被控参数实际值存在差异（时间上不同步），控制器接收到的是一个失真信号，控制器不能及时、正确地发挥控制作用，被控参数控制精度难以保证。因此，控制系统中测量环节的常数 T_m 不能太大，最好选用惰性小的快速测量元件，例如用快速热电偶代替工业用普通热电偶。必要时也可以在测量元件之后引入微分环节，利用它的超前作用来补偿测量元件引起的动态误差。

对于传输滞后较大的气动信号，一般气压信号管路长度不能超过 300m，直径不能小于 6mm，或者用阀门定位器、气动放大器等增大输出功率，以减小传送滞后。在可能的情况下，现场与控制室之间的信号尽量采用电信号传输，必要时可用气-电转换器将气信号转换为电信号，以减小传输滞后。

3. 合理选择检测点，减小测量纯滞后 τ_0

要合理地选择测量信号的检测点，避免由于传感器安装位置不合适引起的纯滞后。在图 6-15 所示的 pH 值控制系统中，被控参数是中和槽出口溶液的 pH 值，测量传感器却安装

在远离中和槽的管道出口处。这样一来，传感器测得的信号与中和槽出口溶液的 pH 值在时间上就延迟了一段时间 τ_0，其大小为

$$\tau_0 = \frac{l_0}{v}$$

式中，l_0 为传感器到中和槽的管道长度；v 为管道内液体的流速。

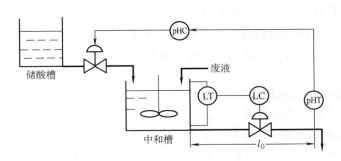

图 6-15　pH 值控制系统图

这一纯滞后使测量信号值不能及时反映中和槽内溶液 pH 值的变化，从而使控制品质降低，所以在选定测量传感器的安装位置时，一定要注意尽量减小纯滞后。

另外，检测位置的选择还要使检测参数能够真实反映生产过程的状态，因此，尽量将传感器安装在能够直接代表生产过程状态的位置。

4. 测量信号的处理

（1）测量信号校正与补偿　测量某些参数时，测量值要受到其他参数的影响，为了保证测量精度，需要进行校正与补偿处理。例如在用节流元件测量气体流量时，流量与差压之间的关系要受到气体温度的影响，必须对测量信号进行温度补偿与校正以保证测量精度。

（2）测量噪声的抑制　在测量某些过程参数时，由于其本身特点和环境干扰的存在，测量信号中含有干扰噪声，如不采取措施，将会影响系统控制的品质。例如在流量测量时，常伴有高频噪声，通过引入阻尼器进行噪声抑制可取得理想的效果。

（3）测量信号的线性化处理　一些检测传感器的非线性，使传感器的检测信号与被测参数之间呈非线性关系。例如热电偶测温时，热电动势与被测温度之间存在非线性。DDZ-III 型温度变送器对检测元件输入信号进行线性化处理，其输出电流信号与温度呈线性关系；而 DDZ-II 型温度变送器则不进行线性化处理。因此，在系统设计时，应根据具体情况确定是否进行线性化处理。

6.2.3.2　执行器的选择

过程控制使用最多的是由执行机构和调节阀组成的执行器。在第 4 章对执行器的工作原理、基本结构及特性已进行了分析讨论，这里仅从提高系统控制品质、增强生产系统及设备安全性的角度，对控制系统设计中有关执行器——调节阀和执行机构选型需要关注的问题进行简单讨论。

1. 调节阀工作区间的选择

在过程控制系统设计中，确定调节阀的口径尺寸是调节阀选择的重要内容之一，在正常

工况下要求调节阀的开度在 15%～85% 之间。如果调节阀口径选得过小，当系统受到较大的扰动时，调节阀工作在全开或全关的饱和状态，使系统暂时处于失控工况，这对消除扰动偏差极为不利；同样，调节阀口径选得过大，阀门长时间处于小开度工作状态，（单座阀）阀门的不平衡力较大，阀门调节灵敏度低，工作特性差，甚至会产生振荡或调节失灵的情况。因此，调节阀口径选择一定要合适。

2. 调节阀的流量特性选择

调节阀的流量特性选择一般分两步进行。首先要根据生产过程的工艺参数和对控制系统的要求，确定调节阀工作流量特性，然后根据工作流量特性相对于理想流量特性的畸变关系，求出对应的理想流量特性，确定调节阀的选型。具体的分析与计算方法见第4章有关章节的讨论。

3. 调节阀的气开、气关工作方式选择

调节阀开、关工作方式的选择主要以不同生产工艺条件下，人员安全、生产安全、系统及设备安全需要为首要依据。由于工业生产过程的调节阀绝大部分为气动调节阀，所以这里主要讨论气动调节阀气开、气关工作方式选择。电动调节阀和液压调节阀在过程控制系统也有一定的应用，它们的开、关工作方式选择方法与气动调节阀开、关工作方式选择方法相同。

气开式调节阀随气动控制信号的气压增加开度加大，当无压力控制信号时，阀门处于完全关闭状态；与之相反，气关式调节阀随着信号压力的增加，调节阀逐渐关小，当无信号时，阀门处于全开状态。控制系统选择调节阀气开或气关工作方式完全由生产过程的工艺特点和安全要求决定，一般根据以下几条原则进行选择。

（1）人身安全、系统与设备安全原则　当控制系统发生故障（如电源、气源中断、控制器出现故障而无输出信号、执行机构的膜片破裂等使调节阀失去驱动无法工作等）时，失控调节阀所处的状态应能确保人身、系统设备的安全，不致发生安全事故。例如锅炉给水调节阀一般采用气关式，一旦发生事故，系统失控，供水调节阀处于全开状态，使锅炉不致因给水中断烧坏，避免爆炸等事故的发生。再如，加热炉燃料（燃料油或燃料气）调节阀应选择气开式调节阀，一旦发生事故，系统失控，燃料调节阀处于完全关闭位置，切断加热炉的燃料供应，避免炉温继续升高，损坏设备。

（2）保证产品质量原则　当系统发生故障使调节阀不能工作时，失控状态的调节阀所处的状态不应造成产品质量下降。如精馏塔回流量控制系统常选用气关阀。一旦发生故障，回流调节阀全开，使生产过程处于全回流状态，防止不合格产品输出，以保证塔顶精馏产品质量。

（3）减少原料和动力浪费的经济原则　如控制精馏塔进料调节阀常采用气开方式，一旦出现故障，系统失控时调节阀处于全关状态，停止进料，减少原料浪费。

（4）基于介质特点的工艺设备安全原则　对于有易结晶、易聚合、易凝结物料输送或储存装置的生产系统，相应装置的输出调节阀应选用气关式调节阀（输入调节阀应选用气开式调节阀），一旦发生事故，失控状态的输出调节阀处于全开状态（输入调节阀处于全关状态），将物料全部放空，避免因物料结晶、聚合或凝固造成设备堵塞，给系统重新恢复运行造成麻烦及损坏设备的情况发生。

最后要再一次强调，保证人身安全、系统与设备安全是调节阀开、关工作方式选择的首要原则。

6.2.3.3　控制器正、反作用的选择

控制器的选型与控制规律的选择对过程控制系统的控制品质有至关重要的影响，也是过程控制系统设计的核心内容之一。有关这方面的内容在 6.3 节进行专门的讨论。这里只对控制器正、反作用方式的选择进行讨论。

控制器控制输出 MV 值的计算依据是被控参数测量值 PV 与设定值 SV 之差 e，被控参数测量值与设定值（或变化），对输出的作用方向是相反的。在第 3 章对控制器正反作用的定义为：当设定值 SV 不变时，随着测量值 PV 增加，控制器的输出 MV 也增加，则称为"正作用"方式；同样，当测量值 PV 不变，设定值 SV 减小时，控制器输出 MV 增加，称为"正作用"方式。反之，如果测量值 PV 增加或设定值 SV 减小时，控制器输出 MV 减小，则称为"反作用"方式。

控制器正、反作用方式的选择是在调节阀气开、气关方式确定之后进行的，其确定原则**是使整个回路构成负反馈系统。**

下面通过两个例子说明控制器正、反作用方式的选择方法。

图 6-16 是一加热炉温度控制系统。在这个系统中，加热炉是被控对象（过程），被加热物料出口温度是被控参数，燃料流量是控制变量。当控制变量——燃料流量增加时，被控参数（加热炉出口物料温度）升高；随着（被控参数）温度升高，温度变送器输出信号增大。从安全角度出发，为避免系统发生故障时，燃料调节阀（失控）开启烧坏加热炉，应选择气开式（失控时关闭）调节阀。为了确保由被控对象、温度变送器、执行器及控制器所组成的系统是负反馈，控制器就应该选为"反作用"方式。这样才能在炉温升高、被控参数出现偏差时，测量变送器输出信号增大，温度控制器 TC（"反作用"）输出减小，燃料调节阀关小（当输入信号减小时，气开调节阀开度减小），使炉温下降。

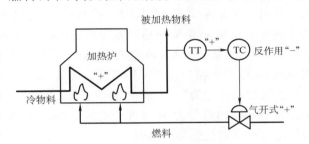

图 6-16　加热炉温度控制系统

图 6-17 是一液位控制系统，执行器选用气开式调节阀，一旦系统故障导致控制信号丧失或气源断气时，调节阀自动关闭，以免物料全部流走。当储液槽物料液位上升、被控参数出现偏差时，应增加调节阀开度使液位下降，液位控制器 LC 应为"正作用"方式，才能在储液槽液位升高时，液位控制器 LC 输出信号增大，调节阀开度增大，物料流出量增加，液位下降。

如果图 6-17 液位控制系统的安全条件改变为物料不能溢出储液槽，则执行器应选用气关式调节阀。显然，这种条件下的液位控制器 LC 必须为"反作用"方式。

若对控制系统中各个环节按照其工作特性，定义一个表示其正反作用性质的正（+）、负（-）符号，则可根据组成控制系统各个环节的正（+）、负（-）符号及回路构成负反馈的根本要求，得到控制器"正""反"作用选择计算公式。

控制系统中各环节的正、负符号做如下规定：

调节阀：气开式取"+"，气关式取"-"；

被控对象：若控制变量（通过调节阀的物料或

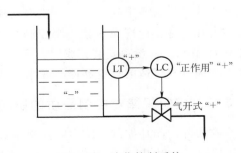

图 6-17　液位控制系统

能量）增加时，被控参数随之增加取"+"；反之，则取"-"；

变送器：输出信号随被测变量增加而增大，取"+"；反之取"-"；

控制器：测量输入信号增大，控制器输出增大（正作用）时取"+"；测量输入信号增大，控制器输出减小（反作用）时取"-"；

符号的乘法运算规则与代数运算中符号的运算规则相同。在传感器、被控过程、执行器（调节阀）的符号已确定的条件下，为了保证单回路控制系统构成负反馈系统，控制器的符号（"正"、"反"作用）选择应满足单回路各环节符号的乘积必须为"-"，即

控制器符号（"+"或"-"）×执行器符号（"+"或"-"）×变送器符号（"+"或"-"）×被控过程符号（"+"或"-"）="-"

若执行器符号（"+"或"-"）、变送器符号（"+"或"-"）、被控过程符号（"+"或"-"）已知时，可根据上式求出控制器的符号。根据所求得的控制器的符号可确定其"正""反"作用形式。

一般情况下，过程控制系统中变送器的符号都认为是"+"（变送器的输出信号随被测量的增加而增大），则上式可简化为

控制器符号（"+"或"-"）×执行器符号（"+"或"-"）×被控过程符号（"+"或"-"）="-"

即：控制器符号为被控过程的符号与执行器（调节阀）符号乘积的相反值。由此可知，当调节阀与被控过程符号相同时，控制器应选择"反作用"方式；反之，则选择"正作用"方式。例如图 6-16 所示的加热炉温度控制系统，由于被控过程的符号为"+"——控制变量（燃料流量）增大，被控参数（被加热物料出口温度）增大；执行器（调节阀）符号为"+"（气开式调节阀），按照上面的公式可知控制器应选"反作用"。对于图 6-17 所示液位控制系统，由于被控过程的符号为"-"——控制变量（流出物料流量）增大，被控参数（储液槽液位）降低；执行器（调节阀）符号为"+"（气开式调节阀），可知控制器应选"正作用"。用判别公式得出的结论与前面通过分析得出的结论完全一致。

这一选择计算式虽然是针对简单控制系统控制器正、反作用的选择提出来的，它也适用于复杂控制系统中子回路（如串级系统中的副回路，见第 7 章 7.1.3.1 节）控制器正、反作用方式的选择。

6.3 控制规律对控制品质的影响与控制规律选择

在本章开始就介绍过，简单控制系统是由被控过程、控制器、执行器和测量环节四个基本部分组成。在控制系统设计过程中，设备选型确定以后，被控过程、测量环节和执行器这三部分的特性就基本确定了，一般不能随意改变。如果将被控过程（对象）、测量环节和执行器合在一起作为广义对象，则控制系统可以看成是由控制器与广义对象两部分组成，如图 6-18 所示。在设备安装完成后，广义对象特性已经确定，只有控制器（特性）参数可以调整。如何选择合适的控制器控制规律，以提高控制系统的品质是本节要讨论的主要问题。

6.3.1 控制规律对控制品质的影响分析

在实际的闭环控制系统中，控制器采用的基本控制规律有比例、积分和微分控制，简称 PID 控制。通过 P、I 和 D 三个环节的不同组合，即可得到常用的各种控制规律。即使在新

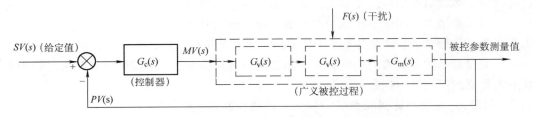

图 6-18　单回路控制系统简化框图

型控制算法与控制规律不断出现的今天，PID 作为最基本的控制方式仍占据重要的地位，显示出强大的生命力。

PID 作为一种基本控制方式获得广泛的应用，主要是由于它具有原理简单、鲁棒性强、适应性广等优点。下面讨论基本 PID 控制规律对系统控制品质的影响。

6.3.1.1　比例（P）控制对系统控制品质的影响

在比例控制中，控制器的输出信号与偏差信号成比例关系，即

$$MV(t) = K_C e(t) \tag{6-15}$$

式中，$MV(t)$ 为控制器的输出；$e(t)$ 为控制器的输入信号（即偏差信号）；K_C 为比例放大系数，也称比例增益。

在工程上，习惯用比例增益的倒数表示控制器输入与输出之间的比例关系

$$MV(t) = \frac{1}{P} e(t) \tag{6-16}$$

式中，$P = 1/K_C$ 称为比例度，常用百分数表示。P 具有明确的物理意义和重要的工程意义。如果控制器的输出 $MV(t)$ 直接控制（代表）调节阀开度变化量，则 P 表示调节阀开度改变 100%（即从全关到全开、或全开到全关全量程改变）时，所需要控制器输入（即偏差）信号 $e(t)$ 的变化范围占控制器输入全量程的百分数，当设定值（SV）不变时，P 就代表了调节阀开度改变 100%（即从全关到全开、或全开到全关）时所需系统被控参数（PV）的允许变化范围相对于测量仪表全量程的百分数。在这个范围之内，调节阀的开度变化（控制器输出 MV）与偏差 $e(t)$ 成比例，超出这个范围（比例度）后，由于调节阀已处于全关或全开状态，控制器失去控制作用。对于定值控制系统，控制器的比例度 P 常常用它相对于被控参数测量仪表全量程的百分比表示。例如，假定测量仪表的量程为 100℃，在设定值不变的情况下，$P = 50\%$ 就意味着被控参数改变 50℃，就能使调节阀从全关到全开或全开到全关。

比例控制是一种最简单的控制方式，根据控制理论的有关知识，可得出以下几点结论。

（1）比例控制是一种有差控制　控制器采用比例控制规律，控制系统必然存在静差。按照式（6-15）或式（6-16），只有偏差信号 $e(t)$ 不为零时，控制器才会有控制作用输出。如果 $e(t)$ 为零，控制器输出 $MV(t)$ 为零，控制器失去控制作用。这说明比例控制器是利用偏差进行（调节）控制。

（2）比例控制系统的静差，随比例度 P 的增大而增大　对于定值控制系统，根据控制理论知识可知，若要减小静差，就需减小比例度 P，亦即需要增大 K_C，这样往往会使系统的稳定性下降，对系统的动态控制品质产生不利影响。

（3）实现定值控制的有差跟踪　对于设定值（SV）不变的系统，即定值控制系统，采用比

例控制可使被控参数对设定值实现有差跟踪。但若设定值随时间匀速变化时，其跟踪误差将会随时间的增大而增大。因此，比例控制不适合设定值随时间变化（随动系统）的情况。

比例控制是最简单的控制规律（算法），比例控制适用于控制通道滞后较小、负荷变化不大、工艺上没有无静差要求的系统，如中间储槽的液位控制系统、精馏塔塔釜液位控制系统以及不太重要的蒸气压力控制系统等。

6.3.1.2 积分(I)控制与比例积分(PI)控制对系统控制品质的影响

1. 积分控制的性能

在积分(I)控制中，控制器输出 MV 与偏差信号 $e(t)$ 的积分成正比关系，即

$$MV(t) = S_I \int_0^t e(t)\,\mathrm{d}t \tag{6-17}$$

式中，S_I 称为积分速度，其他变量的含义与式(6-15)相同。

由式(6-17)可知，只要偏差 $e(t)$ 存在，控制器的输出 $MV(t)$ 会随时间不断地积分而变化；只有当 $e(t)$ 恒为零时，控制器才会停止积分，控制器的输出 $MV(t)$ 不再变化。此时控制器的输出就会维持在一个常值 $MV(t) = C$ 并保持不变，这表明积分控制是无差控制。当控制系统过渡过程结束后，被控参数与设定值的偏差 $e(\infty) = 0$，被控参数不存在静差。此时控制器的输出 $MV(\infty) \equiv C$，调节阀停留在恒定的开度[与 $MV(\infty) \equiv C$ 对应]不变。这与 P 调节时，当 $e(t) = 0$，控制器输出为零[$MV(t) = K_P e(t) = 0$]有本质的不同。

与比例控制相比，积分控制系统的稳定性差，这是积分控制的最大缺陷所在。这一点可从时域、频域两方面进行解释。从时域过程来看，当被控参数变化使偏差 $e(t)$ 增大时，积分控制并不像比例控制那样，立即改变控制器输出 $MV(t)$ 对偏差 $e(t)$ 进行校正，而是要通过对偏差进行积分来改变控制器输出 $MV(t)$ 对偏差 $e(t)$ 进行校正，控制过程显然不及时。与比例控制相比，消除偏差速度比较缓慢，系统的过渡过程时间长，系统的动态性能（稳定性）变差。另外，从系统的开环频率特性来看，积分控制使系统的相频特性增加了 90°的相位滞后，使系统的相位裕度减小，动态品质变差。积分控制以牺牲动态品质为代价，换取系统稳态性能的提高——消除静差。

采用积分控制时，控制系统的开环增益与积分速度 S_I 成正比。增大积分速度会加强积分效果，使系统的稳定性降低。这从直观上也不难理解，因为增大 S_I，在 $e(t) \neq 0$ 时，使调节阀的动作加快，这就有可能加剧系统振荡。

2. 比例积分控制规律的性能

积分控制虽然可以提高系统的稳态精度，但却使系统动态品质变差，一般很少单独采用。在实际控制系统中，往往将积分控制和比例控制二者结合起来，组成 PI 控制器。PI 控制器的输入输出关系为

$$MV(t) = K_P e(t) + S_I \int_0^t e(t)\,\mathrm{d}t = \frac{1}{P}\left[e(t) + \frac{1}{T_I}\int_0^t e(t)\,\mathrm{d}t\right] \tag{6-18}$$

式中，T_I 为积分时间常数，其余参数与前边的含义相同。T_I 的工程意义是在偏差 $e(t)$ 不变的情况下，积分控制作用达到与比例控制作用同等水平所需的时间。对式(6-18)进行拉普拉斯变换，即可得到 PI 控制器的传递函数

$$G_c(s) = \frac{MV(s)}{E(s)} = \frac{1}{P}\left(1 + \frac{1}{T_I s}\right) = \frac{1}{P}\frac{T_I s + 1}{T_I s} \tag{6-19}$$

　　图 6-19 为正作用 PI 控制器对阶跃输入的响应曲
线。由图可知，控制器的输出响应由两部分组成。在
起始阶段，比例控制发挥作用，迅速对输入变化作出
响应；随着时间推移，积分控制作用越来越强。控制
系统在二者共同作用下，实现最终消除静差的目的。
PI 控制器将比例控制的快速反应与积分控制消除静差
的特点结合起来，收到比较好的控制效果，因此在工
程实际中得到广泛的应用。与 P 控制相比，PI 控制毕
竟给系统增加了一定的相位滞后，其控制过程的稳定
性（即动态特性）变差。

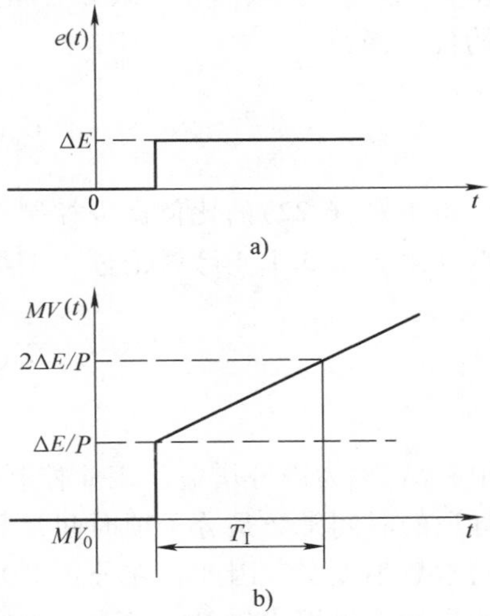

　　比例积分控制器是使用最普遍的控制器，它适用
于控制通道滞后较小、负荷变化不大、工艺参数不允
许有静差的系统。流量、压力和要求严格的液位控制
系统常采用比例积分控制。

图 6-19　PI 控制器的阶跃响应

　　积分控制还有一个缺陷——积分饱和。只要偏差
e 不为零，控制器就会不停地积分，当偏差 $e(t) \neq 0$ 且符号不变时，积分作用使控制器输出
持续增加（或减少）。如果由于某种原因，偏差一时消除不了（$e(t) \neq 0$ 且正负保持不变），控
制器就要不断地积分下去，直至控制器输出进入深度饱和，使控制器失去控制作用，这种情
况在工程上是很危险的。因此，采用积分控制的控制器要防止积分饱和现象的发生。

6.3.1.3　比例微分(PD)控制对系统控制品质的影响

　　比例控制是根据系统被控参数当前的偏差值 e 进行调节，积分控制则是依据偏差 e 的积
分进行控制。比例控制和积分控制这种"等事态发生了才去处理"的控制策略并没有利用偏
差 $e(t)$［或被控参数 $y(t)$］变化趋势的信息，是一种不完善的控制策略。偏差 $e(t)$ 变化速
度——微分代表了偏差 $e(t)$ 的变化趋势，利用 $e(t)$ 微分进行控制，使控制器具备预测偏差
$e(t)$ 的变化趋势并进行提前抑制的能力。微分控制器的输入输出关系为

$$MV(t) = S_D \frac{\mathrm{d}e(t)}{\mathrm{d}t} \tag{6-20}$$

　　式(6-20)表明，微分控制的输出与当前系统偏差的 $e(t)$ 变化速率 $\mathrm{d}e(t)/\mathrm{d}t$ 成正比。
$e(t)$ 的变化速率 $\mathrm{d}e(t)/\mathrm{d}t$ 反映了当前系统偏差 $e(t)$ 的变化趋势，因此，微分控制并不是等
偏差已经出现之后才动作，而是依据偏差 $e(t)$ 的变化趋势提前动作。这相当于赋予控制器
某种程度的"预见性"控制能力，对抑制系统出现较大动态偏差有利。

　　单纯的微分控制不能独立使用，这是因为实际的控制器都有一定的灵敏限，如果系统偏
差 $e(t)$［或被控参数 $y(t)$］以控制器难以察觉的速度缓慢变化时，控制器并不动作。但系统
偏差却有可能积累到相当大的幅度而得不到校正，这种情况显然是不能容许的。因此，微分
控制只能起辅助作用，不能单独使用。在实际使用中，它往往是与 P 或 PI 结合组成 PD 或
PID 控制规律。下面对 PD 控制规律进行简要讨论。

　　比例微分(PD)控制器的运算规律为

$$MV(t) = K_P e(t) + S_D \frac{\mathrm{d}e(t)}{\mathrm{d}t} = \frac{1}{P}\left[e(t) + T_D \frac{\mathrm{d}e(t)}{\mathrm{d}t} \right] \tag{6-21}$$

式中，P 为比例度；T_D 为微分时间常数。对式（6-21）进行拉普拉斯变换，即可得到 PD 控制器的传递函数

$$G_c(s) = \frac{MV(s)}{E(s)} = \frac{1}{P}\left[1 + T_D s\right] \tag{6-22}$$

由于式（6-22）的比例微分控制在存在高频干扰的情况下无法使用，需要加滤波环节，这一点在第 3 章 3.1.4 已讨论过，工程上实际采用的 PD 控制器的传递函数如下：

$$G_c(s) = \frac{MV(s)}{E(s)} = \frac{1}{P}\frac{(1 + T_D s)}{\dfrac{T_D}{K_D}s + 1} \tag{6-23}$$

式中，K_D 称为微分增益。工业控制器的微分增益一般在 5～10 之间，这就使得式（6-23）中分母项的时间常数是分子项时间常数的 1/5～1/10 左右。由于分母项的时间常数比分子项的时间常数小很多，因此，在分析 PD 控制系统特性时，为了简单起见，可忽略分母项时间常数的影响，仍用式（6-21）或式（6-22）进行分析，并可得出以下结论：

（1）PD 控制也是有差控制　这是因为在稳态情况下，$de(t)/dt$ 为零，微分部分已不起作用，PD 控制已蜕化成了 P 控制，这表明微分控制对消除静差没有作用。

（2）PD 控制具有提高系统稳定性、抑制过渡过程最大动态偏差的作用　微分作用总是力图阻止系统被控参数的振荡，使过渡过程的振荡趋于平缓，动态偏差减小，系统动态稳定性提高。从系统的开环频率特性来看，微分控制使系统的相频特性增加了 90° 的超前相位，使系统的相位裕度增大，动态品质提高。

（3）PD 控制有利于提高系统的响应速度，减小系统静差（稳态误差）　由于微分作用的相位超前作用，在保持过渡过程衰减率不变的情况下，可以适当减小比例度 P，使系统的开环增益（$K_P K_o$）增加，这一方面使系统的稳态误差减小，同时也使系统的频带加宽（ω_m 增大），提高了系统的响应速度。

（4）PD 控制不足之处　当微分作用太强（T_D 较大）时，容易导致调节阀频繁开关，甚至进入两端饱和区（全开或全关），容易造成系统振荡。因此，PD 控制一般总是以比例控制为主，微分控制为辅；其次，由于 PD 控制的抗干扰能力差，一般只能应用于被控参数变化比较平稳的生产过程，如时间常数较大的对象或多容过程，而不适用于流量、压力等变化剧烈的过程；在存在高频干扰的场合也不宜采用微分控制；另外，微分控制对于纯滞后没有改善。

要注意，引入微分控制一定要适度。对大多数适用 PD 控制的系统，随着微分时间 T_D 的增大，系统的稳定性提高；但对某些特殊系统也有例外，当 T_D 超过某一上限值后，系统反而变得不稳定。这是由于系统的幅频特性在临界频率附近，随着 T_D 增加，$|G_o(j\omega) \cdot G_c(j\omega)|$ 显著增大，从而导致系统不稳定。

6.3.1.4　比例积分微分（PID）控制对系统控制品质的影响

把比例控制的快速性、积分控制消除静差的能力、微分控制的预见性结合起来，就构成了 PID 控制，PID 控制器的输入输出关系为

$$MV(t) = K_P e(t) + S_I \int_0^t e(t)\,dt + S_D \frac{de(t)}{dt} = \frac{1}{P}\left[e(t) + \frac{1}{T_I}\int_0^t e(t)\,dt + T_D \frac{de(t)}{dt}\right]$$

$$\tag{6-24}$$

对上式进行拉普拉斯变换，即可得到 PID 控制器的传递函数

$$G_c(s) = \frac{MV(s)}{E(s)} = \frac{1}{P}\left(1 + \frac{1}{T_I s} + T_D s\right) = \frac{1}{P}\frac{T_I T_D s^2 + T_I s + 1}{T_I s} \tag{6-25}$$

由式(6-25)可知，PID 控制是比例、积分、微分控制规律的线性组合，它吸取了比例控制反应快速、积分控制能够消除静差以及微分控制预见性的优点，是一种比较理想的控制规律。与 PD 控制相比，PID 控制提高了系统的稳态精度，实现了无差控制。与 PI 控制相比，PID 控制增加了一个零点，为动态性能的改善提供了可能。PID 控制兼顾了静态性能和动态性能两方面的要求，如果 P、T_I、T_D 三个参数选取合适，就可以取得满意的控制效果。

为了对各种控制规律进行比较，图 6-20 给出了某一被控过程在阶跃扰动下，不同控制规律具有同样衰减率时的响应曲线。通过图 6-20 的响应曲线可以看出，各种控制规律对控制品质的影响及其特点。很明显，PID 控制的综合控制效果最好，但这并不意味着在任何情况下都要采用 PID 控制。PID 控制要整定 3 个参数(P、T_I、T_D)，如果参数整定得不合理，就难以发挥每个控制作用的长处，甚至适得其反。

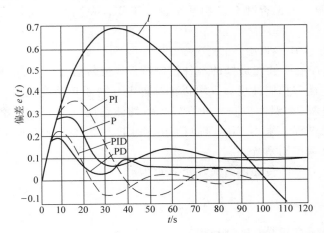

图 6-20 在同一阶跃扰动下各种控制规律对应的过渡过程对比

6.3.2 控制规律的选择

选择控制规律是为了使控制器与被控过程很好地配合，组成满足工艺要求的过程控制系统。选择什么样的控制规律与具体的被控过程匹配是一个比较复杂的问题，需要综合考虑多种因素才可能得到解决。

前面讨论控制规律对控制性能影响所得到的结论，可以作为初步选择控制规律的依据。在具体控制工程的实施过程中，控制规律的最终确定还要根据被控过程特性、负荷变化情况、主要扰动的特点以及生产工艺要求等实际情况进行分析，同时还应考虑生产过程经济性以及系统投运、维护等因素。当然，最终结果还要通过工程实践最后验证。下面简要介绍选择控制规律的基本原则。

1. 比例(P)控制

比例控制是最简单的控制规律，它对扰动的响应迅速。比例控制只有一个待定参数，参数整定简便。比例控制的主要缺点是系统存在静差。过程控制通道 τ_0/T_0 小、负荷变化与外

部扰动小、允许有静差的生产过程，可以选用比例控制。例如，一般的液位控制、压力控制系统均可采用比例控制。

2. 积分(I)控制

积分控制的特点是能消除静差。但是由图 6-20 可以看出，积分控制的动态偏差最大、调节时间长，很少单独使用。

3. 比例积分(PI)控制

比例积分控制既能消除静差，又能获得较积分控制快得多的动态响应。对于一些控制通道容量滞后较小、负荷变化不大的控制系统，如流量控制系统、压力控制系统和要求较严格的液位控制系统，比例积分控制一般都可以取得满意的效果。比例积分控制是使用最多的控制规律。

4. 比例微分(PD)控制

微分控制提高了系统的动态稳定性，增加微分控制时可适当增大比例作用(增加比例增益 K_P 或减小比例度 P)，加快控制过程，减小动态偏差和静差。由于微分(运算)对高频干扰特别敏感，T_D 不能太大，否则会影响系统正常工作，在高频干扰频繁的场合，不能使用微分控制。

5. 比例积分微分(PID)控制

PID 控制是常规控制中性能最好的一种控制规律，它综合了三种控制规律的优点，既能改善系统的动态稳定性和控制速度，又可以消除静差。对于负荷变化大、容量滞后大、控制品质要求高的控制过程(如温度控制、pH 控制等)均能适应。但对于对象滞后很大，负荷变化剧烈、频繁的被控过程，采用 PID 控制仍达不到工艺要求的控制品质时，则应选用串级控制、前馈控制等复杂控制系统。

另外，如果广义对象的传递函数可用下式近似时：

$$G_o = \frac{K_0}{T_0 s + 1} e^{-\tau_0 s}$$

则可根据 τ_0 / T_0 来选择控制器的控制规律：

$\tau_0 / T_0 < 0.2$ 时，选择比例(P)或比例积分(PI)控制规律；

$0.2 < \tau_0 / T_0 < 1.0$ 时，选择比例微分(PD)或比例积分微分(PID)控制规律；

$\tau_0 / T_0 > 1.0$ 时，采用简单控制系统往往难以满足工艺要求，应采用串级、前馈等复杂控制系统。

6.4 控制器参数的工程整定方法

简单控制系统的控制品质，与被控过程的特性、干扰/扰动的形式和大小、控制方案及控制器的参数等因素密切相关。一旦控制方案确定，受工艺条件和设备特性限制的广义对象特性、负荷特性等因素就完全确定，不可能随意改变。这时控制系统的控制品质完全取决于控制器的参数整定。

简单控制系统参数整定，就是通过一定的方法和步骤，确定系统处于最佳过渡过程时，控制器比例度 P、积分时间 T_I 和微分时间 T_D 的具体数值。

所谓的最佳整定参数，就是在某种评价指标下，系统达到最佳控制状态时，控制器的控制规律所对应的一组参数值。各类实际生产过程的特性和控制要求不同，所期望的控制品质不一样，所谓"最佳"标准也不相同。对于单回路控制系统，较为通用的标准是所谓的"典型最佳控制过程"，即控制系统在(给定值或负荷)阶跃扰动情况下，被控参数的过渡过程呈4：1(或10：1)的衰减振荡过程。在这个前提下，尽量满足准确性和快速性要求，即绝对误差积分最小。这时系统不仅具有适当的稳定性、快速性，而且又便于人工操作管理。习惯上把满足这一衰减比的过渡过程所对应的控制器参数称为最佳参数。

通过整定控制器参数，使控制系统达到最佳状态是有前提条件的，即控制方案合理、仪表选型正确、安装无误和仪表调校准确。否则，无论怎样调整控制器参数，也达不到所要求的控制品质。这是因为控制器的参数只能在一定范围内改进控制系统的控制品质。

控制器参数整定方法可简单归结为理论计算法和工程整定法两大类。常用的理论计算法有对数频率特性法、根轨迹法等。理论计算法要求知道被控过程准确的数学模型，对于大多数生产过程，难以获得被控过程精确的数学模型，因而理论计算法在工程上较少采用。工程整定法一般不需要对象特性的数学模型，可直接在现场进行参数整定，方法简单、操作方便、容易掌握，在工程实际中得到广泛应用。常用的工程整定法有稳定边界法、衰减曲线法、反应曲线法、经验凑试法等，下面分别加以介绍。

6.4.1 稳定边界法

稳定边界法又称临界比例度法，是目前应用较广的一种控制器参数整定方法。

在生产工艺容许的情况下，让控制器按比例控制工作。从大到小逐渐改变控制器的比例度，直至系统产生等幅振荡；记录此时的(临界)比例度 P_m 和等幅振荡周期 T_m，再通过经验公式的简单计算，求出控制器的整定参数。其具体步骤如下：

1)首先取 $T_I = \infty$，$T_D = 0$，根据广义对象特性选择一个较大的比例度 P 值，并在工况稳定的情况下，将控制系统投入自动状态。

2)等系统运行平稳后，对设定值施加一个阶跃扰动，并逐渐减小 P，直到系统出现如图 6-21 所示的等幅振荡——临界振荡过程。记录下此时的 P_m(临界比例度)和系统等幅振荡的周期 T_m。

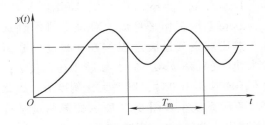

图 6-21 系统临界振荡曲线

3)根据所记录的 P_m 和 T_m，按表 6-1 给出的经验公式计算控制器的整定参数 P、T_I 和 T_D，并按计算结果设置控制器参数，再做设定值扰动试验，观察过渡过程曲线。若过渡过程不满足控制质量要求，再对计算值做适当的调整，……，直到得到满意的 P、T_I 和 T_D 为止。

表 6-1 稳定边界法整定参数计算表

控制规律 \ 整定参数	$P(\%)$	T_I	T_D
P	$2P_m$	—	—
PI	$2.2P_m$	$0.85T_m$	—
PID	$1.7P_m$	$0.50T_m$	$0.125T_m$

稳定边界法经验公式的理论依据是在纯比例控制时，系统的最佳放大倍数约等于临界放大倍数 K_m 的一半。

下面两种工况不适宜用临界比例度法进行参数整定：

1）控制通道的时间常数很大，由于控制系统的临界比例度很小，调节阀很易游移于全开或全关位置，即处于位式控制状态，对生产过程不利或者根本就不容许，因而不宜用此法进行控制器参数整定。例如，对以燃油或燃气作燃料的加热炉，如果阀门全关，加热炉就会熄火，这是实际生产过程不容许的。

2）若工艺约束条件严格，不允许生产过程被控参数作较长时间的等幅振荡，这种工况下也不能用此法。如锅炉给水系统和燃烧控制系统。还有一些单容过程，采用比例控制时根本不可能出现等幅振荡，此法无法使用。

对有些控制过程，稳定边界法整定的控制器参数不一定都能获得满意的效果。实践证明，无自衡特性的过程对象，按此法确定的控制器参数在实际运行中往往会使系统响应的衰减率偏大（$\psi>0.75$）；而对于有自衡特性的高阶多容对象，按此法确定的控制器参数在实际运行中大多会使系统衰减率偏小（$\psi<0.75$）。因此，用此法确定的控制器参数，还需要根据系统实际运行情况做适当调整。

6.4.2 衰减曲线法

衰减曲线法是针对临界比例度法的不足，在总结"稳定边界法"和其他一些方法的基础上得出的一种参数整定方法。这种方法不需要系统达到临界等幅振荡状态，步骤简单，也比较安全。

如果要求过渡过程衰减率 $\psi=0.75$（递减比 n 为 $4:1$），其整定步骤如下：

1）首先取 $T_I=\infty$，$T_D=0$，将比例度 P 置于较大数值，系统投入闭环自动运行状态。

2）待系统工作平稳后，对设定值作阶跃扰动，然后观察其过渡过程。若过渡过程振荡衰减太快（衰减率 $\psi>0.75$），就减小比例度 P；反之（衰减率 $\psi<0.75$），则增大比例度 P。如此反复，直到系统呈现图 6-22 所示的振荡过渡过程（衰减比 n 为 $4:1$，衰减率 $\psi=0.75$），从过渡过程曲线上测出此时振荡周期 T_s（如图 6-22 所示），并记录对应的比例度 P_s。

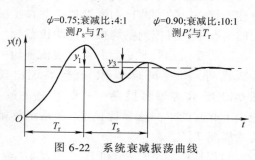

图 6-22 系统衰减振荡曲线

3）按表 6-2 给出的经验公式计算控制器的整定参数值 P、T_I 和 T_D；并按计算结果设置控制器参数，再做设定值扰动试验，观察过渡过程曲线。若系统过渡过程曲线不理想，再对 P、T_I 和 T_D 计算值作适当的调整，……；直到得到满意的结果（衰减率 $\psi=0.75$）为止。

表 6-2 衰减比为 $4:1$ 时，衰减曲线法法整定参数计算表

调节规律 整定参数	$P(\%)$	T_I	T_D
P	P_s	—	—
PI	$1.2P_s$	$0.5T_s$	—
PID	$0.8P_s$	$0.3T_s$	$0.1T_s$

有些对象的响应速度较快（如反应较快的流量、管道压力和小容量液位调节），要从记录曲线看出衰减比比较困难。在这种情况下只能定性识别，可以近似地以振荡次数为准。如果控制器输出或记录仪的指针来回摆动两次就达到稳定状态，可以认为是 4∶1 衰减比的过渡过程，摆动一次的时间为 T_s。

有些生产过程，例如热电厂锅炉燃烧系统，衰减比为 4∶1 的过渡过程仍嫌振荡太强烈，这时可采用衰减比为 10∶1 的振荡过程进行参数整定，方法与衰减比为 4∶1 时相同。但在图 6-22 中要测准 y_3 的时间比较困难，因此，只在过渡过程曲线上看到一个波峰 y_1，而 y_3 看不出来就认为是衰减比为 10∶1 的振荡过程。当过渡过程达到衰减比为 10∶1 时，记录此时的比例度 P_s' 与被控参数的上升时间 T_r（见图 6-22），控制器的最佳整定参数可按表 6-3 中所给的经验公式计算选取。

表 6-3　衰减比为 10∶1 时，衰减曲线法整定参数计算表

整定参数 控制规律	$P(\%)$	T_I	T_D
P	P_s'	—	—
PI	$1.2P_s'$	$2T_r$	—
PID	$0.8P_s'$	$1.2T_r$	$0.4T_r$

采用衰减曲线法进行参数整定时必须注意以下两点：

1）设定值扰动幅值不能太大，要根据生产操作要求来定，一般为稳态值的 5% 左右。

2）必须在工艺参数稳定情况下才能施加扰动，否则难以得到正确的 P_s 值和 T_s 值（P_s' 值和 T_r 值）。

衰减曲线法整定过程比较简便，适用于各种控制系统的参数整定。该方法的缺点是不易准确确定衰减程度（衰减比为 4∶1 或 10∶1），较难得到准确的 P_s 值和 T_s 值（P_s' 值和 T_r 值）。尤其对于一些扰动比较频繁、过程变化较快的控制系统，由于记录曲线不规则，不易得到准确的衰减比例度 $P_s(P_s')$ 和振荡周期 T_s（上升时间 T_r），导致这种方法无法使用。

6.4.3　响应曲线法

响应曲线法也称基于动态特性参数的参数整定，是一种开环整定方法，它利用系统广义对象的阶跃响应特性曲线进行控制器参数整定。因此，应首先测定广义对象的动态特性，即先实验得到广义对象输入变量作阶跃变化时被控参数的响应曲线，再根据响应曲线确定该广义对象动态特性参数，然后用这些参数计算出最佳整定参数。具体步骤如下。

1）首先使系统处于开环状态，如图 6-23 所示。

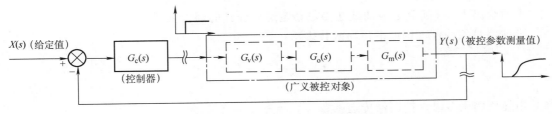

图 6-23　测定广义过程阶跃响应曲线原理框图

2）向调节阀 $G_v(s)$ 输入一个阶跃信号 Δx，通过检测仪表 $G_m(s)$，记录被控参数 $y(t)$ 的响应曲线——广义对象阶跃响应曲线，如图 6-24 所示。

3）根据广义对象阶跃响应曲线，通过近似处理，在响应曲线的拐点处作切线，并把广义对象当作有纯滞后的一阶惯性环节

$$G_o = \frac{K_0}{T_0 s + 1} e^{-\tau_0 s}$$

从响应曲线上得到能代表该对象动态特性的参数：滞后时间 τ_0、时间常数 T_0，如图 6-24b 所示。并按照下式计算其放大倍数 K_0 值：

$$K_0 = \frac{\Delta y / (y_{max} - y_{min})}{\Delta x / (x_{max} - x_{min})} \qquad (6-26)$$

式中，Δy、Δx 的含义如图 6-24 中所示，$y_{max} - y_{mim}$ 为检测仪表的量程（刻度范围）；$x_{max} - x_{mim}$ 为调节阀输入信号变化范围（也是控制器输出信号变化范围）。

通过下式将 K_0 换算为比例度：

$$P_0 = \frac{1}{K_0} \times 100\% \qquad (6-27)$$

根据对象动态特性的三个参数：τ_0、T_0、P_0，可按照表 6-4 所列的经验公式计算出对应于衰减比为 4∶1（相当于 $\psi = 0.75$）时控制器的最佳整定参数。

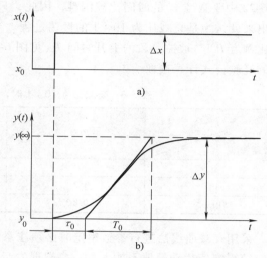

图 6-24 系统阶跃响应曲线与近似处理
a）系统输入信号波形 b）系统响应曲线

表 6-4 响应曲线法整定参数的公式

整定参数 控制规律	$P(\%)$	T_I	T_D
P	$\dfrac{\tau_0}{T_0 P_0}$	—	—
PI	$1.1\dfrac{\tau_0}{T_0 P_0}$	$3.3\tau_0$	—
PID	$0.85\dfrac{\tau_0}{T_0 P_0}$	$2\tau_0$	$0.5\tau_0$

下面给出表 6-4 所列响应曲线法参数整定经验公式的理论依据。

设被控对象特性可用如下传递函数表示：

$$G_o = \frac{K_0}{T_0 s + 1} e^{-\tau_0 s}$$

当采用纯比例调节时，控制器传递函数为 $G_c = \dfrac{1}{P}$

系统出现临界振荡时控制器比例度为 P_m，临界振荡角频率为 ω_m，可由下式求出：

$$G_o(j\omega_m)G_c(j\omega_m) = -1$$

将 $G_o(j\omega_m)$、$G_c(j\omega_m)$ 代入上式

$$\frac{K_0 e^{-j\omega_m\tau_0}}{j\omega_m T_0+1}\frac{1}{P_m} = -1$$

考虑在临界振荡角频率 ω_m 处，$|j\omega_m T_0| \gg 1$，上式可近似为

$$\frac{K_0}{j\omega_m T_0}e^{-j\omega_m\tau_0}\frac{1}{P_m} = -1$$

即

$$\frac{K_0}{\omega_m T_0}e^{-j\omega_m\tau_0-j\frac{\pi}{2}}\frac{1}{P_m} = e^{-j\pi}$$

由相位条件可得 $\pi/2+\omega_m\tau_0 = \pi$，即 $\omega_m\tau_0 = \pi/2$，所以 $\omega_m = \pi/(2\tau_0)$，临界振荡周期 $T_m = 2\pi/\omega_m = 4\tau_0$。

由幅度条件可得

$$\frac{K_0}{\omega_m T_0}\cdot\frac{1}{P_m} = 1$$

所以

$$P_m = \frac{K_0}{\omega_m T_0} = \frac{K_0}{\frac{\pi}{2\tau_0}T_0} = \frac{2}{\pi}\frac{K_0\tau_0}{T_0} = 0.63\frac{K_0\tau_0}{T_0}$$

考虑到推导过程的近似处理和对象传递函数的误差，为简便起见，$P_m = 0.5\dfrac{K_0\tau_0}{T_0}$。

按照稳定边界法整定参数计算表 6-1，可得到响应曲线法整定参数的公式表 6-4。

这种方法只适用于具有自衡特性的过程（对象）。对于非自恒性过程，无法获得如图 6-24 所示的开环响应曲线，这种整定方法无法使用。

响应曲线法是由 Ziegler 和 Nichols 于 1942 年首先提出来的，由于参数整定简单易行而得到广泛应用。后来进行过不少改进，提出了针对各种性能指标的控制器最佳整定公式。

下面通过一个实例来说明响应曲线法的实际应用。

一用蒸气加热的热交换器温度控制系统，要求热水温度稳定在 65℃。当调节阀控制电流增加 DC 1.6mA（调节阀控制电流范围为 DC 4~20mA）时，热水温度上升为 67.8℃，并达到新的稳定状态。温度变送器量程和控制器刻度范围为 30~80℃。从温度动态曲线上可以测出 $\tau_0 = 1.2$min，$T_0 = 2.5$min。如果采用 PI 或 PID 控制规律，按照式（6-26）和表 6-4 给出的公式，计算控制器的整定参数。

首先计算出控制对象放大倍数 K_o（或比例度 P_0）值

$$\Delta x = 1.6\text{mA}(\text{DC})$$

$$x_{max}-x_{min} = (20-4)\text{mA} = 16\text{mA}(\text{DC})$$

$$\Delta y = (67.8-65.0)℃ = 2.8℃$$

$$y_{max}-y_{min} = (80-30)℃ = 50℃$$

由式（6-26）可得　　　　$K_0 = \dfrac{2.8/50}{1.6/16} = 0.56$

则
$$\frac{\tau_0}{T_0 P_0} = \frac{K_0 \tau_0}{T_0} = 0.56 \times \frac{1.2}{2.5} = 27\%$$

采用 PI 调节时，按照表 6-4 中的公式可得
$$P = 1.1 \times 27\% = 29.7\% \approx 30\%$$
$$T_I = 3.3 \times 1.2\text{min} = 3.96\text{min} \approx 4\text{min}$$

采用 PID 调节时，按照表 6-4 中的公式可得
$$P = 0.85 \times 27\% = 22.95\% \approx 23\%$$
$$T_I = 2 \times 1.2\text{min} = 2.4\text{min}$$
$$T_D = 0.5 \times 1.2\text{min} = 0.6\text{min}$$

6.4.4　经验法

这种方法实质上是基于现场经验的试凑法，不需要进行试验和理论计算，而是根据实际系统的运行经验和先验知识，先确定一组 PID 控制器参数 P、T_I 和 T_D，然后人为加入阶跃扰动，观察被控参数的响应曲线，并按照控制器各参数对控制过程的影响，逐次改变相应的整定参数值，一般按先比例度 P，再积分时间 T_I、微分时间 T_D 的顺序逐一进行整定，直到获得满意的控制品质为止。

表 6-5 给出不同被控对象时，控制器整定参数的经验数据；表 6-6 给出在设定值阶跃变化时，控制器参数变化对调节系统动态过程的影响。

表 6-5　控制器整定参数的经验取值范围

整定参数 被控参数	过程特点及常用控制规律	比例度 $P(\%)$	积分时间 T_I/min	微分时间 T_D/min
液位（P 控制）	过程时间常数较大，一般不用微分，精度要求不高时选择 P 控制；P 可在一定范围选择	20~80	—	—
流量（PI 控制）	过程时间常数小，被控参数有波动，一般选择 PI 控制；P 要大一些，T_I 要短；不用微分	40~100	0.1~1	—
压力（PI 控制）	过程有容量滞后，不是很大，一般选择 PI 控制；不用微分	30~70	0.4~3	—
温度（PID 控制）	过程容量滞后较大，被控参数受扰后变化迟缓，需加微分，一般选择 PID 控制；P 应小，T_I 要长	20~60	3~10	0.5~3

表 6-6　整定参数变化对控制过程的影响

整定参数 性能指标	比例度 $P(\%) \downarrow$	积分时间 $T_I/\text{min} \downarrow$	微分时间 $T_D/\text{min} \downarrow$
最大动态偏差	↑	↑	↑
静差（残差）	↓	—	—
衰减率	↓	↓	↓
振荡频率	↑	↑	↓

经验法整定控制器参数的常用步骤有以下两种。

整定步骤1：

比例控制是基本的控制作用，应首先把比例度整定好，待过渡过程基本稳定后，再加积分作用以消除余差，最后加入微分作用进一步提高控制质量。其具体步骤如下：

1）对于 P 控制（$T_I = \infty$，$T_D = 0$），将比例度 P 放在较大经验数值上，然后逐步减小 P，观察被控参数的过渡过程曲线，直到曲线满意为止。

2）对于 PI 控制（$T_D = 0$），先置 $T_I = \infty$，按比例控制整定比例度 P，使过渡过程达到 4：1 衰减比；然后，将 P 放大 10% ~ 20%，将积分时间由大至小逐步增加，直至获得衰减比为 4：1 过渡过程。

3）对于 PID 控制，先置 $T_D = 0$，按 2）按 PI 控制参数整定步骤，整定好 P、T_I 参数；然后将 P 减小 10% ~ 20%，T_I 适当缩短后，再把 T_D 由短至长地逐步加入，观察过渡过程曲线，直到获得满意的过渡过程为止。

整定步骤2：

先按表 6-5 中给出的范围，把 T_I 确定下来；如要引入微分作用，可取 $T_D = (1/3 ~ 1/4) T_I$；然后从大到小调整 P。直到得到满意的结果为止。

一般来说，这样可较快地找到合适的整定参数值。但如果开始 T_I 和 T_D 设置得不合适，则可能得不到希望的响应曲线。这时应将 T_I 和 T_D 作适当调整，重新试验，直至响应曲线满足要求为止。

如果比例度 P 过小、积分时间 T_I 过短或微分时间 T_D 过长，则会产生周期性的激烈振荡。在用经验法整定控制器参数过程中，要注意区分几种相似振荡产生的不同原因，正确调整相应的参数。一般情况下，T_I 过短引起的振荡周期较长；P 过小引起的振荡周期较短；T_D 过长引起的振荡周期最短。可通过区分振荡周期大小判断引起振荡的原因，以便进行准确的参数调整。

如果比例度 P 过大或积分时间 T_I 过长，则会使过渡过程变化缓慢。一般比例度过大，响应曲线振荡较剧烈、不规则、较大幅度地偏离设定值；积分时间 T_I 过长时，则响应曲线在设定值一方振荡，且慢慢地回复到设定值，通过调整相应参数可使这种情况得到改善。

最后要强调一点，掌握控制理论知识，有助于对响应曲线特征和 P、I、D 参数变化对控制过程影响的深刻理解，无疑会提高经验法进行参数整定的有效性和工作效率。

6.4.5　几种控制器参数工程整定方法的比较

前面介绍了常用的四种 PID 参数工程整定方法，它们都是以衰减比为 4：1（衰减曲线法也考虑了衰减比为 10：1 的情况）作为最佳指标进行参数整定。对多数简单控制系统来说，这样的整定结果一般都能满足工艺要求。在应用中究竟采用哪一种方法，需要在了解各种方法的特点及适用条件的基础上，根据生产过程的具体情况进行选择。下面对几种方法作一简单比较。

响应曲线法通过开环试验测得广义对象的阶跃响应曲线，根据求出的 τ_0、T_0 和 P_0 进行参数整定。测试实验时，要求加入扰动幅度足够大，使被控参数产生足够大的变化，保证测试的准确性，但这在一些生产过程中是不允许的。因此，响应曲线法只适用于允许被控参数变化范围较大的生产过程。响应曲线法的优点是实验方法比稳定边界法和衰减曲线法的实验容易掌握，实验所需时间比其他方法短。

稳定边界法在做实验时，控制器已投入运行，被控过程处在闭环控制之下，被控参数一般能保持在工艺允许的范围内。当系统运行在稳定边界时，控制器的比例度较小，动作很快，被控参数的波动幅度很小，一般生产过程是允许的。稳定边界法适用于一般的流量、压力、液位和温度控制系统，但不适用于比例度特别小的过程。因为在比例度很小的系统中，控制器输出变化很快，容易出现调节阀全开或全关的情况，影响生产的正常操作。对于 τ_0 和 T_0 都很大的控制对象，调节过程很慢，被控参数波动一个周期需要很长时间，进行一次试验必须测试若干个完整周期，整个实验过程很费时间。对于单容或双容对象，无论比例度多么小，过渡过程都是单调衰减，不会出现等幅振荡，达不到稳定边界，不适用此法。

衰减曲线法也是在控制器投入运行的情况下进行，不需要系统在稳定边界(临界状态)运行，比较安全，而且容易掌握，能适用于各类控制系统。从反应时间较长的温度控制系统，到反应时间短到几秒的流量控制系统，都可以应用衰减曲线法。对于时间常数很大的系统，过渡过程时间很长，要经过多次实验才能达到 4∶1 衰减比，整个实验很费时间；另外，对于过渡过程比较快的系统，衰减比和振荡周期 T_s 难以准确检测也是它的缺点。

经验法的优点是不需要进行专门的实验、对生产过程影响小；缺点是没有相应的计算公式可借鉴，初始参数的选择完全依赖经验、有一定盲目性。如果现场操作人员、工程师具备一定的控制理论知识，对 PID 参数和对象特性(参数)有比较好的理解，就可避免单纯依靠经验的盲目性，从而高效率地获得良好的整定效果。

6.5 简单控制系统设计实例

本节以喷雾式乳液干燥系统为例，简要讨论生产工艺过程分析与简单过程控制系统的设计内容与设计步骤。

6.5.1 生产过程概述

图 6-25 是喷雾式乳液干燥工艺流程示意图，通过空气干燥器将浓缩乳液干燥成乳粉。已浓缩的乳液由高位储槽流下，经过滤器(浓缩乳液容易堵塞过滤器，一备一用两台过滤器轮换工作，以保证连续生产)去掉凝结块，然后从干燥器顶部喷嘴喷出。干燥空气经热交换器(蒸气)加热、混合后，通过风管进入干燥器与乳液充分接触，使乳液中的水分蒸发成为乳粉。成品乳粉与空气一起送出干燥器，进行分离得到合格乳粉产品。干燥后的合格成品乳粉要求含水量不能超标。

6.5.2 控制方案设计

6.5.2.1 被控参数选择

按照生产工艺要求，产品质量取决于乳粉的水分含量。乳粉湿度/含水量传感器测量精度低、滞后大，要精确、快速测量乳粉的水分含量十分困难。而乳粉的水分含量与干燥器出口温度关系密切，而且为单值对应关系。试验表明，干燥器出口温度为 80℃ 偏差小于 ±2℃ 时，乳粉质量符合要求，因而可选择干燥器出口温度为(间接)被控参数，通过干燥器出口温度控制实现产品质量控制。

6.5.2.2 控制变量选择

影响干燥器出口温度的变量有乳液流量[记为 $f_1(t)$]、旁路空气流量[记为 $f_2(t)$]、加热蒸气流量［记为 $f_3(t)$］三个因素，可通过图 6-25 中的调节阀 1、调节阀 2（风阀）、调节阀 3 对这三个变量进行控制。选择其中的任意一个作为控制变量，都可实现干燥器出口温度（被控参数）的控制。分别以这三个变量作为控制变量，可得到如下三种不同的控制方案：

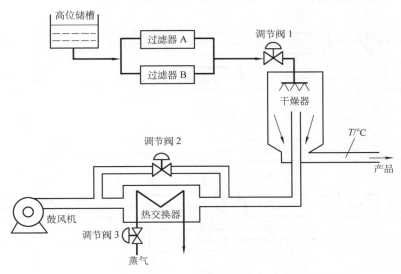

图 6-25　喷雾式乳液干燥过程示意图

方案 1　以乳液流量 $f_1(t)$ 为控制变量（由调节阀 1 进行控制），通过调节进入干燥器的浓乳流量对干燥器出口温度（被控参数）进行控制；

方案 2　以旁通冷风流量 $f_2(t)$ 为控制变量（由调节阀 2（风阀）进行控制），通过调节进入干燥器的空气流量对干燥器出口温度进行控制；

方案 3　以加热蒸气流量 $f_3(t)$ 为控制变量（由调节阀 3 进行控制），通过调节进入干燥器的空气温度对干燥器出口温度进行控制。

三种控制方案的控制系统框图如图 6-26a、b、c 所示（每个方案只有一个对应的控制变量，其他变量均视为干扰）。

在分析、比较三个方案之前，先对影响各个方案控制通道特性的主要环节进行定性分析。

1）蒸气加热流过热交换器的冷空气，蒸气流量进入干燥器空气温度的影响为一个双容过程，其传递函数可近似为

$$G_h(s) = \frac{K_h}{(T_{h1}s+1)(T_{h2}s+1)}$$

式中，时间常数 T_{h1}、T_{h2} 都比较大。

2）冷、热空气混合后，通过一段风管后到达干燥器，旁通冷风流量对进入干燥器空气流量的影响，其传递函数可用一阶惯性环节加纯滞后近似

$$G_{vp}(s) = \frac{K_{vp}}{(T_{vp}s+1)}e^{-\tau s}$$

式中，时间常数 T_{vp} 较小。

3）调节阀 1 到干燥器、调节阀 2（风阀）到混合环节、调节阀 3 到换热器的传输滞后时间

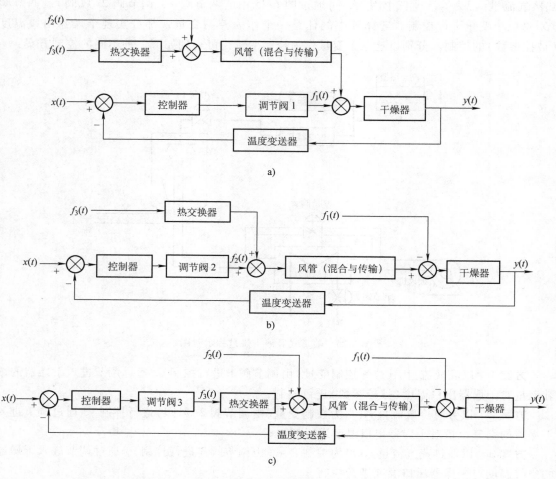

图 6-26 乳液干燥过程 3 种控制方案控制系统示意框图

a）方案 1：$f_1(t)$ 为控制变量 b）方案 2：$f_2(t)$ 为控制变量 c）方案 3：$f_3(t)$ 为控制变量

较小，可忽略不计。

4）三个方案的控制通道都包含控制器、调节阀、温度检测单元，它们的特性不影响比较结果；干燥器对空气流量、空气温度、乳液流量的特性差异对三个方案的分析、比较影响不大，可暂不考虑。

在以上定性结论的基础上，对三个可选方案进行分析、比较，从中选出合理的控制方案及对应的控制变量。

方案 1 从其对应的控制系统框图（图 6-26a）可以看出，由调节阀 1 控制的乳液流量 $f_1(t)$ 直接进入干燥器，控制通道短、容量滞后小，控制变量对干燥器出口温度控制灵敏；干扰进入控制通道的位置与调节阀输入干燥器的控制变量 $[f_1(t)]$ 重合，干扰引起的动态偏差小，控制品质好。从干扰通道来看，$f_2(t)$ 经过一个有纯滞后的一阶惯性环节 $G_{vp}(s)$ 后进入控制通道，而 $f_3(t)$ 经过一个时间常数较大的双容环节 $G_h(s)$ 和一个有纯滞后的一阶惯性环节 $G_{vp}(s)$ 后进入控制通道。由于 $G_{vp}(s)$ 对 $f_2(t)$ 的滤波作用，$G_h(s)$ 和 $G_{vp}(s)$ 对 $f_3(t)$ 的滤波作用，使 $f_2(t)$、尤其是 $f_3(t)$ 对被控参数 $y(t)$（干燥器出口温度）的影响很平缓。

方案2 从其对应的控制系统框图（图6-26b）可以看出，由调节阀2（风阀）控制的旁通冷风流量 $f_2(t)$ 经过混合和滞后 [传递函数为 $G_{vp}(s)$] 之后进入干燥器。由于一阶惯性环节 $G_{vp}(s)$ 时间常数 T_{vp} 和纯滞后 τ 的滞后因素，控制通道（相对于方案1）有一定的滞后，控制变量 $f_2(t)$ 对干燥器出口温度的控制不够迅速。干扰 $f_1(t)$ 进入控制通道的位置距调节阀2较远，干扰通道环节少，对被控参数影响迅速，故其引起的动态偏差较大；干扰 $f_3(t)$ 进入控制通道的位置距调节阀2很近，干扰通道环节多，时间常数大，滤波作用显著，其引起的动态偏差小而且平缓。总的来说，方案2相对于方案1控制品质有所下降，T_{vp} 和 τ 不是很大，品质下降不显著。

方案3 从其对应的控制系统框图（图6-26c）可以看出，由调节阀3控制的蒸气流量 $f_3(t)$ 对流过热交换器的空气加热 [传递函数为 $G_h(s)$]，热空气经过混合和滞后 [传递函数为 $G_{vp}(s)$] 之后进入干燥器。由于有 $G_h(s)$ 二个时间常数 T_{h1} 和 T_{h2}、$G_{vp}(s)$ 的时间常数 T_{vp}、风管纯滞后 τ 多种因素共同影响，控制通道（相对于方案1和方案2）的时间滞后很大，控制变量 $f_3(t)$ 对干燥器出口温度的控制作用很慢；干扰 $f_2(t)$ 进入控制通道的位置距调节阀3较远、干扰 $f_1(t)$ 进入控制通道的位置距调节阀很远，二者干扰通道环节（相对于控制通道）少，引起的动态偏差大。方案3的控制品质，相对于方案1和方案2有很大下降。

通过上面的分析可知，从控制品质角度来看，方案1最优，方案2次之，方案3最差。但从生产工艺和经济效益角度来考虑，方案1并不是最合理的。因为，若以乳液流量作为控制变量，乳液流量就不可能始终稳定在最大值，不能充分发挥干燥系统的生产能力，对提高生产效率不利。另外，在乳液管道上安装调节阀，容易使浓缩乳液结块，甚至堵塞管道，会降低产量，甚至造成停产。进行综合分析比较，选择方案2比较合理，通过调节阀2（风阀）控制旁通冷风流量 $f_2(t)$，实现干燥器出口温度控制。

6.5.2.3 检测仪表、调节阀及控制器、控制规律选择

根据生产工艺要求，可选用电动单元组合（DDZ-Ⅱ 或 DDZ-Ⅲ）仪表，也可根据仪表技术的发展水平和性价比，选用其他仪表或控制装置。

（1）温度传感器及变送器 被控温度在600℃以下，可选用热电阻（铂电阻）温度变送器。为了减少测量滞后，温度传感器应安装在干燥器出口附近。

（2）调节阀 根据生产安全原则、工艺特点及介质性质，选择气关式调节风阀。由于是混合传热和蒸发过程，可认为过程特性为线性，因此可选工作流特性为线性的调节风阀。并根据风路管道情况，分析确定调节风阀的理想流量特性。

（3）控制器 根据工艺特点和控制精度要求（偏差≤±2℃），应采用 PI 或 PID 控制规律；根据构成控制系统负反馈的原则，结合干燥器、气关型调节风阀及测温装置的特性，控制器应采用正作用方式。

6.5.2.4 绘制控制系统图

控制系统流程图如图6-27所示。

6.5.3 控制器参数整定

可根据生产过程的工艺特点和现场条件，选择6.4节中已讨论过的任意一种工程整定方法进行控制器的参数整定。

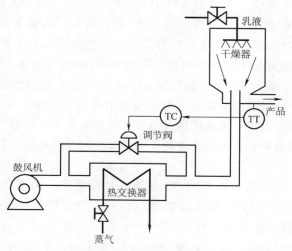

图 6-27   喷雾式乳液干燥过程控制系统示意图

思考题与习题

6-1   简单控制系统由哪几个环节组成？

6-2   简述控制方案设计的基本要求。

6-3   简单归纳控制方案设计的主要内容。

6-4   过程控制系统设计包括哪些步骤？

6-5   选择被控参数应遵循那些基本原则？什么是直接参数？什么是间接参数？两者有何关系？

6-6   选择控制变量时，为什么要分析被控过程的特性？为什么希望控制通道放大系数 K_o 要大、时间常数 T_o 小、纯滞后时间 τ_o 越小越好？而干扰通道的放大系数 K_f 尽可能小、时间常数 T_f 尽可能大？

6-7   当被控过程存在多个时间常数时，为什么应尽量使时间常数错开？

6-8   选择检测变送装置时要注意哪些问题？怎样克服或减小纯滞后？

6-9   调节阀口径选择不当，过大或过小会带来什么问题？正常工况下，调节阀的开度在什么范围比较合适？

6-10   选择调节阀气开、气关方式的首要原则是什么？

6-11   控制器正、反作用方式的选择依据是什么？

6-12   在蒸汽锅炉运行过程中，必须满足汽-水平衡关系，汽包水位是一个十分重要的指标。当液位过低时，汽包中的水易被烧干引发生产事故，甚至会发生爆炸，为此设计如图 6-28 所示的液位控制系统。试确定调节阀的气开、气关方式和液位控制器 LC 正、反作用；画出该控制系统的框图。

6-13   在如图 6-29 所示的化工过程中，化学反应为吸热反应。为使化学反应持续平稳进行，必须用热水通过加热套加热反应釜内物料，以保证化学反应在规定的温度下进行。如果温度太低，不但会导致反应停止，还会使物料产生聚合凝固导致设备堵塞，为生产过程再次运行造成麻烦甚至损坏设备。为此设计如图 6-29 所示的温度控制系统。试确定调节阀的气开、气关方式和控制器 TC 正、反作用；画出该控制系统的框图。

6-14   简述比例、积分、微分控制规律各自的特点。为什么积分和微分控制规律很少单独使用？

6-15   在一个采用比例控制的控制系统中，现在比例控制的基础上：①适当增加积分作用；②适当增加微分作用。请说明：

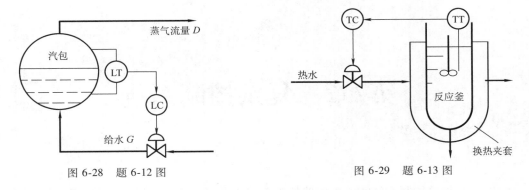

图 6-28　题 6-12 图　　　　　　　图 6-29　题 6-13 图

（1）这两种情况对系统的最大动态偏差、静差、过渡过程时间及衰减比有什么影响？

（2）为了得到相同的衰减比，应如何调整控制器的比例度 P？为什么？

6-16　已知被控过程传递函数 $G(s) = \dfrac{10}{(5s+1)(s+2)(2s+1)}$，试用临界比例度法整定 PI 控制器参数。

6-17　对某对象采用衰减曲线法进行试验时测得 $P'_s = 30\%$，$T_r = 5s$。试用衰减曲线法按衰减比 $n = 10:1$ 确定 PID 控制器的整定参数。

6-18　对某对象采用衰减曲线法进行试验时测得 $P_s = 50\%$，$T_s = 10s$。试用衰减曲线法按衰减比 $n = 4:1$ 确定 PID 控制器的整定参数。

6-19　实验测得某液位过程控制通道阶跃响应曲线数据如表 6-7 所示，输入阶跃变化 $\Delta\mu$ 为满量程的 5%，测量变送器的输出范围为 $0 \sim 2.000$。

表 6-7　题 6-19 阶跃响应曲线数据

t/s	0	5	10	15	20	25	30	35	40	45	50	55	60	65	70
h/cm	0.650	0.651	0.652	0.668	0.735	0.817	0.881	0.979	1.075	1.151	1.213	1.239	1.262	1.311	1.329
t/s	75	80	85	100	120	…									
h/cm	1.338	1.350	1.351	1.352	1.352	…									

（1）用一阶惯性环节加纯滞后近似该过程的传递函数，求出 K_0、T_0、τ_0；

（2）应用响应曲线法整定 PID 控制器的参数。

6-20　已知被控过程传递函数 $G(s) = \dfrac{8e^{-\tau_0 s}}{(T_0 s + 1)}$，$T_0 = 6s$，$\tau_0 = 3s$，试用响应曲线法整定 PI、PID 控制器的参数。再用临界比例度法确定 PI 控制器参数，并与响应曲线法整定的 PI 控制器的参数比较。

6-21　试简单比较临界比例度法、衰减曲线法、响应曲线法及经验法的特点。

6-22　如图 6-30 所示热交换器，将进入其中的冷物料加热到设定温度。工艺要求热物料温度的偏差 $\Delta T \leqslant \pm 1^\circ\text{C}$，而且不能发生过热情况，以免造成生产事故。试设计一个简单控制系统，实现被加热物料的温度控制，并确定调节阀的气开、气关方式，控制器的正反作用方式，以及控制器的调节规律，并画出控制系统工艺流程图和框图。

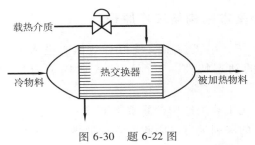

图 6-30　题 6-22 图

第7章 复杂控制系统

第6章对简单控制系统——单回路控制系统进行了讨论。由于简单控制系统所需自动化装置少，投运和维护比较简单。实践证明，简单控制系统能够满足生产过程的基本控制要求，能解决大部分生产过程控制问题，因此在生产过程自动控制中得到广泛应用。简单控制系统占到全部自动控制系统的80%以上。

对动态特性复杂、存在多种扰动或扰动幅度很大，控制质量要求高的生产过程，简单控制系统难以满足控制要求；还有一些生产过程的动态特性虽然并不复杂，但生产工艺和控制要求比较特殊（如物料配比、前后生产工序协调、为了生产安全需要采取软保护措施等）的控制问题，简单控制系统也不能胜任；此外，随着科学技术不断进步和生产工艺不断革新，生产规模向着大型化方向发展，对产品产量、质量、节能降耗、经济效益以及环境保护等提出了更高要求，对生产条件要求愈来愈严格，对系统控制精度和功能提出许多新的要求，简单控制系统难以满足这些要求。为此，需要在简单控制系统的基础上，开发和设计比简单控制系统性能和功能更好的控制系统，以满足这些复杂生产过程的控制需要，这样就出现了与简单控制系统不同的各种控制系统，这些控制系统统称为复杂控制系统。

复杂控制系统种类繁多，常见的复杂控制系统有：串级控制、前馈控制、大滞后预估控制、比值控制、均匀控制、分程控制、选择性控制、解耦控制、双重控制等过程控制系统。其中串级控制、前馈控制、大时延预估控制、解耦控制、双重控制的特点是提高控制系统的性能和精度，而比值控制、均匀控制、分程控制、选择控制主要是满足特殊的控制需求。

7.1 串级控制系统

串级控制系统是在简单控制系统的基础上发展起来的。当被控过程滞后较大，干扰比较剧烈、频繁时，采用简单控制系统控制品质较差，满足不了对工艺参数控制精度要求，这种情况下可考虑采用串级控制系统。

7.1.1 串级控制系统基本结构与工作原理

相对于单回路控制系统，串级控制系统可有效抑制进入回路的扰动对（主）被控参数的影响、显著改善系统的动态特性。下面以管式加热炉为例，分析串级控制系统基本原理。

管式加热炉是炼油、化工等生产中的重要装置之一。它的任务是把原料（油）加热到一定温度，以保证下道工序的顺利进行。因此，常选加热炉原料（油）出口温度 $\theta_1(t)$ 为被控参数、燃料流量为控制变量，构成如图7-1所示的温度控制系统，控制系统框图如图7-2所示。影响原料(油)出口温度$\theta_1(t)$的扰动有原料(油)流量$f_1(t)$、原料(油)入口温度$f_2(t)$、燃料压力$f_3(t)$、燃料热值$f_4(t)$等。该系统根据原料(油)出口温度$\theta_1(t)$变化来控制燃料阀门开度，通过改变燃料流量将原油出口温度$\theta_1(t)$控制在规定的数值θ_{1r}附近，是一个简单控制系统。

由图7-1可知，当燃料压力(引起燃料流量)变化或燃料热值变化时，先影响炉膛温度[用$\theta_2(t)$表示]，然后通过管壁传热再逐渐影响原料(油)出口温度$\theta_1(t)$。

从燃料流量变化经过炉膛、管壁、原料(油)三个容量后，才引起原料(油)出口温度变化，这个通道时间常数很大(约15min)，反应缓慢。而温度控制器T_1C是根据原料(油)的出口温度$\theta_1(t)$与设定值θ_{1r}的偏差进行控制。当燃料出现扰动(流量或热值波动)后，图7-1所示的控制系统并不能及时产生控制作用，克服干扰对被控参数$\theta_1(t)$的影响，因此$\theta_1(t)$的控制质量差。当生产工艺对原料(油)出口温度$\theta_1(t)$要求很严格时，上述简单控制系统很难满足工艺要求。

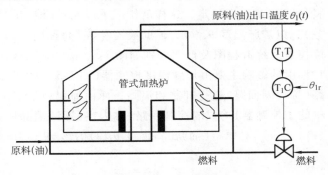

图7-1 管式加热炉出口单回路温度控制系统

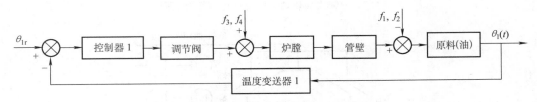

图7-2 管式加热炉出口温度单回路控制系统框图

燃料在炉膛燃烧后，首先引起炉膛温度$\theta_2(t)$变化，再通过炉膛与原料(油)的温差将热量传给原料(油)，中间还要经过原料(油)管道管壁。显然，燃料量变化或燃料热值变化，首先使炉膛温度$\theta_2(t)$发生变化。如果以炉膛温度作为被控参数组成单回路控制系统，该回路控制通道容量滞后小，时间常数约为3min，对来自燃料扰动$f_3(t)$、$f_4(t)$的控制作用比较及时，对应的控制系统如图7-3所示，系统框图如图7-4所示。但问题是炉

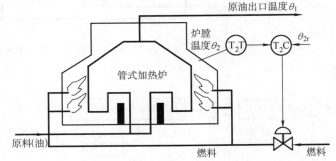

图7-3 管式加热炉炉膛温度控制系统

膛温度$\theta_2(t)$毕竟不能真正代表原料(油)出口温度$\theta_1(t)$，既使炉膛温度恒定，原料(油)本身的流量或入口温度变化仍会影响原料(油)出口温度$\theta_1(t)$，这是因为来自原料(油)的扰动

$f_1(t)$、$f_2(t)$并没有包含在图 7-4 所示的控制系统(反馈回路)之内,控制系统不能克服 $f_1(t)$、$f_2(t)$对原料(油)出口温度的影响,对 $\theta_1(t)$ 的控制效果仍达不到生产工艺要求。

如果将上面两种控制系统的优点——温度控制器 T_1C 对被控参数 $\theta_1(t)$ 的精确控制、温度控制器 T_2C 对来自燃料的扰动 $f_3(t)$、$f_4(t)$ 的及时控制结合起来,先根据炉膛温度 $\theta_2(t)$ 的变化,改变燃料流量,快速抑制和消除来自燃料的扰动 $f_3(t)$、$f_4(t)$ 对炉膛温度 $\theta_2(t)$ 的影响;然后再根据原料(油)出口温度 $\theta_1(t)$ 与设定值 θ_{1r} 的偏差,改变炉膛温度控制器 T_2C 的设定值 $\theta_{2r}(t)$ [T_2C 的(外)给定值 $\theta_{2r}(t)$ 就是 T_1C 的输出],进一步调节燃料流量,以保持原料(油)出口温度稳定,这样就构成了以原料(油)出口温度 $\theta_1(t)$ 为主要被控参数(简称主参数),以炉膛温度 $\theta_2(t)$ 为辅助被控参数(简称副参数)的串级控制系统。管式加热炉串级温度控制系统流程图及框图分别如图 7-5、图 7-6 所示。这样,扰动 $f_3(t)$、$f_4(t)$ 对原料(油)出口温度的影响主要由炉膛温度控制器(图 7-5 中的 T_2C,图 7-6 中的副控制器)构成的控制回路(称为副回路)进行抑制和消除;而由原料(油)出口温度控制器(图 7-5 中的 T_1C,图 7-6 中的主控制器)构成的控制回路(称为主回路)消除所有干扰[包括但不限于 $f_1(t)$、$f_2(t)$、$f_3(t)$、$f_4(t)$]对原料(油)出口温度 $\theta_1(t)$ 的影响。

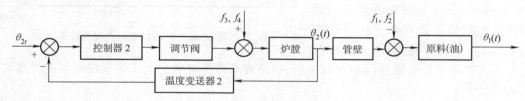

图 7-4　管式加热炉炉膛温度控制系统框图

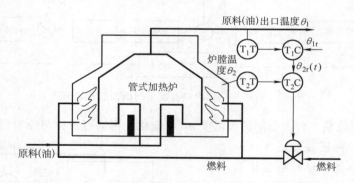

图 7-5　管式加热炉出口温度串级控制系统

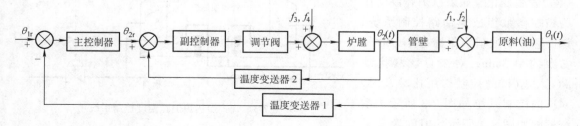

图 7-6　管式加热炉出口温度串级控制系统框图

下面对加热炉串级控制系统的控制原理进行分析。

假设在稳态工况下，原料（油）进口温度和流量稳定，燃料的热值和流量不变，控制燃料流量调节阀保持在一定的开度，炉膛温度保持稳定状态，此时原料（油）出口温度 $\theta_1(t)$ 稳定在设定值 θ_{1r}。如果出现外部干扰，使稳态工况遭到破坏，串级控制系统立即开始控制动作。下面按照扰动的不同，分三种情况讨论。

1. 燃料压力 $f_3(t)$、燃料热值 $f_4(t)$ 出现扰动——干扰进入副回路

当燃料的压力或热值波动，而原料（油）的入口温度和流量保持稳定，即在图 7-6 所示的框图中，干扰 $f_1(t)$、$f_2(t)$ 为 0，只有 $f_3(t)$ 或 $f_4(t)$ 出现扰动。扰动 $f_3(t)$、$f_4(t)$ 首先引起炉膛温度 $\theta_2(t)$ 变化，温度变送器 2（图 7-5 中 T_2T）及时测量到 $\theta_2(t)$ 的变化，并通过副控制器（图 7-5 中 T_2C）及时控制燃料调节阀，使 $\theta_2(t)$ 很快回到原先的稳定值 $\theta_{2r}(t)$。如果 $f_3(t)$、$f_4(t)$ 扰动幅度小，经过副回路调节后，一般影响不到原料（油）出口温度 $\theta_1(t)$ 或影响很小；当 $f_3(t)$、$f_4(t)$ 扰动幅度较大时，其大部分影响由副回路所抑制，仍会对原料（油）出口温度产生一定程度的影响，但引起的 $\theta_1(t)$ 偏差幅度要比图 7-1 所示的单回路系统小很多。此时，再通过主控制器（图 7-5 中 T_1C）改变副控制器 T_2C 的设定值 $\theta_{2r}(t)$ 进一步控制，可快速消除 $f_3(t)$、$f_4(t)$ 扰动的影响，使被控参数 $\theta_1(t)$ 回复到设定值 θ_{1r}。

由于副回路控制通道环节少，时间常数小，反应灵敏，所以当干扰进入副回路时，串级系统可以比单回路系统更快的控制作用，有效抑制和消除燃料压力 $f_3(t)$ 或热值 $f_4(t)$ 变化对原料（油）出口温度的影响，显著提高原料（油）出口温度 θ_1 的控制精度。

2. 原料（油）流量 $f_2(t)$、原料（油）入口温度 $f_1(t)$ 出现扰动——干扰进入主回路

若系统的干扰只是原料（油）流量或原料（油）入口温度出现波动，而燃料压力和热值保持稳定，即在图 7-6 中，干扰 $f_1(t)$、$f_2(t)$ 存在，而 $f_3(t)$、$f_4(t)$ 为 0。干扰 $f_1(t)$、$f_2(t)$ 首先引起原料（油）出口温度 $\theta_1(t)$ 变化，温度变送器 1（图 7-5 中 T_1T）及时测量到 $\theta_1(t)$ 变化，并通过主控制器（图 7-5 中 T_1C）改变副控制器（图 7-5 中 T_2C）的设定值 $\theta_{2r}(t)$，T_2C 根据 $\theta_{2r}(t)$ 的变化调整输出信号改变燃料调节阀开度，调整燃料流量进而改变炉膛温度 $\theta_2(t)$，以校正原料（油）出口温度 $\theta_1(t)$ 的变化，使其回复到设值 θ_{1r}。在串级控制系统中，如果干扰作用于主回路时，主控制器及时改变 $\theta_2(t)$ 的设定值，由于副回路的存在，使进入主回路的干扰对原料（油）出口温度 $\theta_1(t)$ 的影响比单回路控制时小很多。

3. 干扰同时作用于副回路和主回路

如果在图 7-6 所示的框图中，$f_1(t)$、$f_2(t)$、$f_3(t)$、$f_4(t)$ 同时存在，分别作用于主、副回路。为了分析方便起见，先假定执行器采用气开方式（执行器气开、气关的选择原则与简单控制系统相同），主控制器（T_1C）和副控制器（T_2C）都采用反作用方式。这时可根据干扰作用下主参数 $\theta_1(t)$、副参数 $\theta_2(t)$ 变化方向不同，分两种情况进行讨论。

（1）在干扰（或扰动）作用下，主、副参数 $\theta_1(t)$、$\theta_2(t)$ 的变化方向相同，即同时增加或同时减小　如果在图 7-6 所示的温度-温度（主、副参数都是温度）串级控制系统中，一方面由于燃料压力 $f_3(t)$ 升高［或热值 $f_4(t)$ 增加］使炉膛温度 $\theta_2(t)$ 上升；同时由于原料（油）流量 $f_1(t)$ 减少［或进口温度 $f_2(t)$ 上升］，使原料（油）出口温度 $\theta_1(t)$ 上升。这时主控制器 T_1C 的输出由于 $\theta_1(t)$ 升高而减小，使副调节器 T_2C 设定值 $\theta_{2r}(t)$ 减小；副调节器由于测量值 $\theta_2(t)$ 上升、设定值减小，副控制器设定值 $\theta_{2r}(t)$ 与炉膛温度 $\theta_2(t)$ 之间的偏差值更大，（反作用）副控制器的输出也就显著减小，使燃料调节阀快速关小，大幅度减少燃料供给量，快速、有效抑制炉膛温度上升并使其下降，直至主参数 $\theta_1(t)$ 迅速下降并回复到设定值 θ_{1r} 为止。由

于此时主、副调节器的作用都是使燃料调节阀关小，加强了控制作用，必然加快控制过程。

（2）在干扰（或扰动）作用下，主、副参数 $\theta_1(t)$、$\theta_2(t)$ 的变化方向相反，一个增加，另一个减小 同样在图 7-6 所示的系统中，一方面由于燃料压力 $f_3(t)$ 升高［或热值 $f_4(t)$ 增加］使炉膛温度 $\theta_2(t)$ 上升；另一方面由于原料（油）流量 $f_1(t)$ 增加［或进口温度 $f_2(t)$ 下降］，使原料（油）出口温度 $\theta_1(t)$ 降低。这时主控制器的测量值 $\theta_1(t)$ 降低，其输出增大，使副控制器的设定值 $\theta_{2r}(t)$ 增大；同时，副控制器的测量值 $\theta_2(t)$ 在增大，如果两者增加量恰好相等，则副控制器输入［$\theta_{2r}(t)$ 与 $\theta_2(t)$ 之差］不变，副控制器输出不变，燃料调节阀不需动作；如果两者增加量虽不相等，由于能互相抵消一部分，副控制器输入［$\theta_{2r}(t)$ 与 $\theta_2(t)$ 之差］变化较小，副控制器输出变化幅度也较小，调节阀开度只要做较小的改变，即可校正 $\theta_1(t)$ 的偏差，使其快速返回到设定值 θ_{1r}。由于调节阀开度变化小，控制响应快。

通过以上直观分析可知，由于引入了副回路，串级控制系统中的副控制器/控制回路不仅能迅速克服作用于副回路内的干扰，也能加快克服主回路的扰动对被控参数 $\theta_1(t)$ 的影响。副回路对作用于副回路的干扰具有先调、粗调、快调的特点；主回路具有后调、细调、慢调的特点，对副回路没有完全消除的干扰影响能彻底加以消除。由于主、副回路相互配合、相互补充，使主被控参数的控制品质显著提高。

7.1.2 串级控制系统特点及其分析

上面对串级控制系统克服扰动的工作过程进行直观分析发现，由于引入了副回路，使控制系统被控参数控制品质相对于单回路控制系统显著提高。在系统结构上，串级控制系统有两个闭合回路：主回路和副回路，主、副控制器串联工作；主控制器输出是副控制器外给定值，串级系统通过副控制器输出控制执行器动作，实现对主参数的定值控制。串级系统的主回路是定值控制系统，副回路是给定值变化的随动控制系统，通过主、负回路的协调工作，将主参数准确地控制在工艺规定的范围之内。这一节将从理论上对串级控制系统的特点进行分析。

7.1.2.1 控制过程动态特性改善

为分析方便，将图 7-6 的串级系统框图表示为图 7-7 所示的传递函数框图，把图 7-2 的单回路系统框图简化为图 7-8 所示的传递函数框图。

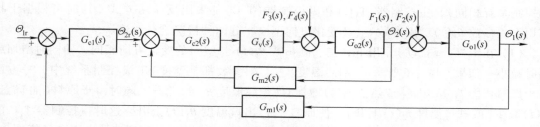

图 7-7 串级控制系统传递函数框图

与单回路控制系统图 7-8 相比，图 7-7 所示串级控制系统中的副回路代替了单回路系统中的调节阀 $G_v(s)$ 和一部分对象 $G_{o2}(s)$。如果把整个副回路看成一个等效对象环节，其传递

函数用 $G'_{o2}(s)$ 表示，则

$$G'_{o2}(s) = \frac{\Theta_2(s)}{\Theta_{2r}(s)} = \frac{G_{c2}(s)G_v(s)G_{o2}(s)}{1+G_{c2}(s)G_v(s)G_{o2}(s)G_{m2}(s)} \tag{7-1}$$

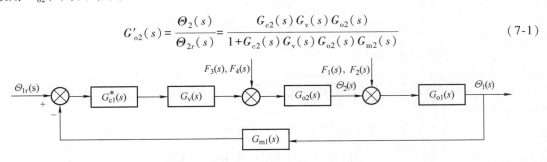

图 7-8　单回路控制系统传递函数框图

设 $G_{o2}(s) = \dfrac{K_{o2}}{T_{o2}s+1}$、$G_{c2}(s) = K_{c2}$、$G_v(s) = K_v$、$G_{m2}(s) = K_{m2}$，并代入式（7-1），可得

$$G'_{o2}(s) = \frac{K_{c2}K_v\dfrac{K_{o2}}{T_{o2}s+1}}{1+K_{c2}K_v\dfrac{K_{o2}}{T_{o2}s+1}K_{m2}} = \frac{\dfrac{K_{c2}K_vK_{o2}}{1+K_{c2}K_vK_{o2}K_{m2}}}{1+\dfrac{T_{o2}}{1+K_{c2}K_vK_{o2}K_{m2}}s} = \frac{K'_{o2}}{T'_{o2}s+1} \tag{7-2}$$

式中，$K'_{o2} = \dfrac{K_{c2}K_vK_{o2}}{1+K_{c2}K_vK_{o2}K_{m2}}$、$T'_{o2} = \dfrac{T_{o2}}{1+K_{c2}K_vK_{o2}K_{m2}}$ 分别为等效过程 $G'_{o2}(s)$ 的静态放大系数和时间常数。

这样，图 7-7 的串级控制系统可简化为图 7-9 所示的等效单回路控制系统［图中的 G^*_{o2}(s) 将在 7.1.2.2 中说明］。等效单回路系统与图 7-8 所示的单回路系统相比，单回路系统中的 $G_{o2}(s)$ 与 $G_v(s)$ 被 $G'_{o2}(s)$ 替代。$G_{o2}(s)$ 和 $G'_{o2}(s)$ 相比，$G'_{o2}(s)$ 中的时间常数 $T'_{o2} = \dfrac{T_{o2}}{1+K_{c2}K_vK_{o2}K_{m2}} \ll T_{o2}$。这表明，由于副回路的存在，使等效对象 $G'_{o2}(s)$ 的时间常数大大减小［为原来的 $1/(1+K_{c2}K_vK_{o2}K_{m2})$］，改善了系统的动态特性。通常情况下，副回路中的被控过程 $G_{o2}(s)$ 大多为单容或双容过程，副控制器的比例增益 K_{c2} 可以取得较大。随着副控制器比例增益增大，等效时间常数 T'_{o2} 就可以变得很小，加快了副回路的响应速度；同时，使 $K'_{o2} = \dfrac{K_{c2}K_vK_{o2}}{1+K_{c2}K_vK_{o2}K_{m2}} \approx \dfrac{1}{K_{m2}}$。如果 T'_{o2} 足够小，可以使 $G'_{o2}(s) \approx \dfrac{1}{K_{m2}}$ 近似为一个比例环节。对主控制器来说，等效被控过程的动态部分只有副回路之外的环节，控制通道容量滞后减小，加快了系统的响应速度，控制更为及时，从而有效改善整个系统的控制品质。

从系统的频率特性来看，副回路的引入，使整个系统的工作频率显著提高，动态性能大为改善。下面对串级系统的频率特性进行简单分析。

从图 7-9 可得串级系统的特征方程为

$$1 + G_{c1}(s)G'_{o2}(s)G_{o1}(s)G_{m1}(s) = 0 \tag{7-3}$$

假设 $G_{o1}(s) = \dfrac{K_{o1}}{T_{o1}s+1}$、$G_{c1}(s) = K_{c1}$、$G_{m1}(s) = K_{m1}$，副回路的等效传递函数 $G'_{o2}(s)$ 为式（7-2），将以上各式代入式（7-3）可得

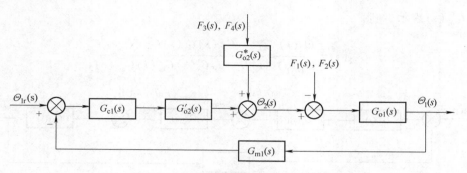

图7-9　图7-7串级控制系统等效框图

$$s^2 + \frac{T_{o1} + T'_{o2}}{T_{o1} T'_{o2}} s + \frac{1 + K_{c1} K'_{o2} K_{o1} K_{m1}}{T_{o1} T'_{o2}} = 0 \qquad (7\text{-}4)$$

令

$$2\xi\omega_o = \frac{T_{o1} + T'_{o2}}{T_{o1} T'_{o2}}$$

$$\omega_o^2 = \frac{1 + K_{c1} K'_{o2} K_{o1} K_{m1}}{T_{o1} T'_{o2}}$$

则特征方程式(7-4)可写成如下标准形式

$$s^2 + 2\xi\omega_o s + \omega_o^2 = 0 \qquad (7\text{-}5)$$

式(7-5)的特征根为

$$s_{1,2} = \frac{-2\xi\omega_o \pm \sqrt{4\xi^2 \omega_o^2 - 4\omega_o^2}}{2} = -\xi\omega_o \pm \omega_o \sqrt{\xi^2 - 1} \qquad (7\text{-}6)$$

当 $0 \leqslant \xi < 1$ 时，系统出现振荡，振荡频率为

$$\omega_c = \omega_o \sqrt{1 - \xi^2} = \frac{\sqrt{1 - \xi^2}}{2\xi} \frac{T_{o1} + T'_{o2}}{T_{o1} T'_{o2}} \qquad (7\text{-}7)$$

若采用单回路控制系统(图7-8)，则系统特征方程为

$$1 + G^*_{c1}(s) G_v(s) G_{o2}(s) G_{o1}(s) G_{m1}(s) = 0 \qquad (7\text{-}8)$$

假设 $G^*_{c1}(s) = K^*_{c1}$，其他环节和串级系统相同，将各环节的传递函数代入式(7-8)得

$$s^2 + 2\xi_d \omega_{do} s + \omega_{do}^2 = 0 \qquad (7\text{-}9)$$

其中

$$2\xi_d \omega_{do} = \frac{T_{o1} + T_{o2}}{T_{o1} T_{o2}}$$

$$\omega_{do}^2 = \frac{1 + K^*_{c1} K_v K_{o2} K_{o1} K_{m1}}{T_{o1} T_{o2}}$$

同理可得单回路系统振荡频率为

$$\omega_d = \omega_{do} \sqrt{1 - \xi_d^2} = \frac{\sqrt{1 - \xi_d^2}}{2\xi_d^2} \frac{T_{o1} + T_{o2}}{T_{o1} T_{o2}} \qquad (7\text{-}10)$$

如果通过控制器的参数整定，使串级控制系统与单回路控制系统具有相同的衰减率，即 $\xi = \xi_d$，则

$$\frac{\omega_c}{\omega_d} = \frac{\dfrac{\sqrt{1-\xi^2}}{2\xi} \dfrac{T_{o1}+T'_{o2}}{T_{o1}T'_{o2}}}{\dfrac{\sqrt{1-\xi_d^2}}{2\xi_d^2} \dfrac{T_{o1}+T_{o2}}{T_{o1}T_{o2}}} = \frac{1+\dfrac{T_{o1}}{T'_{o2}}}{1+\dfrac{T_{o1}}{T_{o2}}} \tag{7-11}$$

由于 $T_{o2} \gg T'_{o2}$，则有 $1+\dfrac{T_{o1}}{T'_{o2}} \gg 1+\dfrac{T_{o1}}{T_{o2}}$，所以

$$\omega_c \gg \omega_d \tag{7-12}$$

从式(7-12)可知，当被控过程 $G_{o1}(s)$、$G_{o2}(s)$ 为一阶惯性环节，主、副控制器均为比例调节时，串级系统的工作频率提高了很多，控制品质大为改善，从理论上证明了前面定性分析得出的结论。

7.1.2.2 抗干扰能力增强

在图7-7所示的串级控制系统中，在不考虑主回路的情况下，进入副回路的扰动 $F_3(s)$ $[F_4(s)$ 的影响与 $F_3(s)$ 相同$]$ 与副回路输出 $\Theta_2(s)$ 之间的传递函数记为 $G_{o2}^*(s)$

$$G_{o2}^*(s) = \frac{\Theta_2(s)}{F_3(s)} = \frac{G_{o2}(s)}{1+G_{c2}(s)G_v(s)G_{o2}(s)G_{m2}(s)} \tag{7-13}$$

这样，可将图7-7等效为图7-9。

系统给定输入 $\Theta_{1r}(s)$ 与被控参数 $\Theta_1(s)$ 之间的传递函数为

$$\frac{\Theta_1(s)}{\Theta_{1r}(s)} = \frac{G_{c1}(s)G'_{o2}(s)G_{o1}(s)}{1+G_{c1}(s)G'_{o2}(s)G_{o1}(s)G_{m1}(s)} \tag{7-14}$$

扰动 $F_3(s)$ 与被控参数 $\Theta_1(s)$ 之间的传递函数

$$\frac{\Theta_1(s)}{F_3(s)} = \frac{G_{o2}^*(s)G_{o1}(s)}{1+G_{c1}(s)G'_{o2}(s)G_{o1}(s)G_{m1}(s)} \tag{7-15}$$

对于一个控制系统来说，在给定值作用下要求其被控参数复现设定值，即 $\Theta_1(s)/\Theta_{1r}(s)$ 越接近"1"，系统的控制品质越好；并要求系统控制作用能尽快地克服干扰对被控参数的影响，使被控参数稳定在设定值附近 θ_{1r}，即 $\Theta_1(s)/F_3(s)$ 越接近零，系统的抗干扰能力越强，控制质量越好。若两个方面一起考虑，则图7-7所示串级控制系统对 $F_3(s)$ 抗干扰能力 J_{c3} 就可用下式来评价：

$$J_{c3} = \frac{\Theta_1(s)/\Theta_{1r}(s)}{\Theta_1(s)/F_3(s)} = \frac{G_{c1}(s)G'_{o2}(s)G_{o1}(s)}{G_{o2}^*(s)G_{o1}(s)} = \frac{G_{c1}(s)G'_{o2}(s)}{G_{o2}^*(s)}$$

将式(7-1)和式(7-13)代入上式可得

$$J_{c3} = G_{c1}(s) \cdot G_{c2}(s) \cdot G_v(s) \tag{7-16}$$

为了与单回路控制系统比较，用同样的方法从图7-8求出系统给定输入 $\Theta_{1r}(s)$ 与被控参数 $\Theta_1(s)$ 之间的传递函数为

$$\frac{\Theta_1(s)}{\Theta_{1r}(s)} = \frac{G_{c1}^*(s)G_v(s)G_{o2}(s)G_{o1}(s)}{1+G_{c1}^*(s)G_v(s)G_{o2}(s)G_{o1}(s)G_{m1}(s)}$$

干扰 $F_3(s)$ 到被控参数 $\Theta_1(s)$ 的传递函数

$$\frac{\Theta_1(s)}{F_3(s)} = \frac{G_{o2}(s)G_{o1}(s)}{1 + G_{c1}^*(s)G_v(s)G_{o2}(s)G_{o1}(s)G_{m1}(s)}$$

图 7-8 所示单回路系统对 $F_3(s)$ 的抗干扰能力 J_{d3} 可用下式来评价：

$$J_{d3} = \frac{\Theta_1(s)/\Theta_{1r}(s)}{\Theta_1(s)/F_3(s)} = \frac{G_{c1}^*(s)G_v(s)G_{o2}(s)G_{o1}(s)}{G_{o2}(s)G_{o1}(s)} = G_{c1}^*(s)G_v(s) \qquad (7\text{-}17)$$

由式(7-16)、式(7-17)可得串级系统与单回路系统对进入副回路干扰 $F_3(s)$ 的抗干扰能力之比

$$\frac{J_{c3}}{J_{d3}} = \frac{G_{c1}(s)G_{c2}(s)G_v(s)}{G_{c1}^*(s)G_v(s)} = \frac{G_{c1}(s)G_{c2}(s)}{G_{c1}^*} \qquad (7\text{-}18)$$

设串级控制系统的主、副控制器均为比例调节：$G_{c1}(s) = K_{c1}$、$G_{c2}(s) = K_{c2}$，单回路控制系统控制器也为比例调节：$G_{c1}^*(s) = K_{c1}^*$，式(7-18)可写为

$$\frac{J_{c3}}{J_{d3}} = \frac{G_{c1}(s)G_{c2}(s)}{G_{c1}^*} = \frac{K_{c1}K_{c2}}{K_{c1}^*} \qquad (7\text{-}19)$$

一般情况下，总是有：$K_{c1}K_{c2} \gg K_{c1}^*$。

由上述分析可知，由于串级控制系统副回路能迅速克服进入副回路的扰动，从而大大减小副回路干扰对主参数的影响；其次，副回路的存在提高了系统主控制器对进入主回路干扰 $[f_1(t)、f_2(t)]$ 控制的快速性；此外，由于副回路的存在，总放大系数提高了，因而抗干扰能力和控制性能都比单回路控制系统有显著提高。

7.1.2.3 对负荷和操作条件变化的适应能力增强

过程控制系统中控制器的参数，一般是在工作点确定的情况下，按照确定的过程特性和一定的控制质量指标要求进行整定，如果生产过程具有较大的非线性，整定好的控制器参数只适应于工作点附近的一个小范围。随着操作条件和负荷的大范围变化，工作点移动，过程特性会发生明显变化，按照原工作点整定的控制器参数已不能适应过程特性的明显变化，导致控制质量下降。在单回路控制中若不采取其他措施，这一缺陷很难克服，在串级控制系统中的情况就要好很多。

副回路等效传递函数的放大系数为

$$K'_{o2} = \frac{K_{c2}K_vK_{o2}}{1 + K_{c2}K_vK_{o2}K_{m2}}$$

一般情况下，$K_{c2}K_vK_{o2}K_{m2} \gg 1$，$K'_{o2} \approx 1/K_{m2}$。如果对象 $G_{o2}(s)$ 的增益 K_{o2} 特性存在非线性，对等效对象的放大系数 K'_{o2} 影响很小。这表明串级控制系统的副回路能够有效抑制副对象非线性特性的影响，显示出它对负荷变化具有一定的自适应能力。串级系统具有自动克服副回路非线性因素的能力，在操作条件或负荷变化的情况下，不用调整主控制器整定参数，系统仍能保持或接近原有的控制质量。

综合以上分析，可以将串级系统具有较好控制性能的原因归纳为以下三点：

1) 对进入副回路的干扰有很强的克服能力。

2) 改善了被控过程的动态特性，提高了系统的工作频率。

3) 对负荷或操作条件的变化有一定自适应能力。

7.1.3 串级控制系统设计与参数整定

7.1.3.1 串级控制系统方案设计

与单回路控制系统相比，串级控制系统控制质量有显著提高。但是，串级控制系统结构复杂，使用仪表多，增加了投资成本，参数整定也比较麻烦。串级控制系统主要用于对象容量滞后较大、纯滞后时间较长、扰动幅值大、负荷变化频繁、剧烈的被控过程。

串级控制系统必须进行合理地设计，才能使其优越性得到充分发挥。串级控制系统设计应注意以下几个方面。

1. 主回路设计

主回路设计就是确定被控参数（串级控制系统的主参数）。主参数选择原则与单回路控制系统被控参数的选择原则相同。

2. 副回路的选择

副回路的选择也就是确定副回路的被控参数（串级系统的副参数）。串级系统的特点主要来源于它的副回路，副回路设计的好坏决定整个串级控制系统设计的成败。副参数的选择一般应遵循下面几个原则：

（1）主、副参数有对应关系 在串级系统中，引入副参数是为了提高主参数的控制质量，副参数与主参数之间应具有一定的对应关系，即通过调整副参数能有效地影响主参数。在主参数确定以后，所选定的副参数应与主参数有一定的内在联系，副参数的变化应反映主参数的变化趋势、并在很大程度上影响主参数；其次，所选择的副参数必须是物理上可测的；另外，由副参数所构成的副回路，控制通道应尽可能短，被控过程时间常数不能大，滞后小，以便使等效过程时间常数显著减小，提高整个系统的工作频率，加快控制过程响应速度，改善控制系统动态品质。前面讨论的管式加热炉温度串级控制系统，选取炉膛温度为副参数，它较原料（油）出口温度反应快，能够及时反映燃料压力（流量）、燃料发热量等扰动的影响，通过副回路快速抑制并克服其对副参数、尤其是主参数的影响。总之，为了充分发挥副回路快速响应的作用，应选择物理上可测、对干扰/扰动反应灵敏的参数作为副回路的被控参数。

（2）副参数的选择必须使副回路包含变化剧烈的主要扰动，并尽可能多包含一些干扰。为了充分发挥串级控制系统对进入副回路的干扰有较强克服能力的特点，在选择副参数时一定要将主要干扰包含在副回路中，并力求包含更多的干扰在副回路中。但也不是副回路包含的干扰越多越好，因为副回路包含的干扰越多，其控制通道时间常数必然增大，响应速度变慢，副回路快速克服干扰的能力将受到影响。图 7-10 是管式加热炉原料（油）出口温度控制系统的两种串级控制方案，图 a 方案是原料（油）出口温度（主参数）与燃料阀后压力（副参数）组成的串级控制方案，适用于燃料压力为主要干扰的场合；图 b 方案是原料（油）出口温度（主参数）与炉膛温度（副参数）组成的串级控制方案，适用于燃料压力、燃料热值经常波动的场合。由于后者的副参数是炉膛温度，对燃料压力扰动的反应没有前者灵敏是其不足；但将燃料热值等扰动包含在副回路，副回路包含的干扰较多是其优势。

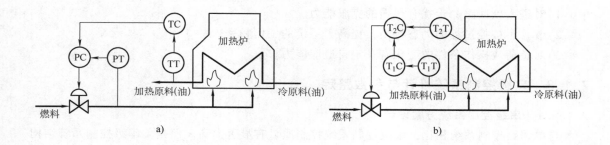

图 7-10 管式加热炉出口温度二种串级控制系统方案

a)燃料压力为副参数串级控制系统　b)炉膛温度为副参数串级控制系统

必须指出,副回路包含的干扰太多,势必使副参数的位置靠近主参数,反而使副回路克服干扰的快速性下降。在极端情况下,副回路包括了全部干扰,那就和单回路控制系统一样,失去了串级控制系统的优势。因此,在选择副参数时,应在副回路快速响应与包含较多干扰之间进行合理的平衡。在串级控制系统设计之前,充分研究生产工艺中各种干扰源的特点,对副参数选择是十分重要的。

(3)副参数的选择应考虑主、副回路中主、副被控过程时间常数的匹配,以防"共振"的发生　在串级控制系统中,主、副回路中主、副被控过程的时间常数不能太接近。一方面是为了保证副回路具有较快的反应能力;另一方面是由于在串级系统中,主、副回路密切相关,副参数的变化会影响到主参数,而主参数的变化通过反馈回路又会影响到副参数。如果主、副回路中的时间常数比较接近(主、副回路的工作频率比较接近),系统一旦受到干扰,就有可能产生"共振",使控制质量下降,甚至使系统因振荡而无法工作。在选择副参数时,应注意使主、副回路中被控过程的时间常数之间有较大差距,以避免主、副回路出现动态"共振"。

(4)应注意工艺上的合理性和经济性　控制系统是为生产工艺服务的,设计串级系统时首先要考虑生产工艺的合理性。如果系统方案在控制原理上是合理的,但工艺不合理,则应重新考虑控制方案。在副回路设计中,若出现几个可供选择的方案时,应把经济原则和控制品质要求有机地结合起来,在工艺合理、满足工艺品质要求的前提下,应尽可能采用比较简单的控制方案。

3. 主、副控制器控制规律的选择

在串级系统中,主、副控制器所起的作用不同。主控制器起定值控制作用,副控制器起随动控制作用,这是选择控制规律的基本出发点。

主参数是生产工艺的主要控制指标,它关系到产品的质量、产量或生产安全,工艺上要求比较严格,一般不允许有静差,所以,主控制器通常选用 PI 控制,以实现主参数的无静差控制。当控制通道容量滞后比较大时,主控制器应选用 PID 调节。

串级控制系统中副参数稳定并不是目的。控制副参数是为了保证和提高主参数的控制质量,对副参数的要求一般不严格,可以在一定范围内变化,允许有静差。因此,副控制器一般选 P 控制就可以了。为了能够快速跟踪,一般不引入积分控制,因为积分控制会延长控制过程,减弱副回路的快速性。但在选择流量为副参数时,为了保持系统稳定,比例度必须选得较大,比例作用偏弱,在这种情况下,可以引入积分控制,即采用 PI 控制,以增强控制作用。副控制器一般不引入微分控制，因为当副控制器有微分作用时，主控制器输出稍有变化，就容易引起调节阀大幅度地变化，对系统平稳运行不利。

4. 主、副控制器正、反作用方式的确定

如在单回路控制系统设计中所述，要使一个过程控制系统能正常运行，系统必须构成负反馈。对串级控制系统来说，主、副控制器正、反作用方式的选择原则依然是使闭环系统构成负反馈。

串级控制系统主、副控制器正反作用方式选择的顺序是：首先根据工艺的（安全性）要求确定调节阀的气开、气关方式；然后再按照副回路构成负反馈的原则确定副控制器的正、反作用；最后再依据主、副参数的关系和主回路构成负反馈的原则，确定主控制器的正、反作用，这时的副回路可作为一个环节看待 $G'_{o2}(s)$［其定义见式(7-2)］。

下面以图 7-5 所示的管式加热炉为例，说明串级控制系统主、副控制器正、反作用方式的确定。

从生产工艺安全出发，燃料调节阀选用气开工作方式，即一旦出现故障或动力气源断气，调节阀应完全关闭，切断燃料进入加热炉，确保设备安全。

对于副控制器，当炉膛温度升高时，测量信号增大、为保证副回路为负反馈，此时调节阀应关小，要求副控制器输出信号减小。按照测量信号增大，输出信号减小的原则要求，副控制器应为反作用方式。

对于主控制器，当副参数(炉膛温度)升高时，主参数［原料(油)出口温度］也升高，主对象为正作用；将副回路看作一个环节 $G'_{o2}(s)$，输入(炉膛温度给定值)增大，炉膛温度升高，其特性也为正作用，故主控制器应为反作用工作方式。

5. 串级系统的工业应用

当生产工艺要求高，采用简单控制系统不能满足工艺要求的情况下，可考虑采用串级控制系统。串级控制系统常用于下面一些生产过程。

(1)容量滞后较大的过程　一些过程的容量滞后比较大，如温度控制过程，若生产工艺对这些参数的控制精度要求比较高，采用单回路控制系统难以满足生产工艺要求，可采用串级控制系统，选择一个滞后较小的副参数，构成控制速度快的副回路，使被控过程的等效时间常数减小，加快响应速度，提高控制精度，满足生产工艺要求。前面讨论的管式加热炉温度串级控制系统就是这方面的例子。

(2)应用于纯滞后较大的过程　当被控过程纯滞后时间较长时，可以考虑用串级控制系统来改善控制质量。在离调节阀较近、纯滞后时间较小的位置选择一个辅助参数作为副参数，构成一个滞后较小的副回路，及时抑制和消除进入副回路的主要干扰对主参数的影响。火力发电厂锅炉蒸气温度串级控制系统就是这方面的例子(参见第 10 章 10.2.2)。

(3)应用于干扰幅度大的被控过程　由于串级控制系统副回路对于进入其中干扰的影响具有较强的抑制与克服能力，因此，只要将变化激烈而且幅度大的干扰包括在副回路之中，就可以大大减小这些干扰对主参数的影响。工业锅炉汽包水位是一个很重要的参数，给水压力的变化既频繁且幅值大。为确保汽包水位控制质量，以给水流量作为副回路的被控参数，同液位一起构成串级控制系统，对给水压力扰动对汽包水位的影响有很强的抑制能力。

(4)应用于存在非线性的被控过程　在过程控制中，一般被控过程的特性都存在不同程度的非线性。当负荷变化大、工作点偏移显著时，过程特性会发生明显变化。对于这种情况，在单回路控制系统中，可以通过改变控制器的整定参数来保证系统的控制品质。但对负荷频繁变化的生产过程，仅靠改变控制器整定参数来适应过程工作点变化显然是不可行的。此时如果采用串级控制系统，有效抑制被控过程的非线性，就可在不调整控制器整定参数的情况下，在不同工作点均获得满意的控制品质。

7.1.3.2 串级控制系统的参数整定

串级控制系统大多是主被控参数控制精度要求较高的定值控制系统，副回路是随动系统，要求副参数能准确、快速地跟随主控制器输出的变化。串级控制系统主、副回路的目标不同，对主、副参数的要求也不同。通过正确的参数整定，才可能取得期望的控制效果。

串级控制系统主、副控制器的参数整定方法有逐步逼近法、两步整定法和一步整定法。

1. 逐步逼近法

逐步逼近法是一种依次整定副回路、主回路，循环进行，逐步接近主、副回路最佳整定参数的方法，其步骤如下：

1）整定副回路。此时断开主回路，按照单回路整定方法，取得副控制器的整定参数，得到第一次副控制器参数整定值，记作 G_{c2}^1。

2）整定主回路。把刚整定好的副回路作为主回路中的一个环节，仍按单回路整定方法，求取主控制器的整定参数，记作 G_{c1}^1。

3）再次整定副回路，注意此时副回路、主回路都已闭合。在主控制器的整定参数为 G_{c1}^1 的条件下，按单回路整定方法，重新求取副控制器的整定参数 G_{c2}^2。至此已完成一个循环的整定。

4）重新整定主回路。同样是在两个回路闭合、副控制器整定参数为 G_{c2}^2 的情况下，重新整定主控制器，得到 G_{c1}^2。

5）如果调节过程仍未达到品质要求，按上面 3、4 步继续进行，直到控制效果满意为止。一般情况下，完成第 3 步甚至只要完成第 2 步就已满足控制品质要求，无需继续进行。这种方法费时较多。

2. 两步整定法

所谓两步整定法，就是让系统处于串级工作状态，第一步按单回路控制系统整定副控制器参数，第二步把已经整定好的副回路视为串级控制系统的一个环节，仍按单回路对主控制器进行一次参数整定。

对于一个设计合理的串级控制系统，其主、副回路中被控过程的时间常数应有适当的匹配关系，一般为 $T_{o1} = (3 \sim 10) T_{o2}$，主回路的工作周期远大于副回路的工作周期。因此，当副控制器参数整定好之后，视副回路为主回路的一个环节，按单回路控制系统的方法整定主控制器参数，而不再考虑主控制器参数变化对副回路的影响。一般串级系统对主参数的控制精度要求高，而对副参数的控制要求相对较低。因此，当副控制器参数整定好之后再去整定主控制器参数时，虽然会影响副参数的控制品质，但只要主参数控制品质得到保证，副变量的控制品质差一点也是可以接受的。

两步法的整定步骤如下：

1）在生产过程稳定，系统处于串级运行状态，主、副控制器均为比例作用的条件下，先将主控制器的比例度 P_1 置于 100% 刻度上，然后由大到小逐渐降低副控制器的比例度 P_2，直到得到副回路过渡过程衰减比为 4∶1 的比例度 P_{2s}，过渡过程的振荡周期为 T_{2s}。

2）在副控制器的比例度等于 P_{2s} 的条件下，逐步降低主控制器的比例度 P_1，直到同样得到主回路过渡过程衰减比为 4∶1 的比例度 P_{1s}，过渡过程的的振荡周期为 T_{1s}。

3）按已求得的 P_{1s}、T_{1s} 和 P_{2s}、T_{2s} 值，结合已选定的调节规律，按 6.4.2 中表 6-2 衰减曲线法整定参数的经验公式，计算出主、副控制器的整定参数值。

4）按照"先副回路，后主回路"的顺序，将计算出的参数值设置到控制器上，做一些扰动试验，观察过渡过程曲线，作适当的参数调整，直到控制品质达到最佳或满足要求为止。

用此法整定的参数结果比较准确，因而在工程上应用较多。

3. 一步整定法

两步整定法虽能满足主、副参数的要求，但要分两步进行，需寻求两个衰减比为 4∶1 的衰减振荡过程，比较繁琐。为了简化步骤，主、副控制器的参数也可以采用一步整定法。

所谓一步整定法，就是根据经验，先将副控制器参数一次调整好，不再变动，然后按一般单回路控制系统的整定方法直接整定主控制器参数。

由于串级系统对主参数的控制精度要求高，对副参数的要求较低。因此，在整定时不必把过多的精力放在整定副回路参数上。只要把副控制器的参数置于一定数值后，集中精力整定主回路，使主参数达到规定指标就行了。按照经验一次设置的副控制器参数可能不一定合适，但可以通过调整主控制器的放大倍数来进行补偿，使最终结果仍然能满足主参数呈现 4∶1（或 10∶1）的衰减振荡过程。

经验证明，这种整定方法对于对主参数要求较高，而对副参数要求不严的串级控制系统是一种较为有效的整定方法。

人们经过长期的工程实践和大量的经验积累，总结出在不同的副参数情况下，副控制器参数的选择范围，如表 7-1 所示。

表 7-1　一步整定法副控制器参数选择范围

副参数类型	副控制器比例度 P_2(%)	副控制器比例增益 K_{P2}
温度	20~60	5.0~1.7
压力	30~7	3.0~1.4
流量	40~80	2.5~1.25
液位	20~80	5.0~1.25

一步整定法的整定步骤如下。

1）在生产过程平稳、控制系统为纯比例的运行条件下，按照表 7-1 所列的数据，将副控制器比例度 P_2 调到某一适当的数值。

2）利用简单控制系统中任一种参数整定方法整定主控制器的参数（P_1、T_I、T_D）。

3）在已整定参数（P_1、T_I、T_D、P_2）条件下，观察主参数动态响应过程，适当调整主控制器的参数，使主参数满足工艺要求为止。

7.2 前馈控制系统

前面讨论的都是按被控参数的偏差进行控制的闭环反馈系统，其特点是被控过程受到干扰（扰动）后，必须等到被控参数出现偏差时控制器才开始调整控制输出值 MV，抑制并消除干扰的影响。

不论什么干扰，只要使被控参数出现偏差，控制器均可进行控制，这是反馈控制系统的优点。而控制器只有等被控参数出现偏差以后才开始动作，不可能在干扰出现时，即在被控参数出现偏差之前，就依据干扰进行控制，使偏差不出现。从工作原理上看，反馈控制不可能将扰动的影响消除在偏差出现之前，这是反馈控制系统的缺点。

前馈控制的原理是：当系统出现扰动时，立即将其测量出来，并通过前馈控制器，根据扰动量的大小改变控制变量，以抵消扰动对被控参数的影响。按这种原理设计的控制系统称为前馈控制系统。

7.2.1 前馈控制工作原理及其特点

1. 反馈控制系统的特点

在分析前馈控制系统之前，先通过一个实例总结一下反馈控制系统的特点。

图 7-11 是热交换器及其温度反馈控制系统原理图。图中，$T(t)$ 为被加热物料温度（被控参数）；θ_1 为冷物料入口温度；$f(t)$ 为被加热物料流量；q_h 为蒸气流量（控制变量）；p_h 为蒸气压力；T_q 为蒸气温度；TT 为温度变送器，其传递函数为 $G_m(s)$；TC 为温度控制器，其传递函数为 $G_c(s)$；$G_v(s)$ 为调节阀的传递函数；$T_r(t)$ 为热物料温度（被控参数）设定值。

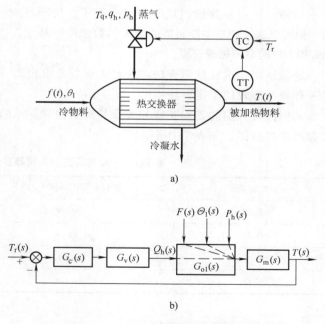

a)

b)

图 7-11　热交换器温度反馈控制系统

a）控制系统流程图　b）控制系统框图

加热蒸气通过热交换器，将热量传给流过热交换器的被加热物料。被加热物料的出口温度 $T(t)$ 为被控参数，控制变量是蒸气流量 $q_h(t)$，用蒸气管路上的调节阀进行控制。引起物料出口温度变化的干扰有冷物料的流量 $f(t)$ 与入口温度 θ_1、蒸气压力 p_h（蒸气流量 q_h）、蒸气温度 T_q 等。

在图 7-11 所示的热交换器温度反馈控制系统中，当出现扰动［如物料流量 $f(t)$ 等变化］时，必将引起被控参数 $T(t)$ 偏离设定值 $T_r(t)$，并出现偏差 $e(t) = T_r(t) - T(t)$。随后温度控制器 TC 按照被控参数偏差 $e(t)$ 的大小和变化方向控制调节阀开度，调整加热蒸气流量 q_h，抑制并消除扰动对 $T(t)$ 的影响，使 $T(t)$ 重新回到 $T_r(t)$ 或其附近。通过上面的分析可以发现反馈控制有以下特点：

1）反馈系统是按偏差进行控制来消除偏差的。没有偏差出现时，控制器输出不变。无论出现什么扰动、在什么位置出现、什么时候出现，控制器总要等到扰动引起被控参数出现偏差且被检测、并反馈到控制器以后才进行控制。因此，控制器在偏差出现以后才开始控制操作，控制不及时。

2）由于反馈控制系统构成闭环，因此存在系统是否稳定的问题。为了保证系统正常工作，必须确保反馈控制系统的稳定性。

3）只要干扰位于反馈环（闭环）之内，反馈控制系统就能抑制和消除其对被控参数的影响，即反馈控制系统可抑制和消除进入反馈环内的各种扰动的影响。

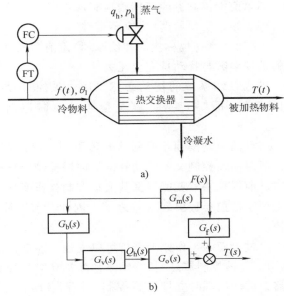

图 7-12　热交换器[针对 $f(t)$]前馈控制系统
a）控制系统流程图　b）控制系统框图

反馈控制是基于"偏差"进行控制，因此也称为"按偏差控制"。

2. 前馈控制系统工作原理与特点

在图 7-11 所示的热交换系统中，若影响出口温度 $T(t)$ 稳定的主要干扰是冷物料的流量 $f(t)$ 变化，其他干扰量（如冷物料入口温度 θ_1、蒸气压力 p_h 等）基本不变时，可采用图 7-12 所示的前馈控制系统，直接根据冷物料流量 $f(t)$ 的变化，通过一个前馈控制器 FC 直接控制调节阀。这样，可在物料出口温度变化之前，及时对流量 $f(t)$ 变化这一主要扰动进行补偿，即构成所谓前馈控制。前馈控制系统的传递函数框图如图 7-12b 所示。

从图 7-12b 可以看出，加入前馈控制器以后，从干扰 $F(s)$ 到被控参数 $T(s)$ 之间存在两个通道：一个是干扰 $F(s)$ 通过干扰通道[传递函数为 $G_f(s)$]去影响被控参数 $T(s)$；另一个是经过测量环节[FT，传递函数为 $G_m(s)$]和前馈控制器[FC，传递函数为 $G_b(s)$]及调节阀[传递函数为 $G_v(s)$]产生控制作用，再经过控制通道[传递函数为 $G_o(s)$]去影响被控参数 $T(s)$。如果控制作用与干扰作用对被控参数 $T(s)$ 的影响大小相等、方向相反，就有可能使控制作用对被控参数的影响完全抵消干扰对被控参数的影响，使被控参数 $T(s)$ 不受干扰 $F(s)$ 的影响而保持不变。

由图 7-12b 可以得出在前馈控制作用下，干扰 $F(s)$ 对被控参数 $T(s)$ 的影响

$$T(s) = G_f(s)F(s) + G_o(s)G_v(s)G_b(s)G_m(s)F(s) \qquad (7\text{-}20)$$

如果要使扰动 $F(s)$ 对被控参数 $T(s)$ 没有影响，由式（7.20）可得到完全消除 $F(s)$ 对 $T(s)$ 影响的条件为

$$G_f(s) + G_o(s)G_v(s)G_b(s)G_m(s) = 0$$

即

$$G_b(s) = -\frac{G_f(s)}{G_o(s)\,G_v(s)\,G_m(s)} \tag{7-21}$$

如果前馈控制器能够精确地实现式(7-21)的传递函数,那么扰动 $f(t)$ 对于 $T(t)$ 的影响就将等于零,实现所谓"完全不变性"。

不变性原理(也称扰动补偿原理)是前馈控制的理论基础。这里的"不变性"是指控制系统的被控参数与扰动量完全无关。

进入控制系统的扰动必然要通过被控过程的内部作用,使被控参数发生偏离其设定值的变化。而"不变性"就是指通过前馈控制器的校正作用,消除扰动对被控参数的影响。

与反馈控制按偏差控制的原理不同,前馈控制是按照引起被控参数变化的扰动进行控制,所以前馈控制又称扰动补偿。前馈控制要直接测量扰动量的大小。当扰动刚出现并能测出时,前馈控制器就能根据其大小控制操作变量做相应的变化,使两者对被控参数的作用完全抵消于被控参数出现偏差之前。因此,前馈控制对所测干扰的抑制和消除过程比反馈控制快。

通过上面的工作原理分析可以发现,前馈控制有以下特点:

1) 前馈控制器是"按扰动来消除扰动对被控参数的影响",又称为"扰动补偿"。前馈控制器在扰动出现时立即进行控制,控制及时,对特定扰动引起的动、静态偏差抑制非常有效。而不像反馈控制那样,要等被控参数出现偏差以后才进行控制。

2) 前馈控制是开环控制,只要系统中的各个环节稳定,则控制系统必然稳定;另外,前馈控制对被控参数不检测,对控制效果不做检验。

3) 前馈控制器的控制规律与反馈系统不同,它是由式(7-21),即由过程特性决定的。不同的过程特性,其前馈控制规律不同。

4) 一个前馈控制通道只能抑制一个干扰对被控参数的影响,而对其他干扰对被控参数的影响没有抑制作用。

3. 前馈控制的局限性

从前馈控制的工作原理可以看出,前馈控制存在明显的局限性:

1) 在实际工业过程中的干扰很多,不可能对每个干扰设计一套独立的检测装置和前馈控制器,况且有的干扰的在线检测非常困难。

2) 决定前馈控制器控制规律的是扰动通道 $G_f(s)$、控制通道动态特性 $G_o(s)$、调节阀 $G_v(s)$ 和传感器 $G_m(s)$,前二项的精确表达式一般很难得到;即使能够得到 $G_f(s)$、$G_o(s)$ 和 $G_v(s)$ 的精确表达式,通过式(7-21)计算出 $G_b(s)$,有时在物理上很难实现。

鉴于以上原因,为了获得满意的控制效果,合理可行的控制方案是把前馈控制和反馈控制结合起来,组成前馈-反馈复合控制系统。这样,一方面利用前馈控制及时有效的特点抑制、甚至消除主要扰动对被控参数的影响;另一方面,利用反馈控制能抑制各种干扰的优势,抑制并消除所有干扰对被控参数的影响,使被控参数稳定在设定值(或其附近)。

7.2.2　前馈控制系统的种类

1. 静态前馈控制

所谓静态前馈控制,是指前馈控制器的控制算法为比例控制,即

$$G_b(0) = - \frac{G_f(0)}{G_o(0)G_v(0)G_m(0)} = - \frac{K_f}{K_oK_vK_m} = K_b \qquad (7\text{-}22)$$

式中，K_o、K_v、K_m 与 K_f 分别是过程控制通道、调节阀、温度变送器静态放大系数以及干扰通道的静态放大系数；$G_b(0) = K_b$，其大小由 K_o、K_v、K_m、K_f 确定。静态前馈控制的控制目标是使被控参数最终的静态偏差接近于零，而不考虑由于两通道动态过程不同步而引起的动态偏差。由于静态前馈控制系统简单，实施方便。在实际生产中，当干扰通道与控制通道的时间常数相差不大时，采用静态前馈控制可获得良好的控制品质。

2. 动态前馈控制

静态前馈控制系统结构简单、易于实现，但在扰动影响下的动态偏差依然存在。对于扰动频繁而动态偏差要求严格的生产过程，静态前馈控制不能满足生产工艺精度要求的情况下，应采用动态前馈控制。

动态前馈控制必须根据过程干扰通道和控制通道的动态特性，按图 7-12b 设计前馈控制器，其传递函数由式（7-21）决定。比较式（7-21）与式（7-22）可知，静态前馈控制是动态前馈控制的一种特殊情况。

采用动态前馈控制使扰动对被控参数的影响在每个时刻都得到补偿，能够最大限度地提高控制过程的动态品质，是提高控制质量的有效手段。但动态前馈要采用专用控制器，控制规律由式（7-21）决定，结构一般比较复杂，往往无法获得精确表达式，也难以精确实现，只能近似处理。因此，只有对控制精度要求很高、其他控制方案又难以满足的情况下，才考虑采用动态前馈控制方案。

3. 前馈-反馈复合控制

为了克服前馈控制的局限性，常将前馈控制和反馈控制结合起来，组成前馈-反馈复合控制系统。这样既发挥了前馈控制及时抑制和克服主要扰动对被控参数影响的优点，又保持了反馈控制能抑制和消除各种干扰对被控参数影响的优势，同时也降低了对前馈控制器的要求，便于工程实现。

图 7-13a 为热交换器前馈-反馈复合控制系统流程示意图，图 7-13b 为其系统框图。

由图 7-13 可知，当被加热物料流量 $F(s)$（生产负荷）发生变化时，前馈控制器 $G_b(s)$ 及时发出控制指令，调整蒸气流量 $Q_h(s)$ 快速补偿冷物料流量 $F(s)$ 变化对换热器出口温度 $T(s)$ 的影响；而冷物料温度 $\Theta_1(s)$、蒸气压力 $P_h(s)$ 等扰动对出口温度 $T(s)$ 的影响，则由反馈控制器 $G_c(s)$ 来克服。前馈控制作用加反馈控制作用，能够很好地抑制和克服主要扰动和其他干扰对出口温度 $T(s)$ 的影响，获得比较理想的控制效果。

在前馈-反馈复合控制系统中，设定值 $T_r(s)$、干扰 $F(s)$ 对被控参数 $T(s)$ 的共同影响为

$$T(s) = \frac{G_c(s)G_v(s)G_o(s)}{1+G_c(s)G_v(s)G_o(s)G_{mT}(s)}T_r(s) + \frac{G_f(s)+G_o(s)G_v(s)G_b(s)G_{mf}(s)}{1+G_c(s)G_v(s)G_o(s)G_{mT}(s)}F(s) \quad (7\text{-}23)$$

要使前馈控制实现对扰动 $F(s)$ 完全补偿，上式的第二项应当为零，则有

$$G_f(s)+G_o(s)G_v(s)G_b(s)G_{mf}(s)=0$$

即

$$G_b(s) = - \frac{G_f(s)}{G_o(s)G_v(s)G_{mf}(s)}$$

这一条件与式（7-21）完全相同。这表明复合控制系统中的前馈补偿与开环前馈控制系统

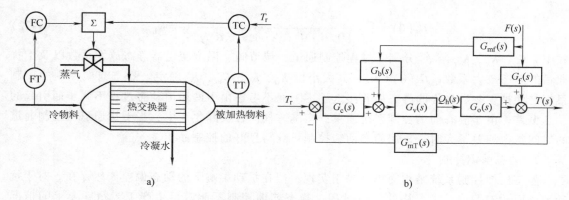

图 7-13 热交换器前馈-反馈复合控制系统流程示意图

a）复合控制系统流程图　b）复合控制系统框图

的补偿条件完全相同，并不因为引进反馈控制而有所改变。在前馈控制基础上引入反馈回路构成复合控制系统时，已单独设计好的前馈控制器可直接使用，并不需要重新设计。

从式（7-23）可知，由于反馈回路的存在，即使前馈没有实现完全补偿，干扰 $F(s)$ 对被控参数的影响是开环前馈控制情况的 $\dfrac{1}{1+G_c(s)G_v(s)G_o(s)G_{mT}(s)}$。在系统的通频带内，控制通道往往有很大的放大倍数，即

$$|1+G_c(s)G_v(s)G_o(s)G_{mT}(s)|\gg 1$$

上式表明，本来经过开环补偿以后，干扰 $F(s)$ 对被控参数的影响已经很小，闭环回路使其进一步减小为 $\dfrac{1}{1+G_c(s)G_v(s)G_o(s)G_{mT}(s)}$，这充分体现了前馈-反馈复合控制的优越性。

上面讨论了复合系统实现前馈系统完全补偿的条件，下面讨论复合系统反馈回路的稳定性。

由式（7-23）可知，复合控制系统的特征方程为

$$1+G_c(s)G_v(s)G_o(s)G_{mT}(s)=0 \tag{7-24}$$

式（7-24）表明，复合控制系统与单回路控制系统的特征方程是一样的，与前馈控制器 $G_b(s)$ 和扰动检测环节 $G_{mf}(s)$ 无关，前馈补偿通道的存在并不影响闭环系统的稳定性。在设计复合控制系统时，可暂不考虑前馈控制器的作用，单独设计反馈控制系统，满足一定的稳定性要求和过渡过程品质要求；然后，根据不变性原理设计前馈控制器，进一步消除主要干扰对被控参数的影响；最后，将设计好的闭环系统和前馈系统直接组合起来，就得到需要的复合控制系统。

相对于单纯的前馈控制或反馈控制，复合控制系统具有以下优点：

1）前馈控制与反馈控制组合使用，有利于对主要干扰进行前馈补偿和对所有干扰进行反馈控制，保证控制品质。

2）由于增加了反馈控制回路，降低了对前馈控制器完全补偿的精度要求，有利于简化前馈控制器的设计和实现。

3）在单纯的反馈控制系统中，提高控制精度与系统稳定性有时存在冲突/矛盾，往往为保证系统的稳定性而无法实现高精度的控制。而前馈-反馈控制系统既可实现高精度控制，又能保证系统稳定运行，因而在一定程度上减小了稳定性与控制精度之间的矛盾。

由于前馈-反馈控制具有上述优点,在实际工程上得到了广泛的应用。

4. 前馈-串级复合控制系统

在实际生产过程中,如果系统的主要干扰频繁而又剧烈,而生产过程对被控参量的精度要求又很高,可以考虑采用前馈-串级复合控制方案。图 7-14 是一个典型的前馈-串级控制复合系统结构框图,为了简化表示,将 $G_{mf}(s)$ 合并到 $G_b(s)$,将 $G_v(s)$ 合并到 $G_{o2}(s)$,将串级系统的主、副回路均简化为单位反馈回路。

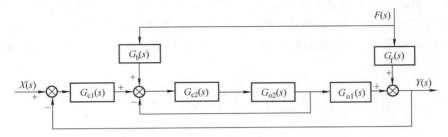

图 7-14 前馈-串级复合控制系统结构框图

从图 7-14 可求出干扰 $F(s)$ 对系统输出 $Y(s)$ 的传递函数

$$\frac{Y(s)}{F(s)} = \frac{G_f(s)}{1 + \dfrac{G_{c2}(s)G_{o2}(s)}{1 + G_{c2}(s)G_{o2}(s)}G_{c1}(s)G_{o1}(s)} + \frac{G_b(s)\dfrac{G_{c2}(s)G_{o2}(s)}{1 + G_{c2}(s)G_{o2}(s)}G_{o1}(s)}{1 + \dfrac{G_{c2}(s)G_{o2}(s)}{1 + G_{c2}(s)G_{o2}(s)}G_{c1}(s)G_{o1}(s)}$$

$$= \frac{G_f(s) + G_b(s)\dfrac{G_{c2}(s)G_{o2}(s)}{1 + G_{c2}(s)G_{o2}(s)}G_{o1}(s)}{1 + \dfrac{G_{c2}(s)G_{o2}(s)}{1 + G_{c2}(s)G_{o2}(s)}G_{c1}(s)G_{o1}(s)} \qquad (7\text{-}25)$$

要实现对干扰 $F(s)$ 完全补偿,应有

$$\frac{Y(s)}{F(s)} = 0$$

从式(7-25)可得

$$G_f(s) + G_b(s)\frac{G_{c2}(s)G_{o2}(s)}{1 + G_{c2}(s)G_{o2}(s)}G_{o1}(s) = 0$$

当副回路的工作频率远大于主回路的工作频率时,副回路是一快速随动系统,其闭环传递函数 $G'_{o2}(s) = \dfrac{G_{c2}(s)G_{o2}(s)}{1 + G_{c2}(s)G_{o2}(s)} \approx 1$ 代入上式可得对干扰 $F(s)$ 完全补偿的前馈控制器

$$G_b(s) \approx -\frac{G_f(s)}{G_{o1}(s)} \qquad (7\text{-}26)$$

由式(7-26)可知,在前馈-串级控制复合系统中,前馈(补偿)控制器的数学模型主要由扰动通道 $G_f(s)$ 和主回路中的过程特性 $G_{o1}(s)$ 之比决定。

根据复合系统前馈控制器和反馈回路的独立性,前馈-串级控制复合系统中的串级系统,可按前面介绍的串级控制系统设计方法独立进行设计。锅炉汽包水位三冲量控制就是前馈-

串级复合控制系统一个典型应用实例(参见第 10 章 10.2.1.3)。

5. 前馈控制器的通用模型

前面按照不变性条件，求得前馈控制器的传递函数表达式，即

$$G_b(s) = - \frac{G_f(s)}{G_o(s) G_v(s) G_m(s)} \tag{7-27}$$

实际上，要得到干扰通道特性 $G_f(s)$、控制通道特性 $G_o(s)$ 的精确数学模型非常困难，因而无法通过计算求得准确的前馈控制器模型。因此，为简化前馈控制设计和实施，常常将被控过程的控制通道 $G_o(s)$ 和扰动通道 $G_f(s)$ 用一阶惯性模型来近似，必要时再串联一个纯滞后环节，即

$$G_o(s) = \frac{K_o}{T_o s + 1} e^{-\tau_o s} \tag{7-28}$$

$$G_f(s) = \frac{K_f}{T_f s + 1} e^{-\tau_f s} \tag{7-29}$$

如果假设 $G_v(s) = K_v$、$G_m(s) = K_m$，并与式(7-28)、式(7-29)一起代入式(7-27)，就得到通用前馈控制器传递函数表达式

$$G_b(s) = - \frac{G_f(s)}{G_o(s) G_v(s) G_m(s)} = - \frac{\dfrac{K_f}{T_f s + 1} e^{-\tau_f s}}{\dfrac{K_o}{T_o s + 1} e^{-\tau_o s} K_v K_m}$$

$$= K_b \frac{T_1 s + 1}{T_2 s + 1} e^{-\tau s} \tag{7-30}$$

式中，K_b 为静态前馈系数，$K_b = -K_f / (K_o K_v K_m)$；$T_1 = T_o$、$T_2 = T_f$ 分别为控制通道与干扰通道的时间常数；τ 为干扰通道与控制通道纯滞后时间之差，$\tau = \tau_f - \tau_o$。

在式(7-30)所示的前馈控制器通用模型中，参数取不同值(对 $\tau < 0$ 的情况，在物理上是无法实现的)时，就可获得不同特性的前馈控制器。目前比较高档的控制仪表和控制系统中一般都配备有相应的前馈控制功能模块，供用户选用。

7.3 大滞后过程控制系统

在实际生产过程中，控制通道往往不同程度地存在纯滞后。例如在热交换器中，载热介质(流量)对物料出口温度的影响必然要滞后一段时间，即载热介质经过管道进入换热器所需的时间。在反应器、管道混合、皮带传送、多个设备串联以及用分析仪表测量流体的成分等过程中都存在较大的纯滞后。纯滞后的存在，使被控参数不能及时反映扰动的影响，即使执行器接收到控制信号后立即动作，也需要经过纯滞后(时间)之后，才能作用于被控参数。这就导致控制过程存在较大的超调量和较长的过渡过程。从控制理论已经知道，具有纯滞后的过程动态特性差、较难控制，其控制难度随着纯滞后 τ_o 的增大而增加。一般将纯滞后时间 τ_o 与时间常数 T 之比大于 0.3($\tau_o / T > 0.3$)的过程称为大滞后过程，大滞后过程是公认较

难控制的过程，其难控制的主要原因是纯滞后的增大导致开环相频特性相位滞后增大，使闭环系统的稳定性下降。为了保证稳定裕度，不得不减小控制器的放大系数，这势必造成控制质量的下降。大滞后过程难控制的问题一直受到人们的关注，已有一些可行的控制方案，如采样控制、Simth 预估补偿控制、内模控制和基于计算机的 Dehlin 算法等在工程中得到应用。下面简单介绍采样控制和 Simth 预估补偿控制二种方案。

7.3.1　大滞后过程的采样控制

所谓采样控制是一种定周期的断续控制方式，即控制器以一定的时间间隔 T 采样一次被控参数，与设定值进行比较后，经控制运算输出控制信号，然后保持该控制信号不变，保持时间 T 必须大于纯滞后时间 τ_0。经过 T 时间后，采样并计算一次偏差信号，再一次输出控制信号，并保持新控制信号不变；……。这样重复动作，一步一步地校正被控参数的偏差值，直至系统达到平稳状态。这种"调一调，等一等"控制方案的核心思想就是要避免控制器过度操作，宁愿让控制作用慢一点。以上方案可用采样控制器来实现。由于采样控制方案是应用比较早的大滞后过程控制方案，在模拟仪表中已开发出采样控制器，并在大滞后过程控制系统中得到应用。

典型的大滞后过程的采样控制系统简化框图如图 7-15 所示。图中，采样控制系统每隔采样周期 T 动作一次。S_1、S_2 表示采样器，它们同时接通或同时断开。当 S_1、S_2 接通时，采样控制(器)闭环工作，此时偏差 $e(t)$ 被采样，由采样器 S_1 送入采样控制器，经控制器运算处理后，通过采样器 S_2 输出控制信号 $u^*(t)$，再经保持器输出连续信号 $u(t)$ 去控制生产过程。当 S_1、S_2 断开时，采样控制器停止工作，保持器持续输出 $u(t)$ 至执行器，保持器的输入信号 $u^*(t)$ 在时间上是离散信号，其输出 $u(t)$ 是连续信号。正是由于保持器的作用，保证了两次采样间隔期内执行器的位置保持不变。这种方法是一种比较粗糙的控制，如果在采样间隔内出现较大干扰，必须等到下一次采样后才能作出反应。有关采样控制器的控制算法可参考第 3 章 3.3.2.4 和图 3-27。

图 7-15　大滞后过程的采样控制系统框图

7.3.2　大滞后过程 Simth 预估补偿控制

为了改善大滞后系统的控制品质，1957 年 O. J. M. Smith 提出了一种以过程模型为基础的大滞后预估补偿控制方法。Simth 所采用的补偿方法与前馈补偿不同，是按照对象特性设计一种模型加入到反馈控制系统，估计出对象在扰动作用下的动态响应，提早进行补偿，使控制器提前动作，从而降低超调量，并加速控制过程。为理解 Smith 预估控制的工作原理，先分析采用简单控制方案时大滞后过程的动态特性。

图 7-16 是采用简单控制方案的大滞后过程控制系统框图，其中 $G_0(s)\mathrm{e}^{-\tau_0 s}$ 为被控对象的传递函数(控制通道特性)，$G_0(s)$ 是在对象传递函数中抽去纯滞后环节 $\mathrm{e}^{-\tau_0 s}$ 后的剩余部分，

$G_c(s)$为控制器的传递函数。图 7-16 所示系统 $R(s)$ 与 $Y(s)$ 之间的闭环传递函数为

$$\frac{Y(s)}{R(s)} = \frac{G_c(s)G_o(s)e^{-\tau_o s}}{1+G_c(s)G_o(s)e^{-\tau_o s}} \tag{7-31}$$

由于式（7-31）的特征方程中引入了 $e^{-\tau_o s}$ 环节，使闭环系统的动态品质严重恶化。若能将过程控制通道特性 $G_o(s)e^{-\tau_o s}$ 分为 $G_o(s)$ 和 $e^{-\tau_o s}$ 两部分，并以 $G_o(s)$ 的输出作为反馈信号，闭系统的动态品质将大为改善。但实际生产过程的 $G_o(s)$ 和 $e^{-\tau_o s}$ 往往是不可分割的。Smith 提出了一种以模型为基础的大滞后系统预估补偿控制方法，图 7-17 是 Smith 预估补偿控制系统框图，$G_b(s)$ 是 Smith 预估补偿器的传递函数。采用预估补偿器以后，控制变量 $U(s)$ 与反馈到控制器的信号 $Y'(s)$ 之间的传递函数是两个并联通道 $G_o(s)e^{-\tau_o s}$ 与 $G_b(s)$ 之和

$$\frac{Y'(s)}{U(s)} = G_o(s)e^{-\tau_o s}+G_b(s) \tag{7-32}$$

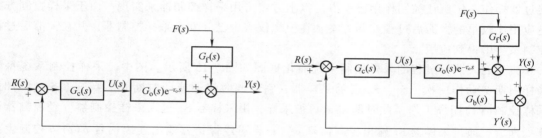

图 7-16　大滞后过程单回路控制系统框图　　　　图 7-17　Smith 预估补偿控制原理图

为了使反馈信号 $Y'(s)$ 不再有纯滞后 τ_o，令式（7-32）为

$$\frac{Y'(s)}{U(s)} = G_o(s)e^{-\tau_o s}+G_b(s) = G_o(s)$$

从上式可求得 Smith 预估器 $G_b(s)$ 的传递函数表达式

$$G_b(s) = G_o(s)-G_o(s)e^{-\tau_o s} = G_o(s)(1-e^{-\tau_o s}) \tag{7-33}$$

这样就得到图 7-18 所示的 Smith 预估补偿控制系统实施框图。为了推导和分析方便，可将图 7-18 简化为图 7-19 所示的等效框图，并可得到设定值 $R(s)$ 与 $Y(s)$ 之间的闭环传递函数为

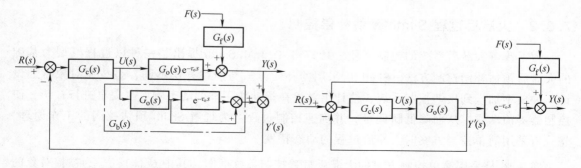

图 7-18　Smith 预估补偿控制实施框图　　　　图 7-19　Smith 预估补偿控制等效框图

$$\frac{Y(s)}{R(s)} = \frac{G_o(s)G_c(s)}{1+G_o(s)G_c(s)}e^{-\tau_o s} \tag{7-34}$$

与式(7-31)相比,在式(7-34)的特征方程中已不包含 $e^{-\tau_o s}$ 项。也就是说,Smith 预估补偿控制系统已经消除了设定值 $R(s)$ 与 $Y(s)$ 之间纯滞后对系统闭环特性的影响,至于分子中的 $e^{-\tau_o s}$ 项只是将被控参数 $y(t)$ 的响应在时间上推迟了 τ_o 时段。对设定值 $Y(t)$ 而言,预估补偿消除了纯滞后对控制品质的不利影响,与过程无滞后时的控制品质完全相同。现在主流数字控制仪表与 DCS 系统中都配有 Simth 预估补偿控制功能模块。

从图 7-19 也可求出干扰 $F(s)$ 与 $Y(s)$ 之间的闭环传递函数为

$$\frac{Y(s)}{F(s)} = G_f(s)\left(1 - \frac{G_o(s)G_c(s)}{1+G_o(s)G_c(s)}e^{-\tau_o s}\right) \tag{7-35}$$

由式(7-35)可知,在 Smith 预估补偿控制系统中,干扰 $F(s)$ 与 $Y(s)$ 之间的闭环传递函数由两部分组成。第一项代表干扰对被控参数的直接影响;第二项是闭环回路抑制干扰对被控参数影响的控制(抑制)作用。由于第二项含有 $e^{-\tau_o s}$ 项,表明控制作用有纯滞后 τ_o,Smith 预估补偿器并没有消除对干扰 $F(s)$ 抑制过程中纯滞后 τ_o 的影响。虽然控制器可及时测到在干扰影响下出现的偏差,但控制信号要滞后 τ_o 时段以后才能发挥作用,这说明 Smith 预估补偿控制对干扰抑制的效果并不理想。

这种方法的另一个弱点是对过程模型的误差十分敏感。从上面的分析可知,补偿效果取决于补偿器模型 $G_b(s) = G_o(s)(1-e^{-\tau_o s})$ 的精度。而过程模型不可能与实际特性完全一致,若要过程模型尽可能的准确,则补偿器就很复杂。太复杂的补偿器难以在工业生产中广泛应用。对于如何改进 Smith 预估器的性能,研究人员提出了许多改进方案。

7.4 比值控制系统

在生产过程中经常遇到要求保持两种或多种物料流量成一定比例关系,如果比例失调就会影响生产过程正常进行,影响产品质量,或造成环境污染,甚至会引发生产事故。例如在锅炉燃烧系统中,要保持燃料和助燃空气量的合适比例,才能保证燃烧的经济性;再如聚乙烯醇生产中,树脂和氢氧化钠必须以一定比例混合,否则树脂将会自聚而影响生产。在重油气化的造气生产过程中,进入气化炉的氧气和重油流量应保持一定的比例,若氧-油比过高,因炉温过高使喷嘴和耐火砖烧坏,严重时甚至会导致气化炉爆炸;如果氧量过低,则生成的炭黑增多,容易造成堵塞。

实现两个或两个以上参数符合一定比例关系的控制系统,称为比值控制系统。在需要保持比值关系的两(多)种物料中必有一种物料处于主导地位,称为主物料,其流量称为主流量,用 Q_1 表示;而另一(几)种物料按主物料进行配比,在控制过程中随主物料流量变化,因此称为从物料,其流量称为副流量,用 Q_2 表示。一般情况下,总以生产中的主要物料流量作为主流量,如前面举例中的燃料、树脂和重油均为主物料,而跟随主要物料流量变化的空气、氢氧化钠和氧气则为从物料,其流量为副流量。在有些场合,以流量不可控的物料作为主物料,用改变可控物料即从物料的流量,实现它们之间的比值关系。

比值控制系统就是要实现副流量 Q_2 与主流量 Q_1 成一定比值关系,满足如下关系式:

$$K = \frac{Q_2}{Q_1} \qquad\qquad (7\text{-}36)$$

在比值控制系统中,副流量是随主流量按一定比例变化,因此,比值控制系统实际上是一种随动控制系统。

7.4.1 比值控制系统种类

1. 开环比值控制系统

开环比值控制系统是最简单的比值控制方案,图 7-20 是其组成原理图。图中 Q_1 是主流量,Q_2 是副流量。当 Q_1 变化时,通过流量变送器 FT 检测主物料流量 Q_1;由控制器 FC 及安装在从物料管道上的执行器来控制副流量 Q_2,使其满足 $Q_2 = KQ_1$ 的要求。

该系统副流量无抗干扰能力,当副流量管线压力等改变时,就不能保证所要求的比值关系。所以这种开环比值控制系统只适用于副流量管线压力比较稳定、对比值精度要求不高的场合,其优点是结构简单,投资少。

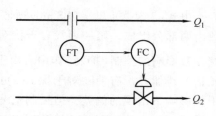

图 7-20　开环比值控制系统

2. 单闭环比值控制系统

单闭环比值控制系统是为了克服开环比值控制方案的不足,在开环比值控制的基础上,增加一个副流量闭环控制系统而组成,如图 7-21 所示。

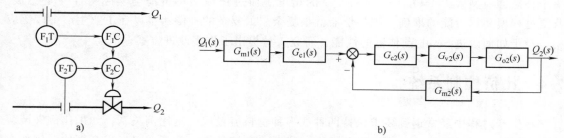

图 7-21　单闭环比值控制系统

a)单闭环比值控制系统构成　b)单闭环比值控制系统框图

系统处于平稳状态时,主、副流量满足比值要求,即 $Q_2 = KQ_1$。当主流量 Q_1 变化时,测量信号经变送器 F_1T 送至控制器 F_1C,F_1C 按预先设置好的比值使输出成比例变化,改变副流量控制器 F_2C 的设定值。此时副流量闭环系统为随动控制系统,使 Q_2 跟随 Q_1 变化,流量比值 K 保持不变。当主流量 Q_1 没有变化而副流量 Q_2 由于外界干扰发生变化时,副流量闭环系统相当于一个定值控制系统,通过控制回路克服干扰,保持工艺要求的流量比值 K 不变。当主、副流量同时受到扰动时,控制器 T_2C 在克服副流量扰动的同时,又根据新的设定值改变调节阀的开度,使主、副流量的新流量数值仍保持其原设定的比值关系 K 不变。

如果比值器采用比例控制,并把它视为主控制器,它的输出作为副流量控制器的设定值,两个控制器串联工作。单闭环比值控制系统在连接方式上与串级控制系统相同,但系统总体结构与串级控制不一样,只有一个闭环回路。

单闭环比值控制系统的优点是它不但能实现副流量跟随主流量变化,而且可以克服副流量受外界干扰对比值的影响，主、副流量的比值较为精确。这种方案的结构形式较简单，所以得到广泛的应用，尤其适用于主物料在工艺上不允许进行控制的场合。

单闭环比值控制系统虽然能保持两物料流量比值一定，但由于主流量不受控制，当主流量变化时，总的物料量就会跟着变化，因而在总物料流量要求恒定或稳定的场合，单闭环比值控制系统不能满足要求。

3. 双闭环比值控制系统

双闭环比值控制系统是为了克服单闭环比值控制系统主流量不受控制，生产负荷（与总物料量有关）波动大的不足而设计的比值控制系统。它是在单闭环比值控制的基础上，增加了主流量控制回路，如图 7-22 所示。从图 7-22 可以看出，当主流量 Q_1 变化时，一方面通过主流量控制器 F_1C 进行控制，另一方面通过比值控制器 K（可以是乘法器）乘以适当的系数后作为副流量控制器的设定值，使副流量跟随主流量的变化成比例变化。由于主流量控制回路的存在，双闭环比值控制系统实现了对主流量 Q_1 的定值控制，增强了主流量抗干扰能力，使主流量保持平稳。这样，不仅实现了比较精确的流量比值，而且也确保了两物料总量 $(Q_1+Q_2)=(1+K)Q_1$ 基本不变，这是它的主要特点。

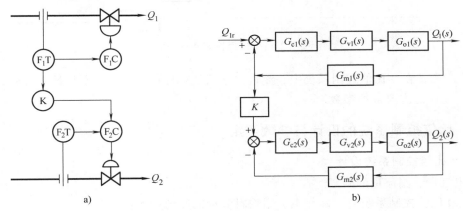

图 7-22　双闭环比值控制系统

a) 双闭环比值控制系统构成　b) 双闭环比值控制系统框图

双闭环比值控制系统的另一个优点是升降负荷比较方便，只要缓慢地改变主流量控制器的设定值就可升降主流量，同时，副流量也自动跟踪升降，并保持两者比值不变。

双闭环比值控制系统适用于主流量干扰频繁、工艺上不允许负荷有较大波动或工艺上经常需要升降负荷的场合。双闭环比值控制方案的缺点是结构比较复杂，使用的仪表较多，投资成本高，系统投运、维护比较复杂。

4. 变比值控制系统

以上介绍的都是定比值控制系统，控制系统的目的是保持主、从物料流量的比值关系为定值。在有些生产过程中，要求两种物料流量的比值随第三个工艺参数的需要而变化，为满足这种工艺要求，就出现了变比值控制系统。图 7-23 为采用除法器构成的变比值控制系统框图。从图 7-23 可看出，变比值控制系统是一个以第三参数为主参数，以两个流量比值 K 为副参数的串级控制系统。

在图 7-23 中，当系统处于稳态时，主参数 $Y(s)$ 满足要求；主控制器 $G_c(s)$ 输出 $U(s)$ 不变，与信号比值 K'（其意义及与比值 K 的关系在 7.4.2 小节专门讨论）相等，主、副流量 Q_1、Q_2 恒定，副流量调节阀 $G_{v2}(s)$ 稳定于某一开度（流量），整个系统处于稳定运行状态。当主物料流量 Q_1 发生变化时，除法器输出 K' 也发生改变，经过比值控制器 $G_{c2}(s)$ 调节作用，改变调节阀 $G_{v2}(s)$ 的开度，使副流量 Q_2 也发生变化，Q_1 测量信号与 Q_2 测量信号的比值 K' 再回复到 $U(s)$；当主流量 Q_1 稳定时，副回路通过负反馈消除 Q_2 的波动，维持 Q_1 与 Q_2 测量信号的比值 K' 为 $U(s)$。当 $G_o(s)$ 受到干扰引起被控参数 $Y(s)$ 发生变化出现偏差时，主控制器 $G_c(s)$ 的测量值（PV）将发生变化，主控制器依据偏差改变控制输出 $U(s)$——改变比值控制器 $G_{c2}(s)$ 的设定值，从而对主流量 Q_1 和副流量 Q_2 的比值设定值进行修正，以此来稳定主参数 $Y(s)$。

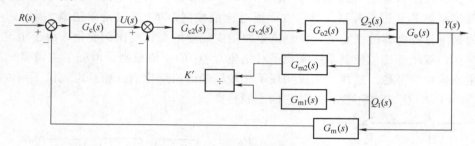

图 7-23　变比值控制系统框图

应该注意，在变比值控制系统中，流量比值只是一种控制手段，不是最终目的，而第三参数 $y(t)$ 往往是主要被控参数。

7.4.2　比值控制系统的设计与参数整定

7.4.2.1　比值控制系统设计

1. 主流量、副流量的确定

在设计比值控制系统时，确定主、副物料流量的原则如下：

1）在生产中起主导作用的物料流量，一般选为主流量，其余的物料流量以它为基准，跟随其变化而变化并保持比值不变，则为副流量。

2）在生产中不可控的物料流量，一般选为主流量，而可控物料流量作为副流量。

3）在生产中价值较昂贵的物料流量可选为主流量，或者工艺上不允许控制的物料流量作为主流量。

4）当生产工艺有特殊要求时，主、副物料流量的确定应服从工艺需要。

2. 控制方案的选择

如前所述，比值控制有单闭环比值控制、双闭环比值控制、变比值控制等多种方案。在具体选用时应分析各种方案的特点，根据不同的生产工艺情况、负荷变化、扰动性质、控制要求等选择合适的比值控制方案。

如果工艺上仅要求两物料流量之比值一定，而对物料总流量无要求，可选用单闭环比值控制方案；对主、副流量扰动频繁，工艺要求主、副物料总流量恒定的生产过程，则选用双闭环比值控制方案；当生产工艺要求两种物料流量的比值要随着第三参数的需要进行调整时，则可选用变比值控制方案。控制方案选择应根据不同的生产要求确定，同时兼顾经济性原则。

3. 控制器控制规律的确定

比值控制系统控制器的控制规律根据不同的控制方案和控制要求确定。

在单闭环比值控制系统中，比值器仅接收主流量的测量信号，起比值计算作用，故选 P 控制；控制器使副流量 Q_2 能快速跟随主流量 Q_1 变化并保持稳定，故应选 PI 控制。双闭环比值控制不仅要求两流量保持恒定的比值，而且主流量要实现定值控制，副流量能快速跟随主流量并保持稳定，所以两个控制器均应选 PI 控制，比值器选 P 控制。变比值控制系统具有串级控制系统的一些特点，可仿效串级控制系统控制器控制规律的选择原则选择控制规律。

4. 正确选择流量计及其量程

流量测量是实现比值控制的基础。各种流量计都有一定的适用范围和确定的精度等级与量程（一般工作流量选在满量程的 70% 左右），必须正确地选择和使用，在实际选用时可参考有关设计资料、产品手册。

5. 比值系数的计算

比值系数计算是比值控制系统设计的一个重要环节，在控制方案确定之后，必须把工艺规定的流量（或质量）比 K，转换成仪表信号之间的比值系数 K' 后才能进行比值控制。下面根据变送器的不同情况，对仪表信号比值系数 K' 的计算进行讨论。

（1）流量与测量信号之间成线性关系　当选用转子流量计、涡轮流量计、椭圆齿轮流量计或带开方器的差压变送器测量流量时，流量计的输出信号与流量成线性关系。下面以仪表输出 DC4~20mA 标准信号为例，说明流量与测量信号之间呈线性关系时比值系数 K' 的计算。

如果 Q_1 的流量计测量范围为 $0~Q_{1max}$、Q_2 的流量计测量范围为 $0~Q_{2max}$，则流量变送器输出电流信号和流量之间的关系如下：

$$I_1 = \frac{Q_1}{Q_{1max}}(20-4)+4 = \frac{Q_1}{Q_{1max}}16+4$$

同理可得

$$I_2 = \frac{Q_2}{Q_{2max}}16+4$$

从以上二式可得

$$K = \frac{Q_2}{Q_1} = \frac{Q_{2max}(I_2-4)}{Q_{1max}(I_1-4)} = K'\frac{Q_{2max}}{Q_{1max}}$$

$$K' = K\frac{Q_{1max}}{Q_{2max}} \tag{7-37}$$

（2）流量与测量信号之间呈非线性关系　对于节流元件来说，压差与流量的二次方成正比，即

$$\Delta p = CQ^2$$

设差压变送器输出为 DC4~20mA 标准信号，对应的流量变化范围为 $0~Q_{max}$。

如果 Q_1 的流量计测量范围为 $0~Q_{1max}$、Q_2 的流量计测量范围为 $0~Q_{2max}$，则差压变送器输出电流信号和流量之间的关系如下：

$$I_1 = \frac{Q_1^2}{Q_{1max}^2}(20-4)+4 = \frac{Q_1^2}{Q_{1max}^2}16+4$$

$$I_2 = \frac{Q_2^2}{Q_{2max}^2}16+4$$

从以上二式可得

$$K^2 = \frac{Q_2^2}{Q_1^2} = \frac{Q_{2max}^2(I_2-4)}{Q_{1max}^2(I_1-4)} = K'\frac{Q_{2max}^2}{Q_{1max}^2}$$

$$K' = K^2\frac{Q_{1max}^2}{Q_{2max}^2} \tag{7-38}$$

6. 流量测量中的温度、压力补偿

用差压流量计测量气体流量时，若被测气体介质温度和压力发生变化，同一流量的测量值将发生变化。对于温度、压力变化较大、控制质量要求较高的场所，必须进行温度、压力补偿，以保证流量测量的准确。

7.4.2.2 比值控制系统方案的实施与参数整定

（1）比值系数的实现　比值系统中比值系数的实现有相乘和相除二种方法。在工程上可采用比值器、乘法器、除法器等仪表来实现。在计算机控制系统中，可通过比例、乘、除运算来完成。

（2）比值控制系统的参数整定　双闭环比值系统的主流量回路，可按单回路控制系统进行整定；变比值控制系统结构上属串级控制系统，可按串级系统对主控制器参数进行整定。单闭环比值系统、双闭环系统的副流量回路、变比值控制的变比值回路实质上都是随动系统。一般要求副流量能快速、准确地跟随主流量变化，不宜有超调。不能按一般定值控制系统4：1衰减过程的要求进行副流量回路参数整定，而应当将副流量的过渡过程整定为振荡与不振荡的临界状态为佳，这时过渡过程既不振荡而且反应又快。对混合过程，则要考虑采用混合过程 PID 算法，并进行参数整定（参见第 3 章 3.3.2.6）。

7.5　均匀控制系统

7.5.1　均匀控制系统的工作原理及特点

在连续生产过程中，常有过程装置前后紧密联系、前一装置的出料量是后一装置进料量的情况；而后一装置的出料量又输送给下游其他装置。各个装置之间相互联系，工艺参数互相影响。在连续精馏的多塔分离过程中，精馏塔常串联在一起工作，前一塔的出料是后续塔的进料。图 7-24 所示为两个连续操作的精馏塔，为了保证精馏过程平稳进行，要求 1# 塔釜液位稳定在一定的范围内，应设置塔釜液位控制系统；2# 塔则要求进料流量平稳（稳定），应设置进料流量控制系统。显然，这两套控制系统的控制目标存在矛盾。假如 1# 塔在扰动作用下塔釜液位上升时，液位控制器 LC 输出控制信号开大调节阀 1，使出料流量增大，抑制 1# 塔釜液位上升；由于 1# 塔出料量是 2# 塔的进料量，因而引起 2# 塔进料量增加。于是，流量控制器 FC 输出控制信号去关小调节阀 2 抑制 2# 塔进料量增大。这样，按 1# 塔釜液位控制要求，调节阀 1 的开度要增加，增大流量抑制 1# 塔釜液位上升；按 2# 塔进料流量控制要求调节阀 2 的开度要关小，抑制 2# 塔进料量增大。而调节阀 1、2 装在同一条管道上，两套控制系统对同一物料流量操作互相矛盾（冲突），对 1# 塔釜液位和 2# 塔进料流量的控制无法兼顾。

为了解决前后两个塔之间在物料供求上的矛盾，可设想在前后两个串联的塔中间增设一个缓冲设备，既满足 1# 塔液位控制的要求，又避免对 2# 塔进料流量的扰动。但问题是，增加缓冲设备不仅要增加投资，使流程复杂，而且要增加物料输送过程中的能量消耗；尤其是物料不允许停留，否则会发生分解或聚合的生产过程，增加缓冲设备会带来许多问题。因此，必

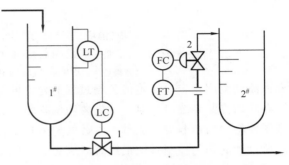

图 7-24　前后塔工艺参数不能协调的控制方案

须从自动控制方案上想办法，以满足前后装置在物料流量控制上互相协调、统筹兼顾的要求。

按照一般的精馏设备和工艺要求，1# 塔釜液有一定的容量范围，液位并不要求必须保持在定值，而是允许在一定范围内平缓变化；至于 2# 塔的进料，如不能做到定值控制，若能使其在小范围缓慢变化，也是生产工艺所容许的。为此，可以设计相应的控制系统，解决前后工序物料供求矛盾，达到前后参数兼顾协调，使液位和流量在容许范围内缓慢变化，以满足生产工艺要求。通常把能实现这种控制目的的系统称为均匀控制系统。

均匀控制通过对液位和流量两个变量同时兼顾的控制策略，使两个互相矛盾的变量相互协调，满足二者均在小范围平缓变化的工艺要求。和其他控制方式相比，均匀控制有下面两个特点：

（1）两个被控参数在控制过程中平缓变化　因为均匀控制是对前后工艺设备的物料供求之间的均匀、协调，前后供求矛盾的两个参数都不可能稳定在某一固定的数值。如果如图 7-25a 所示，把 1# 塔液位控制成平稳的直线，会导致 2# 塔的进料量波动很大，无法满足工艺要求，这样的控制过程只能看作是液位定值控制，而不是均匀控制；而图 7-25b 则把 2# 塔的进料流量控制成平稳的直线，从而导致 1# 塔釜液位波动很大，也不能满足工艺要求。前者是液位的定值控制，后者是流量的定值控制，都不是均匀控制。只有图 7-25c 所示的液位和流量控制曲线才符合均匀控制的要求，两者都有一定程度的波动，但波动都比较平缓，波动范围小。避免对精馏过程形成明显的冲击扰动，确保设备、系统运行和生产过程平稳。另外，均匀控制在有些情况下对控制参数有所偏重，视工艺需要来确定其主次，有时以液位参数为主，有时则以流量参数为主。

（2）前后互相联系又互相冲突的两个变量应保持在所允许的范围内波动　在均匀控制系统中，被控参数是非定值控制，允许它们在一定的范围内缓慢变化，如图 7-24 所示两个串联精馏塔，前塔的液位变化有一个规定的上、下限，过高或过低可能造成釜液冲塔或釜液抽干的危险。同样，后塔的进料流量也不能超过它所能承受的最大负荷和最低处理量，否则不能保证精馏过程的正常进行。因此，均匀控制的设计必须满足这两个限制条件。当然，这里

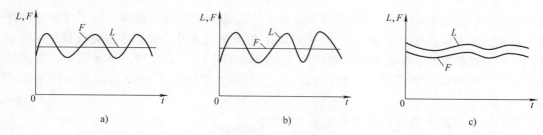

图 7-25   1#塔（前塔）釜液位与 2#塔（后塔）进料流量之间的关系

a) 1#塔釜液位稳定、2#塔进料流量变化大   b) 1#塔釜液位变化大、2#塔进料流量稳定

c) 1#塔釜液位、2#塔进料流量均变化范围较小、变化速度平缓

的允许波动范围肯定要比定值控制过程的允许偏差大得多。

在均匀控制系统设计时，首先要明确均匀控制的目的及其特点。因不清楚均匀控制的设计意图而将均匀控制设计成单一参数的定值控制，或者想把两个变量都控制得很平稳，都会导致所设计的均匀控制系统最终难以满足工艺要求。

7.5.2 均匀控制方案

均匀控制常用的方案有简单均匀控制、串级均匀控制等形式，下面介绍这两种控制方案。

1. 简单均匀控制

图 7-26 为简单均匀控制系统流程图。从控制系统流程图可看出，它与单回路液位定值控制的结构和使用的仪表完全一样。由于控制目的不同，对控制系统的动态响应特性要求是不一样的。均匀控制的功能与动态特性是通过控制器的参数整定来实现的。简单均匀控制系统中的控制器一般都是纯比例作用，比例度的整定不能按 4∶1（或 10∶1）的衰减振荡过程来整定，而是将比例度整定得很大，当塔釜液位变

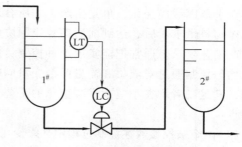

图 7-26   简单均匀控制系统

化时，控制器的输出变化较小，排出流量只做小范围缓慢变化，以较弱的控制作用达到均匀控制的目的。

在有些生产过程中，液位是通过进料调节阀控制，用液位控制器对进料流量进行控制，同样可实现均匀控制的要求。

简单均匀控制系统的优点是结构简单，投运方便，运维成本低。但当前后设备的压力变化时，尽管调节阀的开度不变，输出流量也会发生相应的变化，简单均匀只适用于干扰不大、对流量的均匀程度要求较低的场合。当调节阀两端的压差变化较大，流量变化除受调节阀的开度控制外，还受到压力波动的影响，简单均匀控制难以满足对流量平稳性要求高的工艺过程需要。

2. 串级均匀控制

上述简单均匀控制方案虽然结构简单，但当调节阀两端压力变化时，即使调节阀开度不变，流量也会随阀前后压差变化而改变。如果生产工艺对 2#塔进料流量变化的平稳性要求比较高，则简单均匀控制系统不能满足要求。为了消除压力扰动的影响，可在原方案基础上

增加一个以流量为副参数的副回路，构成精馏塔塔釜液位和流出流量为主、副参数的串级均匀控制系统，如图 7-27 所示。

从结构上看，它与一般的液位和流量串级控制系统相同，但这里采用串级形式并不是为了提高主参数——液位的控制精度，而是在充分地利用塔釜有效缓冲容积的条件下，尽可能地使塔釜的流出流量平稳。液位控制器 LC 的输出作为流量控制器 FC 的设定值，用流量控制器控制调节阀。由于增加了副回路，可以及时抑制和克服由于 1# 塔内或排出端（2# 塔内）压力大幅度突变所引起的流量变化，尽快地将流量调

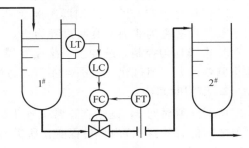

图 7-27　串级均匀控制系统

回到设定值，这些都是串级控制系统的特点。但是，由于设计这一系统的目的是为了协调液位和流量两个参数的关系，使液位和流量两个参数在规定的范围内缓慢而均匀地变化，所以本质上是仍均匀控制。

串级均匀控制方案适用于系统前后压力波动较大的场合。但与简单均匀控制系统相比，使用仪表较多，运维较复杂。

7.5.3　均匀控制系统参数整定

7.5.3.1　控制规律的选择

简单均匀控制系统的控制器及串级均匀控制系统的主控制器一般采用纯比例控制，也可采用比例积分控制。串级均匀控制系统的主、副控制器一般用纯比例控制，只在要求较高时，为了防止偏差过大超过允许范围，才引入适当的积分控制。在所有的均匀控制系统中，都不应加入微分控制，因为微分控制加快控制过程，恰好与均匀控制要求相反。

积分作用的引入对液位参数有利，它可以避免由于长时间单方向干扰引起液位越限。此外，由于加入积分作用，比例度要适当地增加，这对存在高频噪声场合的液位控制有利。积分作用的引入也有不利的方面，首先对流量参数产生不利影响，如果液位偏离设定值的时间长而幅值大时，则积分作用会使调节阀全开或全关，造成流量较大的波动；同时，积分作用的引入将使系统的动态稳定性变差，使系统一直处于不断地调节之中，只是调节幅度和调节过程较为平缓而已。

7.5.3.2　控制器参数整定

简单均匀控制系统要整定的控制器只有一个，可以按照单回路控制系统的整定方法进行，只是要注意比例度要宽（P 要大）、积分时间要长（T_i 要大），通过"看曲线、调参数"，使液位和流量均达到变化幅度小、速度平缓、均匀协调就可以了。下面专门介绍串级均匀控制系统参数整定的经验法和停留时间法。

1. 经验整定法

所谓经验整定法就是根据经验，将主、副控制器的比例度 P_1、P_2 设置为一个适当的数值，然后按"先副后主"的顺序，由小到大进行调整，使被控参数的过渡过程曲线呈缓慢的非周期衰减过程，具体步骤如下：

1）先将主控制器的比例度 P_1 放到一个适当的经验值上，然后对副控制器的比例度 P_2 由小到大调整，直到副参数呈现缓慢的非周期衰减过程为止。

2）保持已整定好的副控制器比例度 P_2 不变，再由小到大调整主控制器比例度 P_1，直到主参数呈现缓慢的非周期衰减过程为止。

3）串级均匀控制系统的主、副控制器一般都采用纯比例作用。只在要求较高时，为了防止偏差过大、超过允许范围，才引入适当的积分作用，积分时间 T_i 要大一些。

2. 停留时间法

所谓停留时间 τ，是指在正常流速下，介质在被控参数允许变化范围（1#塔釜在液位上下限之间的有效容积）内全量程变化所需要的时间，其计算公式为

$$\tau = \frac{V}{Q}$$

式中，Q 是正常工况下的介质流量；V 是塔釜在液位上下限之间的有效容积。

停留时间 τ 与控制器整定参数间的关系见表 7-2。具体整定步骤如下：

表 7-2 停留时间 τ 与控制器参数的关系

停留时间 τ/min	<20	20~40	>40
比例度 $P(\%)$	100~150	150~200	200~250
积分时间 T_1/min	5	10	15

1）副控制器（流量）按经验法整定。

2）计算停留时间 τ，然后根据表 7-2 确定液位（主）控制器的整定参数。

3）按照整定参数进行系统运行试验，如若不满足工艺要求，适当调整控制器的参数，直到液位、流量的运行曲线都符合工艺要求为止。

7.6 分程控制系统

在一般的反馈控制系统中，通常是一台控制器只控制一个调节阀。但在有些生产过程中，根据工艺要求，需将控制器的输出信号分段，去控制两个或两个以上的调节阀，以便使每个调节阀在控制器输出的某段信号范围内作全行程动作，实现对不同物料的流量控制，这种控制系统称为分程控制系统。

7.6.1 分程控制系统的工作原理及类型

7.6.1.1 分程控制系统工作原理

某一间歇式生产的放热化学反应过程，每次投料完毕后，为使反应物料达到反应温度，需要先对其加热引发化学反应。一旦化学反应开始进行，就会持续产生大量的反应热，如果不及时将这些热量移出，釜内物料温度会越来越高，以至于有发生爆炸的危险，因此必须用冷却剂对反应釜内物料进行冷却，以保证化学反应在规定的温度进行。为此，可设计如图 7-28 所示以反应釜内温度为被控参数、热水流量和冷却水流量为控制变量的分程控制系统，利用 A、B 两台调节阀分别控制冷却水和热水两种不同介质，以满足生产工艺对冷却和加热的不同需求。为保证安全，热水阀采用气开方式，冷却水阀采用气关方式，温度控制器

为反作用方式，热水阀和冷却水阀的分程关系如图 7-29 所示（通过电-气转换器将控制器输出的 DC4～20mA 信号转换为 0.02～0.1MPa 气压信号）。图 7-28 所示系统的工作原理如下：

当装料完成、化学反应开始前，温度测量值小于设定值。（反作用方式）控制器 TC（通过电-气转换器）输出气压大于 0.06MPa，A（冷却水）阀关闭，B（热水）阀开启，反应釜夹套中流过的热水使反应物料温度上升。待化学反应开始以后，反应放热使釜内温度逐渐升高，反应加快。由于控制器 TC 是反作用，随着温度升高，控制器输出下降，B（热水）阀逐渐关小；当反应物料温度达到并高于设定值时，控制器（通过电-气转换器）输出气压将小于 0.06MPa，B（热水）阀完全关闭，A（冷却水）阀逐渐打开，反应釜夹套中流过的冷水将反应热带走，使反应物料温度保持在设定值。为了加快反应器开车过程，提高生产效率，可采用第 3 章 3.3.2.5 图 3-28 所示的批量 PID 控制策略。

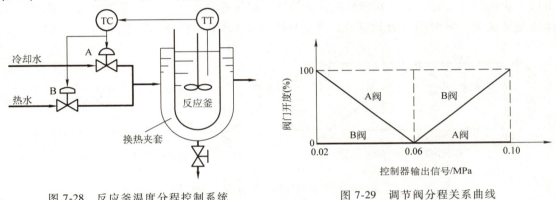

图 7-28 反应釜温度分程控制系统   图 7-29 调节阀分程关系曲线

待釜内物料充分反应，形成合格反应产物后再通过加大冷却水流量降低温度、停止并结束反应过程，取出反应产物，一个（间歇）生产周期结束。

7.6.1.2 分程控制系统的类型

按照调节阀的气开、气关方式和分程信号工作区段不同，分程控制可分为以下两种类型：

1. 调节阀同向动作的分程控制系统

图 7-30 所示为调节阀同向分程动作示意图。图 7-30a 表示两个调节阀均为气开式的分程曲线。当控制器（经过电-气转换器）输出信号从 0.02MPa 增大时，阀 B 完全关闭，阀 A 逐渐打开；当信号增大到 0.06MPa 时，阀 A 完全打开，同时阀 B 开始打开；当信号达到 0.10MPa 时，阀 B 也全开。图 7-30b 表示两个调节阀均为气关式的分程曲线。当控制器输出信号从 0.02MPa 增大时，阀 B 完全打开，阀 A 由全开状态开始关闭；当信号达到 0.06MPa 时，阀 A 完全关闭，而阀 B 则由全开状态开始关闭；当信号达到 0.10MPa 时，阀 B 也完全关闭。

2. 调节阀异向动作的分程控制系统

图 7-31 所示为调节阀异向分程动作示意图。图 7-31a 表示调节阀 A 为气开式、调节阀 B 为气关式分程曲线。当控制器输出信号从 0.02MPa 增大时，阀 B 全开、阀 A 逐渐打开；当信号增大到 0.06MPa 时，阀 A 完全打开，同时阀 B 开始关闭；当信号达到 0.10MPa 时，阀 B 完全关闭。图 7-31b 表示调节阀 A 为气开式、调节阀 B 为气开式的分程曲线。当控制器输

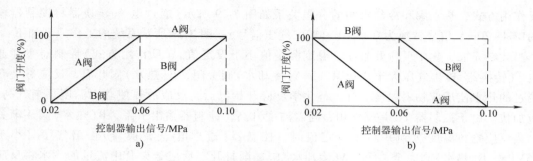

图 7-30　调节阀同向动作分程关系曲线

a) 调节阀气开-气开式分程关系曲线示意图　b) 调节阀气关-气关式分程关系曲线示意图

出信号从 0.02MPa 增大时，B 调节阀完全关闭、阀 A 逐渐关闭；当信号增大到 0.06MPa 时，阀 A 完全关闭，同时阀 B 开始打开；当信号达到 0.10MPa 时，阀 B 完全打开。

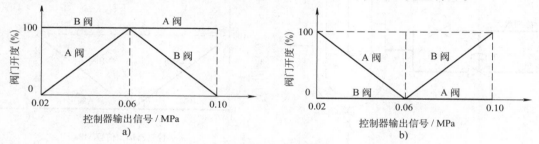

图 7-31　调节阀异向动作分程关系曲线

a) 调节阀气开-气关式分程关系曲线示意图　b) 调节阀气关-气开式分程关系曲线示意图

7.6.2　分程控制系统的设计及工业应用

分程控制系统本质上是属于单回路控制系统，单回路控制系统设计的基本原则也适用于分程控制系统设计。二者的主要区别是控制器输出信号需要分程且调节阀不止一个，在系统设计上也有一些特殊之处。

7.6.2.1　控制信号的分段

在分程控制中，控制器输出信号分段由生产工艺决定，控制器输出信号需要分成几个区段，哪一区段信号控制哪一个调节阀工作，完全取决于工艺要求。例如在图 7-28 所示化学反应釜温度分程控制中，在釜内化学反应还未开始时，反应釜内温度低于设定值，此时应使控制器输出信号控制热水阀门 B（为安全起见，阀 B 选用气开式）打开，向反应器夹套加入热水，使反应釜中物料的温度升高；当物料温度达到反应启动温度时，化学反应开始，并不断有反应热产生；为了防止釜内物料温度过高引发事故，此时控制器输出信号应逐渐关闭热水阀门 B，同时控制冷却水阀门 A（阀 A 为气关式）打开，向反应釜夹套加入冷却水，带走反应热并使反应温度保持在生产工艺要求的范围。通过以上分析，可知该分程控制系统的控制器输出应分为二段。

7.6.2.2　调节阀特性选择与应注意的问题

1. 根据工艺要求选择同向工作或异向工作调节阀

例如在图 7-28 所示的化学反应器温度分程控制中，应选择异向、气关-气开的调节阀分程关系曲线，如图 7-29 或图 7-31b 所示。

2. 流量特性的平滑衔接

在有些分程控制系统中，把两个调节阀并联作为一个调节阀使用，从一个调节阀向另一个调节阀过渡时，流量变化要连续、平滑，由于两个调节阀的增益不同，可能存在流量特性的突变，对此必须采用相应的措施。对于线性流量特性的调节阀，只有当两个阀的流量特性很接近时，两阀并联后的总流量特性仍接近直线，如图 7-32a 所示；当两个阀的流量特性差距比较大时，如图 7-32b 所示，两阀并联后的总特性与直线的差距较大，若用于分程控制，控制效果不好。

两个对数流量特性的调节阀并联，其总体流量特性如图 7-33a 中实线所示，衔接处不平滑。需通过两个调节阀分程信号部分重叠的办法，使调节阀流量特性实现平滑过渡。其具体做法是将两个调节阀工作范围扩大，使二个阀的调节工作区（在 0.06MPa 两边）有一段重叠区，即在增大流量时，小阀还没有全部打开时，大阀已开始打开；在减小流量时，大阀还没有全关，小阀已开始关闭。通过控制器输出信号重叠区域实现小、大调节阀流量特性的平滑过渡，如图 7-33b 所示。

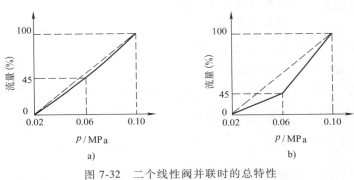

图 7-32　二个线性阀并联时的总特性

a）二阀特性比较接近　b）二阀特性差距较大

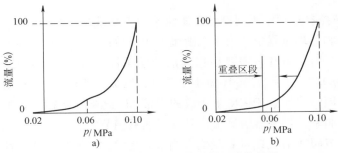

图 7-33　对数阀并联时的全行程总体特性

a）分程信号不重叠　b）分程信号重叠

3. 调节阀的泄漏量

调节阀的泄漏量大小是能否实现分程控制的一个关键因素。在分程控制系统调节阀全关时，要求不泄漏或泄漏量极小。尤其在大、小并联工作时，若大阀的泄漏量接近或大于小阀正常工作的调节流量，则小阀不能发挥其应有的控制作用，甚至失去控制作用。

7.6.2.3　分程控制的实现

分程控制是通过阀门定位器来实现控制信号分段。根据调节阀不同工作区段的信号范围，通过迁移阀门定位器的输入信号零点和改变输入信号量程，确定并调整调节阀作全行程动作所对应的信号区段。例如，将调节阀 A 的阀门定位器输入信号范围调整为 0.02 ~ 0.06MPa，使调节阀 A 作全行程动作；将调节阀 B 的阀门定位器输入信号范围调整为 0.06 ~ 0.10MPa，使调节阀 B 作全行程动作。当控制器输出 0.02~0.06MPa 的气压信号时，调节阀 A 动作而调节阀 B 不动作（保持在全开或全关位置）；当控制器输出 0.06~0.10MPa 的气压信号时，调节阀 A 已到达极限位置（全开或全关位置）不动，调节阀 B 动作。

7.6.2.4　分程控制系统的工业应用

分程控制系统的工业应用很广泛，应用形式也比较多，下面介绍工业应用中比较常见的两种形式。

1. 用于扩大调节阀的可调范围，改善调节阀的工作特性

在有些生产过程中，要求调节阀有比较大的可调范围，而目前标准的柱塞式调节阀，其可调范围一般在 $R = 30$ 左右，可调范围有限，能满足小流量就不能满足大流量；反之亦然。采用分程控制方案是扩大调节阀可调范围的有效方法。

已有大小两台调节阀，可调范围均为：$R_1 = R_2 = 30$，其最大流通能力分别为：$C_{1max} = 4.2m^3$；$C_{2max} = 105m^3$。则其最小流通能力分别为：$C_{1min} = C_{1max}/R_1 = (4.2/30)m^3 = 0.14m^3$；$C_{2min} = C_{2max}/R_2 = (105/30)m^3 = 3.5m^3$。

如果通过分程控制把两个调节阀当作一个调节阀使用，其最小流通能力为：$C_{min} = C_{1min} = 0.14m^3$，最大流通能力为：$C_{max} = C_{1max} + C_{2max} = (4.2+105)m^3 = 107.2m^3$。则可调范围

$$R = C_{max}/C_{min} = 107.2m^3/0.14m^3 = 780$$

通过分程控制把两个调节阀当作一个调节阀使用后，调节阀的可调范围由单个调节阀的 30 变成 780，增大了 26 倍。这在负荷变化很大的（如大型工业锅炉）流量控制中有广泛应用（参见第 10 章 10.2.4）。

2. 用于同一被控参数两个不同操作介质流量的控制系统

在工业废液中和处理过程中，由于工业生产中排放的废液来自不同的工艺过程和生产场所，有时呈酸性，有时呈碱性，需要根据废液的酸碱性（pH 值），决定加酸或加碱。通常，废液的酸碱性都用 pH 值表示。当 pH 值小于 7 时，废液为酸性；当 pH 值大于 7 时，废液为碱性；等于 7 时，即为中性。工艺要求排放的废液 pH 值要维持在 7 附近。当 pH<7 时，废液呈酸性，分程控制系统控制器的输出信号打开加碱调节阀，加入适量碱液，使废液酸性被中和，此时加酸调节阀 A 是关闭的；反之，当 pH>7 时，废液呈碱性，控制器控制加酸调节阀打开，加入适量的酸液，使废液碱性被中和呈中性，此时加碱调节阀是关闭的。另外，在环境温度变化很大，而温度精度要求很高的恒温控制中，既有制冷，又有加热，这时的（恒温）温度控制与 pH 值分程控制类似，必须采用分程控制。

分程控制系统本质上属于单回路控制系统，其控制规律选择与参数整定方法与一般单回路定值控制系统类似。但要注意的是，不同区段的控制通道特性不会完全相同，在参数整定时要兼顾不同区段的情况，选择合适的整定参数。

7.7 选择性控制系统

过程控制系统不但要能够在生产处于正常情况下工作，在出现异常或发生故障时，还应具有一定的安全保护功能。早期的控制系统常用的安保措施有声光报警、自动安全联锁等，即当工艺参数达到或超过安全极限时，报警开关接通，通过警灯或警铃发出报警信号，由操作人员改为人工手动操作，或通过自动安全联锁装置，强行切断电源或气源，使整个工艺装置或某些设备停车，在维修人员排除故障后再重新启动。随着生产装备和过程系统大型化，一些生产过程的运行速度越来越快，操作人员往往还没有反应过来，事故可能已经发生了；在连续运行的大型生产过程中，设备之间的关联程度越来越高，设备安全联锁装置在故障时强行使一些设备停车，可能会引起大面积停工停产，造成很大的经济损失。传统的安全保护方法已难以适应安全生产的需要。为了有效地防止事故发生，确保生产安全，减少停、开车次数，人们设计出能适应不同生产条件或异常工况的控制方案——选择性控制。

选择性控制是把由生产过程的限制条件所构成的逻辑关系叠加到正常自动控制系统之上的一种控制方法，即为一个生产过程配置一套能实现不同控制功能的控制系统，当生产过程趋向极限条件时，通过选择器，由备用控制系统自动取代正常工况下的控制系统，实现对非正常生产过程的自动控制。待工况脱离极限条件回到正常工况后，又通过选择器使适用于正常工况的控制系统自动投入运行。这样既可保护系统和设备安全，又可避免或减少非正常停车，提高生产效率与经济效益。

7.7.1 选择性控制系统的类型

选择性控制系统通过选择器实现其选择功能。选择器可以接在两个或多个控制器的输出端，对控制信号进行选择；也可以接在几个变送器的输出端，对测量信号进行选择，以适应不同选择功能的需要。选择性控制系统的分类方式有多种，这里根据选择器在系统结构中的位置不同，将选择性控制简单分为以下两种。

1. 对控制器输出信号进行选择的选择性控制系统

这类系统的选择器装在控制器之后，对控制器输出信号进行选择，控制系统框图如图7-34 所示。

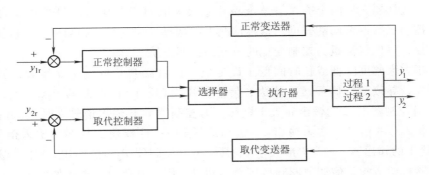

图 7-34 对控制器输出信号进行选择的控制系统框图

如图 7-34 所示，选择性控制系统包含取代控制器和正常控制器，两者的输出信号都送至选择器，通过选择器选择后，控制一个公用执行器，但被控参数或控制目标不同。在生产正常状况下，选择器选出正常控制器的控制信号，送到执行器，实现对正常生产过程的自动控制。当生产情况不正常时，通过选择器由取代控制器代替正常控制器的工作，实现对非正常生产过程的安全控制。一旦生产状况恢复正常，再通过选择器进行自动切换，仍由正常控制器来控制生产过程的正常进行。由于结构简单，因此这类选择控制系统在工业生产过程得到了广泛应用。

图7-35是一个锅炉蒸气压力与燃气压力选择性控制系统的例子，其中燃料为天然气或其他燃料气。在锅炉运行过程中，蒸气负荷随用户的实际用量而变化。在正常工况下，用控制燃料量的方法来实现蒸气压力控制。如果燃料阀阀后压力过高，会产生脱火现象，可能造成生产事故；如果燃料阀阀后压力过低，则可能出现熄火事故，实际生产中应尽量避免这两种情况的发生。采用图7-35所示的蒸气压力与燃气压力自动选择控制系统，就能避免脱火和熄火事故发生。

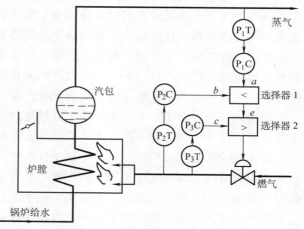

图7-35 锅炉蒸气压力与燃气压力选择性控制系统流程图

图7-35中燃气调节阀为气开式，P_1C是蒸气压力控制器，在正常工况时工作，其输出信号用a表示；P_2C是燃气压力控制器，在燃气阀后压力过高（非正常工况）时工作，其输出信号用b表示；P_3C也是燃气压力控制器，在燃气阀后压力过低（非正常工况）时工作，其输出信号用c表示。控制器P_1C、P_2C、P_3C都为反作用方式。选择器1为低选工作方式，即从两个输入信号（控制器P_1C、P_2C的输出）a、b中选最小值作为输出信号e送到选择器2（高选工作方式）；选择器2从两个输入信号（控制器P_3C、选择器1的输出）c、e中选最大值作为输出控制信号去控制燃气调节阀开度。

在正常情况下，蒸气压力控制器P_1C输出信号a小于燃气压力控制器P_2C输出信号b，（低值）选择器1选择蒸气压力控制器P_1C的输出a作为输出e送到选择器2；此时选择器1输出$e=a>c$，选择器2从两个输入信号c、e中选最大值e（蒸气压力控制器P_1C的输出a）作为输出，去控制燃气调节阀的开度。这种情况下的选择性控制系统相当于一个以锅炉蒸气压力为被控参数，以燃气流量为控制变量的单回路控制系统。

当蒸气压力大幅度降低或长时间低于设定值，控制器P_1C的输出a增大，调节阀的开度也随之增大，导致燃气阀后压力增大，使燃气压力（反作用）控制器P_2C、P_3C输出信号b、c减小。当控制器P_1C的输出a大于燃气压力控制器P_2C输出信号b时，（低值）选择器1选控制器P_2C的信号b作为输出e，送到选择器2；选择器2从两个输入信号（控制器P_3C、选择器1的输出）c、e中选最大值e（燃气压力控制器P_2C的输出b）作为输出控制信号，去控制燃料调节阀，使调节阀阀后压力不超过上限，避免脱火事故的发生，起到安全保护的作用。当蒸气压力上升，工况恢复正常，$a<b$时，选择器1自动切换，蒸气压力控制器P_1C又自动投入运行，控制系统又重新进入正常工况的蒸气压力控制。

当蒸气压力大幅度升高或长时间高于设定值，控制器 P_1C 的输出 a 减小，调节阀的开度也随之减小，导致燃气阀后压力减小，使燃气压力控制器 P_2C、P_3C 输出信号 b、c 增大。此时控制器 P_1C 的输出 a 小于燃气压力控制器 P_2C 输出信号 b，（低值）选择器 1 选择 a 作为输出 e 送到选择器 2；如果此时 $e=a<c$，选择器 2 从两个输入信号（控制器 P_3C、选择器 1 的输出）c、e 中选最大值 c（燃气压力控制器 P_3C 的输出 c）作为输出去控制燃料调节阀，以免调节阀阀后压力过低，导致熄火事故的发生，起到自动安全保护作用。当蒸气压力下降，工况恢复正常，$a>c$ 时，选择器 2 自动切换，蒸气压力控制器 P_1C 又自动投入运行，使锅炉控制系统恢复正常工况的蒸气压力控制工作状态。选择性控制已成为大型工业锅炉燃烧过程安全运行必备的基本控制功能。

2. 对变送器输出信号进行选择的选择性控制系统

这类系统的选择器装在控制器之前、变送器之后，对变送器信号进行选择，如图 7-36 所示。该系统至少有两个以上的变送器，其输出信号均送入选择器，选择器输出一个信号至控制器。

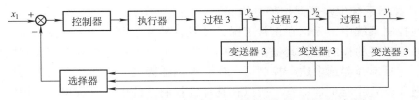

图 7-36　对变送器输出信号进行选择的控制系统原理框图

在图 7-37 所示的固定床反应器内装有固定催化剂层，为了防止反应温度过高烧坏催化剂，在催化剂床层内装有冷却装置防止催化剂温度超限；并在反应器固定催化剂床层内的不同位置安装温度传感器，各个温度传感器的检测信号一起送到高值选择器，选出最高的温度信号作为被控参数关到温度控制器，控制器根据催化剂床层最高点温度控制冷却剂流量，以防止反应器催化剂层温度过高，保护催化剂层的安全，其控制系统框图与图 7-36 类似。

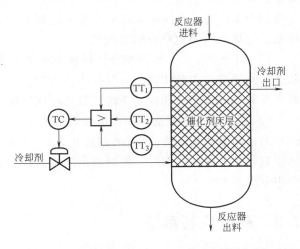

图 7-37　固定床反应器热点温度选择控制系统

7.7.2　选择性控制系统设计原则

选择性控制系统在一定条件下可等效为两个（或多个）常规控制系统的组合。选择性控制系统设计的关键是选择器的设计选型和多个控制器控制规律的确定。其他如控制阀气开、气关方式的选择，控制器的正、反作用方式的确定与常规控制系统设计基本相同。

1. 选择器选型

选择器是选择性控制系统的重要组成环节。选择器有高值选择器 HS 与低值选择器 LS 两种。前者选出高值信号通过，后者选出低值信号通过。在具体选型时，根据生产处于不正常情况下，取代控制器的输出信号为高值还是低值来确定选择器的类型。如果取代控制器输出信号为高值时，则选用高值选择器；反之，则选用低值选择器。

2. 控制器控制规律的选取

对于正常工况下运行的控制器，要保证产品质量，对被控参数有较高的控制精度要求，一般应选用 PI 控制，如果过程的容量滞后较大、控制精度要求高，可以选用 PID 控制；对于取代控制器，由于在正常生产中处于开环备用状态，仅要求其在生产过程的参数趋近极限、将要出问题的短时间运行，要求其能迅速、及时地发挥作用，以防止事故发生，一般选用 P 控制即可满足要求。

3. 控制器参数整定

选择性控制系统中控制器参数整定时，正常工作控制器的要求与常规控制系统相同，可按常规控制系统的整定方法进行整定。对于取代常规控制器工作的取代控制器，其要求有所不同，希望取代系统投入工作时，取代控制器能输出较强的控制信号，及时产生自动保护作用，其比例度 P 应整定得小一些。有积分控制时，积分作用也应整定得弱一点。

4. 选择性控制系统中控制器抗积分饱和

在选择性控制系统中，无论在正常工况，还是在异常工况，总是有控制器处于开环待命状态。对于处于开环的控制器，其偏差长时间存在，如果有积分控制作用，其输出将进入深度饱和状态。一旦选择器选中这个控制器工作，控制器因处于饱和状态而失去控制能力，只能等到退出饱和以后才能正常工作。所以在选择性控制系统中，对有积分作用的控制器必须采取抗积分饱和措施。

（1）PI-P 法　当控制器输出在某一范围内时，采用 PI 控制；当超出设定范围，采用 P 控制，这样就可避免积分饱和现象。

（2）积分切除法　所谓积分切除法就是当控制器被选中时采用 PI 控制，一旦处于开环状态，自动切除积分功能，只具有比例功能，处于开环备用状态时不会出现积分饱和现象。对于计算机在线运行的控制系统，只要利用计算机的逻辑判断功能进行适时切换即可。

（3）限幅法　限幅法利用高值或低值限幅器，使控制器的输出信号不超过正常工作范围信号的最高值或最低值（不进入饱和状态）。根据具体工艺来决定选用高限器还是用低限器，如控制器处于开环状态时，控制器由于积分作用会使输出逐渐增大，则要用高限器；反之，则用低限器。

7.8　解耦控制系统

有些复杂生产过程有多个被控参数，需要设置若干个控制回路对生产过程中的多个被控参数进行控制。如果多个控制回路之间存在某种程度的相互关联和相互影响，回路之间的耦合作用可能妨碍被控参数和控制变量之间的独立控制，严重时甚至会破坏各个控制回路的正常工作。

为了消除或减小控制回路之间的影响，可通过在各控制回路之间建立附加的外部联系，使每个控制变量仅对与其配对的一个被控参数发生影响，而对其他的被控参数不产生影响，或者影响很弱，使各对被控参数和控制变量构成的控制回路之间的相互耦合消除或大为减弱，把具有相互关联的多参数控制过程转化为几个彼此独立的单输入-单输出控制过程来处理，实现一个控制变量只对与其对应的被控过程与被控参数独立地进行控制。这样的系统称为解耦控制系统(或自治控制系统)。

7.8.1 被控过程的耦合现象及对过程控制的影响

现在用一个实例来分析被控过程的耦合现象及对控制过程的影响。图 7-38 为一精馏塔温度控制系统。图中，被控参数分别为塔顶温度 T_1 和塔底温度 T_2；与之对应的控制变量分别为回流量 Q_L 和加热蒸气流量 Q_S。T_1C 为塔顶温度控制器，它的输出 u_1 控制回流调节阀，调节塔顶回流量 Q_L，实现对塔顶温度 T_1 的控制。T_2C 为塔底温度控制器，它的输出 u_2 控制再沸器加热蒸气调节阀，调节加热蒸气流量 Q_S，实现对塔底温度 T_2 的控制。显然，u_1 的变化不仅仅影响 T_1[二者之间的关系用传递函数 $G_{11}(s)$ 表示]，同时还会影响 T_2[u_1 对 T_2 的影响用传递函数 $G_{21}(s)$ 表示]；同样，u_2 的变化在影响 T_2[二者之间的关系用传递函数 $G_{22}(s)$ 表示]的同时，还会影响 T_1[u_2 对 T_1 的影响用传递函数 $G_{12}(s)$ 表示]。这两个控制回路之间存在耦合，耦合关系如图 7-39 所示。

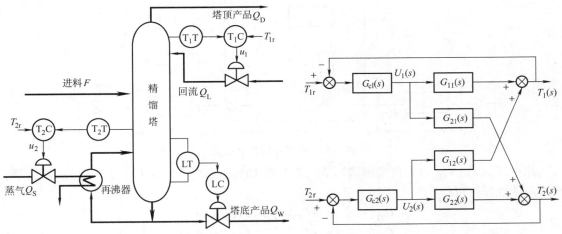

图 7-38 精馏塔温度控制系统   图 7-39 精馏塔温度控制系统框图

下面以图 7-38 精馏塔温度控制为例，分析存在耦合的两个系统的控制过程。当塔顶温度 T_1 稳定在设定值 T_{1r}，某种干扰使塔底温度 T_2 偏离设定值 T_{2r} 降低时，控制器 T_2C[用传递函数 $G_{c2}(s)$ 表示]的输出 u_2 变化，使蒸气调节阀开大，增加加热蒸气流量 Q_S，期望塔底温度 T_2 升高并回到 T_{2r}。加热蒸气流量 Q_S 增加时，通过再沸器使塔底釜液蒸发量增加、精馏塔内的上升蒸气流量增大，导致塔顶温度 T_1 升高。当塔顶温度 T_1 升高而偏离其设定值 T_{1r} 时，控制器 T_1C[用传递函数 $G_{c1}(s)$ 表示]的输出 u_1 改变，使回流调节阀开大，增加回流量 Q_L，期望塔顶温度 T_1 降低并回到 T_{1r}。当回流量增加时，不但塔顶温度 T_1 降低，也会使塔顶蒸汽凝结量增多，下行流量增大，导致塔底温度 T_2 降低；控制器 T_1C 的控制作用与此时 T_2C 增加加热蒸气流量，期望塔底温度 T_2 升高并回到 T_{2r} 是矛盾的。如果两个被控过程之间严重耦合，采用常规简单控制系统的控制效果很差，甚至根本无法正常工作。为此，必须采用解耦措施，消除或减弱被控过程变量、控制参数之间的耦合，使每一个控制变量的变化只对与其匹配的被控参数产生影响，而对其他控制回路的被控参数没有影响或影响很小。

这样就把存在耦合的多变量控制系统分解为若干个相互独立的单变量控制系统。

7.8.2 解耦控制系统设计

解耦控制通过解耦环节，使存在耦合的多变量被控过程中每个控制变量的变化只影响与其配对的被控参数，对其他控制回路被控参数没有影响或影响很小。这样就可以把存在耦合的多变量控制系统分解为若干个相互独立的单变量控制系统。下面讨论解耦环节几种常用的设计方法。

7.8.2.1 前馈补偿解耦设计

前馈补偿解耦是最早用于多变量控制系统解耦的方法，图 7-40 所示为应用前馈环节实现（二变量）解耦的系统框图。

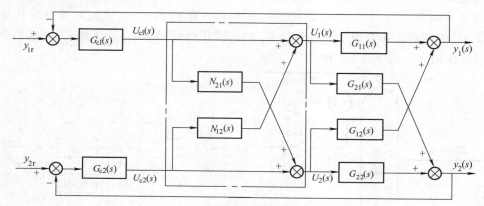

图 7-40　前馈补偿解耦系统

图中 $N_{21}(s)$、$N_{12}(s)$ 为前馈解耦环节。要实现 $U_1(s)$ 与 $Y_2(s)$、$U_2(s)$ 与 $Y_1(s)$ 之间解耦，根据不变性原理可得

$$G_{21}(s)U_1(s)+G_{22}(s)N_{21}(s)U_1(s)=0 \tag{7-39}$$

$$G_{12}(s)U_2(s)+G_{11}(s)N_{12}(s)U_2(s)=0 \tag{7-40}$$

由以上二式可求得前馈解耦环节的数学模型（传递函数），即

$$N_{21}(s)=-\frac{G_{21}(s)}{G_{22}(s)} \tag{7-41}$$

$$N_{12}(s)=-\frac{G_{12}(s)}{G_{11}(s)} \tag{7-42}$$

前馈补偿解耦的基本思想是将 u_1 对 y_2、u_2 对 y_1 的影响当作扰动对待，并通过前馈补偿的方法消除这种扰动的影响。这种解耦环节的设计方法与 7.2 节前馈（补偿）控制器的设计方法完全一样。

7.8.2.2 对角解耦矩阵设计

对角矩阵解耦设计是对如图 7-41 所示的解耦控制系统设计一个解耦环节，使解耦环节的传递函数阵 $N(s)$ 与被控过程的传递函数阵 $G(s)$ 的乘积 $G_p(s)$ 成为对角阵，消除多变量被控过程变量之间的相互耦合。即

$$\boldsymbol{G}_p(s)=\boldsymbol{G}(s)\boldsymbol{N}(s)=\mathrm{diag}[G_{ii}(s)] \tag{7-43}$$

式中，$G_{ii}(s)$ 为矩阵 $\boldsymbol{G}_p(s)$ 的对角元素，$\boldsymbol{G}_p(s)$ 的非对角元素为 0。

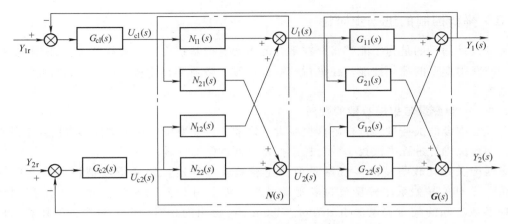

图 7-41 双变量对角解耦系统框图

如果 $G(s)$ 非奇异，从式（7-43）可求出

$$N(s) = G^{-1}(s) G_p(s) = \frac{1}{|G(s)|} \mathrm{adj} G(s) \,\mathrm{diag}\big[\, G_{ii}(s) \,\big] \tag{7-44}$$

对于二变量控制系统

设

$$G(s) = \begin{bmatrix} G_{11}(s) & G_{12}(s) \\ G_{21}(s) & G_{22}(s) \end{bmatrix} \tag{7-45}$$

$G(s)$ 非奇异，即 $\Delta = |G(s)| = G_{11}(s) G_{22}(s) - G_{12}(s) G_{21}(s) \neq 0$，将式（7-45）代入式（7-44）可得

$$
\begin{aligned}
N(s) &= G^{-1}(s) G_p(s) = \frac{1}{\Delta} \mathrm{adj} G(s)\, \mathrm{diag}\big[\, G_{ii}(s) \,\big] \\
&= \frac{1}{\Delta} \begin{bmatrix} G_{22}(s) & -G_{12}(s) \\ -G_{21}(s) & G_{11}(s) \end{bmatrix} \begin{bmatrix} G_{11}(s) & 0 \\ 0 & G_{22}(s) \end{bmatrix} \\
&= \frac{1}{\Delta} \begin{bmatrix} G_{22}(s) G_{11}(s) & -G_{12}(s) G_{22}(s) \\ -G_{21}(s) G_{11}(s) & G_{11}(s) G_{22}(s) \end{bmatrix}
\end{aligned} \tag{7-46}
$$

若已知二变量被控过程的传递函数阵 $G(s)$，代入式（7-46）就可以求得实现二变量解耦环节的传递函数阵 $N(s)$。按照 $N(s)$ 组成的解耦环节进行解耦，则图 7-41 所示的控制系统等效为两个不存在耦合的独立控制回路，如图 7-42 所示。

对于两个变量以上的多变量系统，按照式（7-44），通过矩阵运算也可以求得解耦环节的数学模型，只是求得的解耦环节 N 会随着变量维数的增多越来越复杂，实现起来将更为困难。

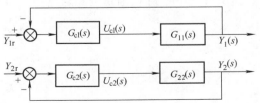

图 7-42 实现对角解耦之后的等效系统框图

7.8.3 解耦控制的进一步讨论

解耦设计的目的是为了能够将存在耦合的多变量控制系统转化为各自独立的单回路控制系统，并获得期望的控制性能。在进行解耦设计时，必须考察控制对象的特点与变量之间的关联结构。

7.8.3.1 控制变量与被控参数的配对

对存在耦合的被控过程进行解耦控制设计之前，首先要确定每个被控参数所对应的控制变量，即解决耦合过程中被控参数与控制变量之间的配对问题。

对匹配关系比较明显的多变量系统，凭经验就可确定控制变量与被控参数之间的配对关系；而对关联关系比较复杂的多变量过程，需要进行深入的分析才能确定控制变量与被控参数之间的配对关系。由 Bristol 与 Shinskey 提出的相对增益的概念，及用相对增益评价变量之间的耦合程度、确定被控参数与控制变量间的匹配关系和判断系统是否需要解耦的分析方法，通常称为 Bristol-Shinskey 法，是现在多变量耦合系统进行变量配对的常用方法。

1. 相对增益的定义

对一个 n 维输入 n 维输出的多变量过程，变量之间的耦合程度可用相对增益表示。设过程输入列向量 $\boldsymbol{U} = (u_1 u_2 \cdots u_n)^{\mathrm{T}}$，过程输出列向量 $\boldsymbol{Y} = (y_1 y_2 \cdots y_n)^{\mathrm{T}}$。在系统开环情况下，其他 $u_r(r \neq j)$ 都保持不变时，输出 y_i 对输入 u_j 的稳态传递关系（或放大系数），即

$$p_{ij} = \frac{\partial y_i}{\partial u_j}\bigg|_{u_r} \quad (r \neq j) \tag{7-47}$$

式中，p_{ij} 称为 u_j 到 y_i 的第一放大系数，它是 u_j 到 y_i 之间通道的静态开环增益。

在其他所有 $y_r(r \neq i)$ 都保持不变的情况下，输出 y_i 对输入 u_j 的（稳态）传递关系或放大系数

$$q_{ij} = \frac{\partial y_i}{\partial u_j}\bigg|_{y_r} \quad (r \neq i) \tag{7-48}$$

式中，q_{ij} 称为 u_j 到 y_i 通道的第二放大系数。在 p_{ij} 和 q_{ij} 的基础上，计算

$$\lambda_{ij} = \frac{p_{ij}}{q_{ij}} = \frac{\dfrac{\partial y_i}{\partial u_j}\bigg|_{u_r}}{\dfrac{\partial y_i}{\partial u_j}\bigg|_{y_r}} \tag{7-49}$$

定义 λ_{ij} 为 u_j 到 y_i 通道的相对增益。对 n 维多输入多输出过程可得

$$\boldsymbol{\Lambda} = (\lambda_{ij})_{n \times n} = \begin{bmatrix} \lambda_{11} & \lambda_{12} & \cdots & \lambda_{1n} \\ \lambda_{21} & \lambda_{22} & \cdots & \lambda_{2n} \\ \vdots & \vdots & & \vdots \\ \lambda_{n1} & \lambda_{n2} & \cdots & \lambda_{nn} \end{bmatrix} \tag{7-50}$$

$\boldsymbol{\Lambda}$ 称之为该过程的相对增益矩阵，矩阵的元素 λ_{ij} 就表示 u_j 到 y_i 通道的相对增益。

由定义可知，第一放大系数 p_{ij} 是在过程其他输入 u_r 不变的条件下，u_j 到 y_i 的稳态传递关系，是 u_j 输入作用对 y_i 的影响。第二放大系数 q_{ij} 是在过程其他输出 y_r 不变的条件下，u_j

到 y_i 的传递关系，也就是在 $u_r(r \neq j)$ 变化以约束其他 y_r 不变时，u_j 到 y_i 的稳态传递关系。λ_{ij} 则是两者的比值，这个比值的大小反映了变量（即对应通道）之间的耦合程度。若 $\lambda_{ij} = 1$，表示在其他输入 $u_r(r \neq j)$ 不变（而 y_r 可能变化）和其他 $y_r(r \neq j)$ 不变 [$u_r(r \neq j)$ 可能变化以约束其他 y_r 不变] 两种条件下，u_j 到 y_i 的传递关系不变。也就是说，输入 u_j 到 y_i 的通道不受其他输入的影响，因此不存在其他通道对它的耦合。若 $\lambda_{ij} = 0$，表示 $p_{ij} = 0$，即 u_j 对 y_i 没有影响。若 $0 < \lambda_{ij} < 1$，则表示 u_j 到 y_i 的通道与其他通道间有强弱不等的耦合。若 $\lambda_{ij} > 1$，表示耦合减弱了 u_j 对 y_i 的控制作用，而 $\lambda_{ij} < 0$ 则表示耦合的存在使 u_j 对 y_i 的控制作用改变了方向和极性，有可能造成正反馈从而引起闭环系统不稳定。

从上述定性分析可知，相对增益值反映了某个控制通道的输入、输出作用强弱和其他通道对它耦合的强弱，因此可作为变量配对、选择控制通道和确定解耦措施的依据。

2. 相对增益的求取

由相对增益定义可知，只要求出放大系数 p_{ij} 和 q_{ij}，利用式（7-49）就可直接计算出相对增益 λ_{ij}，进而得到相对增益矩阵 $\boldsymbol{\Lambda}$。下面简单介绍通过实验和解析计算求取相对增益的方法。

（1）实验法　按照 p_{ij} 的定义，先在其他输入 $u_r(r \neq j)$ 保持不变的开环情况下，求得在 Δu_j 作用下输出 y_i 的变化 Δy_i，可得

$$p_{ij} = \frac{\Delta y_i}{\Delta u_j}\bigg|_{u_r}, \quad i = 1, 2, \cdots, n$$

依次改变 u_j，$j = 1, 2, \cdots, n$ $(j \neq r)$，同理可求得全部的 p_{ij} 值，可得到

$$\boldsymbol{P} = (p_{ij})_{n \times n} = \begin{bmatrix} p_{11} & p_{12} & \cdots & p_{1n} \\ p_{21} & p_{22} & \cdots & p_{2n} \\ \vdots & \vdots & & \vdots \\ p_{n1} & p_{n2} & \cdots & p_{nn} \end{bmatrix}$$

其次在 Δu_j 作用下，保持 $y_r(r \neq i)$ 不变，测得此时的 Δy_i，再求得

$$q_{ij} = \frac{\Delta y_i}{\Delta u_j}\bigg|_{y_r}, \quad i = 1, 2, \cdots, n$$

同样依次变化 u_j，$j = 1, 2, \cdots, n$，$j \neq r$，再逐个测得 Δy_i 值，就可得到全部的 q_{ij} 值，由此可得

$$\boldsymbol{Q} = \begin{bmatrix} q_{11} & q_{12} & \cdots & q_{1n} \\ q_{21} & q_{22} & \cdots & q_{2n} \\ \vdots & \vdots & & \vdots \\ q_{n1} & q_{n2} & \cdots & q_{nn} \end{bmatrix}$$

再逐项计算相对增益

$$\lambda_{ij} = \frac{p_{ij}}{q_{ij}}$$

可得到相对增益矩阵

$$\boldsymbol{\varLambda} = \begin{bmatrix} \lambda_{11} & \lambda_{12} & \cdots & \lambda_{1n} \\ \lambda_{21} & \lambda_{22} & \cdots & \lambda_{2n} \\ \vdots & \vdots & & \vdots \\ \lambda_{n1} & \lambda_{n2} & \cdots & \lambda_{nn} \end{bmatrix}$$

用这种方法求取相对增益，只要实验条件满足定义的要求，就能够得到接近实际的结果。从实验方法而言，求第一放大系数比较简单。在开环条件下，其他控制变量 $u_r(r \neq j)$ 保持不变，求出所有通道（操作变量和被控参数之间）的开环静态放大系数（增益）即可。第二放大系数的实验比较复杂，只能在其他回路闭环定值控制、保持其他被控参数 $y_r(r \neq i)$ 不变的情况下，求出所有通道（操作变量和被控参数之间）放大系数（增益），实验比较复杂。特别在变量较多时，实验法求取相对增益有一定难度。

（2）解析法　这种方法是通过对过程工作机理与变量之间的数学关系式进行变换与推导，求取所需的相对增益矩阵。对二输入—二输出系统，其操纵变量与被控参数之间静态关系如图7-43所示。由此图可得该系统的静态关系为

$$y_1 = k_{11}u_1 + k_{12}u_2$$
$$y_2 = k_{21}u_1 + k_{22}u_2 \tag{7-51}$$

式中，k_{ij} 表示第 j 个输入变量作用于第 i 个输出变量的静态放大系数。

求 λ_{11}：首先求取 λ_{11} 的分子项 $\partial y_1 / \partial u_1 |_{u_2}$，除 u_1 外，其他 $u_j(j \neq 1)$ 不变（在只有两个输入的情况下即 u_2 不变），则有

$$\left. \frac{\partial y_1}{\partial u_1} \right|_{u_2 = 常数} = k_{11}$$

再求 λ_{11} 的分母项 $\partial y_1 / \partial u_1 |_{y_i}(i \neq 1)$，除 y_1 外，其他 $y_i(i \neq 1)$ 不变（在只有两个输出的情况下即 y_2 不变），由式（7-51）可得

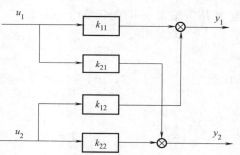

图7-43　二输入—二输出过程静态特性

$$y_1 = k_{11}u_1 + k_{12}u_2$$
$$0 = k_{21}u_1 + k_{22}u_2$$

由以上两式可得

$$y_1 = k_{11}u_1 - k_{12}\frac{k_{21}}{k_{22}}u_1$$

所以

$$\left. \frac{\partial y_1}{\partial u_1} \right|_{y_2 = 常数} = k_{11} - k_{12}\frac{k_{21}}{k_{22}} = \frac{k_{11}k_{22} - k_{12}k_{21}}{k_{22}}$$

在求得 λ_{11} 的分子项与分母项后，由式（7-49）可得

$$\lambda_{11} = \frac{\partial y_i / \partial u_j |_{u_2}}{\partial y_i / \partial u_j |_{y_2}} = \frac{k_{11}k_{22}}{k_{11}k_{22} - k_{12}k_{21}}$$

按照上面的方法，同样可推导出

$$\lambda_{22} = \lambda_{11} = \frac{k_{11}k_{22}}{k_{11}k_{22}-k_{12}k_{21}}$$

$$\lambda_{12} = \lambda_{21} = \frac{-k_{12}k_{21}}{k_{11}k_{22}-k_{12}k_{21}}$$

如果排成矩阵形式

$$\begin{array}{c|cc} & u_1 & u_2 \\ \hline y_1 & \lambda_{11} & \lambda_{12} \\ y_2 & \lambda_{21} & \lambda_{22} \end{array}$$

3. 相对增益矩阵的性质与变量配对（控制通道选择）

相对增益矩阵的一个重要性质，是相对矩阵 $\boldsymbol{\Lambda}$ 的任一行（或任一列）的元素值之和为 1。

采用相对增益矩阵这个性质可以简化相对增益值的计算。例如对 2×2 的 $\boldsymbol{\Lambda}$ 矩阵，只要求出一个独立的 λ_{ij} 值，其他三个值可由此性质推出。对于 3×3 的 $\boldsymbol{\Lambda}$ 矩阵，也只要求出 4 个独立的 λ_{ij} 值，即可推出其余的 5 个 λ_{ij} 值。

这个性质更重要的意义在于，它能帮助分析过程通道间的耦合情况。以二输入—二输出过程为例，如果 $\lambda_{11}=1$，则 $\lambda_{22}=1$，而 $\lambda_{12}=\lambda_{21}=0$，表示两个通道相互独立，不存在耦合。$\boldsymbol{\Lambda}$ 矩阵中一行或一列中的某个元素越接近于 1，表示通道之间的耦合作用越小。若 $\lambda_{11}=0.5$，则 $\lambda_{12}=\lambda_{21}=\lambda_{22}=0.5$，表示通道之间的耦合作用最强，需要采取解耦措施才可能获得较好的控制性能。反过来，若 $\lambda_{12}=1$，则 $\lambda_{11}=\lambda_{22}=0$，而 $\lambda_{21}=1$，则表示输入与输出配对（控制通道选择）有误，应该将两个输入（或两个输出）互换，即可得到各自独立的无耦合控制过程。

λ_{ij} 值也可能大于 1，例如 $\lambda_{11}>1$，根据性质必有 $\lambda_{12}=\lambda_{21}<0$。这表明过程之间存在负耦合。构成闭环系统时，负耦合将可能引起正反馈，从而导致控制系统不稳定，因此在系统设计时必须考虑采取措施来避免和弱化这种关联作用。

根据上述对相对增益矩阵的分析，可得到以下结论：

1）若 $\boldsymbol{\Lambda}$ 矩阵的对角元素为 1，其他元素为 0，则过程通道之间没有耦合，每个通道都可构成各自独立的单回路控制系统。

2）若 $\boldsymbol{\Lambda}$ 矩阵非对角元素为 1，而对角元素为 0，则表示过程变量配对（控制通道）选错，可更换输入输出之间的配对关系，得到无耦合过程。

3）$\boldsymbol{\Lambda}$ 矩阵的元素都在 [0，1] 区间内，表示过程控制通道之间存在耦合。λ_{ij} 越接近于 1，表示 u_j 到 y_i 的通道受其他通道或变量耦合的影响越小，构成单回路控制效果越好。

4）若 $\boldsymbol{\Lambda}$ 矩阵同一行或同一列的 λ_{ij} 值比较接近，表示通道之间的耦合很强，要设计成单回路控制，必须采取相应的解耦措施。

5）若 $\boldsymbol{\Lambda}$ 矩阵中某元素值大于 1，则同一行和列中必有 $\lambda_{ij}<0$ 元素存在，表示过程变量或通道之间存在不稳定耦合，在设计解耦或控制回路时，必须采取措施保证闭环过程稳定。

过程控制系统设计时，变量配对（过程通道选择）是首先要解决的问题。对单回路控制来说，确定被控参数（输出）和控制变量（输入）比较简单（参见第 6 章 6.2.2 小节），而对于存在耦合的多变量过程来说，变量的配对就比较复杂。由于是多个输入控制多个输出，就存在控制通道如何选择，即控制（变量）输入与输出（被控参数）如何配对的问题。如果控制通道选择不合适，要取得期望的控制效果就很困难。

相对增益矩阵为解决这个问题提供了途径。矩阵元素 λ_{ij} 的值反映了第 j 个控制变量（输入）对第 i 个被控参数（输出）之间作用大小的相对值。对稳定的控制通道来说，$\lambda_{ij} = 1$ 表示该通道选择正确，且与其他通道没有耦合；$\lambda_{ij} > 0.5$ 表示选择基本正确，但需要采取解耦措施才能构成单回路控制系统；若 $\lambda_{ij} < 0.5$，则要重新考虑输入与输出之间的配对关系。

对一个二控制变量（输入）和二被控参数过程，如果用控制变量 u_1 控制被控参数 y_1、用控制变量 u_2 控制被控参数 y_2，并采用实验或解析分析，求得其相对增益矩阵为

$$
\begin{array}{c|cc}
 & u_1 & u_2 \\
\hline
y_1 & 0.25 & 0.75 \\
y_2 & 0.75 & 0.25
\end{array}
$$

由前面的分析可知，控制通道之间存在强耦合，控制变量和被控参数之间的配对显然不合理。如果用控制变量 u_1 控制被控参数 y_2、用控制变量 u_2 控制被控参数 y_1，则相对增益矩阵变为

$$
\begin{array}{c|cc}
 & u_1 & u_2 \\
\hline
y_2 & 0.75 & 0.25 \\
y_1 & 0.25 & 0.75
\end{array}
$$

通道之间耦合强度大为减弱，控制变量和被控参数之间的配对（控制通道选取）更为合理。

最后要说明的是，相对增益只考虑了静态耦合特性而没有考虑动态耦合特性，由此得出的结论有一定的局限性，不完全适用于动态解耦的分析与设计。

7.8.3.2 部分解耦

与完全解耦不同，所谓部分解耦是指在存在耦合的被控过程中，只对其中的某些耦合采取解耦措施，而对另一部分耦合不进行解耦。

显然，部分解耦的控制性能优于不解耦过程，而比完全解耦控制要差一些。相应地，实现部分解耦的解耦环节要比完全解耦的解耦环节简单，因此部分解耦在相当多的实际过程控制中得到应用。

部分解耦是一种有选择的解耦，使用时必须首先确定哪些过程需要解耦，对此有以下两条基本原则可作为设计的依据：

1. 被控参数的相对重要性

被控过程中各被控参数的重要性是不同的。对那些重要的被控参数，控制要求高，除了需要设计性能优越的控制回路之外，最好采用解耦环节消除或减少其他控制变量对它的影响。而对那些相对不重要的被控参数和通道，可允许由于耦合存在所引起的控制性能降低，以减少解耦装置的复杂程度。例如图 7-38 所示的精馏过程，当对塔顶产品的纯度指标远高于对塔底产品的纯度要求，且塔底产品纯度要求不太高时，可采用前馈补偿环节消除 u_2 对

T_1 的影响，提高塔顶温度 T_1 的控制品质，保证塔顶产品质量；而 u_1 对 T_2 的影响可不采取解耦措施。

2. 被控参数的动态响应特性

多变量控制系统各个被控参数对输入和扰动的响应速度是不一样的，例如温度、成分等参数响应较慢，压力、流量等参数响应较快。响应快的被控参数受慢参数的影响小，后者对前者的耦合因素可以不考虑；而响应慢的参数受来自快参数的影响大，因此在部分解耦设计时，往往对响应慢的参数受到的影响要进行解耦。

7.8.3.3　解耦环节简化

从解耦设计的讨论可以看出，解耦环节的复杂程度与被控过程特性密切相关。被控过程越复杂，维数越高，解耦环节实现越困难。如果对求出的解耦环节进行适当简化，可使解耦环节易于实现。简化可以从以下两个方面考虑：

1) 在高阶系统中，如果存在小时间常数，它与其他时间常数的比值接近 1/10 或更小，则可将此小时间常数忽略，降低过程模型阶数。如果几个时间常数值相近，也可取同一值代替，这样可以简化解耦环节结构，便于实现。例如某被控过程的传递函数阵为

$$\boldsymbol{G}(s) = \begin{bmatrix} \dfrac{2.6}{(2.7s+1)(0.3s+1)} & \dfrac{-1.6}{(2.7s+1)(0.2s+1)} & 0 \\ \dfrac{1}{3.8s+1} & \dfrac{1}{4.5s+1} & 0 \\ \dfrac{2.74}{0.2s+1} & \dfrac{2.6}{0.18s+1} & \dfrac{-0.87}{(0.25s+1)} \end{bmatrix}$$

按照上面的原则可以简化成

$$\boldsymbol{G}(s) = \begin{bmatrix} \dfrac{2.6}{(2.7s+1)} & \dfrac{-1.6}{(2.7s+1)} & 0 \\ \dfrac{1}{3.8s+1} & \dfrac{1}{4.5s+1} & 0 \\ 2.74 & 2.6 & -0.87 \end{bmatrix}$$

再利用对角矩阵法求出的解耦环节，在实际工程的应用效果是令人满意的。

2) 有时尽管做了简化，解耦环节还是十分复杂，往往需要多个功能部件来组成，因此在实际中常常采用一种基本而有效的补偿方法——静态解耦。例如一个 2×2 的系统，求出解耦环节传递矩阵为

$$\boldsymbol{N}(s) = \begin{bmatrix} 0.328(2.7s+1) & 0.21(s+1) \\ -0.52(2.7s+1) & 0.94(s+1) \end{bmatrix}$$

若只采用静态解耦，则

$$\boldsymbol{N}(0) \approx \begin{bmatrix} 0.328 & 0.21 \\ -0.52 & 0.94 \end{bmatrix}$$

显然，解耦环节大为简化，更容易实现。实践证明采用静态解耦也能取得较好的解耦效果；尤其当各通道的动特性相等或相近时，静态解耦能很好地解决多变量过程的动态耦

合问题。

一般情况下，通过计算得到的解耦环节都比较复杂，但在实际工程中，通常只使用超前滞后环节作为解耦环节，这主要是因为它容易实现，而且解耦效果也能令人满意，过于复杂的解耦环节不是必需的，这与前馈(补偿)控制器设计的情况类似。

通过上面讨论，简要地介绍了与过程解耦有关的主要问题，这对解决工程实际中的耦合问题是很有帮助的。但实际系统往往很复杂，系统对解耦的要求越来越高，研究也日益深入。解耦理论和方法是目前控制理论研究中比较活跃的领域之一，一些新的解耦理论和方法还在发展。同时解耦问题的工程实践性很强，真正熟悉和掌握解耦设计还有待于工程实践知识的不断积累。

7.9 双重控制系统

一个被控参数可采用两个或两个以上的控制(操纵)变量进行控制的系统称为双重(Dual Controlling)控制或多重控制系统，其控制原理与串级(一个调节阀和两个控制器)控制系统、分程(一个控制器和多个调节阀)控制系统不同。

7.9.1 双重控制系统工作原理分析

在控制方案设计中，控制(操纵)变量选择必须从操作工艺、生产效率、经济效益优化的角度综合考虑，既要考虑工艺合理性，还要考虑控制性能的要求。选择不同控制(操作)变量所确定的控制通道和对应的控制方案在工艺合理性、生产效率以及被控参数控制性能等方面存在差异(参见第6章6.5节)。当有两个(或多个)容许的控制(操纵)变量可供选择，而单一控制(操纵)变量无法满足生产过程多方面的控制要求时，则可考虑采用双(多)重控制方案，综合每个控制(操纵)变量的优点，实现生产过程的高质量(快速、高精度)和高效率(工艺的合理性、生产的经济性)运行，双(多)重控制就是在这种背景下提出来的。下面用一个实例来说明双重控制的工作原理与特点。

图7-44是一个采用双重控制方案实现换热器出口温度控制的实例。被控参数是换热器出口温度 T，控制(操纵)变量有两个：一个是旁路流量，被控参数响应速度快；另一个是加热蒸气流量，工艺上更合理。双重控制的工作原理如下：

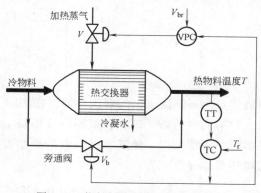

图7-44 物料加热温度双重控制系统

当热物料温度 T 偏离设定值 T_r 出现偏差时，主(温度)控制器(TC)的输出直接控制旁通阀开度 V_b，调整旁通阀流量，快速消除温度偏差；此时旁通阀开度(流量)偏离设定值 V_{br}；与此同时，这一代表旁路流量的阀位信号又作为阀位控制器(VPC，Valve-Position Controller)的测量值(V_b)送入阀位控制器(VPC)，阀位控制器缓慢控制加热蒸气流量阀开度调整蒸气流量，以消除旁通阀开度(流量)的偏差，使 V_b 回复到 V_{br}。当系统重新达到稳态时，换热器出口热物料温度 T 恢复到设定值 T_r，旁通阀开度(对应的旁路流量) V_b 也回到设定值 V_{br}。

最终，由蒸气流量变化来消除扰动所引起的温度偏差。即快速消除温度偏差由旁通阀 V_b 开度（流量）变化实现，而最终的稳态换热负荷仍由加热蒸气（阀 V）流量承担。双重控制方案对应的控制系统框图如图 7-45 所示。由于副被控变量为旁通阀 V_b 开度，所以也称为阀位控制（VPC，Valve-Position Control）。

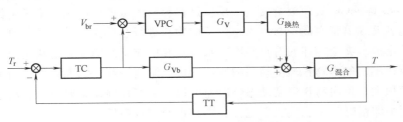

图 7-45　物料加热温度双重控制系统简化框图

当热交换器出口热物料温度 T 出现偏差时，图 7-44 的双重控制系统一方面利用旁路温度控制快速响应良好的动态特性，及时消除温度偏差，使被控参数 T 迅速恢复到设定值 T_r，保证温度控制具有良好的动态品质，但热物料产量不稳定，另一方面又利用热交换器工艺合理的特性，使热物料产量平稳回复到额定值，换热过程具有良好的稳态性能。双重控制使换热器在温度控制性能和平稳生产两方面都可获得较理想的效果。

7.9.2　双重控制系统设计

1. 主、副操纵变量选择

双重控制系统有一个被控参数、两个控制（操纵）变量，最常见的情况是，一个操纵变量具有较好的静态性能，工艺合理，经济；另一个控制（操纵）变量具有较快的动态响应。这种情况下，主控制（操纵）变量应选择具有较快动态响应的操纵变量，副操纵变量则选择较好静态性能的操纵变量。当然，也可根据过程工艺、系统特点、参数控制要求，选择合理的控制（操纵）变量组合，利用其互补性获得满意的系统控制品质。

2. 主、副控制器选择

双重控制系统的主、副控制器均为定值控制，为了消除余差，主、副控制器均应选择具有积分控制作用的控制器；为了加快被控参数动态响应速度，主控制器应加入微分作用；对于副控制器，由于主要起平缓的控制作用，通常可不加入微分控制，当被控过程的时间常数较大时，副控制器也可适当加入微分控制。

3. 主、副控制器正、反作用选择

双重控制系统可以看成是主、副控制回路并联的单回路系统，主、副控制器正、反作用的选择与单回路控制系统中控制器正、反作用的选择相同。一般先确定调节阀的气开、气关方式，再根据主回路被控过程的特性和构成负反馈的基本要求，确定主控制器的正、反作用方式；然后再根据副回路被控过程的特性和构成负反馈的基本要求，确定副控制器的正、反作用方式。

4. 双重控制系统投运和参数整定

双重控制系统的投运与简单控制系统投运相同。投运方式是先主后副，即先使快速响应主回路切入自动，然后再切入慢响应的副控制回路。

主控制器参数整定与单回路控制系统的参数整定相似，要求具有快速响应的动态特性。副控制器参数整定以缓慢变化、不造成对系统的扰动为目标，因此，可采用较大比例度和大积分时间。

7.9.3　双重控制系统工程应用实例

　　某有机材料合成生产中，采用内置盘管与夹套冷却的连续搅釜式反应器（CSTR，Continuous Stirred-Tank Reactor）实现聚合反应，反应过程释放大量的反应热。为了确保反应过程平稳进行，通过夹套或盘管内的冷却水与釜内反应物料进行热交换并带走反应热，使反应物料温度保持在设定值。夹套冷却的特点是冷却水在夹套中滞留时间长、换热充分、冷却水效率高，但换热面积小，釜内物料温度动态响应速度慢、温度控制动态偏差大；内置盘管冷却的特点是换热面积大、釜内物料温度动态响应速度快、温度控制动态偏差小、动态性能好，但冷却水在盘管中滞留时间短、换热不充分、冷却水冷却效率低。

　　在相同负荷的稳态工况下，采用盘管单独冷却时冷却水流量要远大于夹套单独冷却的冷却水流量，表明盘管冷却方案冷却水消耗量大，经济性不如夹套冷却方案，但盘管单独冷却温度控制快速性比夹套单独冷却要好，温度的动态偏差也比夹套单独冷却小得多。

　　如何将两种（不同操作变量）冷却器的优点结合起来，即在反应器温度出现偏差的动态调节过程，由动态性能好的盘管冷却器（操纵变量为盘管冷却水流量）迅速消除温度偏差；在动态偏差消除进入稳态过程后，由冷却效率高的夹套冷却器（操纵变量为夹套冷却水流量）取代冷却效率低的盘管所承担的冷却负荷，降低稳态过程冷却水消耗，使 CSTR 温度控制动态性能和静态性能达到较为理想的水平。

　　如果采用双重控制系统方案，以反应温度 T 为（直接）被控参数，选择盘管冷却水调节阀 V_C（开度）流量和夹套冷却水调节阀 V_J（开度）流量作为操纵变量，对 CSTR 反应温度进行控制。双重控制的主被控变量为反应温度 T，操纵变量为盘管冷却水调节阀 V_C（开度）流量；副被控参数为盘管冷却水调节阀 V_C 开度（也代表盘管冷却水流量），对应操纵变量为夹套冷却水调节阀 V_J（开度）流量，这样就构成如图 7-46 所示的 CSTR 双重温度控制系统。

　　当反应温度 T 偏离设定值 T_r 出现偏差时，图 7-46 中的温度控制器 TC 根据温度偏差，控制 V_C（开度）流量，对反应温度进行控制。由于盘管冷却器良好的动态特性，反应温度 T 很快恢复到设定值 T_r。由于盘管冷却效率低，因此温度 T 动态控制过程的冷却水流量（变化）较大。

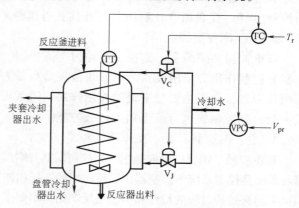

图 7-46　放热反应 CSTR 双重温度控制

　　另一方面，当温度控制器 TC 调整盘管冷却水调节阀开度时，V_C 开度（或流量）偏离设定值 V_{pr} 出现阀位偏差。阀位控制器（VPC）根据阀位偏差控制夹套调节阀 V_J 开度（改变夹套冷却水流量），由夹套冷却器逐渐替代盘管冷却器冷却水流量变化部分，使盘管冷却水调节阀 V_C 开度重新返回设定值 V_{pr}。在反应温度返回设定值，反应重新进入稳态工况时，CSTR 主要冷却负荷仍由夹套承担。采用双重温度控制系统，可使聚合反应 CSTR 温度控制充分发挥两套冷却系统的优点，并克服各自的不足，CSTR 反应温度动态和静态性能都取得满意的效果，取得良好的经济效益。

思考题与习题

7-1 与单回路系统相比，串级控制系统有哪些主要特点？

7-2 分析串级控制系统的工作原理，说明为什么副回路的存在会使系统抑制扰动的能力增强。

7-3 相对于单回路控制系统，副回路的引入使控制通道的频率特性发生了怎样的改变？

7-4 在设计串级控制系统时，副参数的选择与副回路设计应遵循哪些主要原则？

7-5 在串级控制系统中，当主参数为定值（设定值）控制时，副参数也是定值控制吗？为什么？

7-6 串级控制系统通常可用在哪些场合？

7-7 为什么串级控制系统的参数整定要比单回路系统复杂？常用的串级系统参数整定方法有哪些？并简单说明具体的整定方法。

7-8 在某生产过程中，通过加热炉对冷原料加热，根据工艺要求，需对原料出口温度进行严格控制。对生产过程分析发现，主要扰动为燃料压力波动。故设计如图7-47所示的控制系统。要求：

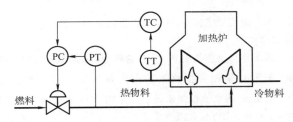

图 7-47 题 7-8 图

（1）画出控制系统框图；

（2）为保证设备安全，炉温不能过高。确定燃料调节阀的气开、气关方式。

（3）确定两个控制器的正反作用方式。

7-9 对第6章习题6-13（图6-29），如果热水压力和热水温度不稳定，为了改善反应温度的控制质量，将原题已设计好的单回路温度控制系统改为串级控制系统，请正确选择副参数和副控制器的正反作用方式，画出控制系统工艺流程图和框图，并对新增回路的功能进行简单说明。

7-10 简述前馈控制的工作原理，与反馈控制相比，它有什么优点和局限？

7-11 在过程参数控制系统设计时，为什么一般不单独采用前馈控制方案？

7-12 前馈控制系统有哪几种结构形式？各适用于什么场合？

7-13 在已设计好的单回路反馈控制系统中增加前馈控制通道，构成前馈-反馈复合控制系统，如果原反馈系统不作任何改变，其稳定性会发生什么变化？为什么？

7-14 在某工业生产过程中，根据工艺要求设计了一个前馈-反馈复合控制系统。已知过程控制通道的传递函数

$$G_o(s) = \frac{K_o}{(T_{o1}s+1)(T_{o2}s+1)} e^{-\tau_o s}$$

扰动通道的传递函数

$$G_f(s) = \frac{K_f}{(T_f s+1)} e^{-\tau_f s}$$

试写出前馈控制器的传递函数 $G_b(s)$。当 $\tau_o > \tau_f$ 时，$G_b(s)$ 在物理上可以实现吗？为什么？

7-15 图7-48为一锅炉汽包水位单回路控制系统。如果蒸气用量经常发生变化，为了改善控制质量，将单回路控制系统改为前馈-反馈复合控制系统，画出控制系统工艺流程图和框图，并对新增控制通道的功

能进行简单说明。

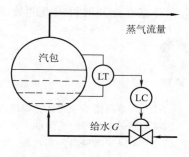

图 7-48 题 7-15 图

7-16 对第 6 章习题 6-22（图 6-30），如果冷物料流量频繁变化且波动幅度较大，为了抑制或消除这一主要扰动对热交换器出口温度的影响，请在已设计好的单回路控制系统基础上增加前馈控制，构成前馈-反馈复合控制系统，画出控制系统工艺流程图和框图，并对新增前馈控制的功能进行简单说明。

7-17 简述大滞后过程采样控制的工作原理和存在的问题，采样周期如何选择？

7-18 简述大滞后过程 Simth 预估补偿控制工作原理及其局限。

7-19 被控过程的数学模型为

$$G(s) = G_o(s)e^{-\tau_o s} = \frac{K_o}{(T_o s+1)}e^{-\tau_o s} = \frac{5}{3.2s+1}e^{-2.5s}$$

试设计 Simth 预估补偿控制器，并用系统框图表示此预估补偿系统的实现。

7-20 什么是比值控制系统？常用比值控制系统方案有哪些？比较其优缺点。

7-21 物料流量比值 K 与控制系统比值系数 K' 有何不同？怎样将物料流量比值 K 转换成控制系统比值系数 K'？

7-22 单闭环比值控制的主、副流量之比 Q_2/Q_1 是否恒定？总物料 $Q_总 = Q_1+Q_2$ 是否恒定？双闭环比值系统中 Q_2/Q_1 与 $Q_总$ 的情况怎样？

7-23 在某生产过程中，要求参与反应的物料 Q_1 与物料 Q_2 保持恒定比例，当正常操作时，流量 $Q_1 = 7m^3/h$，$Q_2 = 1.75m^3/h$；两个流量均采用孔板测量并配用差压传感器，测量范围分别为 $0 \sim 10m^3/h$ 和 $0 \sim 2m^3/h$。根据要求设计 Q_2/Q_1 恒定的比值控制系统。在采用 DDZ-Ⅲ 型仪表组成控制系统情况下，分别计算流量和测量信号呈线性关系（配开方器）和非线性关系（无开方器）时的比值系数 K'。

7-24 画出图 7-49 所示比值控制系统框图。该系统的总流量是否恒定？如果总流量不恒定，要作什么改动才能实现总流量恒定？

7-25 什么是均匀控制？简述均匀控制的目的和要求。

7-26 均匀控制系统参数整定有何特点？

7-27 什么是分程控制？简述分程控制的特点。怎样实现分程控制？

7-28 分程控制有哪些类型？

7-29 分程控制系统为什么在分程点流量特性会发生突变？怎样实现流量特性的平滑过渡？

7-30 在某化学反应器内进行气相反应，调节阀 A、B 分别用来控制进料流量和反应生成物的出料流量。为了控制反应器内压力稳定，设计图 7-50 所示的分程控制系统。试画出控制系统框图，并确定调节阀的气开、气关方式和控制器的正、反作用方式。

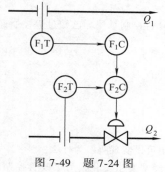

图 7-49 题 7-24 图

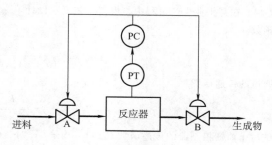

图 7-50 题 7-30 图

7-31 什么是选择性控制？通过实例简述选择性控制的基本原理。

7-32　图 7-51 所示的热交换器用来冷却裂解气，冷剂为脱甲烷塔的釜液。正常工况下要求釜液流量恒定，以保持脱甲烷塔工况稳定。但裂解气冷却后的出口温度不能低于 15℃，否则裂解气中的水分会产生水合物堵塞管道。为此需要设计一选择性控制系统，要求：

（1）画出系统流程图和框图；

（2）确定调节阀的气开、气关方式，控制器的正、反作用方式及选择器类型。

7-33　图 7-52 所示为储槽加热器液位控制回路 1 与温度控制回路 2。回路 1 通过控制出料流量实现储槽液位控制，控制回路 2 通过调节蒸气流量进行温度控制。试分析①当输入流量 q_1 变化时；②当流入物料温度 T_1 变化时，这两个控制回路是怎样关联的。

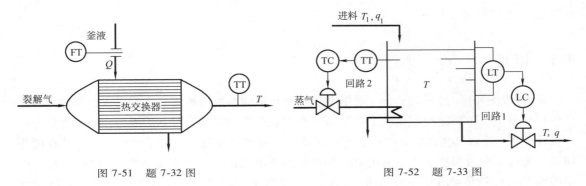

图 7-51　题 7-32 图　　　　　　　图 7-52　题 7-33 图

7-34　什么是相对增益？对 n 输入 n 输出过程，在进行被控参数（输出）与控制变量（输入）配对时，需要计算多少个相对增益？

7-35　如果已知一两输入 $U = \begin{bmatrix} u_1 \\ u_2 \end{bmatrix}$、两输出 $Y = \begin{bmatrix} y_1 \\ y_2 \end{bmatrix}$ 过程的相对增益矩阵为 $\begin{bmatrix} 0 & 1 \\ 1 & 0 \end{bmatrix}$，试进行输入、输出变量的最佳配对。试问由最佳配对构成的二个回路需要解耦吗？为什么？

7-36　如果已知一两输入 $U = \begin{bmatrix} u_1 \\ u_2 \end{bmatrix}$、两输出 $Y = \begin{bmatrix} y_1 \\ y_2 \end{bmatrix}$ 过程，已知 λ_{11} 分别为 0.8、0.2、0 时，利用相对增益性质，写出各自对应的相对增益矩阵，并确定变量的最佳配对。

7-37　什么是静态解耦？它有什么特点？

7-38　什么是部分解耦？它有什么特点？

7-39　试比较串级控制系统与双重控制系统的异同。

7-40　根据图 7-45 物料加热温度双重控制系统简化框图，设温度控制器 TC 的传递函数为 $G_{TC}(s)$、阀位控制器 VPC 的传递函数为 $G_{VPC}(s)$、温度变送器 TT 的传递函数为 $G_m(s)$，请写出换热器出口温度 T 的传递函数 $T(s)$ 表达式；简要分析在温度 T 偏离给定值 T_r 时，双重控制系统的工作原理。

7-41　根据图 7-46 放热反应 CSTR 温度双重控制系统流程图，要求：

（1）画出 CSTR 温度双重控制系统框图；

（2）写出换热器出口温度 T 的传递函数 $T(s)$ 表达式（各环节的传递函数用自定义函数符号表示）；

（3）简要分析 CSTR 温度双重控制系统的工作原理；

（4）试说明 CSTR 温度双重控制系统动态响应和静态特性的特点。

第8章 先进过程控制技术

8.1 概述

从 20 世纪 40 年代开始至今，采用 PID 控制规律的单回路系统一直是过程控制领域最主要的控制系统，单回路控制系统主要采用经典控制理论的频域分析方法进行控制系统的分析和设计。PID 控制算法简单、有效，可以实现一般生产过程的平稳操作与运行，即使在使用 DCS 的现代工业过程控制中，采用 PID 的单回路系统仍占到总控制回路数的 80% ~ 90%。但单回路 PID 控制对动态特性复杂的工艺过程控制效果并不理想，不能满足生产工艺的特殊需要和高精度控制的要求。从 20 世纪 50 年代开始，过程控制领域陆续出现了串级、比值、前馈、均匀和 Smith 预估控制等控制系统，即所谓的复杂控制系统，这些系统在一定程度上满足了复杂生产过程、特殊生产工艺以及高精度控制的需要。复杂控制系统的理论基础仍是经典控制理论，但在系统功能和组成结构上各有特点。复杂控制系统的有关内容在第 7 章已进行了专门的讨论。

从 20 世纪 60 年代初期逐渐发展起来的以状态空间为基础的现代控制理论日趋完善，形成了状态反馈、状态观测器、最优控制等一系列多变量控制系统的设计方法，对自动控制技术的发展起到了积极的推动作用，并在航天航空等领域获得卓越的成就，但在生产过程控制中的应用却没有收到预期的效果。这主要是因为：①现代控制理论的设计方法必须依据被控过程准确的数学模型，但一般的生产过程往往难以用简单而精确的数学模型描述，给现代控制理论的应用带来困难。②有些生产过程具有非线性、时变性、不确定性和不同被控变量之间存在复杂耦合等特点，即使做了大量简化得到线性定常模型，并求出某些高等控制策略，但由于这些控制策略的结构和算法往往十分复杂，在实施中难以准确实现而无法达到预期的效果。

随着过程工艺和过程装备技术的持续进步，对生产过程的控制品质要求越来越高，出现了许多过程工艺、结构、环境和控制要求均十分复杂的生产系统，基于传统过程控制理论和方法的控制技术与实际生产过程控制要求之间的差距日益突出，迫切需要新的过程控制理论与技术，以满足复杂生产过程的要求。为此，过程控制科技工作者进行了不懈的努力，出现了先进过程控制（APC，Advanced Process Control，亦称高等过程控制）的概念。关于先进过程控制，目前尚无严格而统一的定义，习惯上，将那些不同于常规单回路 PID 控制，并具有比常规 PID 控制更好控制效果的控制策略统称为先进过程控制，如自适应控制、预测控制、专家控制、模糊控制、神经网络控制、推理控制等都属于先进控制。另一方面，随着数字计算机向小型机、微型机、大容量、低成本方向发展，计算机控制在工业生产中得到了广泛的应用，强大的计算能力可以用来求解许多过去认为无法求解计算的问题，也为新型控制算法的实现提供了基础。

相对于传统过程控制技术，先进过程控制有以下一些特点：

（1）先进控制的控制策略与传统的 PID 控制不同，如模型预测控制、推断控制、专家控制、模糊控制等。

（2）先进控制通常用于实现复杂被控过程的自动控制，如大滞后、非线性、时变性、被控参数与控制变量存在约束条件等生产过程。

（3）先进控制的实现需要足够的计算能力作为支持平台。由于先进控制的算法复杂、计算量大，所以早期的先进控制算法通常在上位机上实施。随着 DCS 功能的不断增强，更多的先进控制策略可以与基本控制回路一起在 DCS 的现场控制器（站）上实现，使先进控制的实时性、可靠性、可操作性和可维护性大为增强。

通过过程控制工作者的不懈努力，先进控制的研究和应用取得了很大成绩，许多先进过程控制技术已在实际生产中应用并取得了巨大的经济效益。由于生产规模日益大型化、工艺日趋复杂以及生产过程的多样性，现有的先进过程控制技术并不能完全满足实际生产的需要；另一方面，先进控制技术是涉及过程建模理论、控制理论、计算机技术和工艺过程等内容的综合性技术，它的发展需要相关领域的研究人员、工程技术人员以及操作人员和生产工艺人员的密切配合和长期努力。

本章简单介绍近年来出现的典型先进控制，这些控制方法在复杂工业过程控制中得到了成功的应用，并受到工程界的欢迎和好评。

8.2　自适应控制

前面两章讨论的控制系统设计和控制器参数整定，都是在假定被控过程特性为线性、模型参数固定不变的条件下进行的，但在实际生产中，被控过程的数学模型参数会随着生产过程的进行发生变化（如原材料成分的改变、催化剂的活性降低、设备老化、结垢、磨损等）。为了保证控制品质，当对象特性发生变化时应该重新整定控制器参数。而生产过程持续进行和生产条件的不断变化，致使过程特性也会发生变化，要求重新整定控制器参数，这在连续进行的实际生产过程中根本做不到；另外，对负荷频繁改变的非线性被控过程（如 pH 值控制），常规的 PID 控制效果很差，甚至根本不能正常工作。对于上面这些生产过程，采用常规 PID 控制不能很好地适应过程特性参数的变化，导致控制品质下降，产品产量和质量不稳定。若能采用一种控制系统，它可以随被控过程特性或工艺参数的变化，按某种性能指标自动选择控制规律、调整控制器参数，保证系统的控制品质不随被控过程特性的变化而下降。这种能根据被控过程特性变化情况，自动改变控制器的控制规律和参数，使生产过程始终在最佳状况下进行的控制系统称为自适应控制（Adaptive Control）系统。

自适应控制系统应具有以下基本功能：

➤ 能在线辨识被控对象特性变化，更新被控过程的数学模型，或确定控制系统当前的实际性能指标；

➤ 能根据生产条件变化和辨识结果，选择合适的控制策略或控制规律，并能自动修正控制器参数，保证系统的控制品质，使生产过程始终在最佳状况下进行。

根据设计原理和系统结构的不同，自适应控制系统可分为两种基本类型，即自校正控制系统和模型参考自适应控制系统。

8.2.1 自校正控制系统

自校正控制系统的原理如图 8-1 所示。它是在简单控制系统的基础上，增加一个外回路，外回路由参数辨识环节和控制器参数计算环节组成。被控过程的输入（控制）信号 u 和输出信号 y 送入对象参数辨识环节，在线辨识出被控过程的数学模型，控制器参数计算环节根据辨识得到的数学模型设计控制律、计算和修改控制器参数，在对象特性发生变化时，控制系统性能仍保持或接近最优状态。现在流行的自整定（Self Tuning）控制器

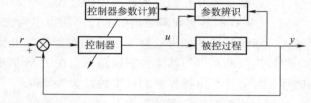

图 8-1 自校正控制系统框图

就是采用这种原理实现 PID 参数的在线自整定。第 3 章讨论的 SLPC 就具备这种功能。

根据具体生产过程的特点，采用不同的辨识算法、控制规律（策略）以及参数计算方法，可设计出各种类型的自整定控制器和自校正控制系统。

8.2.2 模型参考自适应控制系统

模型参考自适应控制系统的基本结构如图 8-2 所示，图中参考模型表示控制系统期望的性能要求，点划线框内表示控制系统。参考模型与控制系统并联运行，接受相同的设定信号 r，二者输出信号的差值 $e(t)=y_m(t)-y(t)$，由自适应机构根据 $e(t)$ 调整控制器的控制规律和参数，使实际控制系统性能接近或等于参考模型规定的性能。

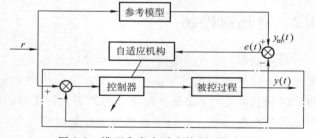

图 8-2 模型参考自适应控制系统框图

这种系统不需要专门的在线辨识装置，调整控制系统控制规律和参数的依据是被控过程输出 $y(t)$ 相对于理想模型输出 $y_m(t)$ 的广义偏差 $e(t)$。通过调整控制规律和参数，使系统的实际输出 $y(t)$ 尽可能与参考模型输出 $y_m(t)$ 一致。参考模型与控制系统的模型可以用系统的传递函数、微分方程、输入-输出方程或系统状态方程来表示。模型参考自适应控制要研究的主要问题是怎样设计一个稳定的、具有较高性能的自适应机构（有效算法）。

模型参考自适应控制系统除了图 8-2 所示的并联结构之外，还有串联结构、串-并联结构等其他形式。按照自适应原理不同，模型参考自适应控制系统还可分为参数自适应、信号综合自适应或混合自适应等多种类型。

8.3 预测控制

被控过程数学模型的准确程度直接影响到生产过程和被控参数的控制质量。对于复杂的

工业过程，要建立它的准确模型非常困难。人们一直希望能寻找到一种对模型精度要求不高、且能实现高质量控制的方法。1978 年 Richalet 提出的预测控制（Predictive Control）就是这样一种控制方法，并很快在生产过程自动化中获得了成功的应用，取得了很好的控制效果。近年来，研究人员投入了大量人力和物力对预测控制进行深入研究，提出了多种预测控制算法，其中比较有代表性的有模型算法控制（MAC，Model Algorithmic Control）、动态矩阵控制（DMC，Dynamic Matrix Control）、广义预测控制（GPC，Generalized Predictive Control）和内部模型控制（IMC，Internal Model Control）等。

虽然这些控制算法的表达形式和控制方案各不相同，但都是采用工业生产过程中较易得到的脉冲响应或阶跃响应曲线为依据，并将它们在采样时刻的一系列数值作为描述对象动态特性的数据，构成预测模型，据此确定控制量的时间序列，使未来一段时间中被控参数与期望轨迹之间的误差最小，"优化"过程反复在线进行，这就是预测控制的基本思想。

8.3.1　模型算法控制

MAC 的原理如图 8-3 所示。模型算法控制的结构包括内部模型、反馈校正（闭环预测输出）、滚动优化（优化算法）、参考轨迹四个环节。具体的模型算法可分为单步模型算法控制、多步模型算法控制、增量型模型算法和单值模型算法等多种算法控制。下面以多步模型算法控制为例，说明各个环节的算法和整个系统的工作原理。

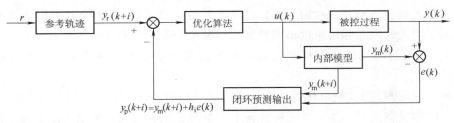

图 8-3　MAC 原理框图

1. 内部模型

对于有自衡特性的对象，模型算法控制采用单位脉冲响应曲线这种非参数模型作为内部模型，单位脉冲响应模型如图 8-4 所示，以各个采样时刻的 $\hat{g_i}$ 表示，共取 N 个采样值（$\hat{g_i} \approx 0$，$i>N$）。

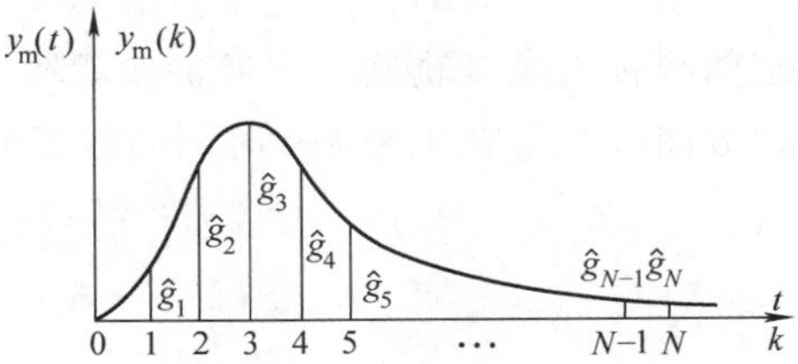

设当前时刻为 k，对于图 8-4 所示的内部模型，可以根据过去和未来的输入数据，由卷积方程计算出被控过程未来 $k+i$ 时刻输出 $y(k+i)$ 的预测值

图 8-4　单位脉冲响应模型

$$y_m(k+i) = \sum_{j=1}^{N} \hat{g_j} u(k+i-j), \qquad i = 1, 2, \cdots, P \tag{8-1}$$

式中，$y_m(k+i)$ 为 $k+i$ 时刻预测模型输出；$\hat{g_1}$，$\hat{g_2}$，$\cdots$，$\hat{g_{N-1}}$ 和 $\hat{g_N}$ 为实测到的对象单位脉冲响应序列值；$u(k+i-1)$，$u(k+i-2)$，$\cdots$，$u(k+N)$ 为 $k+i$ 之前所有控制输入值，其中，当前时刻 k 及其之后的控制变量 $u(k)$，$\cdots$，$u(k+M-1)$ 待定；$k+M$ 及其以后的控制变量保持不

变：$u(k+M)=\cdots=u(k+P-1)=u(k+M-1)$；$P$ 为多步输出预测序列（时域）长度，$M(P \geq M)$ 为待求控制变量的个数，称为控制序列（时域）长度。

$k+i-1$ 时刻预测模型输出 $y_m(k+i-1)$

$$y_m(k+i-1)=\sum_{j=1}^{N}\hat{g}_j u(k+i-1-j) \tag{8-2}$$

将式（8-1）与式（8-2）相减可得增量表达式

$$y_m(k+i)=y_m(k+i-1)+\sum_{j=1}^{N}\hat{g}_j \Delta u(k+i-j)，i=1，2，\cdots，P \tag{8-3}$$

式中 $$\Delta u(k+i-j)=u(k+i-j)-u(k+i-j-1)$$

2. 反馈校正

从式（8-1）得到的预测值 $y_m(k+i)$ 完全由对象的内部特性决定，而与对象在 k 时刻的实际输出 $y(k)$ 无关。考虑到实际对象中存在着时变或非线性等因素，加上系统的各种随机干扰，模型预测值不可能与实际输出完全符合，因此需要对式（8-1）开环预测模型的输出进行修正。在预测控制中通常采用第 k 步的实际输出测量值 $y(k)$ 与预测输出值 $y_m(k)$ 之间的误差 $e(k)=y(k)-y_m(k)$ 对模型的预测输出 $y_m(k+i)$ 进行修正，就可得到闭环预测模型。这就是闭环预测模型的由来。修正后的预测值用 $y_p(k+i)$ 表示

$$y_p(k+i)=y_m(k+i)+h_i[y(k)-y_m(k)]=y_m(k+i)+h_i e(k) \tag{8-4}$$

式中，h_i 为误差修正系数，一般取 $h_i=1$，$i=1，2，\cdots，P$。由式（8-4）可知，由于每个预测时刻都引入了当前时刻实际对象输出和预测模型输出的偏差 $[e(k)=y(k)-y_m(k)]$ 对开环模型预测值 $y_m(k+i)$ 进行修正，这样可克服模型不精确和系统中存在的不确定性可能带来的误差。

用修正后的预测值 $y_p(k+i)$ 作为计算最优性能指标的依据，实际上是对测量值 $y(k)$ 的一种负反馈，故称反馈校正。如果对象特性发生了某种变化，使内部模型不能准确反映实际过程的变化，预测输出就不准确。由于存在反馈环节，经过反馈校正，控制系统的鲁棒性得到很大提高，这也是预测控制得到广泛应用的重要原因。

3. 参考轨迹

模型算法控制的目的是使输出 $y(k)$ 沿着一条事先规定好的曲线逐渐达到给定值 r，这条指定曲线称为参考轨迹 y_r。通常参考轨迹采用从现在时刻 k 对象实际输出值 $y(k)$ 出发的一阶指数曲线。y_r 在未来 $k+i$ 时刻的数值为

$$\begin{cases} y_r(k)=y(k) \\ y_r(k+i)=\alpha_r^i y(k)+(1-\alpha_r^i)r \end{cases} \quad i=1,2,\cdots,P \tag{8-5}$$

式中，r 为设定值；$\alpha_r=e^{-T/T_0}$ 为平滑因子，T 为采样周期，T_0 为参考轨迹的时间常数。

从式（8-5）可知，采用这种参考轨迹，将会减小过量的控制作用，使系统输出能平滑地到达设定值 r；参考轨迹的时间常数 T_0 越大，α_r 值也越大，y_r 越平滑，系统的柔性越好，鲁棒性也越强，但控制快速性也会降低。在实际系统设计时，需要兼顾快速性和鲁棒性两个指标。

4. 滚动优化

预测控制是一种最优控制策略，其目标函数 J_p 是使某项性能指标最小。最常用的是二

次型目标函数

$$J_p = \sum_{i=1}^{P} \eta_i [\, y_p(k+i) - y_r(k+i) \,]^2 + \sum_{j=1}^{M} \lambda_j [\, u(k+j-1) \,]^2 \qquad (8\text{-}6)$$

式中，η_i、λ_j 分别为输出预测误差和控制量的非负加权系数，η_i、λ_j 取值不同表示未来各时刻的误差及控制量在目标函数 J_p 中所占比重不同，对应的计算方法和解出的最优控制策略 [也就是控制序列 $u(k+i),i=1,2,\cdots,M$] 也不同；$y_r(k+i)$ 为参考轨迹；其他符号含义同前。

根据式（8-6）目标函数求极小值，可得到 M 个控制作用序列 $u(k),u(k+1),\cdots,$ $u(k+M-1)$。但在实际执行控制作用时，只执行当前一步 $u(k)$，下一时刻的控制量 $u(k+1)$ 则需重新计算，即递推一步，重复上述过程。这种方法采用滚动式的有限时域优化算法，优化过程是在线反复计算，对模型时变、干扰和失配等影响能及时补偿，因而称其为滚动优化算法。由于目标函数中加入了控制量约束，可限制过大的控制量冲击，使过程输出变化平稳，参考轨迹曲线 $y_r(t)$ 如图 8-5 所示。

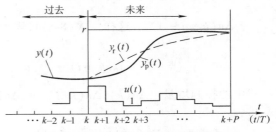

图 8-5　参考轨迹与最优控制策略

将上述四个部分与被控过程如图 8-3 那样相连，就构成了模型算法控制的预测控制系统。这种算法的基本思想是首先预测被控过程未来的输出，再确定当前时刻的控制 $u(k)$，是先预测后控制，明显优于先有输出反馈、再产生控制作用 $u(k)$ 的经典 PID 控制系统。只要针对具体对象，选择合适的加权系数 η_i、λ_j 和预测长度 P、控制（时域）长度 M 以及平滑因子 α_r，就可获得很好的控制效果。

8.3.2　动态矩阵控制

1980 年由 Culter 提出的动态矩阵控制（DMC）也是预测控制的一种重要算法，DMC 与 MAC 的差别是内部模型不同。DMC 采用工程上易于测取的对象阶跃响应作为内部模型，算法比较简单、计算量少、鲁棒性强，适用于有纯滞后、开环渐近稳定的非最小相位对象。在实际应用中取得了显著的效果，并在石化领域得到广泛的应用。

1. 内部模型

DMC 的内部模型为单位阶跃响应曲线，如图 8-6 所示。单位阶跃响应曲线同单位脉冲响应曲线一样可以表示对象的动态特性，二者之间的转换关系为

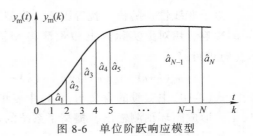

图 8-6　单位阶跃响应模型

$$\begin{cases} \hat{a}_i = \sum_{j=1}^{i} \hat{g}_j, \hat{a}_0 = 0 \\ \hat{g}_i = \hat{a}_i - \hat{a}_{i-1} \end{cases} \quad 1,2,\cdots,N \quad (8\text{-}7)$$

将式（8-7）代入式（8-1）

$$y_m(k+i) = \hat{a}_1 u(k+i-1) + (\hat{a}_2 - \hat{a}_1) u(k+i-2) + \cdots + (\hat{a}_N - \hat{a}_{N-1}) u(k+i-N)$$

$$= \hat{a}_1 \Delta u(k+i-1) + \hat{a}_2 \Delta u(k+i-2) + \cdots + \hat{a}_N \Delta u(k+i-N)$$

$$= \sum_{j=1}^{N} \hat{a}_j \Delta u(k+i-j) \qquad i = 1, 2, \cdots, P \qquad (8\text{-}8)$$

式中，$\Delta u(k+i-j) = u(k+i-j) - u(k+i-j-1)$，为 $k+i-j$ 时刻控制变量的增量；P 为预测长度；$i > N$；$\hat{a}_i \approx$ 常数；$\hat{g}_i \approx 0$。

如果以当前时刻 k 为界限，将控制（变量）增量分为两部分，即 k 之前已输入的控制增量：$\cdots$，$\Delta u(k-2), \Delta u(k-1)$ 和 k 及其之后将要输入的控制增量：$\Delta u(k), \Delta u(k+1) \cdots, \Delta u(k+M-1)$；对应地，可将对象输出预测值 $y_m(k+i)$ 也分为两部分，一部分是由 k 之前已输入的控制信号：$\cdots$，$\Delta u(k-2), \Delta u(k-1)$，所产生的对象输出预测值 $y_{m0}(k+i)$；另一部分是由 k 之后将要输入的控制量：$\Delta u(k), \Delta u(k+1) \cdots, \Delta u(k+M-1)$，所产生的过程输出预测值 $\sum_{j=1}^{M} \hat{a}_{i-j+1} \Delta u(k+j-1)$。这样，式(8-8)可表示为

$$y_m(k+i) = y_0(k+i) + \sum_{j=1}^{M} \hat{a}_{i-j+1} \Delta u(k+j-1) \quad i = 1, 2, \cdots, P \qquad (8\text{-}9)$$

式中的控制增量：$\Delta u(k), \Delta u(k+1) \cdots, \Delta u(k+M-1)$ 是待确定的未知变量。如果定义矢量和矩阵

$$\boldsymbol{Y}_M(k+1) = [\, y_m(k+1) \quad y_m(k+2) \quad \cdots \quad y_m(k+P) \,]^T$$

$$\boldsymbol{Y}_0(k+1) = [\, y_0(k+1) \quad y_0(k+2) \quad \cdots \quad y_0(k+P) \,]^T$$

$$\Delta \boldsymbol{U}(k) = [\, \Delta u(k) \quad \Delta u(k+1) \quad \cdots \quad \Delta u(k+M-1) \,]^T$$

$$\boldsymbol{A} = \begin{bmatrix} \hat{a}_1 & & & \\ \hat{a}_2 & \hat{a}_1 & 0 & \\ \vdots & \vdots & \ddots & \\ \hat{a}_M & \hat{a}_{M-1} & \cdots & \hat{a}_1 \\ \vdots & \vdots & \vdots & \vdots \\ \hat{a}_P & \hat{a}_{P-1} & \cdots & \hat{a}_{P-M+1} \end{bmatrix}$$

则式(8-9)可表示为

$$\boldsymbol{Y}_M(k+1) = \boldsymbol{Y}_0(k+1) + \boldsymbol{A} \Delta \boldsymbol{U}(k) \qquad (8\text{-}10)$$

2. 反馈校正

由于非线性、随机干扰等因素，模型预测值与实际输出可能存在差异，为了减少这种差异的影响，用对象实际输出和预测模型输出的偏差 $e(k) = y(k) - y_m(k)$，对模型预测值 $y_m(k)$ 进行修正

$$y_p(k+i) = y_m(k+i) + h_i [\, y(k) - y_m(k) \,] = y_m(k+i) + h_i e(k) \quad i = 1, 2, \cdots, P \qquad (8\text{-}11)$$

式(8-10)中变量的含义与(8-4)中变量的含义相同。通过对预测值进行修正，构成反馈校正，形成闭环预测输出，提高了系统的鲁棒性。

如果定义矢量

$$\boldsymbol{Y}_P(k+1) = [\, y_P(k+1) \quad y_P(k+2) \quad \cdots \quad y_P(k+P) \,]^T$$

$$\boldsymbol{Y}(k+1) = [\, y(k+1) \quad y(k+2) \quad \cdots \quad y(k+P) \,]^T$$

$$\boldsymbol{H} = [\, h_1 \quad h_2 \quad \cdots \quad h_p \,]^T$$

则式（8-11）可表示为

$$Y_P(k+1) = Y_M(k+1) + H[y(k+1) - y_M(k+1)]$$

(8-12)

其他部分与模型算法控制（MAC）相同。

8.3.3　广义预测控制与内部模型控制

1. 广义预测控制

前面讨论的二种预测控制，通过反馈对预测值误差进行校正，同时采用滚动优化算法，使模型的时变、干扰和模型失配等造成的影响能及时得到补偿，控制性能要比传统的 PID 控制好得多。如果预测模型与真实模型失配严重，会导致系统的动态特性和控制质量变坏，甚至不稳定而无法正常运行。Clarke 于 1985 年提出的广义预测控制（GPC），在保留 MAC、DMC 算法特点的基础上，采用受控自回归积分滑动平均模型（CARIMA，Control Auto-Regressive Integrated Moving Average）或受控自回归滑动平均模型（CARMA，Control Auto-Regressive Moving Average）作为内部模型（替代单位脉冲响应模型或单位阶跃响应模型），吸收了自适应和在线辨识的优点，对模型失配、模型参数误差的鲁棒性有所提高。

2. 内部模型控制

内部模型控制（IMC）是 Garcia 和 Morari 于 1982 年提出来的一种控制算法，其基本结构如图 8-7 所示。

G_o 为控制对象，$\hat{G}$ 为对象内部模型，G_{IMC} 为内模控制器，G_f 为反馈滤波器，G_r 为输入滤波器，y、u 为被控对象的输出量（被控参数）和输入量（控制变量），r 为给定值，y_r 为给定值经输入滤波器平滑后的参考轨迹，v 为外部干扰。

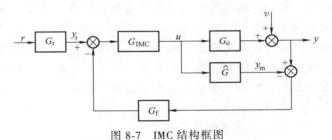

图 8-7　IMC 结构框图

从图 8-7 可知，引入内部模型 $\hat{G}$ 后，反馈量已由原来的输出量反馈变为干扰量反馈，控制器设计较为容易。当模型与对象失配时，反馈信息还含有模型失配的误差信息，从而有利于控制系统的抗干扰设计，增强系统的鲁棒性。

8.4　专家控制

专家系统是一种基于知识的系统，主要处理各种非结构化的问题，尤其是处理定性、启发式或不确定的知识信息，通过各种推理过程实现特定目标。专家系统技术的特点为解决传统控制理论的局限性提供了重要的启示，二者的结合导致了一种新颖的控制方法——专家控制（Expert Control，也称专家智能控制）。专家控制将专家系统理论同控制理论与技术相结合，在未知环境下，仿效专家的智能，实现对系统的控制。根据专家系统在控制系统中应用的复杂程度，专家控制可分为专家控制系统和专家式控制器。专家控制系统具有完整专家系统结构、完善的知识处理功能，同时又具有实时控制的可靠性能，其知识库庞大、推理机复杂，包括知识获取子系统和学习子系统，人机接口要求较高；专家式控制器是专家控制系统的简化，二者在功能上没有本质的区别。专家式控制器针对具体的控制对象或过程，专注于启发式控制知识的开发，设计较小的知识库，简单的推理机制，省去了复杂的人机对话接口环节。

专家控制能够运用控制工作者成熟的控制思想、策略和方法以及直觉经验与手动控制技能进行控制，因此，专家控制系统不仅可以提高常规控制系统的控制品质，拓宽控制系统应用范围，增强系统功能，而且可以对传统控制方法难以奏效的复杂生产过程实现高品质控制。

1. 专家控制系统的类型

专家控制系统在不长的时间便得到了迅速发展，已有多种专家控制系统在控制工程中得到广泛应用。根据用途和功能，专家控制系统可分为直接型专家控制系统(器)和间接型专家控制系统(器)；根据知识表达技术分类，可分为产生式专家控制系统和框架式专家控制系统等。

(1)直接型专家控制系统　直接型专家控制系统(器)具有模拟(或延伸、扩展)操作工人智能的功能，能够取代常规 PID 控制，实现在线实时控制。它的知识表达和知识库均较简单，由几十条产生式规则构成，便于修改，其推理和控制策略简单，控制决策效率较高。

(2)间接型专家控制系统　间接型专家控制系统(器)和常规 PID 控制器相结合，对生产过程实现间接智能控制，具有模拟(或延伸、扩展)控制工程师智能的功能，可实现优化、适应、协调、组织等高层决策。按其高层决策功能，可分为优化型、适应型、协调型和组织型专家控制系统(器)。这类专家控制系统功能复杂，智能水平较高，相应的知识表达需采用综合技术，既用产生式规则，也要用框架和语义网络以及知识模型和数学模型相结合的综合模型化方法，知识库结构复杂，推理机一般要用到启发推理、算法推理、正向推理、反向推理及组合推理、非精确、不确定和非单调推理等。系统功能可在线实时实现，也可通过人机交互或离线实现。

2. 专家控制系统基本组成

不同类型专家控制系统的结构可能有很大差别，但都包含算法库、知识基系统、人-机接口、通信系统等基本组成部分，如图 8-8 所示。

算法库主要进行数值计算：

➤ 控制算法根据知识基系统的控制配置命令和对象的测量信号，按选定的控制策略或最小方差等算法计算控制操作信号。

➤ 辨识算法和监控算法是从数值信号流中抽取特征信息，只有当系统运行状况发生某种变化时，才将运算结果送入知识基系统，增加或更新知识。

图 8-8　专家控制系统典型结构框图

知识基系统储存控制系统的知识信息，包括数据库和规则库。在稳态运行期间，知识基系统是闲置的，整个系统按传统控制方式运行。知识基系统具有定性的启发式知识，进行符号推理，按专家系统的设计规范编码，通过算法库与对象相连。

人机接口作为人机界面，把用户输入的信息转换成系统内规范化的表示形式，然后交给相应模块去处理；把系统输出的信息转换成用户易于理解的外部表示形式显示给用户，实现与知识基系统的直接交互联系，与算法库间接联系。

由于生产过程的复杂性和先验知识的局限性，难以对它进行完善的建模，这时就要根据过去获得的经验信息，通过不断学习，逐渐逼近未知信息的真实情况，使控制性能逐步改善，具有学习功能的系统才是完善的专家控制系统。

8.5　模糊控制

经典控制论解决线性定常系统的控制问题是十分有效的，但在实际生产中却有相当数量的生产过程，如大滞后、非线性等复杂工业过程，用传统的方法控制效果不理想甚至难以实现自动控制。而一个熟练的操作人员可能并没有多少控制理论知识，也不知道被控过程数学模型，却能凭自己丰富的实践经验，通过手动操作实现复杂生产过程的控制。这就使人联想到，能否把这些经验知识变成相应的控制规则，并按这些规则设计控制器，实现复杂工业过程的自动控制？答案是肯定的。

人的经验知识具有模糊性，无法用精确的数学语言表达，但可用模糊集合与模糊逻辑描述。1974 年，英国学者 E. H. Mamdani 根据美国自动控制理论专家 L. A. Zadeh 于 1965 年提出的模糊集合理论，提出了模糊控制器的概念，标志着模糊控制的正式诞生。此后，模糊控制理论就成为工业过程控制研究与应用活跃的领域之一。与一般工业控制的根本区别是模糊控制并不需要建立控制过程精确的数学模型，而是完全凭人的经验知识"直观"地进行控制。

与各种精确控制方法相比，模糊控制有如下优点：

1）模糊控制完全是在模仿操作人员控制经验的基础上设计的控制系统，使一些难于建模的复杂生产过程的自动控制成为可能。只要这些过程能在人工控制下正常运行，而人工控制的操作经验又可以归纳为模糊控制规则，就可设计出模糊控制器。

2）模糊控制具有较强的鲁棒性，被控过程特性对控制性能影响较小。这是由于模糊控制规则体现了人的思维过程，对过程特性变化有很强的适应能力与鲁棒性。

3）基于模糊控制规则的推理、运算过程简单，控制实时性好。

4）模糊控制机理符合人们对过程控制的直观描述和思维逻辑，为人工智能和专家系统在过程控制中的应用奠定了基础。模糊控制所采用的模糊控制规则是人类知识的应用，是一类简单的专家系统。

8.5.1　模糊控制系统的基本结构

图 8-9 为模糊控制系统的框图，点画线部分为模糊控制器。系统将变送器测得的数据 PV（被控参数）与给定值 SV 进行比较后得到的偏差 e 和偏差变化率 $\dot{e}$ 输入到模糊控制器，模糊控制器通过计算得出控制量 MV，通过 MV 对生产过程进行控制。

图 8-9 中模糊控制器有二个输入变量 e 和 $\dot{e}$，称为二维模糊控制器；如果只有一个输入变量 e，则称为一维模糊控制器；为了提高控制精度，在输入 e 和 $\dot{e}$ 的基础上再输入偏差的二阶导数 $\ddot{e}$，则称为三维模糊控制器。高维模糊控制器虽然可提高控制精度，但由于控制规律运算复杂，可能降低控制的实时性，因此大多数情况下都采用二维模糊控制器。

模糊控制器的输入、输出变量都是精确的数值，模糊控制器采用模糊语言变量，用模糊逻辑进行推理，因此必须将输入数据变换成模糊语言变量，这个过程称为精确量的模糊化

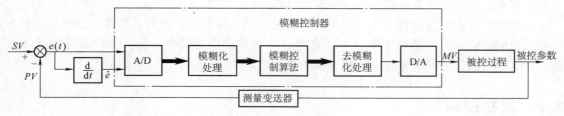

图 8-9　模糊控制系统框图

（Fuzzification）；然后进行推理、形成控制策略（变量）；最后将控制策略转换成一个精确的控制变量 MV，即去模糊化（Defuzzffication，亦称清晰化），并输出控制变量 MV 进行控制操作。模糊控制器的基本结构框图如图 8-10 所示。

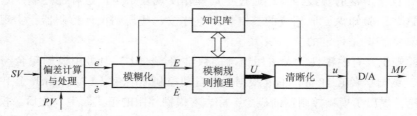

图 8-10　模糊控制器结构框图

下面对模糊化、模糊推理、清晰化以及知识库功能进行简单的说明。

1. 模糊化

模糊化是将偏差 e 及其变化率 $\dot{e}$ 的精确量转换为模糊语言变量，即根据输入变量模糊子集的隶属函数找出相应的隶属度，将 e 和 $\dot{e}$ 变换成模糊语言变量 E、$\dot{E}$。在实际控制过程中，把一个实际物理量划分为"正大""正中""正小""零""负小""负中""负大"七级，分别以英文字母 PB（Positive Big）、PM（Positive Medium）、PS（Positive Small）、ZE（Zero）、NS（Negative Small）、NM（Negative Medium）、NB（Negative Big）表示。每一个语言变量值都对应一个模糊子集。首先要确定这些模糊子集的隶属度函数（Membership Function）$\mu(\cdot)$，才能进行模糊化。

一个语言变量的各个模糊子集之间并没有明确的分界线，在模糊子集隶属度函数的曲线上表现为这些曲线相互重叠。选择相邻隶属度函数有合适的重叠是模糊控制器对于对象参数变化具有鲁棒性的依据。

由于隶属度函数曲线形状对控制性能的影响不大，所以一般选择三角形或梯形，形状简单，计算工作量小，而且当输入值变化时，三角形隶属度函数比正态分布状具有更大的灵敏性。在某一区间内，要求控制器精度高、响应灵敏，则相应区间的分割细一些、三角形隶属度函数曲线斜率取大一些，如图 8-11a 所示。反之，对应区域的分割粗一些、隶属度函数曲线变化平缓一些，甚至呈水平线形状，如图 8-11b 所示。

一个模糊控制器的非线性性能与隶属度函数总体的位置及分布有密切关系，每个隶属度函数的宽度与位置又确定了每个规则的影响范围，它们必须重叠。所以在设定一个语言变量的隶属度函数时，要考虑隶属度函数的个数、形状、位置分布和相互重叠程度等。要特别注意，语言变量的级数设置一定要合适，如果级数过多，则运算量大，控制不及时；如果级数

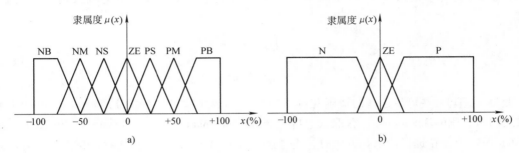

图 8-11　数值变量分割及语言描述
a）细划分　b）粗划分

过少，则控制精度低。

2. 模糊规则推理

模糊控制器的核心是依据语言规则进行模糊推理，在控制器设计时，首先要确定模糊语言变量的控制规则。

语言控制规则来自于操作者和专家的经验知识，并通过试验和实际使用效果不断进行修正和完善。规则的形式为

IF…THEN…。

一般描述为

IF X is A and Y is B，THEN Z is C。

这是表示系统控制规律的推理式，称为规则（Rule）。其中 IF 部分的"X is A and Y is B"称为前件部，THEN 部分的"Z is C"称为后件部，X、Y 是输入变量，Z 是推理结论。在模糊推理中，X、Y、Z 都是模糊变量，而现实系统中的输入、输出量都是确定量，所以在实际模糊控制实现中，输入变量 X、Y 要进行模糊化，Z 要进行清晰化。A、B、C 是模糊集，在实际系统中用隶属度函数 $\mu(\cdot)$ 表示，一个模糊控制器是由若干条这样的规则组成的，输入、输出变量可以有多个。

模糊控制用规则来描述，规则多少、规则重叠程度、隶属度函数形状等都可以根据输入、输出变量个数及控制精度的要求灵活确定。

模糊控制推理中较为常用的模糊关系合成运算有最大-最小合成运算（MAX-MIN-Operatioon）和最大-乘积合成运算（MAX-PROD-Operatioon），常用的推理方法有 Mamdani 推理（Mamdani Inference）、Larsong 推理（Larsong Inference）等。

推理规则对于控制系统的品质起着关键作用，为了保证系统品质，必须对规则进行优化，确定合适的规则数量和正确的规则形式；同时给每条规则赋予适当的权值或置信因子（Credit Factor），置信因子可根据经验或模拟实验确定，并根据使用效果进行修正与完善。

3. 清晰化

清晰化就是将模糊语言变量转换为精确的数值，即根据输出模糊子集的隶属度计算出确定的输出数值。清晰化有各种方法，其中最简单的一种是最大隶属度方法。在控制技术中最常用的清晰化方法则是面积重心法（COG，Center of Gravity），其计算式为

$$u = \frac{\sum \mu(x_i) x_i}{\sum \mu(x_i)} \tag{8-13}$$

式中，$\mu(x_i)$为各规则结论 x_i 的隶属度。对于连续变量，式（8-13）中的和式运算变为积分运算

$$u = \frac{\int \mu(x)x\,\mathrm{d}x}{\int \mu(x)\,\mathrm{d}x} \tag{8-14}$$

此外，还有一些可供选择的清晰化计算方法，如最大值平均（MOM，Mean of Maximum）、左取大（LM，Left Maximum）、右取大（RM，Right Maximum）、乘积和重心法（PSG，Product-Sum-Gravity）等。在选择清晰化方法时，应考虑隶属度函数的形状、所选择的推理方法等因素。

4. 知识库

知识库包含了有关控制系统及其应用领域的知识、要达到的控制目标等，由数据库和模糊控制规则库组成。

数据库主要包括各语言变量的隶属度函数、尺度变换因子以及模糊空间的分级数等；规则库包括用模糊语言变量表示的一系列控制规则，它们反映了控制专家的经验和知识。

将上面四个方面综合起来，就能实现图 8-10 所示模糊控制器的功能。

8.5.2 模糊控制的几种实现方法

模糊控制的功能是通过模糊控制算法实现，常用的实现方法有以下几种。

1. CRI 查表法

CRI（关系合成推理 Composition Rule of Inference）查表法是模糊控制最早采用的方法，应用最广泛。所谓查表法就是将所有可能输入变量的隶属度函数、模糊控制规则及输出变量的隶属度函数都用表格（称为模糊控制表）来表示。输入变量模糊化、模糊规则推理和输出变量的清晰化均通过查表实现。模糊控制表的生成方法有两种：一种是直接从控制规则求出控制量，称为直接法；另一种是先求出模糊关系，再根据输入变量求出控制变量，最后把控制量清晰化得到控制表，称作间接法。

2. 专用硬件模糊控制器

专用硬件模糊控制器是用硬件直接实现模糊规则推理，它的优点是推理速度快，控制精度高，市场上已有各种模糊芯片供选用。专用硬件模糊控制器价格相对较高，目前主要应用于伺服系统、机器人、汽车等领域。

3. 软件模糊推理法

软件模糊推理法的特点就是将模糊控制器的输入量模糊化、模糊规则推理、输出清晰化和知识库这四部分都用软件来实现。

模糊控制在复杂生产过程自动控制的应用取得了很好的效果。将模糊控制与常规 PID 控制策略结合构成的各种模糊 PID 控制器具有良好的性能，现在许多新型 DCS 都有模糊控制功能。

8.6 神经网络控制

人工神经网络（ANN，Artificial Neural Network）以独特的结构和处理信息的方法，在许多领域得到应用并取得了显著的成效，在自动控制领域取得了突出的理论与应用成果。基于

神经网络的控制(ANN-Based control)是一种基本上不依赖于模型的控制方法，适用于难以建模或具有高度非线性的被控过程的自动控制。

8.6.1 神经元模型

1. 生物神经元模型

人的大脑是由大量神经细胞组合而成的，它们之间互相连接。每个脑神经细胞(也称神经元)具有如图8-12所示的基本结构。

脑神经元由细胞体、树突和轴突构成。细胞体是神经元的中心，它又由细胞核、细胞膜等组成。树突是神经元的主要接受器，用来接受信息。轴突的作用是传导信息，从轴突起点传到轴突末梢，轴突末梢与另一个神经元的树突或细胞体构成一种突触机构，通过突触实现神经元之间的信息传递。

2. 人工神经元模型

人工神经元是利用物理器件来模拟生物神经元的某些结构和功能。人工神经元模型如图8-13所示。

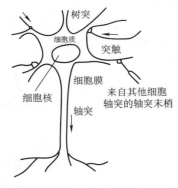

图8-12 生物神经元模型

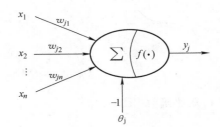

图8-13 人工神经元模型

图8-13 神经元模型的输入输出关系为

$$I_j = \sum_{i=1}^{n} w_{ji}x_i - \theta_j \tag{8-15}$$

$$y_j = f(I_j) \tag{8-16}$$

式中，θ_j为阈值；w_{ji}为连接权值；$f(\cdot)$为激发函数或变换函数。

常见的激发函数如图8-14所示，各自对应的解析表达式如下：

(1)阶跃函数(图8-14a)

$$f(x) = \begin{cases} 1 & x \geq 0 \\ 0 & x < 0 \end{cases} \tag{8-17}$$

(2)符号函数(图8-14b)

$$f(x) = \begin{cases} 1 & x \geq 0 \\ -1 & x < 0 \end{cases} \tag{8-18}$$

(3)饱和型函数(图8-14c)

$$f(x) = \begin{cases} 1 & x \geq \dfrac{1}{k} \\ kx & |x| < \dfrac{1}{k} \qquad k > 0 \\ -1 & x \leq -\dfrac{1}{k} \end{cases} \qquad (8-19)$$

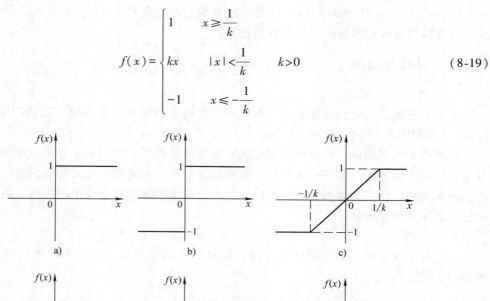

图 8-14 常见激发函数

（4）双曲函数（图 8-14d）

$$f(x) = \frac{1 - e^{-ax}}{1 + e^{-ax}} \qquad \alpha > 0 \qquad (8-20)$$

（5）S 型函数（图 8-14e）

$$f(x) = \frac{1}{1 + e^{-ax}} \qquad \alpha > 0 \qquad (8-21)$$

（6）高斯函数（图 8-14f）

$$f(x) = e^{-x^2/\sigma^2} \qquad \sigma > 0 \qquad (8-22)$$

8.6.2 人工神经网络模型

将多个人工神经元模型按一定方式连接而成的网络结构，称为人工神经网络，人工神经网络是以技术手段来模拟人脑神经元网络特征的系统，如学习、识别和控制等功能等，是生物神经网络的模拟和近似。人工神经网络有多种结构模型，图 8-15a 所示为前向神经网络结构，图 8-15b 为反馈型神经网络结构。

神经网络中每个节点（一个人工神经元模型）都有一个输出状态变量 x_j；节点 i 到节点 j 之间有一个连接权系数 w_{ji}；每个节点都有一个阈值 θ_j 和一个非线性激发函数 $f(\sum w_{ji}x_i - \theta_j)$。

神经网络具有并行性、冗余性、容错性、本质非线性及自组织、自学习、自适应能力，

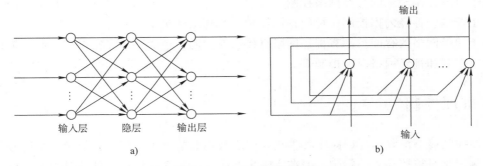

图 8-15 典型神经网络结构

a)前向神经网络结构 b)反馈型神经网络结构

已经成功地应用到许多不同的领域。

下面简要介绍在自动控制中常用的误差反向传播神经网络。

误差反向传播网络简称 BP(Back Propagation)网络，如图 8-15a 所示，是一种单向传播的多层前向网络，在模式识别、图像处理、系统辨识、最优预测、自适应控制等领域得到广泛应用。BP 网络由输入层、隐含层(可以有多个隐含层)和输出层构成，可以实现从输入到输出的任意非线性映射。连接权系数 w_{ji} 的调整采用误差修正反向传播的学习算法，也称监督学习。BP 算法首先需要一批正确的输入、输出数据(称训练样本)。将一组输入数据样本加载到网络输入端后，得到一组网络实际响应的输出数据；将输出数据与正确的输出数据样本相比较，得到误差值；然后根据误差的情况修改各连接权系数 w_{ji}，使网络的输出响应能够朝着输出数据样本的方向不断改进，直到实际的输出响应与已知的输出数据样本之差在允许范围之内。

BP 算法属于全局逼近方法，有较好的泛化能力。当参数适当时，能收敛到较小的均方误差，是当前应用最广泛的一种网络；缺点是训练时间长，易陷入局部极小，隐含层数和隐含节点数难以确定。

BP 网络在建模和控制中应用较多，在实际应用中需选择网络层数、每层的节点数、初始权值、阈值、学习算法、权值修改步长等。一般是先选择一个隐含层，用较少隐节点对网络进行训练，并测试网络的逼近误差，逐渐增加隐节点数，直至测试误差不再有明显下降为止；最后再用一组检验样本测试，若误差太大，则需要重新训练。

8.6.3 神经网络在控制中的应用

神经网络控制是指在控制系统中采用神经网络，对难以精确描述的复杂非线性对象进行建模、特征识别，或作为优化计算、推理的有效工具。神经网络与其他控制方法结合，构成神经网络控制器或神经网络控制系统等，其在控制领域的应用可简单归纳为以下几个方面：

➤ 在基于精确模型的各种控制结构中作为被控对象的模型。

➤ 在反馈控制系统中直接承担控制器的作用。

➤ 在传统控制系统中实现优化计算。

➤ 在与其他智能控制方法，如模糊控制、专家控制等相融合，为其提供非参数化对象模型、优化参数、推理模型和故障诊断等。

基于传统控制理论的神经网络控制有很多种，如神经逆动态控制、神经自适应控制、神经自校正控制、神经内模控制、神经预测控制、神经最优决策控制等。

基于神经网络的智能控制有神经网络直接反馈控制，神经网络专家系统控制，神经网络模糊逻辑控制和神经网络滑模控制等。

8.7 推理控制

反馈控制能够消除闭环回路中各种扰动引起被控参数出现的偏差，前馈控制能够有效地克服可测干扰对被控参数的影响。但在实际生产中，常常存在这样一种情况，即被控过程的主要参数不能直接测量或者难以测量，无法实现反馈控制；或者被控过程的扰动无法测量，不能进行前馈补偿。针对这一问题，美国的 Coleman Brosilom 和 Marrin Tong 等人于 1978 年提出了推理控制（Inferential Control）方法。推理控制在建立过程数学模型的基础上，根据过程输出的性能要求，通过数学推理，导出控制系统应具有的结构形式，通过辅助参数实现对不可测主要参数的反馈控制和不可测扰动的补偿。

8.7.1 推理控制系统的组成

推理控制系统框图如图 8-16 所示。图中 $Y(s)$、$Y_s(s)$ 分别为被控过程主要被控参数和辅助被控参数，$G_o(s)$ 和 $G_{os}(s)$ 为过程主、辅控制通道的传递函数，$G_f(s)$ 和 $G_{fs}(s)$ 为主、辅参数扰动通道的传递函数，$F(s)$ 为不可测扰动，$G_c(s)$ 为推理控制部分的传递函数。设 $F(s)$ 与 $Y(s)$ 均不可测，$G_c(s)$ 的输入为 $Y_s(s)$，输出为被控过程的控制变量 $U(s)$。现设计 $G_c(s)$，克服 $F(s)$ 对 $Y(s)$ 的影响。

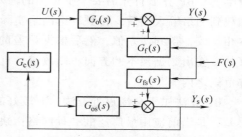

图 8-16 推理控制系统框图

从图 8-16 可知，$F(s)$ 对 $Y_s(s)$ 与 $Y(s)$ 影响可表示如下：

$$Y_s(s) = \frac{G_{fs}(s)}{1 - G_{os}(s)G_c(s)} F(s) \tag{8-23}$$

$$Y(s) = \left[G_f(s) + \frac{G_o(s)G_c(s)G_{fs}(s)}{1 - G_{os}(s)G_c(s)} \right] F(s) \tag{8-24}$$

设 $E(s) = -\dfrac{G_o(s)G_c(s)}{1 - G_{os}(s)G_c(s)}$，带入式（8-24）可得

$$Y(s) = \left[G_f(s) - G_{fs}(s)E(s) \right] F(s) \tag{8-25}$$

如果

$$E(s) = \frac{G_f(s)}{G_{fs}(s)} \tag{8-26}$$

则有

$$Y(s) = 0$$

即完全消除了不可测干扰 $F(s)$ 对被控过程主要参数 $Y(s)$ 的影响。令 $Y(s) = 0$，将式（8-26）代入式（8-24）可得推理控制部分的传递函数

$$G_c(s) = \frac{E(s)}{G_{os}(s)E(s) - G_o(s)} \tag{8-27}$$

若已知各环节传递函数的估计值：$\hat{G}_o(s)$、$\hat{G}_{os}(s)$、$\hat{G}_f(s)$、$\hat{G}_{fs}(s)$，可求出

$$G_c(s) = \frac{\hat{E}(s)}{\hat{G}_{os}(s)\hat{E}(s) - \hat{G}_o(s)} \tag{8-28}$$

式中

$$\hat{E}(s) = \frac{\hat{G}_f(s)}{\hat{G}_{fs}(s)}$$

推理控制部分的输出

$$U(s) = G_c(s)Y_s(s) = \frac{\hat{E}(s)}{\hat{G}_{os}(s)\hat{E}(s) - \hat{G}_o(s)}Y_s(s) \tag{8-29}$$

为便于分析 $G_c(s)$ 的结构，将式（8-29）表示为如下形式：

$$U(s) = -\frac{1}{\hat{G}_o(s)}[Y_s(s) - U(s)\hat{G}_{os}(s)]\hat{E}(s) \tag{8-30}$$

令 $G_{ic}(s) = \dfrac{1}{\hat{G}_o(s)}$，则可由式（8-30）画出图 8-17 所示的推理控制系统组成框图。图中，$G_{ic}(s)$ 称为推理控制器，$\hat{E}(s)$ 称为估计器，$R(s)$ 为设定值。

由图 8-17 不难看出，推理控制部分具有如下三个基本功能：

（1）实现信号分离 由于引入了辅助通道的数学模型 $\hat{G}_{os}(s)$，当 $\hat{G}_{os}(s) = G_{os}(s)$ 时，从图 8-17 可得

$$Y_s(s) - \hat{G}_{os}(s)U(s) = G_{fs}(s)F(s)$$

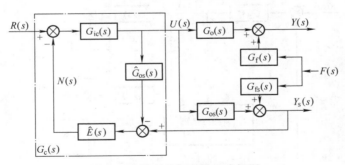

图 8-17 推理控制系统组成框图

实现了将不可测扰动 $F(s)$ 对辅助被控参数 $Y_s(s)$ 的影响从 $Y_s(s)$ 中分离出来的目的，为实现对不可测扰动 $F(s)$ 的前馈补偿创造了条件。

（2）估计不可测扰动 已知估计器 $\hat{E}(s) = \hat{G}_f(s)/\hat{G}_{fs}(s)$，由图 8-17 可知，当 $\hat{G}_{os}(s) = G_{os}(s)$、$\hat{G}_f(s) = G_f(s)$、$\hat{G}_{fs}(s) = G_{fs}(s)$ 时

$$N(s) = \hat{E}(s)[F(s)G_{fs}(s) + U(s)G_{os}(s) - U(s)\hat{G}_{os}(s)] = \hat{E}(s)F(s)G_{fs}(s) = F(s)G_f(s)$$

可见估计器的输出 $N(s)$ 等于不可测扰动 $F(s)$ 对主要参数 $Y(s)$ 的影响。

估计器 $\hat{E}(s) = \hat{G}_f(s)/\hat{G}_{fs}(s)$ 必须是可实现的，在干扰 $F(s)$ 的来源确定之后，选择被控

过程辅助参数 $Y_s(s)$ 时应注意这一问题。

（3）实现输出跟踪　由图 8-17 可求出推理控制系统主要参数

$$Y(s)=\frac{G_{ic}(s)G_o(s)}{1+\hat{E}(s)G_{ic}(s)[G_{os}(s)-\hat{G}_{os}(s)]}R(s)+\frac{G_f(s)-\hat{E}(s)G_{ic}(s)G_{fs}(s)G_o(s)}{1+\hat{E}(s)G_{ic}(s)[G_{os}(s)-\hat{G}_{os}(s)]}F(s)$$

若模型完全匹配，即 $\hat{G}_o(s)=G_o(s)$、$\hat{G}_{os}(s)=G_{os}(s)$、$\hat{G}_f(s)=G_f(s)$、$\hat{G}_{fs}(s)=G_{fs}(s)$，而且 $G_{ic}(s)=\dfrac{1}{\hat{G}_o(s)}$，则

$$Y(s)=R(s)$$

可知推理控制系统对设定值具有良好的跟踪性能，对不可测扰动的影响可实现完全补偿。

理论上推理控制器应为 $G_{ic}(s)=1/G_o(s)$，但这样的结构在物理上不一定能实现，因为在 $G_{ic}(s)$ 中有时会出现纯超前项或纯微分项。对于后者，可以串联一个滤波器 $G_F(s)$ 加以解决，即使 $G_{ic}(s)=G_F(s)/G_o(s)$。此时，在设定值扰动下，则有

$$Y(s)=G_F(s)R(s)$$

8.7.2　推理-反馈控制系统

图 8-17 所示的推理控制系统只有在模型准确条件下，才能实现对不可测扰动的完全补偿，对设定值扰动具有良好的跟踪性能。但实际的模型总不可避免地存在误差，系统的主要参数不可避免地存在跟踪误差和补偿误差。消除误差的途径之一是构成主要参数反馈控制系统，但由于主要（输出）参数不可测，可通过推理方法估算出主要参数，实现反馈控制。这就是推理-反馈控制系统的基本思路，其框图如图 8-18 所示。

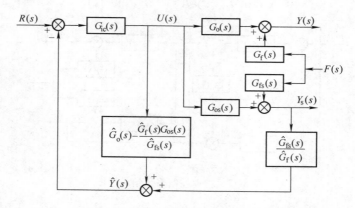

图 8-18　推理-反馈控制系统组成框图

从图 8-18 可得

$$Y(s)=G_o(s)U(s)+G_f(s)F(s) \tag{8-31}$$

$$Y_s(s)=G_{os}(s)U(s)+G_{fs}(s)F(s) \tag{8-32}$$

由式（8-32）可得

$$F(s)=[Y_s(s)-G_{os}(s)U(s)]/\hat{G}_{fs}(s) \tag{8-33}$$

将式（8-33）代入式（8-31）可得到主要参数 $Y(s)$ 的估计值

$$\hat{Y}(s) = \left[\hat{G}_o(s) - \frac{\hat{G}_f(s)}{\hat{G}_{fs}(s)} \hat{G}_{os}(s) \right] U(s) + \frac{\hat{G}_f(s)}{\hat{G}_{fs}(s)} Y_s(s) \qquad (8\text{-}34)$$

式(8-34)给出的估算公式，将不可测主要参数与可测的辅助参数及控制变量联系起来，通过 $\hat{Y}(s)$ 可实现主要参数的反馈控制。

图8-17所示的推理控制系统实现了对不可测扰动的补偿，图8-18所示的推理-反馈控制系统实现了不可测被控参数的反馈控制，如果将二者结合起来，则可构成不可测干扰与不可测被控参数的补偿-反馈复合控制系统。

虽然推理控制最初是为了解决被控参数不可测和扰动量不可测的问题而提出来的，其基本思想后来又被广泛应用于输出可测而扰动不可测的情况，从而构成输出可测条件下的推理控制。

8.8　基于规则的仿人控制

传统PID包括基于偏差的比例、积分和微分三种基本控制。只要偏差存在，比例控制就有控制作用，控制作用的强弱取决于比例系数 K_p（$K_p = 1/P$，P 为比例度），但 K_p 过大会使闭环系统不稳定。积分控制是按照偏差积分结果进行控制，能够消除静差，但控制效果缓慢，使系统动态性能变差。微分控制按照偏差的变化趋势（偏差的微分）进行控制，微分控制可以加快系统响应，使系统动态稳定性提高。根据不同被控过程，适当整定PID的控制参数，可以获得比较满意的控制效果。下面分析传统PID控制中三种控制作用的本质特性及其局限性。

（1）比例控制是用放大（或缩小）之后的偏差值进行控制。不管偏差值大小，放大（或缩小）系数不变，不能根据偏差大小调整放大系数，缺乏灵活性。

（2）积分控制根据偏差信号的积分进行控制，对所有偏差同等对待，不加区分；控制作用的强弱只依赖于以前的偏差，而不能根据当前偏差进行及时调整。

（3）微分控制根据偏差的变化趋势（微分）进行控制，对变化快的偏差控制作用强，对缓慢变化的偏差不敏感。

如果控制器能够根据偏差大小、变化速度灵活调整比例、积分、微分控制的强度，无疑会增强控制器的适应性，提高系统控制品质。下面通过仿人比例控制和仿人积分控制，对基于规则的仿人控制原理进行简单分析。

8.8.1　仿人比例控制

8.8.1.1　仿人比例控制工作原理

假定被控过程为线性定常系统，其比例反馈控制系统如图8-19所示，$e = r - y$。对于具有自衡特性的被控过程，当控制器比例系数 K_p（或 P）值较小（大）时，简单的比例控制能保证系统的稳定性，但会有较大的静差，满足不了稳态精度要求，如图8-20a所示。若控制器能够模仿人的操作，不断调整给定值，使系统输出（被控参数）不

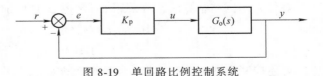

图8-19　单回路比例控制系统

断逼近设定值，就可以提高系统稳态精度，如图 8-20b 所示。这就是一种仿人比例控制的工作原理。

在图 8-20b 中，设定值 $r=1.0$，y_{ss0} 为常规比例控制系统的稳态输出值，e_{ss0} 为稳态误差（静差）。若系统进入稳态后，增加一幅值为 e_{ss0} 的阶跃输入，设定值变为 $1+e_{ss0}$，系统第二级稳态输出为 $y_{ss0}+y_{ss1}$，稳态误差减小为 e_{ss1}；若再增加一幅值为 e_{ss1} 的阶跃输入，设定值变为 $1+e_{ss0}+e_{ss1}$，系统第二级稳态输出为 $y_{ss0}+y_{ss1}+y_{ss2}$，稳态误差进一步减小为 e_{ss2}。这样持续进行下去，系统输出的变化如图 8-20b 所示，输出

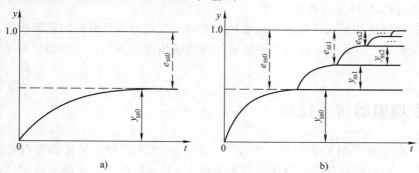

图 8-20 单位阶跃响应曲线

a) 常规比例控制 b) 仿人比例控制

$$y = \sum_{i=0}^{n} y_{ssi} \xrightarrow{n \to \infty} 1.0 \tag{8-35}$$

$$e_{ssn} \xrightarrow{n \to \infty} 0 \tag{8-36}$$

为保证系统稳态输出（被控参数）精度要求，只要选择适当的 n 就可以了。如果常规比例控制静差 $e_{ss0}=20\%=0.2$，稳态输出 $y_{ss0}=80\%=0.8$。若要求稳态误差 ≤1%，只要取 $n=2$，稳态误差为 $e_{ss2}=0.8\%$，就能满足精度要求。

8.8.1.2 仿人比例控制算法

仿人比例控制系统如图 8-21 所示，图中"设定值"调整开关只有在满足稳态条件时才闭合一次，完成一次 $e_{ss}^{n}=e_{ss}^{n-1}+e$ 运算后又立即断开。

为了判断系统处于稳态条件而不受干扰和振荡的影响，给出如下判据：

系统处于稳态的条件是存在一个 k_0，当 $k_0<k<k_0+N$ 时

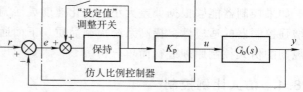

图 8-21 仿人比例控制系统原理图

$$|e(k)-e(k-1)| <\delta$$

成立，其中 δ 是大于零的常数，即以连续 N 步满足 $|e(k)-e(k-1)|<\delta$ 作为判稳条件。

对仿人比例控制算法，可采用如下产生式规则加以描述：

$$\text{IF} \quad k_0<k<k_0+N, |e(k)-e(k-1)| <\delta$$
$$\text{THEN} \quad e_0^n=e_0^{n-1}+e$$

上述控制规则中，δ 一般选为系统允许稳态误差的两倍，N 与对象时间常数最大值 T_m

和采样间隔 T 之比 T_m/T 成正比。若系统还有不超过 iT 的纯滞后，则需在 N 上再加上 i，以 $N+i$ 作为判稳序列长度，确保判断正确。

上述控制算法的实质等价于比例控制加积分。当被控参数 $y(k)$ 没有稳定时，控制器仅有比例控制作用；只有当 $y(k)[e(k)]$ 进入稳态时，积分才起作用。$y(k)$ 进入稳态[$|r-y(k)| < \delta$]之后，"设定值"调整开关每隔 N 个采样周期闭合一次。由于不必通过提高比例系数来改善稳态精度，因而可以将比例系数 K_P（或 P）取得较小（大）以增大稳定裕度。仿人比例控制器有效地解决了传统比例控制器设计中稳态精度与动态稳定裕度之间的矛盾。

8.8.2 仿人积分控制

8.8.2.1 仿人积分控制原理

引入积分控制作用是为了消除系统稳态偏差。在常规 PID 控制中，积分作用对偏差的积分过程如图 8-22c 中 $i(t)$ 所示。它在一定程度上模拟了人的记忆特性，记忆了偏差变化的全部信息。但它有以下缺点：

1）积分作用对所有偏差同等对待，没有选择性。

2）只要偏差存在，就一直进行积分，容易造成"积分饱和"。

造成上述积分控制效果不佳的原因在于没有很好地体现有经验的操作人员的控制决策思想。图 8-22c 中 (b,c)、(d,e)、(f,g)、(h,i)、(j,k)、……区间，常规积分控制作用和所

期望的控制作用相反。正确的控制策略应该是产生一个与偏差 $e(t)$ 相反的控制作用，尽快减小偏差。而常规积分控制在这些区间却增加了一个与 $\dot{e}(t)$ 同向的控制作用，使 $|\dot{e}(t)|$ 增大，积分作用对系统的有效控制帮了倒忙。原因是在 $(0,a)$ 区间的积分结果很难被抵消，导致积分控制作用在以上区间与 $\dot{e}(t)$ 同向，结果导致系统偏差不能迅速降低而出现较大的超调，使系统动态性能变差，过渡过程时间变长。

为了克服上述积分控制作用的缺点，采用如图 8-22d 中的积分曲线，即只在 (a,b)、(c,d)、(e,f) 等区间上进行积分，这种积分能为控制作用及时给出正确的附加控制量，可有效地抑制系统误差的增加。而在 $(0,a)$、(b,c) 及 (d,e) 等区间上停止积分作用，以利于系统借助于惯性向稳态值过渡。此时系统并不处于失控状态，它还受到比例等控制作用的制约。

这种积分作用较好地模拟了人的记忆特性及仿人智能控制的策略，它有选择地"记忆"有用信息，而略去无用信息，具有仿人智能的非线性积分作用，称这种积分控制为仿人智能积分控制。

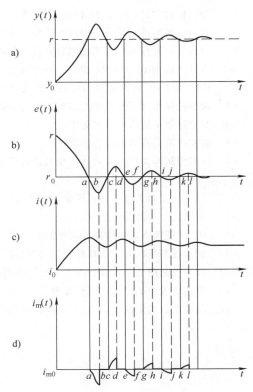

图 8-22　阶跃响应曲线 $y(t)$、
偏差曲线 $e(t)$ 及常规积分曲线 $i(t)$、
仿人积分曲线 $i_m(t)$

8.8.2.2 仿人积分控制算法

根据前面的分析，可以得到引入智能积分的判断条件为：当 $e \cdot \Delta e > 0$ 时，对偏差进行积分；当 $e \cdot \Delta e < 0$ 时，不对误差进行积分。这是引入智能积分的基本条件。再考虑到偏差及偏差变化的极值点的情况，即边界条件，可以把引入智能积分和不引入智能积分的条件综合如下：

1）当 $e \cdot \Delta e > 0$ 或 $\Delta e = 0$ 且 $e \neq 0$ 时，对偏差 $e(t)$ 积分。

2）当 $e \cdot \Delta e < 0$ 或 $e = 0$ 时，不对偏差 $e(t)$ 积分。

这样引入的积分即为仿人积分作用。

除了前面介绍的先进过程控制方法之外，还有其他一些先进过程控制技术，如基于人工智能的过程控制技术（前面介绍的专家控制、神经网络控制等也属于智能控制技术的范畴）、基于知识与机器学习的过程控制技术等，以及与过程控制密切相关的软测量技术、控制系统故障检测与故障诊断技术、容错控制技术等，都取得了显著的成果，并在工业生产中产生了巨大的经济效益。有关这些方面的内容以及本章各部分更深入的内容可参考相关的资料。

思考题与习题

8-1 什么样的控制系统称为自适应控制系统？在什么情况下需要采用自适应控制？

8-2 自适应控制系统可分为哪两种类型？各自的特点是什么？

8-3 什么是预测控制？预测控制有哪几个基本（算法）环节组成？

8-4 为什么说 MAC 和 DMC 也是一种反馈控制？

8-5 MAC 和 DMC 各采用什么样的内部模型？二者之间有什么联系？

8-6 预测控制相对于常规 PID 控制的优点是如何体现的？

8-7 专家控制系统有哪几部分组成？

8-8 模糊控制器有哪几部分组成？

8-9 模糊控制器为什么要对输入变量进行模糊化？对输出变量进行清晰化？模糊化和清晰化是怎样进行的？

8-10 与常规控制系统相比，模糊控制系统的特点是什么？

8-11 简述人工神经元模型。

8-12 BP 神经网络是怎样进行训练的？

8-13 推理控制是针对什么样的控制问题提出来的？

8-14 推理控制部分具有哪些功能？简述推理控制的工作原理。

8-15 简述仿人比例控制的工作原理。

8-16 以设定值的阶跃扰动为例，说明常规积分控制作用的不足。简述仿人积分控制的工作原理。

第9章 计算机控制系统

9.1 概述

在 20 世纪 50 年代数字计算机出现之初，有远见的控制工程师便从其运算速度快、具有实现各种数学运算和逻辑判断的能力，意识到计算机在自动控制领域具有极大地的发展潜力，并进行了积极的探索。1959 年，美国在炼油厂实现计算机数据监控；1962 年，英国实现以计算机代替模拟控制器进行闭环控制的工业应用。

但是计算机在控制领域应用的历程并非一帆风顺。早期计算机造价高，为了使计算机控制系统能与常规仪表系统竞争，需要用一台计算机控制尽可能多的控制回路，必须进行生产过程的集中检测、集中控制。而生产过程大多数、甚至全部控制功能向一台计算机的高度集中，使控制系统发生事故的危险性被高度集中，这就要求计算机具有很高的可靠性，才能保证控制系统和生产过程安全。但当时计算机运算速度慢、可靠性较低、软件功能差，难以满足控制系统对可靠性的要求。一旦一台控制很多回路的计算机发生故障，与其相关的所有控制功能将全部失灵，再高明的仪表工程师和操作工也无法应付这种情况；即是计算机控制系统中的一个回路发生故障，也不得不使许多回路、甚至全厂停车进行检修。计算机控制的安全风险和可能造成巨大损失的代价实在太大。因此，在很长一段时间里，计算机控制的研究工作虽然一直在进行，但真正在线运行的计算机控制系统非常少。

20 世纪 70 年代初，微处理器的出现为计算机在过程控制领域大量应用提供了难得的机遇。微处理器可靠性高，价格便宜，功能又相当齐全，一诞生就立即受到自动化领域的密切关注，国际上一些著名仪器仪表公司，都全力以赴开展研究，并很快取得新的技术突破。1975 年，美国霍尼韦尔公司（Honeywell Inc）和日本横河电机株式会社分别推出新型的集散控制系统（DCS，Distributed Control System）TDC-2000 和 CENTEM。随后，美国的德州仪器（TI）、福克斯波罗（Foxboro）、FISHER、西屋、泰勒仪器、贝利控制和德国西门子、英国肯特过程控制、欧陆等公司先后在短时间内也推出了类似的集散控制系统。这些系统虽然结构和功能各有不同，但有一个共同的特点，即控制功能分散，操作管理集中，采用分布式结构。DCS 的出现，使计算机控制在世界范围内得到迅速推广。当时各厂家的系统都自成体系，系统之间互不兼容，无法实现数据通信。随着计算机技术的迅速发展，到 20 世纪 80 年代计算机控制又达到一个新的水平，现场控制站已采用 32 位 CPU，开始用标准化、模块化设计以增强适应性与灵活性；数据通信采用局域网（LAN）；操作站管理功能增强，界面友好，功能更加完善，但系统间的兼容问题并没有根本解决。20 世纪 80 年代以来，开始采用开放式的通信系统，可和以太网接口，通过网关实现不同网络之间的通信，图形显示功能增强，应用多窗口技术和触摸屏，响应速度更快，组态更加直观、灵活；信息管理系统则使操作站管理功能更为强大。进入 20 世纪 90 年代，DCS 又有新的发展，表面贴装技术与专用集成电路（ASIC）使元器件数量减少，可靠性提高；RISC 工作站使图形窗口更完善，操作更方便；DCS 的容错技术和通信网络都得到进一步发展。

随着工业信息技术快速发展，用户和 DCS 生产厂家对系统的开放性和兼容性提出了更高的要求。普遍希望：

1）构成系统的模块规范化，通信协议完全开放。

2）各个厂家的系统及配套产品和备品备件相互兼容，可相互替代。

3）系统的建设投资和运营、维护费用显著降低。

而基于控制系统网络化和现场仪表数字化、智能化的现场总线（Fieldbus）技术为满足以上要求开辟了有效的途径。

以现场总线技术为基础的现场总线控制系统（FCS，Fieldbus Control Systems）是现场控制设备网络化的集散型控制系统。现场总线是控制系统与智能化现场设备之间的数字式、双向传输、多节点和多分支结构的数字通信网络，也被称为开放式、数字化多点通信底层控制网络，现场总线控制系统把通信总线一直连接到现场设备，把单个分散的测量、控制设备变成网络节点，以现场总线为纽带，组成一个集散型的控制系统。更重要的是新型的现场总线控制系统 FCS 用公开、标准化通信网络代替了集散型控制系统 DCS 的专用网络，实现了不同生产厂商现场设备的兼容与互换，适应了控制系统向分散化、网络化、标准化和开放性发展的趋势，是继集散型控制系统 DCS 之后的新一代控制系统。这一章对直接数字控制系统、集散控制系统和现场总线技术的内容作简单介绍。

9.2 直接数字控制（DDC）系统

9.2.1 DDC 系统的特点

直接数字控制系统简称 DDC（Direct Digital Control）系统，就是用一台工业计算机配以适当的输入、输出设备，从输入通道获取生产过程信息，按照预先规定的控制算法计算出控制操作量，并通过输出通道直接作用于执行器，实现对整个生产过程的控制。

一个 DDC 系统可实现多个（几十甚至更多）回路 PID 调节及其他辅助控制。当生产系统控制要求发生变化时，可通过重新编制控制程序来适应控制要求的改变，而不必进行大量硬件改动。

DDC 系统的另一个优点是易于实现各种复杂控制规律及特殊的控制算法，如串级、前馈、选择、大滞后补偿等控制。DDC 系统编程灵活，能够对 PID 规律进行各种改进，实现多种形式的 PID 算法，如带死区的 PID、各种变形和改进 PID 等。

9.2.2 DDC 系统的组成

典型的过程计算机控制系统结构如图 9-1 所示。除了被控过程、检测仪表和执行器之外，计算机系统(如图中的点划线内部分)可划分为软件和硬件两大部分。

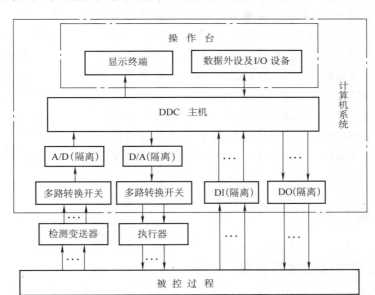

图 9-1　DDC 系统组成方框原理图

1. DDC 计算机系统硬件

硬件是指计算机本身及其外设硬件设备，包括 CPU、存储器(RAM、ROM)各种接口电路、A/D 转换和 D/A 转换构成的模拟量 I/O 通道、数字量 I/O 通道以及各种显示、存储设备、运行操作台等。

控制操作台是实现人机对话的界面，控制系统操作人员通过操作台向 DDC 计算机输入和修改控制参数，输入操作命令；显示装置向操作人员显示系统运行状况、操作提示、发出报警信号等。操作台一般包括各种控制开关、数字键、功能键、指示灯、数字显示器、触摸屏等。

I/O 通道是 DDC 计算机与外部连接的桥梁。主要的 I/O 通道有模拟量 I/O 通道和数字量 I/O 通道。模拟量 I/O 通道将检测仪表(传感器、变送器)得到的被控过程参数(一般为标准电信号如 DC1~5V，DC4~20mA)转换成二进制数据代码输入计算机；另一方面将计算机输出的数字控制量变换为控制执行机构的模拟信号(同样为标准信号)，实现对实际过程的控制。I/O 数字量通道完成数字输入、输出——各种继电器、报警开关等的状态输入，实现对生产过程(设备、信号)状态的监视，或 DDC 计算机发出的开关动作(逻辑信号)指令的输出，实现对生产过程中各开关量的控制操作。由于现场环境存在大量的干扰(尤其是强电磁干扰)，为了 DDC 计算机软、硬件系统的安全，在 DDC 系统的 I/O 通道都要进行信号隔离。一般采用光电隔离，防止强电磁干扰进入计算机系统对软、硬件造成破坏。

为了保证可靠性，DDC 系统的计算机一般选用高可靠性的工业计算机(也称工控机)。DDC 计算机系统的各种组件(包括计算机主机，通用外设、各种接口板)，除了少量的有特殊要求外，大部分在市场上都有系列化的产品可供选用(工业 PC、PLC、各种 I/O 模块产品等)。因此，DDC 系统的设计者只要能根据具体的任务要求，对不同类型的产品进行优选，就可组成经济实用的 DDC 系统。

2. DDC 系统软件

DDC 系统的软件是指计算机控制系统中具有各种功能的计算机程序总和。DDC 系统的软件从功能上可分为系统软件和应用软件两大部分。系统软件是由计算机制造商、通用系统软件公司以及过程控制系统制造厂商提供的，用来进行计算机资源管理的软件，如操作系统、系统开发环境等，用户只需要掌握使用方法，并根据具体需要进行简单的设置和调整即可。应用软件是用户根据要解决的控制问题而编写的具有专用功能的程序，比如各种数据采集程序、滤波程序、控制运算程序、生产过程监控程序等。应用软件的功能与被控过程的特征及控制功能的要求密切相关，应用软件的质量直接影响控制系统的功能和效率。计算机控制系统的设计者应能根据具体的控制要求、应用相应的软件环境和开发工具，编制所需的应用软件。

9.3 集散控制系统

9.3.1 集散控制系统的发展历程

自 1975 年 12 月第一套集散式控制系统(DCS)诞生到现在，大致经历了三个发展阶段。

1. 第一阶段(初创期)

1975～1980 年是初创阶段。世界各大公司纷纷推出自己的集散型控制系统，这一时期典型的 DCS 系统有 Honeywell 的 TDC-2000 系统、Foxboro 的 Spectrum 系统、Yokogawa(横河)的 ECNTUM 系统、Bailey 公司的 Network-90 系统、Siemens 的 Teleperm M 系统等。

2. 第二阶段(成熟期)

1980—1985 年的第二阶段是 DCS 的成熟期。这期间随着各种新技术，特别是信息处理技术和计算机网络技术的飞速发展，一方面是 DCS 硬件和软件技术不断更新，例如用于现场控制的 CPU 由 16 位向 32 位过渡，现场控制站的功能大为增强；操作站采用高分辨的监示器和掩模式控制盘；系统软件水平不断提高，系统自检功能增强，开发了各类大、中、小型具有数、模混合顺序控制功能的集散系统。另一方面，开发了高层次的综合信息管理系统，以适应企业发展的需要。由于系统技术不断成熟，众多厂家参与竞争，DCS 价格开始下降，DCS 的应用更为普及。

3. 第三阶段(扩展期)

1985 年至今为 DCS 扩展期。这一阶段，DCS 系统把过程控制、监督控制、管理调度有机地结合起来，并继续加强逻辑控制功能。这一时期 DCS 的特点是系统功能综合化和系统网络开放性不断提高。

功能综合化体现在 DCS 的管理功能增强，包括原材料进厂到生产设计、计划进度、质量检查、成品包装、出厂及供销等一系列信息的管理调度；另一方面是 DCS 的控制功能增强，实现 DCS 的过程自动化与顺序控制、机电控制相结合的综合控制。而 DCS 开放性改变了过去各个 DCS 自成系统的封闭结构，形成了规则标准化的开放通信网络，在一定程度上实现了不同厂家设备的网络兼容。

新一代 DCS 采用微型无引线元器件和软印制电路板、表面贴装技术新工艺，体积小、可靠性高；除使用本公司软件外，还能使用 C、FORTRAN、PASCAL、BASIC 等高级语言作为编程工具。扩展期的典型 DCS 系统有 Honeywell 的 TDC-3000UCN、Yokogawa 的 CENTUM-XL 和 µXL、Bailey 公司的 INFI-90 系统、Westing House 的 WDPF II 系统等。

9.3.2　集散控制系统的基本组成与功能划分

集散控制系统虽然品种繁多，但其基本组成部分是相同的。一个典型的 DCS 如图 9-2 所示，由分散执行控制功能的现场控制站（Field Control Station）和进行集中监视、操作的操作站（Operator Station）以及高速通信总线组成，基本结构如图 9-3 所示。

DCS 的现场控制站是一种多回路控制装置，它接受现场送来的测量信号，按指定的控制算法，对信号进行输入处理、控制运算、输出处理后，向执行器发出控制命令。在现场控制站内，一般不设显示器及操作面板等人机界面，显示和操作功能交给上层的操作站去完成。根据危险分散的设

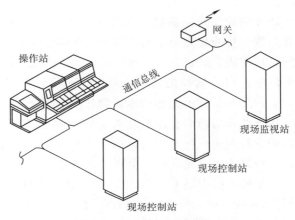

图 9-2　集散控制系统的组成

计原则，现场控制站内一个微处理器控制 8～40 个回路，具有自己的程序寄存器和数据库，能脱离操作站，独立对生产过程进行控制。当生产装置规模较大时，可用多个现场控制站一起协同工作。这样，当某个控制站发生故障时，只影响它所控制的一部分回路，不至于影响全局。

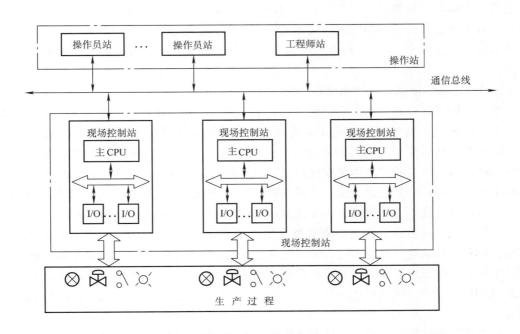

图 9-3　集散控制系统的基本结构

在 DCS 的结构体系中，操作站位于控制系统的上层，它通过通信总线与现场控制站交换信息。操作员利用操作站上的大型高分辨率显示器，对生产过程从全局到局部细节进行集中监视、操作和管理。为方便操作员的使用，集散控制系统的人机界面提供了多种显示画面，让操作员能以最短的时间，迅速准确地掌握生产过程的状态，并根据需要修改控制回路的设定值、整定参数、运行方式，乃至系统结构调整，也可以实现对现场生产过程的直接操作。

DCS 的操作站还被赋予系统生成和维护功能。显然，这种功能与系统运行时的监视、操作与管理功能是完全不同的范畴。为避免发生混乱，一般给系统生成和维护功能赋予高级别的管理密码，只有系统工程师可以进入，而一般的运行操作人员不能进入。在大型集散控制系统中，用户软件的修改和维护工作量很大，均设置专门的工程师站（Engneering Station），以便与日常的操作功能在物理上彻底分开。

DCS 的通信网络也是系统重要的组成部分。为保证通信的可靠性，DCS 系统常采用多主站的令牌方式。在系统内，操作站和控制站的地位是相同的，没有固定的主站与从站划分。这种方式可避免只有一个固定主站时，万一主站发生故障引起全局通信瘫痪的危险。此外，在集散系统中还采用双总线冗余结构，确保通信的可靠性。从图 9-2 还可看到，通过配置网关（Gateway），将 DCS 的内部通信总线与其他第三方控制设备控制网络或信息管理网络连接，组成更大的综合控制与信息管理系统。

9.3.3 现场控制站

现场控制站可分散安装在靠近生产现场的位置（也可集中安装，以便进行维护），实现对生产过程数据的采集与生产过程的实时控制，即对过程输入、输出数据进行检测与处理，用最新数据信息更新数据库；根据最新的数据，按照设定的控制逻辑与算法生成相应的控制命令，对生产过程进行控制。同时将相关生产过程的数据信息上传到操作站，更新监视画面与显示数据，并接受操作站下传的控制指令。通过通信总线实现现场控制站之间的数据交换。

9.3.3.1 现场控制站硬件冗余结构

统计资料表明，在一个生产装置中，联系紧密的控制回路数目一般为 8~40 个，状态量约为 100~500 个，这些变量之间交叉关联，耦合紧密。如果把这些紧密关联的控制回路置于不同的控制站，控制站之间的变量数据交换要通过站与站之间的通信才能实现，DCS 规模较大时，站与站之间的通信速度比较慢，当过程状态和数据急剧变化时，难以保证数据交换的实时性。把这些变量置于同一个控制站，信号处理传递与控制操作速度快、实时性好、可靠性高，也方便组态。因此，DCS 控制站通常设计为控制 8~40 个回路。

为了避免现场控制站发生故障对整个生产过程造成较大的影响，DCS 从两个方面采取措施。首先，从危险分散的角度，适当限制了控制站的回路数目，将控制站发生故障的影响限制在有限的范围内；其次，在可靠性要求高的场合，对控制站所有关键部分，从运算控制单元（CPU）、输入输出（I/O）接口卡、电源，到站内数据总线，都采取双重化冗余热备措施。

在连续生产过程中，测控工作不能停顿，现场控制站的备用装置必须始终处于运转（热备）状态，一面进行自诊断，一面监视对方工作是否正常，并不断更新自己的数据库，这种方式称为双工热备待机方式。当前工作的装置发生故障时，处于热备状态的备用装置能立即无间断、平滑地投入运行。

下面以图 9-4 所示 CENTUM-XL 系统的双重化现场控制站 CFCD2 为例，简单说明现场控制站双工热备工作原理。

CFCD2 机柜的上部为运算控制单元，下面可以安装五个 I/O 插件箱，每个插件箱内虽可插 8 块接口卡，但供控制用的 8 输入 8 输出模拟量信号接口卡 MAC2 只能插两块（若不要热备，均只插一块），用于最重要的控制回路。在图 9-4 中，首先对运算控制部分及其电源进行双工热备；其次，对 HF 总线、总线通信耦合器、站内总线以及 I/O 插件箱内的关键部分，即插件箱电源、站内通信卡以及最重要的 I/O 接口卡进行双重化。

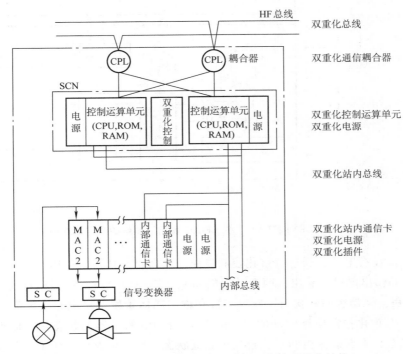

图 9-4　CENTUM-XL 系统 CFCD2 现场工作站双重化结构

为了说明这种双重化设备的切换方法，下面以 MAC2 模块为例进行讨论。MAC2 是 8 输入、8 输出模拟量接口模块，其并联工作的原理如图 9-5 所示。

两个 MAC2 模块（No. 1、No. 2）的输入输出电路与变送器、执行器并联相接。从变送器来的 4～20mA 信号变为 1～5V 电压后，经过滤波电路、多路转换开关、A/D 转换器，转换成数字量存入数据库，然后经站内总线接口，传送到上部的控制运算单元，作为输入数据参加运算；运算结束后，数据经站内通信总线又送回 MAC2 插件，经 D/A 转换器及多路转换开关后，送至输出电路，驱动执行器。

MAC2 的输出电路主要由运算放大器和晶体管组成的 V/I 转换电路构成，由 D/A 转换器输出的模拟量电压加在运算放大器的同相输入端；借助于强烈的电流负反馈，将此电压转变为 4～20mA 的电流输出。为了核实该电流是否存在，利用输入多路开关及 A/D 转换器，将反映输出电流大小的运算放大器反相输入端电压读回来。如果发现该电流的数值不准确，

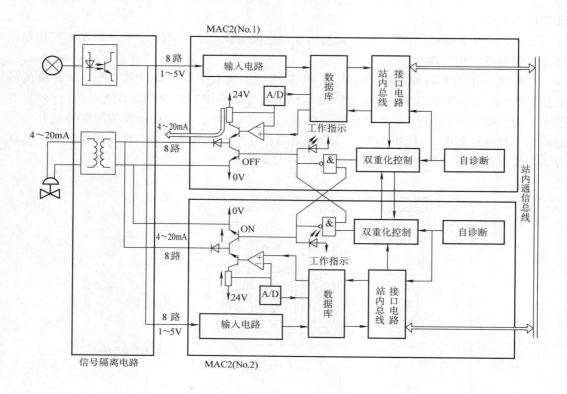

图 9-5　CENTUM-XL 系统 CFCD2 现场工作站的双重化结构

或因回路断线而没有电流，通过双重化控制电路，立即自动切换到备用的 MAC2。

　　从图 9-5 的输出电路可看出，两个并联的 MAC2 模块内对应的回路中都有相同的 DC4～20mA 电流存在；但是否向外输出，取决于接在输出晶体管发射极电路中的开关管状态，而后者又决定于双重化控制电路驱动的 RS 触发器。若 RS 触发器的状态使上面模块内的开关管处于断开状态，下面插件内的开关管处于导通状态，则外电路电流由上面的模块供给，下面模块内的 DC4～20mA 电流直接接地。当 RS 触发器翻转时，上述的状态也随之改变。在 MAC2 模块内还具有多种自检功能，不论发现何种异常，能立即自动地向对方作无扰切换。

利用上述全面的双重化备用，可保证双重化控制器的可靠性不低于单回路控制器。

　　CFCD2 型现场控制站内输入输出插件箱的具体结构如图 9-6 所示。其右边 4 个插槽作为公用部分，两个槽插电源模块，两个槽插站内通信模块。如果不需要双重化热备，则电源和通信模块只插一块即可。

　　插件箱的其余 8 个插槽供各种

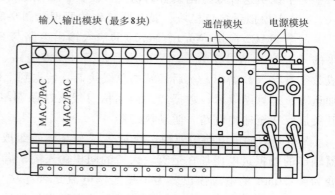

图 9-6　CFCD2 现场控制站 I/O 插件箱

输入输出模块使用。集散控制系统中使用的输入输出模块都做成多回路，在 CFCD2 内，可供选用的 I/O 插件有多种规格、形式。

MAC2 控制用多路模拟量输入输出模块可接受 8 路 1~5V 直流模拟电压输入，输出 8 路 DC4~20mA 电流信号，驱动 8 个执行器。其输入输出电路没有隔离，若需隔离，可如图 9-5 所示，外加信号隔离电路。由于 MAC2 模块可进行双重化热备，应将最重要的控制回路接到此模块上。

PAC 控制为多路脉冲输入及模拟量电流输出模块，可接受 8 路频率不高于 6kHz 的脉冲信号，输出 8 路 DC4~20mA 电流驱动执行器。输出与外电路不隔离，因为可实现双重化备用，故与 MAC2 一样，用于最重要的信号回路。

回路通信模块 LCS 专门用于与 SLPC 等仪表的通信，通过 LCS 回路通信模块，可使单回路仪表成为 DCS 的一部分。

另外还有 16 路模拟电压输入模块、8 输入 8 输出模拟电压接口模块、16 路脉冲输入模块、多路状态信号输入模块等。

CFCD2 型现场控制站最多可处理开关量输入输出信号 512 点及相近数量的模拟量信号，最多可生成的内部控制仪表 255 个，可执行的顺序控制表格(32 输入、32 输出)共 40 张，其规模相当大。当使用 10~20 个 CFCD2 型现场控制站组成系统时，可实现上千个反馈回路和上万个开关量的分散控制与集中管理、控制操作。

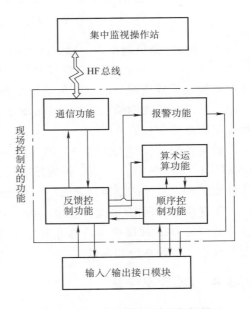

图 9-7 DCS 现场控制站功能框图

9.3.3.2 现场控制站功能

现场控制站功能框图如图 9-7 所示。与单回路控制仪表相比，除反馈控制功能、运算功能、报警功能、通信功能更加完善之外，最主要的特点是顺序控制功能大大增强。

现场控制站内的顺序控制，除能按常规的控制逻辑进行操作外，还包含各种定时器、计数器算术运算式、逻辑关系运算式等，能自动监视连续量的变化。当某些变量的幅度、方向、变化率、时间、次数及相对大小达到一定条件时，向外发出控制指令。现场控制站内顺序控制与反馈控制很容易结合在一起，组成包括开车、停车过程及事故处理等在内的全程自动控制系统，并能适应近年来生产向小批量、多品种发展的市场趋势，成组地改变设定值、整定参数及控制模式，使控制能力提高到一个新水平。

为了继承单元仪表构成系统的概念，DCS 将一些常用的功能子程序设计成标准功能模块，称为内部仪表。CFCD2 反馈控制内部仪表共有 44 种，其中大部分运算控制功能与 SLPC 相同。

现场控制站的内部仪表与单回路控制器结构不同，现场控制站将一些控制仪表所共有的运算和处理功能归并在内部仪表的功能之内，如图 9-8 所示。一个现场控制站中的控制单元除包含基本的 PID 控制功能之外，还有输入信号变换、流量的温度压力补偿及积算、报警检测、输出信号处理等功能，相当于单回路控制器中 5~10 个运算控制模块。因此，在现场控制站中的功能组态比较简单。

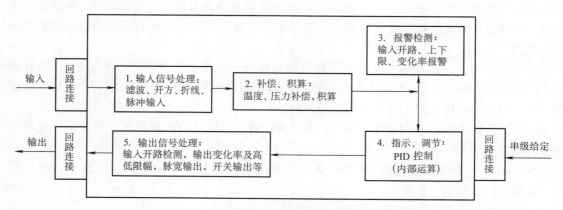

图 9-8　CFCD2 内一个数字控制单元的功能

在 CFCD2 型控制站中，输入信号的采样周期一般为 1s，向外输出控制动作的控制周期一般亦为 1s。但对大惯性的调节对象，控制周期可以延长为 2s、4s、8s、16s、32s、64s。这时，输入采样周期与输出控制周期是不相等的。另外，对一些如装料流程（逻辑、时序）控制等要求高精度测量的回路（如间歇生产的启动过程），可以实行快速扫描，将采样周期和控制周期都加快到 0.2s。

现场控制站没有人机接口，内部仪表的组态需要在操作站或专门的工程师站上进行。在 CENTUM-XL 系统中，CFCD2 控制站的组态是在 COPSV 型操作站上实现的。组态时使用对软件知识要求最低的超高级语言——填表式语言，只要顺序填写显示器画面上的各种表格，便可实现所需的回路（组态）连接。组态在操作站上完成后，由操作站下载到现场控制站。有些类型的 DCS 现场控制站也可通过便携式编程器或便携式计算机等人机接口进行现场组态、编程、参数整定和调试。

9.3.4　DCS 操作站

集散控制系统的操作站主要有三大功能，即以系统生成、维护为主的工程功能；以监视、运行、记录为主的操作功能；与现场控制站和上位计算机交换信息的通信功能以及运行数据文件的存储、管理功能。

在图 9-3 所示的集散控制系统结构中，DCS 的工程功能通过工程师站实现，操作功能由操作员站实现。工程师站与操作员站共同组成 DCS 操作站。在规模较小的 DCS 和早期的 DCS 中，由中央计算机同时承担工程师站和操作员站的职能，通过设置工程师密码赋予工程师进行系统生成、维护和系统管理等工程功能，必要时可配置专门的工程师键盘和显示器以方便监视和操作；通过设置操作员密码限制操作员的操作权限。

9.3.4.1　工程师站的功能

1. 系统组态

系统组态就是生成和变更操作员站和现场控制站的功能。通过填写标准工作表或图形工具，由组态工具软件将工作单显示于屏幕上，用会话或图形方式实现功能的生成和变更。组态内容包括操作站功能组态、现场控制站功能组态和用户自定义功能组态等。

操作站组态包括操作站的规格指定、信号点数指定及其他一些共同的规定；然后定义操作站的标准功能，如画面编号、工位号、信息编号、标准功能键等站内自身的标准信息；用户需要定义功能，如某些功能键、指定画面、报表格式等。

现场控制站组态用来生成和变更站内反馈控制功能、顺序控制功能和监控功能等。DCS的控制站都有专用的组态软件。

集散控制系统中有些专用功能由用户定义，例如，流程画面生成、画面分配和报表格式等。在对用户定义的功能进行组态时，用户可根据具体内容借助于组态工具软件自行组态。

例如在 CENTUM 系统中，现场控制站的反馈控制和顺序控制的组态，都是在操作站COPSV 的显示器上，通过填表操作生成后，经数据通信，由操作站下传到控制站；同时可实现操作站自身系统功能生成，例如用多台监视器组成控制操作群，分工实现报警、操作及总貌监视，亦可互为备用。

2. 系统测试

测试功能用来检查组态完成后系统的功能，内容包括对反馈控制回路功能的测试和顺序控制功能测试。反馈控制测试围绕指定的内部仪表、显示功能环节的连接情况，从屏幕上可以观察到控制回路的构成。顺序控制测试可以显示顺控装置的状态及动作是否符合指定的控制逻辑，可显示每一张顺控表的条件是否成立，并模拟顺控的逻辑条件，逐步检查系统控制动作顺序是否正常。

3. 系统维护

系统维护是对系统作定期检查或更改、生成的组态文件存储、数据恢复等。

4. 系统管理

主要是对系统文件的管理。如将组态文件（如工作单）自动生成规定格式的文件，便于保存、检索和传送以及对这些文件进行复制、对照、列表、初始化或重新建立等；对系统运行数据文件存储、转存、归档管理等。

9.3.4.2 操作员站功能

画面显示和运行操作是操作员站的基本功能。操作人员通过各种监视画面的显示、切换以及功能键、鼠标、触摸屏的操作，实现对生产过程运行的监视与操作管理。

为满足运行操作的要求，集散控制系统的操作站都备有总貌画面、分组画面、回路调整画面、报警画面、趋势分组画面五种标准画面；此外，还能根据用户的不同特点，生成各种流程图画面及工艺数据汇总画面等。下面以一个中型 DCS 的操作员站为例，说明这些画面在监视和操作中的作用。

1. 总体画面

总体画面是为掌握生产过程总体状况而设计的显示画面，如图 9-9 所示。画面分为 24个方框，每个方框可概略地显示包含 8 块仪表的分组状况或趋势记录，因此每幅画面最多可同时显示 192 块内部仪表的情况。每个仪表用一个方形光点表示，光点的大小表示仪表的重要程度，对特别重要的仪表，还在方形光点的中心用特别颜色以示区别。系统在运行时，光点的颜色表示仪表的运行状态，如某仪表有报警发生，该仪表的光点就由绿色变为红色，操作人员从总貌画面上的光点颜色，可迅速对生产过程的总体运行状况有一个基本的了解。

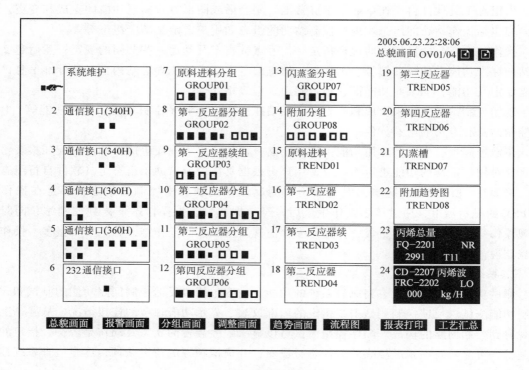

图 9-9　系统总体画面

在总体画面的下方，有键功能提示框，依次说明标准键盘上各功能键的当前功能，操作员可利用这些功能键进行画面的迅速切换，如切换到流程图画面、报警画面等。

2. 控制组画面

如图 9-10 所示，在控制组画面上可显示一组内部仪表。由于生产过程存在关联性，在对某个回路进行操作时，例如改变设定值 SV 或操作输出值 MV 时，必须同时注意观察其他回路的变化，这种情况下使用控制组画面很方便。

控制组画面对每个仪表都采取数字和模拟两种方式显示。数字方式给出了 PV、SV、MV 的精确数值及单位，模拟方式的棒图显示直观明了，有利于操作员做出快速反应。

在该画面下方，有键功能提示框，提示此时功能键的作用，按这些键可以直接进入相应的画面，方便地修改对应仪表的设定值、输出值以及进行回路控制方式的改变。

控制组画面在操作站上可生成许多页，根据不同的操作需要，可对仪表进行多种组合编排。例如在炼油厂多台裂解炉并联工作的情况下，为观察各个炉子的运行情况，需要以每个炉子为单位，将有关仪表编排在一个画面上，进行输入流量及出口温度等监视。由于多台裂解炉是并行运行，需要同时了解各炉的出口温度，还要把各炉的温度控制仪表编排在一个画面上，进行集中监视和调度。显然，这些要求在模拟仪表盘上是无法实现的。

3. 回路调整画面

随着对生产过程的了解由全局向局部深入，需要对单个仪表进行细致的观测和调整，这种以仪表为单位的回路显示画面如图 9-11 所示。画面上可详尽地列出该仪表的全部数据，并可用光标指定需要更改的参数后，用操作键盘进行数据设定。

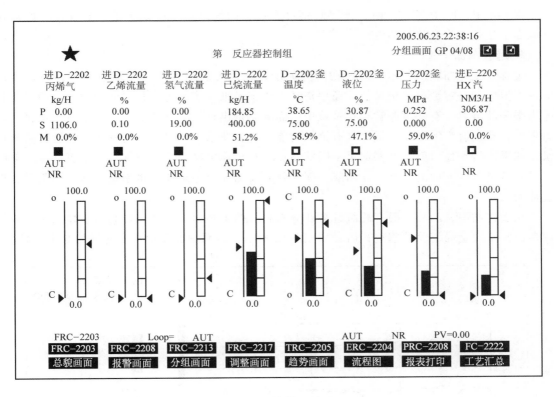

图 9-10 控制组画面

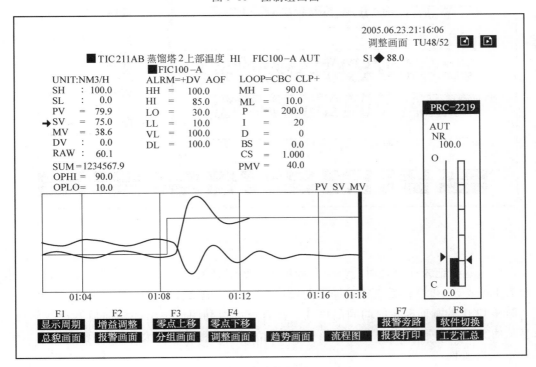

图 9-11 回路调整画面

在整定P、I、D等参数时，需要观察过渡过程曲线之后才能确定下一步操作，所以这种画面上一般都配有趋势曲线。

4. 趋势画面

过程量变化曲线的显示，即所谓趋势显示，在传统的仪表控制系统中是用记录仪实现的，不但要配一定数量的记录仪，还要消耗大量记录纸。实际上，长时间的记录一般只要打印出报表就可以，有些只要暂存在系统中，需要时调出显示一下就够了；对于事故报警等紧急事件，希望有细致记录，最好具有追忆功能，这就要求平时对关键的变量连续进行高速记录。如果运转平稳，就把这些记录不断刷新；一旦出现急剧变化，就保留一段事件发生前的记录，给出事件前后的完整变化曲线。现在新开发的无笔记录仪，也是按照这样的基本思想设计的。

在操作站中，趋势画面有总貌趋势和分组趋势两类画面。前者一幅画面上显示曲线数量较多，便于对全局情况的掌握；后者如图9-12所示，每幅画面显示八个变量的变化曲线。

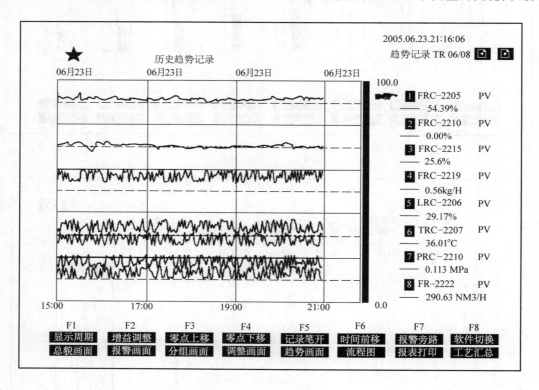

图9-12　分组趋势画面

此外，趋势记录还分现时趋势记录和历史趋势记录两类。前者的采样周期短，记录长度一般为1h（或数小时）；后者的采样周期较长（可选），记录长度相应在1～10天变化。

图9-12中的画面显示时间间隔可变，而且可以像翻阅记录纸一样前后卷动。此外，画面显示的纵坐标也是可变的，每条曲线还可独立地上下移动、放大，以便观察。

5. 报警画面

虽然总貌观察画面和专设的报警器可以指明发生报警的位置，但反映的信息量少，一般不能说明发生了何种性质的报警，特别是不能提供报警发生的次序和时间，而后者对判断异常状态发生的因果关系非常重要。

图 9-13 是操作站上显示、按发生时间先后倒序（也可设定为顺序）排列的报警画面。其中最新发生的报警在最上面一行，按发生的顺序向下排列，当超过画面上允许的行数时，送入后面的页面。这样，从几页画面中可以读出发生过的全部报警内容和顺序。

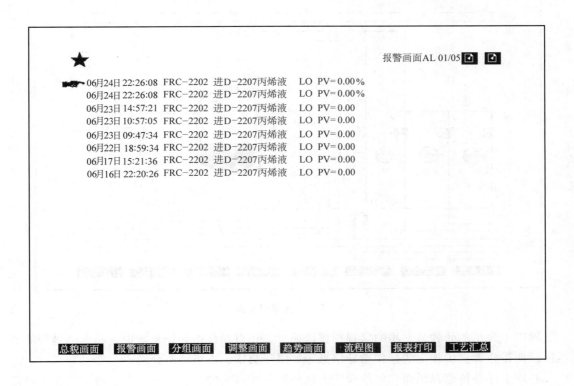

图 9-13　报警记录画面

在报警画面上，凡是新发生的报警在操作员用按钮对其确认之前，其报警文字一直闪烁，只有确认后才变为静止显示。此外，在报警获得确认之前，一般还用声光、语音等发出报警警示信息，以减轻操作员一直紧盯监视器的紧张与疲劳，可有效避免报警遗漏。

6. 流程图画面

流程图画面起源于模拟仪表中绘有过程流程图的仪表盘，这种图形仪表盘在熟练工人不足的情况下，对新操作员很有帮助。配流程图的仪表盘尺寸太大，监视不便，所以并没有取得到广泛应用。

监视器显示不仅解决了空间受限问题，其显示的灵活性也远远超过了图形仪表盘的功能，除可进行固定的图形显示外，还可将测量值、工作方式、报警状态等动态数据以选定的图形、表格、曲线、色彩显示在需要的位置。随控制方案改变可在线调整，在运行过程中，有时需要对回路结构、控制模式进行在线修改，动态图形显示可对操作安全提供支持。目前，动态流程图画面是监视器操作站中最受欢迎、使用频度最高的显示画面。

由于生产过程的多样性，流程图画面难以做成标准模式，为此，DCS 系统为用户提供这类图形的生成手段和标准图库，用户可根据生产系统控制流程及组态情况和自己的习惯，生成各具特色的画面，如图 9-14 所示。

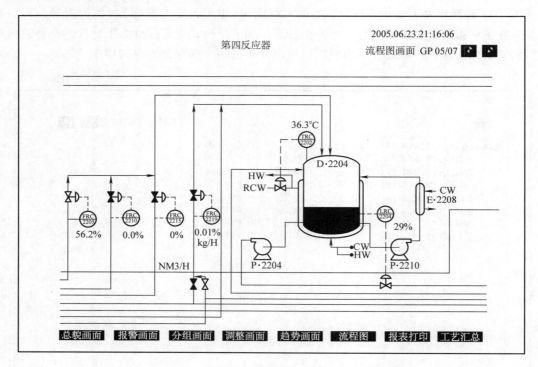

图 9-14 流程图画面

除以上介绍的几种最常用的监视操作画面外，还有操作指导信息画面，在生产过程的不同阶段向操作者提供相应的操作指导信息等。限于篇幅，不再一一介绍。

利用上述各种监视画面，可使操作者犹如置身于真实的仪表盘前，方便地利用操作台仪表化的键盘，修改各种控制参数及运行方式，对系统进行必要的干预。

在显示器监视与操作中有两个值得注意的问题是快速性和抗误操作性。快速性是指画面的转换和操作过程要快。为此，一方面提高监视器的画面更新速度，例如把画面更新时间缩短到 1s 之内，另一方面通过优化关联画面的编排逻辑，使操作者在某个画面上发现问题后，能快速找到与其密切相关的其他画面，并简化操作步骤，力求实现一键操作。由于集散控制系统具有顺序控制功能，因此易于实现用一键操作代替一连串的键盘操作。但在操作简化的同时又出现了另一个问题，即如何防止因误操作可能引起严重后果。为此，首先将键盘功能按使用人员的职责范围划分等级，以密码或钥匙限制越权操作，保证像系统生成、回路构成、参数整定等功能不会被不允许的人员误操作。对一些关系重大的操作，系统必须要求操作员反复确认后才执行，对明显不合理的指令，系统应拒绝执行，以防止因误操作而引起严重后果。

9.3.5 DCS 的通信网络

DCS 通过现场控制站实现对生产过程的监测与控制，通过操作站进行集中监视和操作管理，实时了解生产的总体状况，实现对生产过程全面监控与管理的目的。只有将现场控制站和操作站通过通信网络连接起来，才能实现上述目标。DCS 现场控制站和操作站在空间上分布在一定区域之内，它的通信网络是一个局域网络。DCS 局域网与一般办公系统的局域网络不同，要求实时响应、能适应恶劣的工业现场环境、具有开放性等，对通信网络的可靠性与实时性要求很高。

DCS 通信网络技术涉及网络结构、信道访问规则、通信协议、信号发送技术、传输介质、网络接口等。这里只简单介绍 DCS 网络形式与组成结构及通信协议等有关内容。

1. DCS 的网络形式

集散系统多采用主-从和同等（Peer to Peer）两种基本网络形式。

图 9-15 所示为主-从通信网络系统，其中主站一般是工作站，负责处理网络设备之间的网络通信指挥任务；从站或称从属设备，多为现场控制设备如现场控制站、可编程控制器、总线仪表等。

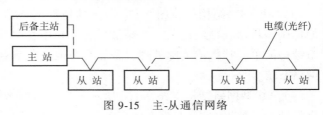

图 9-15 主-从通信网络

在主-从通信网络中，主站采用独立访问每个从属设备的方式，实现主设备与被访问从属设备之间的数据传送，从属设备之间不能直接通信。当从属设备之间需要进行信息传送时，首先将要传送的信息发送到网络主站，再由主站传送到目的站，主站充当中转站的作用。主-从网络具有整体控制网络通信的优点，缺点是整个系统内的通信全部依赖于主站。这类系统往往需要辅助后备网络主站，以便在主站发生故障时仍能保证网络正常运行。

在同等-同等通信网络中，每个网络设备都有要求使用与控制网络的权力，能够发送或访问其他网络设备的信息。同等-同等通信网络如图 9-16 所示。

这种通信方式也称为接力式或令牌式系统，网络的控制权可以看作是一个设备到另一个设备的接力或令牌式传递。其特点正好与主-从

图 9-16 同等通信网络

系统相反。由于每个网络设备都有权控制网络的数据通信，控制权该由哪个设备占用、占用多长时间以及网络上通信的类别等实现起来既复杂又困难。优点是一个或几个设备发生故障时，并不影响整个通信网络的正常运行。

2. 通信网络的硬件构成

通信网络硬件主要由两部分组成：传输电缆、光缆（或其他媒介）和接口设备。接口设备通常称为链路接口单元（或称调制解调器、网络适配器等），它的功能是控制数据交换、传送存取等。DCS 通信控制的典型功能包括：误码检验、数据链路控制管理以及与现场控制站、可编程控制器、控制单元、现场仪表或计算机之间的通信协议的处理等。DCS 的网络要在恶劣的工业环境运行，所以调制解调器都规定在特定的频率下通信，最大限度地减少干扰造成传输错误。

3. 通信网络的拓扑结构

DCS 网络物理拓扑结构有星形、树形、环形、总线型和复合型等几种主要形式，如图 9-17 所示。

（1）星形网络结构　图9-17a所示的星形网络结构属于主-从形式的网络系统。网络中各主、从站之间链路专用，传输效率高，通信简单，便于资源共享与集中管理。但主站承担全部信息的协调与传输，控制与传输负荷大，网络系统对主站的依赖性大，主站一旦发生事故，系统通信立即中断。

（2）树形网络结构　图9-17b所示的树形网络结构，适用于网络分级管理与控制。与星形结构相比，由于通信线路总长度较短，故成本低，易推广，但结构较星形复杂。网络中任一节点或连线的故障均影响其所在支路网络的正常工作。

（3）环形网络结构　在图9-17c所示的树形网络结构中，网络首尾相连成环形。网络信息的传送是从始发站经过其余各站最后又回到始发站。数据传输方向可单向也可双向，环形网络结构简单，挂接或摘除处理设备容易，但是若节点处理器或数据通道有障碍时会影响整个网络系统。

（4）总线型网络结构　图9-17d所示为总线型网络结构。在这种结构中所有节点通过接口连接到一条数据通道（总线）上，节点发送到总线的数据同时被所有节点所接收，但每个节点只接收以本节点为目的地址的数据。每次只允许一台设备发送数据，这样就需要按一定访问规则来决定哪一个节点占有网络。网络结构简单，系统可大可小，易于扩展。若某一设备发生故障，不会影响整个系统。这种结构是目前广泛应用的一种网络拓扑形式。

（5）复合型网络结构　在一些规模较大的DCS中，为了提高其实用性，常常将几种网络结构合理地组合起来运用于一个系统，充分发挥各自的长处。图9-17e所示为环形网络与总线型网络的复合结构。

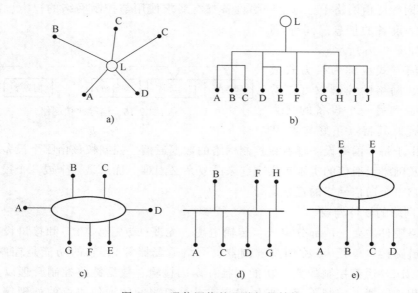

图9-17　通信网络的几种拓扑结构

a）星形网络结构　b）树形网络结构　c）环形网络结构　d）总线型网络结构　e）复合型网络结构

4. 通信协议

随着通信网络规模扩大和功能提高，对数据通信规格有了规范化的要求。如果数据规格不按照一定的规范编制，接收端就无法正确理解所收到的信息并加以利用。这种在网络上定义数据资料传输规范的协议就称为通信协议。

DCS 中采用的通信协议有 IEEE802 标准、MAP 标准和 PROWAY 标准等，其中应用最多的是 IEEE802 标准。关于这些通信协议的具体内容可参考有关的技术标准。

5. 典型 DCS 的通信网络

（1）TDC3000 系统　TDC3000 有三种通信网络：工厂控制网络（PCN，Plant Control Network）、局部控制网络（LCN，Local Control Network）、通用控制网络（UCN，Universal Control Netwrok）和高速数据通道（Data Hiway）。前三者均为局域网，通信特性相同。后者支持设备间点对点通信及资源共享。

局部控制网络用两条冗余的同轴电缆作为传输介质。通信协议采用 IEEE802 标准的令牌式总线，信息以帧方式传递。采用循环冗余校验码和重发纠错技术，以确保信息的准确、安全传送。

每个网络最多可接 64 个设备，信息在 64 个设备上传送的时间最长约 0.42s，最短为 1.8ms，每个设备占用介质发送时间为 30μs。

每个设备都有两个网络接口，对两条同轴电缆发送和接收信息，互为冗余。发送与接收电路采用变压器隔离方式。所采用的硬件和软件措施可保证网络通信的高速、可靠和安全。

（2）CENTUM 系统　CENTUM 系统有两种通信网络：用于控制级通信的 HF 总线和用于管理级通信的 SV—NET 总线。HF 总线采用同轴电缆作为传输介质，传输距离为 1~2km，也可经光适配器同光纤通信系统一起使用，传输距离可达 20km。通信采用 PROWAY 标准，介质存取方式为令牌总线。信息传送采用循环冗余码校验技术，确保数据安全传送。

每条 HF 总线可接 32 个设备，通信线路和接口等硬件均有双重化冗余配置，保证网络工作可靠。

SV—NET 总线与 HF 总线的区别是通信协议采用 MAP 标准。传送标准距离为 500m，总线最多可接 100 个设备。其他技术性能与 HF 总线相同。

CENTUM 系统的两个总线可以直接构成两级计算机控制和管理系统，并可通过网桥（Gateway）与其他网络相连。

9.3.6　DCS 的发展趋势

DCS 从诞生以来，在过程控制领域发挥了极其重要的作用，使整个工业控制技术发生了革命性的变化。随着电子技术、计算机技术和控制科学的发展以及各行业生产过程对控制技术更新更高的要求，DCS 也在持续向前发展。根据业内的主流观点和各大仪表公司新推出的 DCS，未来 DCS 的发展将呈现以下特点。

（1）DCS 的开放化　新的 DCS 大多将采用开放系统互连的标准模型，即通信协议或规程满足 MAP/TOP（Manufacturing Automation Protocol/Technical and Office Protocol），即工厂自动化和办公室自动化的局域网络协议要求，使 DCS 能够与其他控制与信息系统、计算机系统相连，方便地组成多节点局部网络。

（2）DCS 集成化程度提高　新型 DCS 将实现控制操作、管理集成化，仪表-电气计算机集成化，过程自动化与工厂自动化系统集成化，采用国际标准现场总线实现现场设备集成化，以及实现控制系统和信息系统的综合生产管理集成化等。

（3）DCS 规模多样化　根据各领域的不同需求，一方面开发和完善大型 DCS；另一方面不断开发各类小型化DCS，以满足快速发展的中小型连续生产过程和间歇式生产过程的控制需要。

(4) DCS系统软件丰富与完善 DCS是一种专用的计算机网络系统，软件系统的重要性不言而喻。DCS软件系统包括操作系统软件、控制及组态软件、工作站、操作站、控制站系统软件、通信软件和用户应用软件等。控制算法不断丰富、功能增强；控制及组态软件标准化；操作站的控制功能和信息管理功能进一步完善和增强，提供丰富的应用软件如数据库管理软件、文件生成软件、质量管理生成软件、文件传送软件、文件转换软件等。

(5) DCS的顺序控制功能增强并与PLC兼容 基于顺序控制发展起来的PLC经过不断改进和完善，增强了模拟控制功能，强化了网络通信功能，高档PLC也配有操作站，通过监视器实现动态图形显示、数据库管理、文件生成等。DCS汲取了PLC技术的特点，强化批处理功能、顺序控制功能、模拟量逻辑控制功能以及系统软件的复杂逻辑运算、布尔代数运算等。现在的DCS均设有PLC通信接口，将PLC作为DCS网络的一个节点。DCS和PLC的界限变得模糊，两者之间区别逐渐缩小。

(6) DCS的现场总线标准化 新的DCS将普遍采用智能现场仪表，采用现场总线将使不同系统、不同设备的兼容性、互换性大为提高。

(7) DCS不断采用新技术 新的DCS不断采用新技术以增强系统的功能。例如超大容量存储器芯片、专门化集成电路、数字信号处理器、全信息图像技术和光纤通信技术、三维空间显示技术、虚拟现实技术、人工智能技术等。

(8) DCS与计算机集成制造系统的一体化 由于计算机控制技术的广泛应用和迅速发展，导致更宏大更完善的系统——计算机集成制造系统(CIMS, Computer Integrated Manufacturing System)的诞生。CIMS是以整个企业的活动如工程设计、在线过程监视、离线过程监控、产品销售、市场订货、编制生产计划、新产品开发、修改产品设计、经营管理直到用户反馈等组成的闭环动态反馈系统，使企业内部各个环节高度计算机化、自动化及智能化。CIMS体现了制造工业控制和过程工业控制的统一，工厂自动化和办公室自动化的统一，设计、计划、生产、管理自动化的统一，市场活动计算机管理和生产过程计算机管理的统一。

CIMS尤其是人工智能技术，将深刻影响DCS的发展。作为CIMS的基础之一，CIMS要求DCS具有完全开放的通信网络系统以及远程网络和现场总线的标准化。而人工智能技术将使DCS的管理、决策与控制高度智能化。DCS和CIMS一体化与智能化，将给过程控制领域乃至整个工业控制界带来深刻的变化。

9.4 可编程控制器及其在过程控制中的应用

可编程逻辑控制器(PLC, Programmable Logic Controller)是基于继电器逻辑控制发展起来的可编程自动控制装置。早期的PLC主要用于离散生产过程的顺序控制、时序控制以及机械、电气装置和系统的逻辑控制等离散(开关)变量的自动控制。随着高性能微处理器技术快速发展和计算机技术、通信技术、先进控制技术全面引入可编程控制器，现代可编程控制器在控制功能、控制规模、数据处理能力、通信、兼容与开放性等方面都取得了巨大进步，已远远超出了早期逻辑控制的范畴，在模拟量闭环控制、数字量的智能控制、数据采集、系统监控、集散控制等方面都得到广泛的应用。现代中、大型PLC具有强大的通信功能，可与计算机或其他智能装置进行通信和联网，实现集散控制。功能完备的 PLC 不仅能满足生产过程控制要求，并为企业生产管理现代化提供有效的技术支持。

9.4.1 可编程控制器的基本组成与工作流程

9.4.1.1 可编程控制器的基本组成

现代 PLC 本质上是一种计算机控制系统，也可以说是一种专用计算机系统。PLC 的基本组成原理与典型的计算机组成相似，结构主要有整体式和模块式两种基本组成形式。

整体式 PLC 的所有组成部分都装在一个机壳内，其组成结构如图 9-18 所示，微型、小型 PLC 多采用这种结构形式。

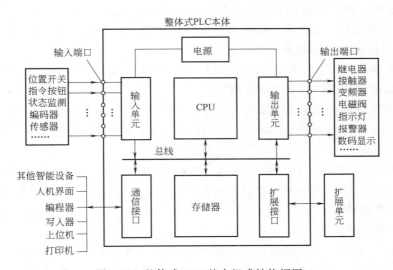

图 9-18 整体式 PLC 基本组成结构框图

模块式 PLC 各组成部件按功能模块独立封装，主要有 CPU 模块、I/O 模块、电源模块、通信模块等，所有模块统一安装在专用机架或导轨上，也可远距离分散安装，通过总线连接，组成结构如图 9-19 所示，中、大型和超大型 PLC 均采用这种结构形式。

（1）CPU 模块　CPU 模块是 PLC 的核心部件，主要由微处理器和存储器组成。与普通计算机一样，CPU 是整个 PLC 指挥控制中枢。

存储器分为系统程序存储器、用户程序存储器和工作数据存储器。系统程序存储器用来存放系统程序（类似于操作系统），系统程序存储器一般由 ROM 组成，用户不能改写其中的内容。用户程

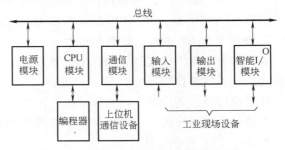

图 9-19 模块式 PLC 基本组成结构框图

序存储器用来存放用户程序，用户程序由用户编写，使 PLC 完成用户要求的特定功能。工作数据存储器是存储工作数据的区域，也称为工作数据区，用来存储 PLC 运行过程生成数据或调用中间结果数据。工作数据经常变化、频繁存取，所以这种存储器必须可读写。

（2）输入/输出模块　输入输出（I/O）模块由输入模块、输出模块构成，是 PLC 与现场输入输出设备或与其他外部设备之间的连接部件。

输入模块的作用都是用来接收和采集输入信号，将现场传来的外部信号电平转换为 PLC 可接收的内部信号电平。输出模块将 PLC 内部信号电平转换为控制过程所需的外部信号电平输出。I/O 模块均有隔离措施保护 PLC 本体安全。

（3）功能模块　功能模块是一些智能化的输入和输出模块，如温度检测模块、位置检测模块、位置控制模块、PID 控制模块等。

（4）通信接口模块　实现 PLC 与其他专用设备如上位机、远程设备、专用智能终端之间的通信。

（5）电源模块　PLC 通常配有开关式稳压电源为内部电路供电。开关电源的输入电压范围宽、体积小、重量轻、效率高、抗干扰性能好。有的 PLC 能向外部提供 24V 的直流电源，可为输入单元所连接的外部开关或传感器供电。

（6）其他模块　PLC 还有 EPROM 写入器、外存储器、编程器等外设和专用模块。

9.4.1.2　可编程控制器的基本工作流程

PLC 的工作方式是一种不断循环的顺序扫描过程。PLC 通电后首先对硬件和软件做初始化操作，然后反复不停地处理各种不同的任务，这种周而复始的循环工作模式称为循环扫描。

PLC 运行时，内部要进行一系列操作，大致可分为三项内容：①以故障诊断、通信处理为主的公共操作；②工业现场的数据输入和输出操作；③执行用户程序的操作（包括服务于外部设备的（中断请求）操作）。

1. PLC 循环扫描工作过程

PLC 通电后，首先对硬件和软件进行初始化操作。为了使 PLC 的输出及时响应各种输入信号，初始化后 PLC 反复不停地进行循环扫描，整个扫描工作过程可分为以下三部分：

第一部分上电处理。PLC 上电后对 PLC 系统进行一次初始化工作，包括硬件初始化、I/O 模块配置运行方式检查、停电保持范围设置及其他初始化处理。

第二部分自诊断与出错处理。PLC 每扫描一次，执行一次自诊断检查，确定 PLC 自身工作是否正常，如 CPU、电池电压、程序存储器、I/O、通信等是否异常或出错，当检查出现异常时，CPU 面板上的 LED 及异常继电器会接通显示故障信息。当出现致命错误时，CPU 被强制为 STOP 方式，所有扫描停止。

第三部分正常工作过程。PLC 上电处理完成以后进入常规工作过程，先完成输入处理，其次完成与其他外设的通信处理，再进行时钟、特殊寄存器更新。当 CPU 处于 STOP 方式时，转入执行自诊断检查；当 CPU 处于 RUN 方式时，完成用户程序的执行和输出处理后，再转入执行自诊断检查。PLC 的基本工作流程如图 9-20 所示。

2. PLC 用户程序工作过程

当 PLC 上电进入正常工作运行时，将不断地循环重复执行各项任务。"输入采样""用户程序执行"和"输出刷新"三个阶段是 PLC 工作过程的中心内容，也是 PLC 工作原理的实质所在。

（1）输入采样　在输入采样阶段，PLC 采样并存储所有外部输入口的信息，直到下一个扫描周期的输入采样之前保持不变（中断处理是例外）。

（2）用户程序执行 在无中断或跳转指令的情况下，PLC 按照自上而下的顺序，对每条指令逐句进行扫描（即按存储器地址递增的方向进行），扫描一条，执行一条。当指令中涉及输入、输出状态时，PLC 就从输入寄存器中"读入"对应输入端子的状态，然后进行相应的运算，并将最新的运算结果再存入到相应寄存器。

PLC 的用户程序执行既可以按固定的顺序进行，也可以按用户程序所指定的条件改变执行顺序。因为有的程序不需要每个扫描周期都执行；而在大型控制系统中需要处理的 I/O 点数较多，通过不同的功能模块安排，采用分时分批扫描执行的办法，可缩短循环扫描周期和提高控制系统响应的实时性能。

（3）输出刷新 CPU 执行完用户程序后，将输出存储器中的数据，在输出刷新阶段一起转存到输出锁存器。在下一个输出刷新阶段开始之前，输出锁存器的所有状态不会改变，相应输出端子的状态也保持不变。

用户程序执行过程中，集中输入与集中输出的工作方式是 PLC 的一个特点。在采样期间，将所有输入信号（不管该信号当时是否要用）一起读入，此后在整个程序处理过程中 PLC 系统与外界隔离，直至输出控制信号。外界信号状态的变化

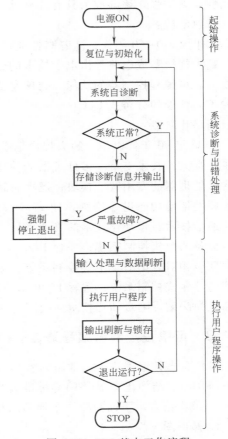

图 9-20 PLC 基本工作流程

要到下一个工作周期才会再一次被采样并保存，这样从根本上提高了系统的抗干扰能力和控制系统工作的可靠性。

9.4.2 可编程控制器发展历程

1969 年美国数字设备公司（DEC）基于通用汽车公司的招标要求，研制成功世界上第一台可编程控制器 MODICON084，应用于通用公司汽车装配线并取得极大成功，标志着可编程控制器这一极为重要的自动控制装置诞生。

雏形阶段：

从第一台 PLC 问世到 20 世纪 70 年代中期，受限于电子元器件技术水平及计算机发展水平限制，这一阶段 PLC 电路构成主要是分立元件与中小规模数字集成电路，只能完成简单的逻辑控制及计时、计数功能，机型单一，没有形成系列。

实用阶段：

20 世纪 70 年代末期，微处理器技术快速发展，计算机技术全面进入可编程控制器。这一阶段的可编程控制器数值运算、数据传输及处理等功能显著增强，具有更高的运算速度、体积更小、可靠性更高，增加了模拟量控制等功能；模块式结构的 PLC 出现；整机功能和

通用性显著增强，逐渐成为具有计算机特征的工业自动控制装置。

成熟阶段：

20世纪80~90年代，随着高性能微处理器及位片式CPU在PLC中的大量使用和大规模、超大规模集成电路等微电子技术的迅猛发展，以16位和32位微处理器构成的PLC快速发展。可编程控制器的功能和处理速度显著提升，出现了紧凑型、低价格的新一代产品和多种不同性能的分布式PLC。

网络化阶段：

20世纪90年代以来，超大规模集成电路、门阵列以及专用集成电路迅速发展，为PLC提供了强大的技术支持。多处理器的使用使PLC功能性能出现质的飞跃，同时开发了大量内含微处理器的专用智能模块，逻辑控制功能、过程控制功能、运动控制功能、数据处理功能、联网通信功能迅速增强，使PLC成为名符其实的多功能控制装置。随着计算机技术、网络通信技术、自动化技术的飞速发展，PLC出现了多种系统结构形式。如一台PLC控制一台设备的单机控制系统；一台PLC控制多台设备、设备运行或操作存在逻辑关联、设备布置区域相对较小的集中式控制系统；由多台PLC控制多台分布较远、设备之间需要信息交换的分布式控制系统；远程I/OPLC系统、网络化大型分布式PLC系统等。PLC及其网络产品成为深刻影响自动化技术、应用广泛的自动化设备。

9.4.3 可编程控制器编程语言

PLC有多种编程语言，常用的有梯形图（LD）、语句表（IL）、顺序功能图（SFC）、功能块图（FBD）、结构化文本（ST）等标准编程语言。除此之外，还有配BASIC或其他高级语言的PLC编程语言。下面简要介绍梯形图和语句表编程。

1. 梯形图

梯形图是使用最多的中小型PLC编程语言，在形式上类似于继电器的逻辑控制电路，整个图形呈阶梯形，逻辑关系非常形象，故有梯形图之称。编程规则如下：

1）梯形图按自上而下，从左到右的顺序排列。

2）在梯形图中，每个继电器线圈为一个逻辑行，即一层阶梯。每个继电器线圈的左边必须有触点，然后与左边的母线相连接，其触点的状态由相应的继电器线圈内有无电流来确定。继电器线圈的右边不能有触点，应直接与右边的母线相连接。

3）梯形图中的继电器不是真实的继电器，而是"软继电器"。每个继电器的线圈在一个程序中不能重复使用，但其触点在编程中可重复使用，相当于每个"软继电器"的触点数可无限多，因为在存储器中的触发器状态可反复读取。

4）由于梯形图中的继电器实质上是存储器中的触发器，故其只有"1"和"0"两个状态。"1"状态表示继电器线圈通电，其相应的常开触点（也称动合触点）闭合，常闭触点（也称动断触点）断开；"0"状态表示继电器线圈无电流通过，其相应的触点不动作。

5）继电器线圈中的电流并不是真正的电流，而称为"概念电流"，两端的母线也不需接电源。"概念电流"只是用户程序中用来分析输入、输出条件的形象表示方法。"概念电流"在梯形图中只能从左向右流动。

6）梯形图中的线圈是广义的，它还可以用来表示计时器、计数器、移位寄存器以及各种运算结果等。

7) 梯形图中不出现输入继电器的线圈,只出现输入继电器的触点。其触点的状态由输入继电器线圈的状态确定。

8) 梯形图中的输出继电器供 PLC 作输出控制用,而其内部继电器不能作输出控制用,其接点只能供 PLC 内部使用。

9) 由梯形图编写指令程序时,应遵循从上到下、从左到右的顺序。梯形图中的每个符号对应于一条指令,一条指令为一个步序,不存在几条并列支路或一条支路上几个符号同时执行的可能性。

2. 语句表

PLC 的梯形图是一种图形编程方式,还可以用指令的助记符来编程。各种类型 PLC 使用的助记符不同,下面以 ACMY-S80 型 PLC 为例,说明语句表的编写方法。

ACMY-S80 的基本逻辑指令有 21 条,数据操作指令有 12 条,如表 9-1、表 9-2 所示。

表 9-1　ACMY-S80 的基本逻辑指令

指令名称	符号	功　能
取指令	LD	用于常开触点与母线连接
取反指令	LD NOT	用于常闭触点与母线连接
与指令	AND	用于常开触点的串联
与反指令	AND NOT	用于常闭触点的串联
或指令	OR	用于常开触点的并联
或反指令	OR NOT	用于常闭触点的并联
与块指令	AND LD	用于触点组的串联
或块指令	OR LD	用于触点组的并联
输出指令	OUT	输出逻辑运算的结果
输出非指令	OUT NOT	输出逻辑运算结果的非
保持指令	KEEP	用于继电器线圈的自保
上升微分指令	DIFU	用于对输入信号的上升沿微分,并将微分结果送给设定的继电器线圈
下降微分指令	DIFD	用于对输入信号的下降沿微分,并将微分结果送给设定的继电器线圈
分支指令	IL	表示在逻辑行分支处形成新母线
分支结束指令	ILC	表示分支后的逻辑行返回到原母线
跳步指令	JMP	表示程序的跳转
跳步结束指令	TME	表示程序跳转的结束
计时指令	TIM	表示计时器的延时操作,在紧跟的第二语句用#设定计时值(0.1~999.9)
计数指令	CNT	表示计时器计数操作,在紧跟的第二语句用#设定计数值(1~999.9)
移位指令	SFT	用于移位寄存器的移位操作,SFT 设定移位寄存器的起始地址,紧跟的第二语句用#设定终止地址
结束指令	END	表示程序结束

表 9-2　ACMY-S80 的数据操作指令

序号	指令名称	符　号	功　能
1	数据传送指令	MOV(Y,M)	表示将内部存储器 M 的内容传送到输出存储器 Y
2	常数设定指令	CONST	用于将 4 位十进制常数送到内部存储器
3	比较指令	CMP	用于将存放在指定存储器中的内容进行比较
4	十/二进制变换指令	BIN	将存放在设定存储器中的十进制数变换成二进制数存放到设定存储器
5	二/十进制变换指令	BCD	将存放在设定存储器中的二进制数变换成十进制数存放到设定存储器
6	加法指令	ADD	执行加法运算
7	减法指令	SUB	执行减法运算

(续)

序号	指令名称	符　　号	功　　能
8	乘法指令	MUL	执行乘法运算
9	除法指令	DIV	执行除法运算
10	数据输出指令	DOUT	将内部存储器的二进制数输出到某一地址的外设中
11	数据输入指令	DIN	将外设某地址（由#指定）送到 DIN 设定的存储器中
12	通信指令	COM	用于 S80 主机与从机间的通信

在编写语句表时，要先将梯形图中的"软继电器"线圈及其触点编号，然后用指令将顺控关系连接起来。

下面用 ACMY-S80 指令系统举例说明编程过程。

例 1　根据图 9-21 所示梯形图编程。

梯形图说明如下：

第一逻辑行起始于左母线，经过常闭触点 1000，与常开触点 1001 串联，然后终止于继电器线圈 3000。

第二逻辑行也起始于左母线，并由常开触点 3000 与常闭触点 1003 串联，然后一方面将逻辑运算结果输出到继电器线圈 2000 与 2001，另一方面又与常开触点 1004 串联后，再将运算结果输出到继电器线圈 2002。

继电器线圈中有无电流（以状态 1 代表有电流，状态 0 代表无电流），完全由相应的触点状态来确定。例

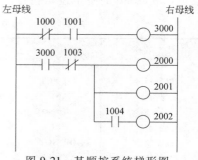

图 9-21　某顺控系统梯形图

如当驱动触点 1000 的线圈状态为 0，而驱动触点 1001 的线圈状态为 1 时，输出继电器线圈 3000 的状态为 1。表 9-3 所示说明各输出继电器线圈状态为 1 时应满足的条件。

表 9-3　各输出继电器线圈状态为 1 的条件

继电器线圈	状态为'1'的各触点应满足的条件
3000	常闭触点 1000 不动作，常开触点 1001 闭合
2000	常闭触点 1000 不动作，常开触点 1001 闭合；常开触点 3000 闭合，常闭触点 1003 不动作
2001	条件与上述相同
2002	常开触点 1001、3000、1004 闭合，常闭触点 1003、1000 不动作

与图 9-21 梯形图对应的语句表如下：

```
0 LD NOT   1000
1 AND   1001
2 OUT   3000
3 LD   3000
4 AND NOT   1003
5 OUT   2000
6 OUT   2001
7 AND   1004
8 OUT   2002
9 END
```

例 2 图 9-22 为某乙烯装置中的精馏塔，进料为脱甲烷后的石油裂解气，轻组分物质（C_2 成分）经精馏段气化上升至塔顶采出，而重组分物质（C_3 及以上成分）则由于沸点高不易气化，从提馏段下降，由塔底采出。

为了控制精馏产物的纯度，对塔内温度进行控制，即用温度控制器 TRC 通过蒸气调节阀控制加热蒸气流量，保持塔底温度恒定。为了保证安全操作，塔内压力不能过高，否则会引起液泛事故。为此应采取相应的联锁保护措施限制塔压超限：当塔压越限时，塔压（保护）联锁装置 PIS 使电磁阀的线圈 S 断电，蒸气阀的 A-C 切断，B-C 接通。这样就切断了 TRC 的控制通路。作用于气动阀上的控制气压通过 B-C（放空）迅速降为 0，调节阀（气开型）立即关闭，加热蒸气不再进入再沸器加热，釜液蒸发量大幅度下降使塔压下降。

为了满足上述工艺要求，可以设计相应的电气（继电器）控制系统实现安全控制功能，也可以由 PLC 实现。当采用电气系统控制时，由继电器、按钮等电气元器件构成如图 9-23 所示的电气控制系统，实现安全控制功能。

图 9-23 中 PS 是塔压（保护）控制触点。当塔压在正常范围时，PS 闭合（常闭），延时继电器 KT 带电，其常闭触点 KT-1 断开，报警指示灯 HL 不亮，常开触点 KT-2 闭合，使继电器 KA 带电，相应地触点 KA-1 闭合，使电磁阀线圈 S 带电，蒸气阀的 A-C 连通，B-C 被切断，温度控制回路正常工作。当塔压越限时，控制触点 PS 断开，继电器 KT 失电，相应的触点 KT-1 闭合，报警指示灯 HL 亮，给出报警信号。与此同时，触点 KT-2 断开，中间继电器 KA 失电，触点 KA-1 断开，使电磁阀线圈 S 失电，三通阀的 A-C 被切断，B-C 接通，蒸气阀的控制气压被放空，于是蒸气调节阀（气开阀）关闭，切断加热蒸气进入再沸器的通路，停止加热，使塔压不至过高而引起液泛事故。图中联锁开关 K 是为了切换联锁之用。当不需要联锁保护时，只要将 K 闭合，这时不管控制触点 PS 是否闭合，KT 总是带电状态，指示灯 HL 不亮，电磁阀的线圈一直带电，温度控制系统不会被切断，安全控制功能失效。

为了防止由于偶然因素引起塔压偶然瞬时越限，使联锁保护系统产生误动作，该系统中采用了延时继电器 KT。

采用 PLC 实现上述联锁保护控制系统，编制的梯形图如图 9-24 所示。

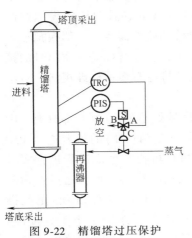

图 9-22 精馏塔过压保护
控制流程图

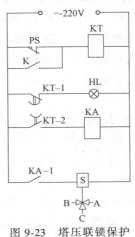

图 9-23 塔压联锁保护
电气控制电路图

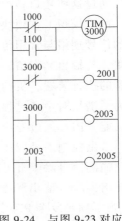

图 9-24 与图 9-23 对应的
PLC 控制梯形图

在图 9-24 中，TIM 3000 代表延时继电器的线圈，其有无电流取决于塔压保护触点 1000

的状态，1100 是联锁切换开关环节的触点。2001 代表由 TIM 控制的常闭触点 3000 确定其状态的继电器线圈，用其常闭触点控制报警指示灯的通断。2003 代表中间继电器 KA 的线圈，其通电状态由 TIM3000 的常开触点控制，其常开触点控制 2005 线圈的通电状态；2005 是输出继电器，用来控制电磁三通阀线圈的电流。

相应的控制语句表如下：

```
0 LD NOT 1000
1 OR    1100
2 TIM   3000
3 #     0010
4 LD NOT  3000
5 OUT   2001
6 LD   3000
7 OUT   2003
8 LD   2003
9 OUT   2005
10 END
```

语句表中，TIM 是计时指令，用于计时器的延时操作，紧跟其后语句中的#0010 用于设定 TIM3000 延迟时间值，即延时时间为 10s。

9.4.4 可编程控制器模拟信号处理与闭环控制功能

实际生产过程存在大量连续变化的模拟量(温度、压力、流量等)，PLC 要实现对连续生产过程的监控，必然需要模拟信号处理功能。

20 世纪 80 年代初，PLC 在原来逻辑运算、计数和定时功能基础上，增加了数值运算和模拟信号处理功能，可以进行模拟变量和参数监控，使 PLC 在过程控制领域的应用成为可能。现在的 PLC 大多都配有标准的模拟信号 A/D 转换接口模块，从变送器来的各种标准模拟信号通过这些接口转换成数字信号进入 PLC；同时 PLC 通过 D/A 转换接口输出模拟控制信号。PLC 模拟 I/O 模块具有多种标准规格，以满足对不同参数的监控需要。一般模拟输入模块的信号规格与常用传感器、变送器输出信号的类型、标准一致；也有接受频率信号的接口模块，与输出频率信号的传感器配套使用。模拟输出模块的信号也有多种标准规格，对不同类型的执行装置、机构进行控制。

为了满足对生产过程进行闭环控制的需要，能进行模拟信号处理的 PLC 大都具有 PID 控制功能。PLC 通过专用 PID 指令模块，对给定值(SV)和实际测量值(PV)的偏差进行 PID 运算，求出控制信号(MV)值，并由专用输出模块输出，驱动执行机构对生产过程进行实时控制。输出信号除了常见的 DC 4~20mA 模拟信号之外，也可根据执行器特性，通过选择不同的输出模块，输出频率信号(控制步进电动机)、PMW 信号(功率)、3 位信号(正反操作)。为了满足复杂 PID 控制需求，一些大、中型 PLC 提供专用智能控制模块(含 I/O 接口)供用户选用。专用智能控制模块是一个独立的计算机系统，有自己的 CPU、存储器，通过总线与 PLC 连接，进行数据交换，并在 PLC 协调下独立工作，进行复杂 PID 快速运算。

下面举例说明 PLC 在过程控制中的简单应用。

工艺要求一台大功率电加热炉温度恒定，可选具有 PID 运算功能的小型 PLC 实现对电加热炉的恒温控制。系统由 PLC、控制执行装置、温度变送器（含热电偶）、电加热炉、人机接口等组成，系统结构如 9-25 所示。

PLC 的 AI 模块接受温度变送器的模拟信号，转换为数字信号（PV）后送入 PLC 的 PID 功能块，与温度设定值（SV）比较得出偏差（e）后进行 PID 运算，求出控制输出（MV）值，然后由 AO 模块转换为模拟信号输出到控制执行装置，控制进入电加热炉的电能，将炉温控制在设定值。根据电加热炉的工作原理和执行装置的控制方式不同，PID 控制信号可以选用不同的输出模块，输出不同形式的控制信号，如位式控制信号、PWM 信号等。

图 9-25 中 PLC 的 DI 模块可接收反映电加热炉本体和控制执行装置的运行、安全状态开关量信号；DO 模块可输出与运行和安全相关的开关量控制信号对系统运行过程进行操控；现场操作人员可通过人

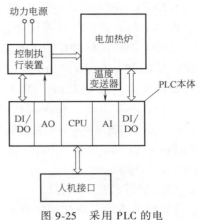

图 9-25　采用 PLC 的电加热炉温控制系统

机界面对系统运行进行实时操作。这样，用一台（套）PLC 就可实现对加热炉运行的自动控制。由这个实例可看出，PLC 能够方便地实现单体设备与小型生产过程的自动控制，是对自动化仪表和 DCS 系统极为有益的补充。

9.4.5　可编程控制器与组态软件

1. 组态软件的发展历程

基于计算机的控制系统，对系统及应用软件有很高要求。随着生产过程系统规模增大，对控制系统功能要求越来越复杂，对控制系统软件要求越来越高，传统的工业控制系统软件和应用软件及其开发模式已不能适应自动化技术发展的要求。

在组态软件出现之前，工控用户自己动手或委托第三方编写人机接口（HMI，Human Machine Interface）应用，开发时间长，效率低，可靠性差；从市场购买专用的工控系统通常是封闭系统，选择余地小，很难与外界进行数据交互，升级和增加功能受到限制。组态软件的出现，把用户从这种困境中解脱出来，可以利用组态软件的功能，方便地构建一套适合自己的应用软件系统。

"组态"的概念伴随着 DCS 的出现开始被生产过程自动化技术人员所熟知。DCS 是比较通用的控制系统，可以应用到不同的生产过程中。为了使用户在不需要编写代码的情况下生成适合自己需求的应用软件系统，每个 DCS 厂商在 DCS 中都预装了系统软件和应用软件，其中的应用软件就是监控组态软件，是面向监控与数据采集的软件平台工具。可以说，监控组态软件是伴随计算机控制技术的突飞猛进发展起来的。1975 年美国 Honeywell 公司推出的世界上第一套 DCS，随后 DCS 及计算机控制技术日趋成熟，DCS 配置的软件也日趋丰富，包括计算机系统软件（操作系统）、组态软件、控制软件、操作站软件、其他辅助软件（如通信软件）等。由于 DCS 软件的专用性和封闭性，成本一直居高不下，这就造成早期 DCS 在中小型项目上应用的成本过高，导致一些中小型应用项目不得不放弃使用 DCS。

随着个人计算机的普及和开放系统(Open System)概念的推广，基于个人计算机的监控系统开始进入市场，并快速发展。组态软件作为个人计算机监控系统的重要组成部分具有广阔的发展空间。这是因为：①DCS 和 PLC 厂家主动公开通信协议，加入"PC 监控"的阵营，几乎所有的 PLC 和大部分 DCS 都使用 PC 作为操作站；② 基于 PC 的监控大大降低了系统成本，市场空间扩大；③智能仪表、PLC 和基于 PC 的设备可与组态软件构筑完整的低成本自动化系统，把组态软件推到了自动化系统的重要位置，组态软件逐渐成为工业自动化系统的中枢。美国 Wonderware 公司于 20 世纪 80 年代末率先推出商品化监控组态软件，由此监控组态软件在全球蓬勃发展。现在国际上影响较大的有 Wonderware 的 InTouch、Intellution 的 iFIX、CiT 的 Citech、Simens 的 WinCC、GE 的 Cimplicity、Rockwell 的 RsView、NI 的 LookOut、PCSoft 的 Wizcon 等组态软件。1995 年以后国内的组态软件也得到长足发展，三维力控的 ForceControl(力控)、北京亚控的 KINGVIEW(组态王)、昆仑通态的 MCGS 等逐步获得国内市场认可。

2. 组态软件的技术特色

(1)简单灵活的可视化操作界面　组态软件采用可视化、面向窗口的开发环境，以窗口画面构建用户系统运行的图形界面。用户可以使用系统的默认架构，也可以根据需要自己组态配置，生成各种类型和风格的图形画面，并构建适用的监控操作界面。

(2)实时多任务特性　一台工业控制计算机(或服务器)往往需要同时进行实时数据的采集、处理、存储、检索、管理、输出，算法的调用，实现图形、图表的显示，报警输出，实时通信等多个任务。对于大型监控系统，这一点尤为重要。而组态软件可方便地实现多任务功能。

(3)强大的网络功能　组态软件支持 Client-Server 模式，实现多点数据传输。可运行于基于 TCP/IP 的网络环境，实现远程监控；提供基于网络的报警系统、基于网络的数据库系统、基于网络的冗余系统；实现以太网与不同的现场总线之间的通信。

(4)高效的通信能力　组态软件支持多种通信协议，实现并完成监控功能的上位机与完成数据采集与监控功能的下位机之间的通信；可与不同厂家生产的设备互连。与不同厂家生产的各种工控设备通信是工控组态软件得以广泛应用的基础。

(5)开放特性　用户可根据实际需要，对组态软件的功能进行扩充。组态软件允许用户方便地用 VB 或 VC++等编程工具自行编制或定制所需的功能构件，装入工具箱；有些组态软件还提供高级开发向导，自动生成设备驱动程序的框架，为用户开发 I/O 设备驱动程序提供帮助；用户还可以采用自行编写动态链接库的方法，在策略编辑器中挂接自己的应用程序模块。

采用组态软件开发的人机界面通过标准接口与其他系统通信，人机界面向制造执行系统等上层系统提供数据，同时接受其调度；用户自行开发的一些先进控制和其他功能程序通过与人机界面或实时数据库的通信来实现。

组态软件支持 ODBC 数据库接口，普遍符合 OPC 规范，既可以作为 OPC 服务器，也可以作为 OPC 客户机，这样可以方便地与其他系统进行实时或历史数据交换，确保监控系统的开放性。

(6)丰富生动的监控画面　组态软件以图像、图形、报表、曲线等形式，为操作员及时提供系统运行状态、异常报警等相关信息；用大小变化、色彩变化、明暗闪烁、移动翻转等多种方式增加画面的动态显示效果；通过对图元、图符对象定义不同的状态属性，实现动画效果，还为用户提供丰富的动画构件，每个动画构件都对应一个特定的动画功能。

（7）报警功能　组态软件提供多种报警方式，具有丰富的报警类型，方便用户进行报警设置和实时显示报警信息，对报警数据进行存储和响应。

（8）丰富的设备对象图库和控件　对象图库存储各种对象（图形、控件等），组态时只要把图库中对象放置在相应的图形画面位置即可；可以按照规定的形式制作图形补充到图库，方便定制面向特定行业应用的图库和控件。

（9）易维护性　组态软件主要功能模块以构件形式来构建，不同的构件有不同的功能，各自独立、易于维护。

功能强大的商业化组态软件为基于 PLC 的控制、尤其是大型 PLC 控制系统的操作、管理功能和自动控制水平提高创造了条件，促进了 PLC 应用领域持续扩展和各个行业自动化水平的快速提升。随着模拟信号处理能力的持续增强和组态软件监控、操作、管理功能持续完善，PLC 在中小型生产过程控制领域的应用日益广泛。

9.4.6　可编程控制器在过程控制领域的应用

PLC 由继电器逻辑控制发展而来，在开关量逻辑控制、顺序控制方面具有优势，传统 PLC 主要应用于离散控制领域。随着计算机技术的发展，PLC 在初期逻辑运算功能的基础上，增加了模拟信号处理、数值运算及闭环控制功能，运算速度不断提高，系统规模不断增大。现在 PLC 已被广泛应用于过程控制领域，并呈现出快速发展的趋势。PLC 的技术进步及与 DCS 相比的价格优势是 PLC 应用于过程控制领域的趋势不可阻挡的主要原因。部分 PLC 厂商已开发出一些过程控制专用模块，可方便地实现复杂闭环控制。从趋势来看，PLC 所特有的配置灵活、高可靠性和不断增强的各种控制功能，特别是 PID 回路控制功能增强，使它在过程控制中发挥着越来越重要的作用。PLC 已然成为中小型过程生产系统的主要控制装置与控制系统。

与 PLC 不同，DCS 是由仪表回路控制发展而来，在模拟量处理、闭环控制方面具有先天优势，针对流程控制的 PID 功能比较全面；比较关注连续过程控制功能和精度，具备多种复杂 PID 控制算法以及串级控制、前馈控制、Smith 预估补偿控制和自适应控制、预测控制、模糊控制、推理控制等复杂控制、先进控制功能模块，通信网络、操作管理等功能完善，能够满足复杂生产过程的控制需求，在石油、化工、冶金、热能动力、电站等大型流程工业领域得到广泛应用。

现代大型流程系统既包含以连续变量为主的复杂过程系统，也包含以逻辑变量为主的离散系统以及数量众多的专业装备。为实现企业经营活动全流程的自动控制、协调调度和资源综合管理，不但需要采用 DCS 对复杂过程进行集散控制，采用 PLC 对离散系统的逻辑控制以及采用第三方专用控制装置对专业设备的运行控制，而且需要不同控制系统与信息系统之间的信息共享，才能够进行全过程的协调调度与资源的综合管理。因此，DCS 与 PLC 的集成与融合既是大型复杂过程控制、管理一体化的现实需求，也是 DCS 与 PLC 技术发展的必然趋势。要强调的是，DCS 仍是大型、复杂过程领域控制系统的高端主流技术。

9.5 现场总线技术与现场总线控制系统

DCS 诞生以来，由于其优越的性能，在过程控制领域得到了广泛的应用。一方面，传统 DCS 的技术水平虽然在不断提高，但通信网络最低端只达到现场控制站一级，现场控制站(器)与现场检测仪表、执行器之间的联系仍采用一对一传输的 4~20mA 直流模拟信号，传输成本高、效率低、维护困难，无法发挥现场仪表智能化的潜力，实现对现场设备工作状态的全面监控和深层次管理；另一方面，基于生产厂家专有技术而形成的 DCS 通信协议及软硬件的封闭性，成为不同 DCS 之间兼容互连、设备间互换的巨大障碍。而基于 DCS 通信网络标准化和现场仪表(设备)数字化、智能化的现场总线技术为现场仪表装置、通信网络化，实现不同 DCS 之间的兼容互连开辟了有效途径。

9.5.1 现场总线发展及几种主要现场总线技术

9.5.1.1 现场总线技术及其通信模型

1. 现场总线的发展

按照现场总线基金会(Fieldbus Foundation)的定义，所谓现场总线就是连接智能测量与控制设备的全数字式、双向传输、具有多节点分支结构的通信链路。

现场总线的思想形成于 20 世纪 80 年代。1984 年，美国仪表学会(ISA)开始制定 ISA/SP50 现场总线标准；1986 年联邦德国开始制定过程现场总线(Process Field Bus) Profibus 标准，并于 1990 年完成；1994 年又推出用于过程自动化的现场总线 Profibus-PA；1986 年，Rosemount 提出 HART 通信协议，它是在 4~20mA 直流模拟信号上叠加数字信号，既可以用于 DC 4~20mA 模拟仪表，也可以用于数字仪表通信，是现场总线的过渡性协议；1992 年，由 Siemens、Foxboro、Yokogawa、ABB 等公司成立的 ISP(可互操作规划组织)，以 Profibus 为基础制定现场总线标准；1993 年成立 ISP 基金会 ISPF；1993 年由 Honeywell、Bailey 等公司牵头成立 World FIP，约 120 多个公司加盟，以法国 FIP 为基础制定现场总线标准；1994 年，世界两大现场总线组织 ISPF 和 World FIP 合并，成立现场总线基金会，简称 FF(Fieldbus Foundation)，总部设在美国得克萨斯州的 Austin。

以现场总线为基础的全数字控制系统成为 21 世纪自动化控制系统发展的主流技术。目前世界发达国家的自动化仪表公司都以巨大的人力和财力投入，全方位地进行技术研究和实际应用开发。由于现场总线是以开放、独立、全数字化的双向多变量通信代替直流 4~20mA 的现场仪表信号传输模式，实现全数字化通信的控制系统，标准化至关重要。

2. 现场总线通信模型

(1)开放系统互连参考模型　计算机网络体系结构(Network Architecture)是计算机网络层次结构模型和各层次协议的集合。国际标准化组织(ISO, International Standardization Organization)和国际电工委员会(IEC, International Electrotechnical Commission)于 1978 年共同建立联合技术委员会 ISO/IEC JTCI，提出了一个试图使各种计算机在世界范围内互连成网的标准框架，为保持相关标准的一致性和兼容性提供共同的参考，这就是开放系统互连参考模型(OSI/RM, Open System Interconnection/Reference Model)，也称 ISO/OSI 模型，并于 1983 年成为正式国际标准 ISO 7498。其中"开放"是指按 ISO/OSI 模型建立的任意两个系统之间的连接与操作，即相互通信、相互开放；"系统"是指计算机、终端、数据传输设备、外部设备、操作员与软件的集合。

OSI 将整个通信功能按照以下原则：

➤ 网络中各节点都有相同的层次，相同的层次具有相同的功能

➤ 同一节点相邻层之间通过接口通信

➤ 每一层使用下层提供的服务，并向上层提供服务

➤ 不同节点的同等层按照协议实现对等层之间的通信

划分为七个层次，如图 9-26 所示。各层的主要功能如下：

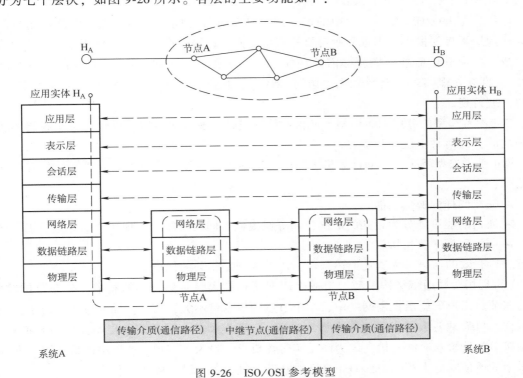

图 9-26 ISO/OSI 参考模型

➤ 物理层（Physical Layer）

物理层处于 OSI 参考模型的最低层，主要功能是利用物理传输介质为数据链提供物理连接，以透明地传送数据流，物理层是设备之间的物理接口。

➤ 数据链路层（Datalink Layer）

在物理层提供数据流传输服务的基础上，数据链路层在通信实体之间建立数据链路连接，传送以帧为单位的数据包，通过差错控制、流量控制，使有差错的物理线路变成无差错的数据链路。

➤ 网络层（Network Layer）

网络层主要任务是通过执行路由选择算法，为报文分组通过通信子网选择最适当的路径。网络层执行路径选择、拥挤控制与网络互连等路由管理功能，负责网络内任意两节点之间数据的交换，是 OSI 参考模型七层中最复杂的一层。

➤ 传输层（Traosport Layer）

传输层向用户提供可靠的端到端服务，透明地传送报文，它向高层屏蔽了下层数据通信的细节，是计算机通信体系结构中关键的一层。

➢ 会话层(Session Layer)

会话层的主要目的是组织与同步在两个通信用户之间的对话，并管理数据的交换。

➢ 表示层(Presentation Layer)

表示层主要用于处理在两个通信系统中交换信息的表示方式，它包括数据格式变换、数据加密与解密、数据压缩与恢复等功能。

➢ 应用层(Applicational layer)

应用层是 ISO/OSI 参考模型中的最高层，确定进程之间通信的性质，以满足用户的需要。应用层不仅要提供应用进程所需要的信息交换和远程操作，还作为应用进程的用户代理来完成一些为进行信息交换所必需的功能，包括文件传送访问和管理(FTAM)、虚拟终端(VT)、事务处理(TP)、远程数据库访问(RDA)、制造业报文规范(MMS)、目录服务(DS)等协议或行规。

OSI 参考模型的分层思想使整个通信网络的设计变成了对各层的设计。由于各层的功能是独立的，因而易于设计和实现。

OSI 参考模型解决了不同计算机之间的通信问题。不管差异多大，只要它们具有下列共同之处：

➢ 完成同样的通信功能

➢ 通信功能可划分为相同的层次，同等层提供相同的功能，实现功能的方法可以不同

➢ 同等层遵守公用协议

都可进行有效的通信。为满足上述条件，还需要制定相关的标准。

(2)现场总线通信结构模型　工业生产现场存在大量传感器、执行器，分布范围较大。由这些节点组成的底层控制网络中，单个节点的信息量不大，信息传输任务相对简单，但对实时性、可靠性要求很高。如果按照 ISO/OSI 参考模型的七层模式，层间操作与转换复杂，网络接口的造价与时间开销高。为满足实时性要求，也为了实现工业网络的低成本，现场总线采用的通信模型大都在 ISO/OSI 模型的基础上进行了不同程度的简化。

一个典型的现场总线通信协议结构模型 IEC/ISA 如图 9-27 所示，它采用简化的 ISO/OSI 模型，仅保持了其中的三个典型层：物理层、数据链路层和应用层，而将省去的中间 3~6 层的必要功能，通过其他机制并入第七层及第二层。该模型具有结构简单、执行协议直观、价格低廉等优点，满足工业现场应用的性能要求，其流量与差错控制在数据链路层中进行，

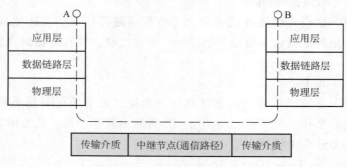

图 9-27　IEC/ISA 现场总线结构模型

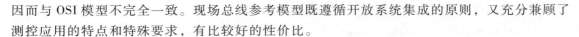

因而与 OSI 模型不完全一致。现场总线参考模型既遵循开放系统集成的原则，又充分兼顾了测控应用的特点和特殊要求，有比较好的性价比。

9.5.1.2　几种主要现场总线技术

自 20 世纪 80 年代末以来，逐渐形成了几种有影响的现场总线技术（标准），它们大都以国际标准化组织（ISO）的开放系统互连模型（OSI/RM）为基本框架，并根据行业的应用需要增加某些特殊规定后形成标准，在较大范围内获得了用户与制造商的认可。

1. 基金会现场总线 FF

基金会现场总线 FF 是为适应自动化系统，特别是过程自动化系统在功能、环境与技术上的需要而专门设计的。它可以工作在工厂生产的现场环境，能适应本质安全防爆的要求，可通过传输数据的总线为现场设备提供工作电源。

FF 总线标准由现场总线基金会组织制定，得到了世界上主要自控设备供应商的广泛支持，在北美、亚太、欧洲等地区具有较强的影响力。FF 总线分为低速总线 H1 和高速总线 H2。H1 采用总线型或树形拓扑结构，主要用于过程自动化；H2 采用总线型拓扑结构，主要用于制造自动化；H1 和 H2 可通过网桥互联。现场总线基金会于 1996 年一季度颁布了低速总线（H1）标准，安装了示范系统，将不同厂商符合 FF 规范的仪表互连为控制系统和通信网络，使 H1 低速总线开始步入实用阶段，IEC 已批准 FF 物理层标准（IEC 1158—2）。目前已有多家公司生产 H1 低速总线的专用芯片。

FF 总线标准是开放的，无专利许可要求。通过 FF 总线，可将现场设备与其他控制监控设备组成分布式自动化系统。这些设备应遵循相同的协议规范，在产品开发期间通过一致性测试，确认产品与协议规范的一致性。当不同制造商的产品连接到同一网络系统时，作为网络节点的各设备之间可实现互操作；同时还容许不同厂商生产的相同功能的设备之间进行相互替换。

2. 过程现场总线 Profibus

Profibus 的构想在 1984 年提出后，联邦德国科技部组织十几家生产自动化控制系统的公司和研究院所，根据 ISO7439 标准，以开放系统互连网络 OSI 作为参考模型，开始制订现场总线的德国国家标准，并同时研制 Profibus 现场总线产品。1991 年 Profibus 德国国家标准 DIN19245（1—4）正式发布。

经过多年的开发和应用，Profibus 现场总线已形成系列产品，并在自动化领域得到广泛应用。到目前为止，Profibus 用户协会已拥有遍布欧洲、美洲、亚洲、非洲和澳大利亚的 1200 多个企业成员。这些成员中的多家生产厂商提供 2000 多种 Profibus 产品与相关服务。统计资料表明，Profibus 在欧洲市场的占有率较高。

Profibus 是一种不依赖于厂家的开放式现场总线标准，可广泛应用于制造加工、过程自动化和建筑自动化领域。采用 Profibus 标准的系统，不同厂商所生产的设备无需对其接口进行特别调整就可进行通信。Profibus 可用于对时间苛求的高速数据传输，也可用于大范围的复杂通信场合。

基于 Profibus 的特点及多年的应用经验，Profibus 在欧洲得到广泛的推广，Profibus International 在中国建立了 Profibus 中国用户协会 CPO（Chinese Profibus Use Organization，中国 Profibus 用户组织）。

3. HART 现场总线

HART(Highway Addressable Remote Transducer，寻址远程传感器变速通道)最早由 Rose-mount 公司开发，得到 80 多家著名仪表公司的支持，并成立了 HART 通信基金会。HART 的特点是在现有模拟信号传输线上实现数字信号传输，属于模拟系统向数字系统转变过程中的过渡性产品。因而在过渡时期具有较强的市场竞争能力，得到了较快发展。

HART 按命令方式工作，它有三类命令：第一类称为通用命令，这是所有设备都理解、执行的命令；第二类称为一般行为命令，所提供的功能可以在许多现场设备(尽管不是全部)中实现，这类命令包括最常用的现场设备功能库；第三类称为特殊设备命令，是为某些设备中实现特殊功能而设置，这类命令既可以在基金会中开放使用，又可以为开发此命令的公司所独有，一个现场设备中通常可发现同时存在这三类命令。

HART 采用统一的设备描述语言(DDL，Device Description Language)，现场设备开发商采用这种标准语言来描述设备特性，由 HART 基金会负责登记管理这些设备描述，并把它们编为设备描述字典。主设备运用 DDL 技术来理解这些设备的特性参数，而不必为这些设备开发专用接口。由于采用模拟与数字混合信号制通信方式，导致难以开发出一种能满足各公司要求的通信接口芯片。

HART 能利用总线供电，可满足本质安全防爆要求，并可组成由手持编程器与管理系统主机作为主设备的双主设备通信系统。

4. World FIP 现场总线

World FIP 具有单一的总线，可用于过程控制及离散控制；没有任何网桥或网关，通过软件解决低速传输和高速传输部分之间的衔接问题；有比较完整的系列产品；已准备与互联网连接。World FIP 一方面保持其独立的的产品地位，首先使自己成为欧洲标准，并推出产品，占领市场；同时做好准备，一旦 IEC 标准通过，立即向 IEC 靠拢。

5. 控制器局域网总线 CAN

CAN(Controller Area Network)即控制器局域网络，主要用于过程监测及控制。德国 BOSCH 公司为解决现代汽车中众多的传感器和执行装置之间的数据通信开发的一种串行通信协议，目的是通过较少的信号线把汽车上的各种电子设备通过网络连接起来，并提高数据传输可靠性。CAN 具有很高的可靠性和卓越的性能，特别适合于工业过程监控设备的互连，日益受到工业界的重视，并成为主要的现场总线之一。CAN 属于总线型结构，采用同步、串行、多主、双向通信数据块的通信方式，不分主从，网络上每一个节点都可以主动发送信息，可以很方便地构成多机备份。CAN 已成为一种国际标准(ISO1189)。

6. LonWorks 总线

LonWorks 总线是由美国 Echelon 公司正式公布而形成的现场总线标准，它采用 ISO/OSI 模型的全部七层通信协议，采用面向对象的设计方法。它把单个分散的测量控制设备变成网络节点，通过网络实现集散控制。通过网络变量把网络通信设计简化为参数设置，其通信速率从 300kbit/s 至 1.5Mbit/s 不等，直接通信距离可达 2700m(双绞线)；支持双绞线、同轴电缆、光纤、射频、红外线和电力线等多种通信介质，并开发了相应的安全防爆产品。Lon-Works 所采用的 Lon Talk 协议被封装在称为 Neuron 的神经元芯片中而得以实现，并在楼宇自动化和智能建筑领域得到广泛应用。

9.5.2　现场总线控制系统及其特点

9.5.2.1　现场总线控制系统

采用现场总线技术构成的控制系统称为现场总线控制系统（FCS，Fieldbus Control System）。

一个最简单的单回路控制系统基本构成元素包括测量变送单元、控制计算单元、操作执行单元，将这些基本元素与被控过程按一定要求连接起来，就构成一个简单而完整的控制系统。现场总线控制系统也是由这几个最基本的部分组成，其特点是它的控制单元在物理位置上可与测量变送单元及操作执行单元合为一体，可以在现场构成完整的基本控制系统。FCS由现场设备与总线系统的传输介质（双绞线、光纤等）组成。现场总线控制系统将通信总线延伸到现场的变送器、执行器，它们都挂接在通信总线上，如图9-28所示。现场单元具备数字通信能力，多个现场智能设备可构成多个变量参与的复杂控制系统与精确测量系统；另外，现场设备及仪表具备数字通信能力，不仅可以传递测量数据信息，也可以传递设备标识、运行状态、故障诊断等信息，因而可以实现智能仪表设备资源的在线管理。FCS中，原先由控制器实现的信号处理、PID控制算法、输入/输出处理等功能可由现场单元来完成，使系统的控制功能更加分散。

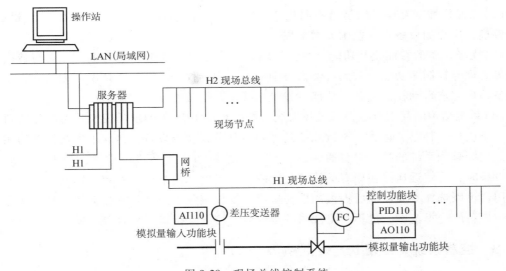

图9-28　现场总线控制系统

鉴于现场总线的优越性，生产商将现场总线技术引入DCS的通信网络系统。图9-29所示为引入现场总线的DCS体系结构。

在图9-29中，由于用数字通信代替了模拟信号传输，可实现在一对线缆上传输多个信号；除现场设备以外，现场控制站不再需要A/D与D/A转换部件，这样就为简化系统结构、节约硬件设备、节约连接电缆、降低各种安装和维护费用创造了条件。

9.5.2.2　现场总线控制系统的技术特点

（1）系统的开放性　现场总线通信协议一致公开，遵守同一协议的设备之间可以实现信息交换。现场总线技术致力于建立统一的底层网络开放系统，用户可根据自己的需要，用来自不同供应商的产品组成所需的系统。

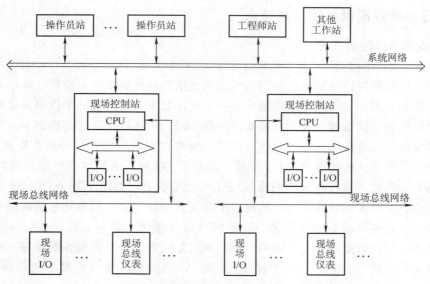

图 9-29 引入现场总线技术的 DCS 体系结构

（2）互操作性 互操作性是指不同生产厂家性能类似的设备可以相互通信、互相组态、相互替换，用户的设备选择范围大大扩展。

（3）现场设备的智能化与功能自治性 现场总线控制系统将传感测量、计算与转换、过程变量处理与控制等功能分散到现场设备中完成，现场仪表的功能与精度大为提高；仅靠现场设备即可完成自动控制的基本功能，并可在线诊断设备的完好状态。

（4）系统结构的高度分散性 现场总线系统把传统 DCS 中的现场控制站功能分散到现场仪表，将测量、补偿、运算、执行和控制等功能分散到现场设备，体现了现场设备功能的独立性。现场总线系统的接线十分简单，一对（根）线缆可以挂接多个设备，当需要增加现场控制设备时，可就近连接在原有的线缆上，既节省投资，也减少了安装工作量。

用户可以选择不同厂商所提供的设备集成系统，避免因选择某一品牌的产品而限定了以后使用设备的选择范围，也不会出现系统集成时，协议、接口不兼容等问题。

9.5.3 控制系统网络现状与发展趋势

9.5.3.1 现场总线技术存在问题与控制系统网络现状

现场总线技术是在仪表智能化、控制系统数字化以及控制网络协议标准化背景下的产物。现场总线控制系统将控制功能彻底下放到现场智能设备，现场智能设备具有互操作和互换功能，节省了系统安装和维护费用。与传统的控制系统（如 PLC 和 DCS）相比，FCS 将现场设备级和过程控制级融合在一起，将测量、控制和通信功能融入现场智能传感器和执行器，使工业控制网络进一步扁平化，控制系统的可靠性、开放性和可集成性大幅度提高。现场总线技术已经和正在改变着工业控制网络的体系结构。

现场总线的初衷是希望形成单一标准的控制网络协议。由于商业利益驱动，各开发商根据不同需求开发出不同协议的总线产品，出现了目前多种现场总线和协议并存的局面；另外，由于应用领域不同，仅用一种总线协议难以满足各种工业控制系统的不同通信需要。现在的情况是，每个厂商的产品一般都支持几种现场总线标准，最终用户为满足不同层次的自动化需求，可能不得不选择几种现场总线设备，结果在一个企业中，可能有几种现场总线并存于工业现场。由于现场总线在一条总线上往往只能挂接几个智能仪表，当控制回路较多、回路间关联较大时，系统要在几条低速总线段之间往返传递信息，势必使系统的通信负担增加，实时性难以保证。而在 DCS 系统中，同一个 CPU 上可以同时处理几十个控制回路，系统实时性好。因此，DCS 仍然广泛应用于大型工业生产系统的过程控制。

基于生产过程管控一体化的实际需要，将现场总线和 DCS 通过以太网集成在一起，就出现了由现场总线、DCS 和以太网构成的混合式控制网络，图 9-30 就是这种控制网络的结构示意图。这种混合式控制网络在一定程度上满足了工业自动化领域某些方面的要求，但也存在明显的不足。首先，现场总线属于低速总线，传输数据量有限，当要求传输现场设备的图像和视频信息时，低带宽的现场总线显得无能为力；其次是现有的本安防爆技术与标准限制了总线电缆长度和总线上负载节点的数量，严重制约现场总线在危险工业场所的广泛应用；另外，在数据链路介质访问控制子层上，每种介质访问控制方法自身的缺陷使总线的数据传输延迟在轻载和重载时有很大差别，系统的鲁棒性较差，稳定性不好；而 DCS 和 FCS 之间不能进行直接通信，只能在管理层面上进行信息集成。

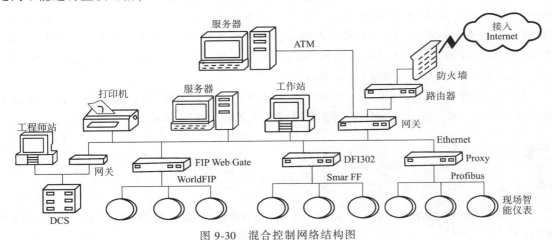

图 9-30　混合控制网络结构图

9.5.3.2　工业以太网的发展

随着现场仪表智能化水平的快速提高，越来越多的信息需要在现场级总线上进行传输，传统现场总线几兆的传输速度已难以适应这种高速传输的要求。在这种形势下，高速以太网逐渐进入控制领域。

以往人们认为以太网是专为办公自动化设计的局域网标准，没有考虑工业应用；传统以太网实时性、鲁棒性差；信息传递产生冲突的可能性大；响应时间具有不确定性，不能满足实时性要求。

以太网技术发展到今天，通信速率大幅度提升降低了信息传递延迟，传输响应时间的确定性提高。交换技术的快速发展也从根本上消除了信息传递产生冲突的可能性，消除了不确定因素。通过交换机，几十甚至几百个通信控制设备可以同时接入网络，通过网络控制可以提供无拥塞的通信服务和多对端口之间的同时通信；通信带宽提高，为过程自动化应用提供了足够的响应时间，消除了以太网应用于控制领域的障碍，为以太网作为现场设备级的控制网络铺平了道路。

在现场级采用以太网作为控制网络具有巨大的优势。首先，应用TCP/IP的以太网已经成为企业信息管理层最流行的分组交换局域网技术，以太网在现场级的应用，必将使得控制系统更加集成，从会议室到传感器的信息集成成为现实；其次，以太网的高带宽使信息传输瓶颈集中在现场级的问题得到解决；此外，成熟的技术、低廉的网络产品、丰富的开发工具和软硬件支持以及易与Internet集成，这些都是以太网较其他专用控制网络所具有的显著优势。以太网还有一个突出的优点，即在同一条网络上可以使用多种传输协议进行数据传输和信息交换。

国际上有人预言，现在控制领域是以太网和其他协议一起协同工作的状况，但以太网独自担负(Stand Alone)自动化控制领域通信的时代即将来临。以太网已经具备作为现场设备级实时控制网络的能力，没有什么可以阻挡以太网成为低成本、透明的控制网络。无论是嵌入式系统还是现场总线，都已意识到以太网和TCP/IP的重要意义。各个现场总线组织和机构纷纷推出了以太网计划，代表性的有：Profibus组织提出了符合IT标准的现场总线与以太网通信相统一的解决方案PROFInet；基金会现场总线组织推出的FF HSE(高速以太网，High Speed Ethernet)，主干网采用100Base-T以太网技术，通信协议采用发布者/预订者的实时通信协议形式；ControlNet国际、工业以太网协会IEA和开放DeviceNet供应商协会ODVA联合推出的EtherNet/IP，它是在ControlNet/DeviceNet上实现TCP/IP功能；此外，还有Modbus/TCP(TCP/IP上的Modbus协议)以及JetWeb等。

控制网络传输介质由原来的金属电缆逐步被光纤取代。随着5G技术普及、推广及在工业领域的应用，必将促进和催生控制系统通信网络无线时代的到来。

 思考题与习题

9-1　简述计算机控制技术的发展历程；为什么在微处理器出现以前，真正在线运行的计算机控制系统非常少？

9-2　什么是直接数字控制(DDC)系统？它主要包括哪些部分？

9-3　DDC系统的主要优点是什么？

9-4　DDC系统的软件可分为哪几部分？各自的功能是什么？

9-5　试简述集散控制系统(DCS)的发展历程。

9-6　集散控制系统(DCS)最主要的特点是什么？与传统的仪表控制系统和集中控制系统相比，有什么优点？

9-7　典型DCS由哪几部分组成？各部分的功能是什么？

9-8　DCS现场控制站一般控制多少回路？为什么？

9-9　简述PLC基本组成、工作流程。

9-10　简单说明PLC与DCS、组合式单元仪表的异同。

9-11　PLC在过程控制领域应用有什么特点？优势和不足体现在哪些方面？

9-12　与一般的计算机通信网络相比，DCS通信网络有什么特点？

9-13　计算机通信网络有哪几种拓扑结构？各有什么特点？

9-14 什么是现场总线？它对自动化技术有什么影响？

9-15 控制系统的底层(现场)控制网络有什么特点？简述现场总线 IEC/ISA 参考模型的特点及与 ISO/OSI 模型的联系与区别。

9-16 相对于 DCS，现场总线控制系统(FCS)有什么特点？

9-17 引入现场总线技术的 DCS 在哪些方面有所改进？

9-18 现阶段现场总线技术存在的主要问题是什么？为什么会出现混合控制网络的情况？

9-19 以前以太网在哪些方面不能满足控制系统对通信网络的要求？现在的情况如何？

第10章 过程控制系统应用实例

在前面几章对过程控制系统各个环节的工作原理、各种不同结构过程控制系统的分析与设计方法及其应用进行了讨论。为了对过程控制系统的组成、工作原理以及实际应用有一个比较完整的认识，在这一章介绍两个典型过程控制系统的典型工程实例。

10.1 精馏塔过程控制系统

在石油、化学工业中，许多原材料、中间产品或粗成品往往是由若干组分形成的混合物，需要通过精馏过程进行分离才能成为市场需要的最终产品。精馏是利用混合液中不同组分挥发温度的差异将各组分分离的过程。精馏塔是实现精馏过程的关键设备，统计资料表明，在石化工业中，40%~50%的能量消耗在精馏过程。精馏塔是过程控制关注的重要监控对象。

精馏塔由多级塔盘组成，内在工作机理复杂。在精馏过程中，工艺参数对控制作用的响应缓慢，不同变量之间存在相互关联，因此，精馏塔是一个多参数被控过程；不同工艺选用的精馏塔结构不相同，工艺参数、过程变量之间关联关系复杂，可选控制方案多；另外，精馏工艺参数控制要求较高，控制相对困难。只有对生产工艺要求和流程逻辑进行深入分析，才可能设计出满足精度要求、经济实用的精馏(塔)过程控制系统。

10.1.1 分馏原理与精馏塔

以 A、B 两种液体混合物的分馏为例，简单介绍分馏的基本原理。在气-液共存的密闭容器内压力一定的情况下，容器内 A、B 二种组分气-液相温度-浓度曲线如图 10-1 所示。纯 A 的沸点是 140℃，纯 B 的沸点是 175℃。液相中两组分的混合比变化时，混合溶液的沸点也将随之变化，如图 10-1 中液相曲线所示；图中还标出了温度变化时，气相组分浓度的变化曲线。

设原混合溶液中 A 占 20%，B 占 80%，把 A，B 混合液加热到 164.5℃时，液体沸腾。这时，与液相共存的气相成分比是 A 占 45.8%，B 占 54.2%。将这些气体单独冷凝后所形成的混合液体中，A 为 45.8%，B 为 54.2%；如果再使该混合液体沸腾，其沸点为 154.5℃。这时气相混合物成分比又变成 A 占 73.5%，B 占 26.5%。这样反复进

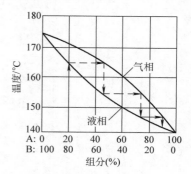

图 10-1 A、B 二组分混合物气-液相温度-浓度曲线

行上述操作，不断蒸发和冷凝，气相中 A 组分浓度不断升高、B 组分浓度不断下降……，最终就可以将 A 分离出来。

液相部分的浓度变化则与气相部分相反。液相混合液沸腾时，气相中的易挥发组分 A 的浓度大于液相中组分 A 的浓度，而液相中组分 B 的浓度高于气相中 B 的浓度。液相混合液经过多次沸腾—冷凝，液相中 B 组分浓度不断升高，A 组分浓度不断下降……，最终就可以将 B 分离出来。

精馏塔就是将混合物（溶液）不同成分（组分）分离的装置。精馏是通过混合物在塔内多次气化—冷凝液化—气化（上升流）……和多次冷凝液化—气化—冷凝液化（下降流）……，将混合物中不同成分进行分离，得到纯（浓）度满足要求产物的操作过程。实现这一操作过程的板式精馏塔本体如图 10-2 所示。要实现混合物料的分馏，除了精馏塔本体之外，还需要再沸器、冷凝器等辅助装置配合工作。工业上常用的连续精馏板式精馏塔系统如图 10-3 所示。

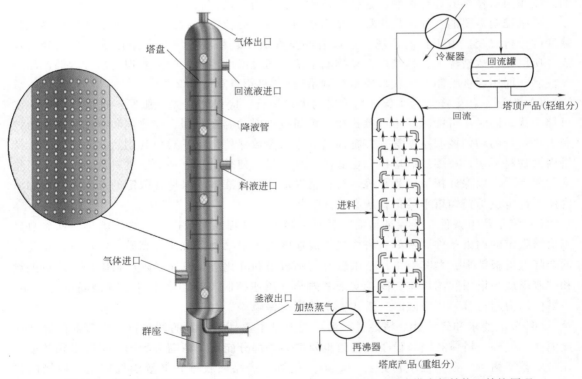

图 10-2 筛板塔外形结构示意图　　图 10-3 板式塔内部结构、精馏原理与主要辅助设备

在图 10-3 中，原料混合液从塔体中间位置某一塔板进入精馏塔，该塔板称为进料板。进料板把精馏塔分成上下两段，进料板以上为精馏段，进料板以下为提馏段。进入塔体原料溶液中易挥发（沸点低）的轻组分气化后上升；不易挥发（沸点高）的重组分以液体形式下降。在上升、下降过程中，气-液相在各层塔板上充分接触和热交换，反复凝结、气化。到达塔顶的气相组分中主要是易挥发的（低沸点）轻组分，而重组分已经非常少。将气相组分采出冷凝后就得到塔顶产品。到达塔釜的液相组分中则主要是不易挥发的（高沸点）重组分，而

轻组分很少，将其直接采出，就得到了塔底产品。

在连续精馏过程中，原料不断进入精馏塔，塔顶和塔底产品持续从塔顶、塔底采出。当精馏操作处于平稳工作状态时，每层塔板和塔顶、塔底(塔釜)气-液组分(浓度)、压力、温度等均保持稳定；精馏塔进料流量、塔顶产品采出量与塔底产品采出量三者保持平衡，再沸器的热负荷(加热蒸气用量)和冷凝器的冷却负荷也保持稳定。

10.1.2 精馏塔控制要求与主要扰动

10.1.2.1 精馏塔的控制要求

为了保证精馏生产过程安全、高效、平稳地连续进行，精馏塔自动控制系统应当满足以下几方面的要求：

(1)保证产品质量 对于正常工作的精馏塔，应当使塔顶或塔底产品中的一个产品达到规定的纯度；另一端产品的成分亦应保持在规定的范围内。为此，应以塔顶或塔底一种产品的纯度作为质量参数进行控制，这样的控制系统称为质量控制系统。

质量控制需要能在线测出表征产品质量的参数，对精馏塔而言，就需要能测出产品成分浓度的分析仪表。由于目前市场上还没有测量滞后小、精度等级高、能在线检测成分的仪表，所以在大数情况下，精馏塔自动控制系统是通过温度控制来间接实现精馏过程的产品质量控制，即用温度控制系统代替质量控制系统(参见第 6 章 6.2.2.1)。

(2)保证平稳生产 为了保证精馏塔的平稳运行，应设法预先克服原料进塔之前的主要可控干扰，同时尽可能减缓不可控扰动。可通过进料的温度控制、加热剂和冷却剂的压力控制、进料量的均匀控制系统等，使精馏塔的进料参数保持稳定或避免其剧烈波动。为了维持塔内的物料平衡，还要控制塔顶和塔底产品采出量，使采出总量和等于进料量，两个采出量变化要平缓，以保证精馏过程平稳运行；精馏塔内的储液量应保持在限定的范围内。控制塔内压力稳定也是精馏塔平稳运行所必需的。

(3)满足约束条件 为保证精馏产品质量和生产过程的平稳进行，必须满足一些参数极限值所限定的约束条件。例如对塔内气体流速的上下限限制，流速过高易产生液泛，流速过低会降低塔板效率，尤其对工作范围较窄的筛板塔和乳化塔，流速必须严格限制。通过测量和控制塔底与塔顶间的压差，间接实现塔内蒸气流速控制。精馏塔本身还有最高压力限制，当塔内压力超过其耐压极限时，塔体安全就没有保障。

(4)节能要求和经济性 精馏过程消耗的能量主要是再沸器的加热量和冷凝器的冷却能量消耗。另外，塔体和附属设备及管道也要散失一部分能量。精馏塔的操作情况必须从整个经济效益来衡量。在精馏生产过程中，质量指标、产品回收率和能量消耗均是要控制的目标。其中质量指标是必要条件，在优先保证质量指标的前提下，应使产品产量尽量高，能量消耗尽可能低。

下面对与精馏产品质量密切相关的温度控制系统进行分析、讨论。

10.1.2.2 精馏过程的主要扰动

图 10-4 为精馏塔物料流程图。进料 F 从精馏塔中段进料板上进入塔内。在精馏塔运行过程中，影响精馏产品质量指标(温度)和平稳生产的主要干扰有以下几种。

1. 进料流量 F 波动

进料量 F 的波动通常是难免的，如果精馏塔位于整个生产过程的起点，则可采用定值控制。但是，精馏塔进料量 F 往往是由上一道生产工序所决定，如果一定要使精馏塔进料量 F 恒定，就必须设置中间容器进行缓冲。现在精馏工艺是尽可能取消中间缓冲容器，采取在上一道工序设置液位均匀控制系统控制出料流量（是本工序的进料 F），使精馏塔的进料流量 F 比较平稳，避免剧烈变化（参见第 7 章 7.5 节）。

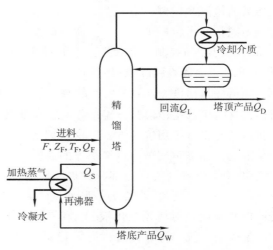

图 10-4 精馏塔物料流程示意图

2. 进料成分 Z_F 变化

进料成分 Z_F 由上一道工序出料或原料情况决定，对图 10-4 所示的精馏塔来讲，它是不可控的扰动因素。

3. 进料温度 T_F 和进料热焓值 Q_F 变化

进料温度和状态对精馏操作影响很大。一般情况下进料温度是比较稳定的，如果进料温度 T_F 变化较大，为了维持塔内的热量平衡和稳定运行，在单相进料时采用进料温度控制可克服这种干扰，然而在多相进料时，进料温度恒定并不能保证其热焓值 Q_F 稳定。当进料是气-液两相混合状态时，只有当气-液两相的比例恒定时，恒温进料的热焓值才能恒定。为了保持精馏塔的进料热焓值恒定，必要时可通过热焓控制来维持进料热能恒定。

4. 再沸器加热剂输入热量变化

当加热剂是蒸气时，通过再沸器输入精馏塔的热量扰动往往是由蒸气压力变化引起的，这一扰动可以通过在蒸气总管设置压力（或流量）控制进行抑制，或者通过（塔底）温度串级控制系统的副回路予以克服。

5. 冷却剂在冷凝器内吸收热量变化

冷却剂吸收热量的变化主要是由冷却剂流量或温度变化引起的。吸收热量的变化会影响到精馏塔顶回流量或回流温度，进而引起精馏塔输出热量的变化。冷却剂的温度一般变化较小，而冷却剂流量的变化大多是由压力波动引起的，可采用与克服加热剂压力变化类似的方法进行控制。

6. 环境温度变化

环境温度一般变化较小。冷凝器采用风冷方式时，天气骤变及昼夜温差对精馏塔的运行影响较大，导致回流温度发生变化，对这种干扰可采用内回流控制的方法予以克服。内回流是指精馏塔精馏段上一层塔盘向下一层塔盘流下的液体量。内回流控制，是指在精馏过程中，控制内回流为恒定量或按某一规律变化。

通过上面的分析可知，进料流量和进料成分扰动一般是不可控的，其他干扰比较小，可以采用辅助控制系统预先加以克服或抑制。各种精馏塔的工作情况不尽相同，需根据实际情况作具体分析。

10.1.3 精馏塔产品质量控制

精馏产品满足质量是精馏塔温度控制的最终目的。其他辅助控制系统通过对生产过程工艺参数的检测和控制，克服扰动对生产过程的影响，保证生产过程安全、持续、平稳地进行。不同精馏塔生产工艺、产品质量标准不一样，对生产过程控制的要求各不相同，精溜塔产品质量(温度)控制方案较多。下面对常见的几种控制方案进行分析讨论。

10.1.3.1 提馏段温度控制

当塔底采出液 Q_W 为主要产品时，常采用提馏段温度作为衡量塔底产品 Q_W 质量的间接指标，这时可选提馏段某点温度作为被控参数，以再沸器加热蒸气流量为控制变量。另外，液相进料时也常采用这一方案，这是因为在液相进料时，进料量 F 的变化首先影响到塔底产品浓度，而塔顶或精馏段塔板上的温度不能及时反映这种变化。

图 10-5 中点画线框内部分为提馏段温度控制系统，该系统是以提馏段塔板温度 T 为被控参数，加热蒸气流量 Q_S 为控制变量。为了抑制其他干扰对被控参数的影响，还设有五个辅助控制系统：对塔顶馏出液 Q_D 和塔底采出量 Q_W，按物料平衡关系分别设有回流量和塔釜液位控制系统；为保持进料量 F 稳定，对 F 进行定值控制，若不可控，则在上道工序采用均匀控制以维持 F 平缓变化；为维持塔内压力恒定，在塔顶设置压力控制系统，控制变量一般为冷凝器的冷却剂流量；塔顶回流量 Q_L 采用定值控制，而且回流量应足够大，以便当精馏塔的负荷增大时，仍能保持塔顶产品的质量指标在规定范围内。

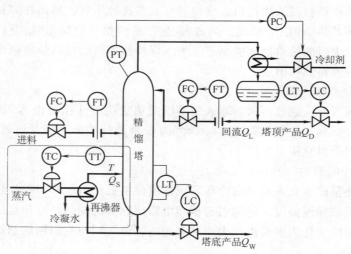

图 10-5 精馏塔提馏段温度控制系统示意图

提馏段温度控制系统具有如下特点：

1)以提馏段温度作为间接质量指标，能较迅速地反映提馏段产品 Q_W 品质(成分或浓度)。在以塔底采出液 Q_W 为主要产品，对塔底产品成分的要求高于对塔顶馏出液 Q_D 成分的要求时，一般采用提馏段温度控制方案。

2)当干扰首先进入提馏段，例如液相进料时，由进料产生的(成分、流量、温度)扰动首先引起提馏段和塔底参数(主要是温度)变化，提馏段温度控制能比较及时抑制和消除扰动的影响，被控参数动态响应比较迅速。

采用提馏段温度控制时，在回流量 Q_L 足够大的情况下，塔顶产品 Q_D 的质量也可以保持在规定的纯度范围内，即使塔顶产品 Q_D 质量要求比塔底产品严格，仍可采用提馏段温度控制系统进行产品质量控制。

10.1.3.2　精馏段温度控制

当以塔顶采出物 Q_D 为主要产品时，往往以精馏段温度作为衡量产品质量（成分或浓度）的间接指标，这时可选精馏段某点温度作为被控参数（间接反映塔顶采出液的纯度），以回流量 Q_L 作为控制变量组成单回路控制系统，也可以回流量为辅助变量构成串级控制系统。串级控制系统虽较复杂，但可迅速而有效地克服进入副环的扰动，并可降低对调节阀特性的要求，有较高的控制精度。精馏段温度控制方案可保证塔顶产品的纯度，当干扰不太大时，塔底产品 Q_W 的纯度变化范围也不大，可以满足质量要求。

图 10-6 中点画线框内部分所示串级温度控制系统是常见的精馏段温度控制系统，其主回路是以精馏段塔板温度为被控参数，以回流量 Q_L 作为控制变量，Q_L 同时也是串级控制系统的副参数。

为了抑制其他干扰对被控参数的影响，除了主系统外，还设有五个辅助控制系统。其中，进料量、塔压、塔底采出量 Q_W 与塔顶馏出液 Q_D 的控制方案与提馏段温控时相同；再沸器加热蒸气流量 Q_S 应足够大，且维持恒定，可以使精馏塔在较大负荷时，仍能保证塔底产品 Q_W 的质量指标稳定在一定范围内。

精馏段温度控制系统有如下特点：

1）用精馏段温度作为间接质量指标，能较迅速地反映精馏段产品品质。在以塔顶采出物 Q_D 为主要产品，对塔顶产品成分的纯度要求高于对塔底产品成分的要求时，往往采用精馏段温度控制方案。

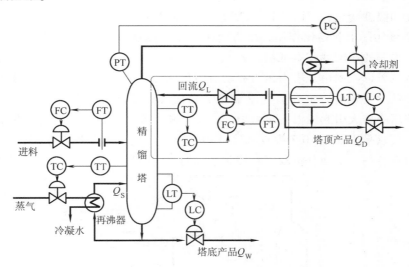

图 10-6　精馏塔精馏段温度串级控制系统示意图

2）当干扰首先进入精馏段，例如气相进料时，进料产生的（成分、温度、流量）干扰首先引起精馏段和塔顶的参数（主要是温度）变化，故用精馏段温度控制比较及时，动态响应比较迅速。

3）串级控制系统的流量回路对回流罐液位与压力、精馏塔内压力等干扰对回流量 Q_L 的影响有较强的抑制，可实现塔顶温度的高精度控制。

以提馏段温度（或精馏段温度）作为衡量质量指标的间接被控参数时，当分离产品纯度要求较高时，塔底（或塔顶）温度变化很小。为了及时、精确地检测和控制产品质量，温度检测仪表必须有很高的测量精度和灵敏度。若将温度传感器安装在塔底以上（或塔顶以下）的灵敏塔板上，以灵敏板的温度作为被控参数，可以取得满意的检测和控制效果。

所谓灵敏板，是指出现扰动时温度变化最大的那块塔板。以灵敏板温度作为被控参数有利于提高控制精度。

10.1.3.3 精馏产品成分的温差控制及双温差控制

前面讨论的两种控制系统方案都是以温度作为被控参数实现产品质量控制，这在一般的精馏过程是可行的。但在产品纯度要求很高，塔顶、塔底产品的沸点温度差别不大、塔内压力存在波动时，以某一点温度作为被控参数的控制方案不能满足精馏工艺的精度要求。这时常用温差控制系统，采用温差作为衡量精馏产品质量指标的间接参数，以提高控制质量，满足工艺要求。

只有当压力完全恒定时，温度与成分之间才是单值（严格来说，只是对二元组分）对应关系（见图 6-6）。压力波动时，二元气相成分与温度的单值对应关系不再成立。为了消除压力波动可能产生的不利影响，可以先检测塔顶（或塔底）附近一块塔板的温度，再检测灵敏板的温度。由于压力波动对相近塔板的温度影响基本相同，只要将上述两温度相减，压力波动的影响就可消除，这就是采用温差衡量质量指标的理论依据。

在选择温差信号时，如果塔顶（塔底）采出量为主要产品，可将一个检测点放在塔顶或其稍下位置（塔底或其稍上位置），并将对应的塔板称为参照板；另一个检测点放在灵敏板附近，即浓度和温度变化较大的位置，然后取上述两测点的温度差 ΔT 作为被控参数。这时塔顶（塔底）温度实际上起参比作用，压力变化对两点温度影响基本相同，相减之后压力波动对产品质量检测的影响就基本抵消。

温差控制虽可以克服由于塔内压力波动对塔顶或塔底产品质量的影响，但是还存在一个问题，就是当负荷变化时，上升蒸气流量发生变化，引起塔板间的压降变化。随着负荷增大，塔板间的压降增大引起的温差也将增大，温差和组分之间的对应关系不再恒定不变。在这种情况下，可以采用如图 10-7 中点画线框内部分所示的双温差控制系统，实现对高纯度精馏产品的质量控制。下面分析双温差控制系统的工作原理。

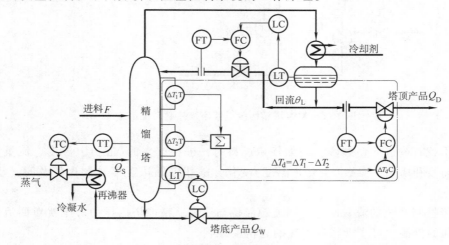

图 10-7　精馏塔双温差控制系统示意图

在进料组分基本稳定的情况下，负荷变化引起的塔内上升蒸气流量变化会使塔板之间的压降变化，而灵敏板与参照板之间压降变化又会引起参照板温度与灵敏板温度之间温差变化。如果控制系统能够使两个参照板与两个灵敏板之间的温差相等，就能够消除负荷扰动的影响，达到质量控制的目的，这就是双温差控制的理论依据。

双温差控制也称温差差值控制。由图 10-7 中点画线框内部可以看出，双温差控制就是分别在精馏段和提馏段上选择温差信号，然后将两个温差信号相减作为控制器测量信号（即控制系统的被控参数）。从前面的分析可知，由压降引起的温差变化，不仅出现在精馏段（顶部），也出现在提馏段（底部），这种因负荷变化在精馏段和提馏段引起的温度变化相减后就可相互抵消。

10.1.3.4 塔顶与塔底两端产品质量控制

当精馏塔塔顶和塔底产品均需达到一定质量指标时，就需要设置塔顶和塔底两端产品质量控制系统。

图 10-8 中点画线框内部所示分别为塔顶和塔底产品质量都需要控制的系统方案。以塔顶温度 T_1 作为塔顶产品间接质量指标，以塔底温度 T_2 作为塔底产品间接质量指标。通过回流量控制塔顶温度 T_1，保证塔顶产品成分稳定；以塔底再沸器加热蒸气流量控制塔底温度 T_2，保证塔底产品成分稳定。辅助控制回路实现对塔底液位、回流罐液位、进料流量（图中未画出）等辅助参数和扰动因素的控制；当控制精度要求较高或加热蒸气压力、回流罐压力与液位波动较大时，可以流量 Q_L、Q_S 为副参数构成串级控制系统，以提高温度控制精度。

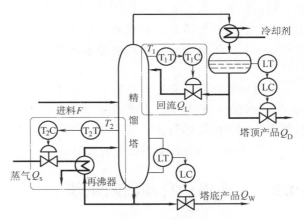

图 10-8 两端产品质量控制系统示意图

由精馏操作的内在机理（见图 10-3）可知，当改变塔顶回流量 Q_L 时，不仅影响塔顶温度 T_1，也引起塔板液体下降流量变化导致塔底温度 T_2 变化，当然也会引起塔顶产品组分和塔底产品组分的变化。同理，当控制塔底的加热蒸气流量 Q_S 变化时，将引起塔内上升蒸气流量变化导致塔顶温度 T_1 变化，不但使塔底产品组分产生变化，同时也将影响到塔顶产品的组分稳定。显然，塔顶和塔底两个控制系统之间存在着密切的耦合关联。

当 T_1 与 T_2 控制系统之间耦合关联不严重时，可以通过控制器参数整定，使两个回路间的工作频率相差大一些，减弱两个回路的耦合关联。在二个控制系统之间密切关联，塔顶、塔底产品的纯度要求较高的情况下，必须设计解耦环节对两个控制系

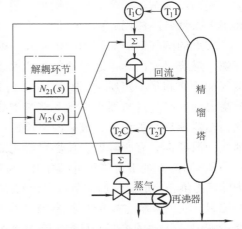

图 10-9 两端产品质量解耦控制系统简图

统进行解耦。可按第 7 章 7.8 节中的前馈补偿解耦法，设计如图 10-9 所示的两端产品成分解耦控制方案。这个方案的设计思想是：回流量 Q_L 的变化只影响塔顶组分，回流量 Q_L 对塔底组分的影响可通过解耦环节 $N_{21}(s)$，控制蒸气调节阀及时动作予以补偿；同样，加热蒸气流量 Q_S 的变化只影响塔底组分，它对塔顶组分的影响通过另一个解耦环节 $N_{12}(s)$，控制回流调节阀预先动作予以补偿，从而实现两端产品质量的解耦控制。解耦环节 $N_{21}(s)$、$N_{12}(s)$ 可由第 7 章 7.8 节中的式(7-41)和式(7-42)计算得到。

10.1.3.5 按产品成分或物性的精馏塔产品质量直接控制

前面讨论的精馏塔温度、温差或双温差控制系统都是通过间接参数控制产品质量的方法。如果能利用成分分析仪表(例如红外分析仪、色谱分析仪、密度计、干点与闪点以及初馏点分析仪等在线成分检测仪表)，直接检测塔顶(或塔底)的产品成分作为被控参数，用回流量 Q_L(或再沸器加热蒸气流量 Q_S)作为控制变量，组成成分控制系统，可实现按产品成分的直接控制，控制系统结构也将大为简化。

塔顶或塔底产品的成分能直接体现产品的质量指标。但当分离的产品较纯时，在邻近塔顶、塔底的各塔板之间的成分差异已经很小了，而且每块塔板上的成分在受到干扰后变化也很小，这就对成分检测仪表精度和灵敏度提出了很高要求。目前，成分分析仪表精度较低，控制效果往往不够理想，这时可像温度控制时一样，选择灵敏板的成分作为被控参数进行控制。

通过检测产品成分进行产品质量控制的方案最直接、也最有效，控制系统大为简化。但由于目前成分参数测量仪表灵敏度和精度不高、滞后时间较长、维护比较复杂，使其在过程控制系统的使用受到限制。现在这种方案使用还不普遍，但在成分分析仪表性能显著改善以后，按产品成分的直接质量控制将是精馏塔产品质量控制的发展方向。

10.2 工业锅炉自动控制系统

工业锅炉是发电、炼油、化工等工业部门的重要能源、热源动力设备。工业锅炉种类很多，按所用燃料分类，有燃煤锅炉、燃油锅炉、燃气锅炉，还有利用残渣、残油、释放气等为燃料的锅炉。按所提供蒸气压力不同，又可分为常压锅炉、低压锅炉、中压锅炉、高压锅炉、超高压锅炉、亚临界压力锅炉、超临界压力锅炉等类型。虽然不同类型锅炉的燃料种类和工艺条件各不相同，但蒸气发生系统和蒸气处理系统的工作原理基本相同。

常见的蒸气锅炉如图 10-10 所示。在锅炉运行过程中，燃料和空气按一定比例进入炉膛燃烧，燃烧释放的热量通过蒸气发生系统(蒸发设备)产生饱和蒸气，再经过过热器将饱和蒸气加热成满足一定质量(温度、压力)指标的过热蒸气输出，供给用户。燃烧过程中产生的高温烟气经过过热器，将饱和蒸气加热成过热蒸气；再经过省煤器预热锅炉给水，经过空气预热器预热锅炉送风，最后经引风机(或自然抽风)送往烟囱排入大气。每经过一个环节，烟气的温度都会有所降低，使燃料燃烧热量得到充分利用。

从图 10-10 的工艺流程可以看出，锅炉是一个比较复杂的能量(炉)与水-气(锅)转化过程，为保证提供合格的蒸气适应负荷变化的需要以及锅炉的运行安全，各个环节的工艺参数必须严格控制。锅炉系统主要的被控参数有汽包水位、过热蒸气压力、过热蒸气温度、炉膛负压、燃-空配比；主要的控制变量有：锅炉给水流量、燃料流量、减温水流量、送风量、引风流量。

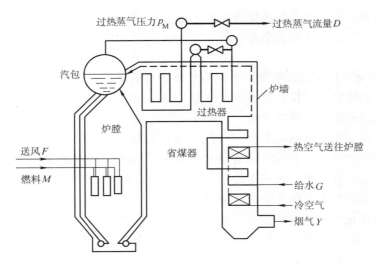

图 10-10 锅炉工艺流程图

这些被控参数和控制变量之间相互影响的关系相当复杂。例如，过热蒸气流量突然变化，将会对水-气系统平衡形成冲击扰动，必然导致汽包水位、过热蒸气压力和温度变化；而燃料量的变化不仅影响过热蒸气压力，还会影响汽包水位、过热蒸气温度、送风量和炉膛负压等参数。为了便于分析处理，工程上将锅炉的控制划分为下面几个主要控制子系统。

（1）汽包水位控制系统 水位控制系统使锅炉给水量与锅炉的蒸发量相适应，维持锅炉气-水平衡和汽包中水位在工艺允许的范围内。

（2）过热蒸气温度控制系统 通过控制减温器出口蒸气温度，将锅炉过热蒸气（过热器出口）温度控制在所要求的范围之内，并保证过热器管壁温度不超过允许的温度上限。

（3）过热蒸气压力与炉膛燃烧控制系统 使燃料燃烧产生的热量适应锅炉负荷的需要，保持过热蒸气压力稳定；使燃料流量与助燃空气流量之间满足一定比例，以保证燃料的经济燃烧；控制引风机转速或引风风门开度，使引风量与送风量相适应，保持炉膛负压稳定。

下面分别对这三个控制子系统的典型方案进行讨论。

10.2.1 锅炉汽包水位控制

锅炉汽包水位系统流程如图 10-11 所示。汽包水位控制的任务是保持锅炉给水量与锅炉蒸发量相适应，维持气-水系统平衡，保证汽包水位在工艺规定的范围内。汽包水位控制也称锅炉给水控制。

汽包水位反映锅炉蒸气流量与给水量之间的平衡关系，是锅炉运行中一个非常重要的监控参数。汽包水位过高，会影响气水分离效果，使蒸气带液，过热器结垢，影响过热器效率；如果蒸气带液进入汽轮机，会损坏汽轮机叶片。如果水位过低，

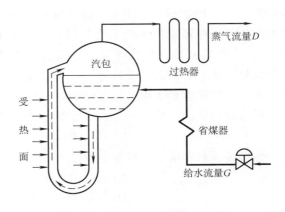

图 10-11 汽包水位系统示意图

可能导致锅炉水循环状况恶化而损坏锅炉。尤其是大型锅炉。一旦停止给水，汽包存水会在很短时间内完全气化而造成重大事故。因此，在锅炉运行中必须将汽包水位严格控制在工艺规定的范围之内。

10.2.1.1 汽包水位控制系统的被控参数与控制变量选择

汽包水位控制系统可直接选择汽包水位作为被控参数。影响汽包水位变化的因素有给水量变化、蒸气流量变化、燃料量变化、汽包压力变化等。

汽包压力变化并不直接影响水位，而是通过汽包压力升高时的"自凝结"和压力降低时的"自蒸发"过程影响水位。汽包压力变化往往是蒸气流量变化引起的，可将压力变化因素归在蒸气流量变化一并考虑，而蒸气流量又是按用户需要而改变的不可控因素，因而汽包压力和蒸气流量都不能作为汽包水位的控制变量。

燃料流量的变化要经过燃烧系统转变成热量才能被水吸收、蒸发并改变水位。这一通道的传输滞后和容量滞后都很大，燃烧过程已有专门的调节系统进行控制，因此燃料流量也不能作为汽包水位的控制变量。

通过以上分析可知，只有锅炉给水量可作为汽包水位的控制变量。

10.2.1.2 影响汽包水位的其他扰动

1. 蒸气流量对汽包水位的影响

在其他条件不变的情况下，蒸气流量突然增加 ΔD，会使汽包的物料平衡被打破，汽包瞬时流出蒸气（水）量大于给水流入量，汽包存水量减少。如果不考虑其他因素，汽包存水量瞬时减少必然使汽包水位下降。图 10-12 中的 $\Delta H_1(t)$ 表示将汽包当作非自衡单容对象看待时，汽包水位对蒸气流量的阶跃响应曲线。但深入分析汽包内部的水、汽变化过程可以发现，当蒸气流量突然增加时，必将导致汽包压力 p_b 瞬时下降，锅炉蒸发管内气泡数量迅速增加，气泡体积增大，使汽包水位升高。这种压力下降而非水量增加（水量实际上在减少）导致汽包水位上升的现象称为"虚假水位"现象。由于汽包压力下降，导致汽包液位上升对应的虚假水位阶跃响应曲线如图 10-12 中的 $\Delta H_2(t)$ 所示。

在蒸气流量增加（ΔD）时，汽包水位变化的实际阶跃响应曲线如图 10-12 中的 $\Delta H(t)$ 所示。由于虚假水位现象，在蒸气流量增加的开始阶段水位不仅不会下降反而先上升，然后再下降（反之，当蒸气流量突然减少时，则水位先下降，然后上升）。蒸气流量 D 突然增加时，实际水位的变化 $\Delta H(t)$ 为 $\Delta H_1(t)$（不考虑水面下气泡容积变化时的水位变化）与 $\Delta H_2(t)$（只考虑水面下气泡数量和体积变化所引起的水位变化）的叠加，即

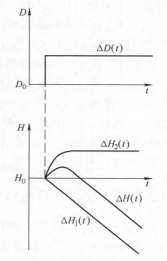

图 10-12　蒸气流量阶跃（扰动）干扰下汽包水位响应曲线

$$\Delta H(t) = \Delta H_1(t) + \Delta H_2(t) \tag{10-1}$$

用传递函数来描述可以表示为

$$\frac{H(s)}{D(s)} = \frac{H_1(s)}{D(s)} + \frac{H_2(s)}{D(s)} = -\frac{\varepsilon_f}{s} + \frac{K_2}{T_2 s + 1} \tag{10-2}$$

式中，ε_f 为蒸气流量作用下，阶跃响应曲线（工程上也称飞升速度）$\Delta H_1(t)$ 的斜率；K_2、T_2 分

别为只考虑水面下气泡体积变化所引起的水位变化 $\Delta H_2(t)$ 的放大倍数和时间常数。

虚假水位变化大小与锅炉的工作压力和蒸发量有关。一般蒸发量为 $100\sim230\text{t/h}$ 的中、高压锅炉，当负荷突然变化 10% 时，假水位可达 $30\sim40\text{mm}$。对于这种假水位现象，在设计汽包水位控制方案时必须特别注意。

2. 给水流量对汽包水位的影响

给水流量增加时，如果把汽泡水位对给水流量的响应看作无自衡单容过程，汽包水位的阶跃响应曲线似乎应该如图 10-13 中 $\Delta H_1(t)$ 所示，而实际的汽包水位阶跃响应曲线如图 10-13 中 $\Delta H(t)$ 所示。这是由于给水温度比汽包内饱和水温度低，进入汽包的给水会从饱和水吸收一部分热量，使汽包的水温降低，所以当给水量增大后，汽包水面以下水中的气泡收缩、总体积减小，导致水位下降。水中气泡总体积减小导致水位变化的阶跃响应曲线如图 10-13 中 $\Delta H_2(t)$ 所示，汽包水位的实际响应曲线如图 10-13 中

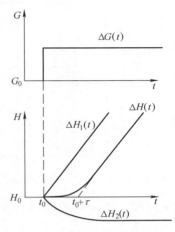

图 10-13　给水流量阶跃干扰
下汽包水位响应曲线

$\Delta H(t)$ 所示，即突然加大给水量后，汽包水位一开始并不立即增加，而要呈现出一段起始惯性段。实际水位变化 $\Delta H(t)$ 是 $\Delta H_1(t)$（不考虑水面下气泡容积变化时的水位变化）与 $\Delta H_2(t)$（只考虑水面下气泡体积变化所引起水位变化）的叠加，即

$$\Delta H(t) = \Delta H_1(t) + \Delta H_2(t) \tag{10-3}$$

用传递函数来描述可以表示为

$$\frac{H(s)}{G(s)} = \frac{H_1(s)}{G(s)} + \frac{H_2(s)}{G(s)} = \frac{\varepsilon_0}{s} - \frac{K_1}{T_1 s + 1} \tag{10-4}$$

用存在滞后的积分模型近似时，可表示为

$$\frac{H(s)}{G(s)} = \frac{\varepsilon_0}{s} e^{-\tau s}$$

式中，ε_0 为给水流量作用下，阶跃响应曲线稳定时的斜率（飞升速度）；τ 为纯滞后时间。

给水温度越低，纯滞后时间 τ 越大，一般 τ 约在 $15\sim100\text{s}$ 之间。如果采用省煤器，则由于省煤器本身的延迟，会使 τ 增加到 $100\sim200\text{s}$。

10.2.1.3　锅炉汽包水位控制的几种方案

1. 单冲量汽包水位控制

以汽包水位为被控参数，给水量作为控制变量，可构成图 10-14 所示的单回路水位控制系统，工程上也称为单冲量控制系统，图 10-15 为单冲量水位控制系统框图。这一系统的优点是所用设备少，结构简单，参数整定和使用维护方便。

在图 10-15 所示的单冲量控制系统中，当锅炉蒸气负荷（流量 D）突然大幅度增加时，由于"虚假水位"现象，控制器不但不及时开大给水调节阀来增加给水量，反而去关小调节阀的开度，减小给水量。这样，由于蒸气量增加、给水量减小使汽包存水量加速减少。等到假水位消失后，汽包水位会严重下降，甚至会使汽包水位降到危险的程度，以致发生事故。对于负荷变动较大的大、中型锅炉，单冲量控制系统不能保证水位稳定，难以满足水位控制要求、无法保证生产安全。而对于小型锅炉，由于蒸气负荷变化时"虚假水位"现象并不显著，

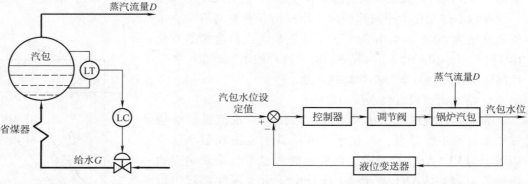

图 10-14 单冲量汽包水位控制系统流程示意图　　　图 10-15 单冲量汽包水位控制系统框图

如果再配上相应的联锁报警装置，这种单冲量控制系统也能满足生产要求，并保证安全生产。

2. 双冲量汽包水位控制

汽包水位主要扰动是蒸气流量变化。如果能利用蒸气流量变化信号对给水量进行补偿控制，就可以减小甚至消除"虚假水位"现象对汽包水位的影响，控制效果要比只按水位进行控制更好。按这种思路设计的双冲量汽包水位控制系统如图 10-16 所示，控制系统框图如图 10-17 所示。相对于图 10-14 的单冲量汽包水位控制系统，图 10-16 双冲量控制系统中增加了针对主要干扰——蒸气流量扰动的前馈补偿通道，使调节阀及时按照蒸气流量扰动进行给水流量控制，而其他干扰对水位的影响由反馈控制回路克服，属于前馈-反馈复合控制系统。

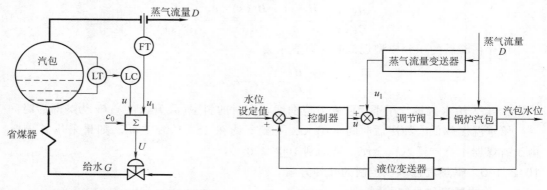

图 10-16 双冲量液位控制系统流程示意图　　　图 10-17 双冲量液位控制系统框图

图 10-16 中的加法器将控制器的输出信号和蒸气流量变送器的信号加权求和以后，控制给水调节阀的开度，调整给水量。当蒸气流量变化时，通过前馈补偿直接控制给水调节阀，使汽包进出水量不受"虚假水位"现象的影响而及时达到平衡，这就克服了蒸气流量变化引起的"虚假水位"现象所造成的汽包水位剧烈波动。

加法器(Σ)的具体运算功能如下：

$$U = u + c_1 u_1 + c_0 \tag{10-5}$$

式中，u 为控制器的输出值；u_1 为蒸气流量变送器输出的蒸气流量值；c_0 为初始偏置，c_1 为蒸气流量测量信号的系数；U 为加法器输出值。

c_1 取正号或负号视调节阀是气关式或气开方式而定，确定原则是蒸气流量增加，给水量加大，气关式调节阀取负号，气开式调节阀取正号（图 10-17 为气关式调节阀的情况）。c_1 值的确定还要考虑到静态补偿，将 c_1 调整到只有蒸气流量扰动时，汽包水位基本不变即可。

设置 c_0 的目的是为了在正常蒸气（负荷）流量时，控制器和加法器的输出比较适中。

3. 三冲量汽包水位控制

双冲量汽包水位控制相对于单冲量控制，控制品质有很大的改善。但双冲量水位控制系统仍存在两个问题，一是调节阀的工作特性不一定为线性特性，要做到对蒸气流量（负荷）扰动的完全补偿比较困难；其次是给水压力扰动（引起给水流量变化）对汽包水位的影响不能及时消除。为

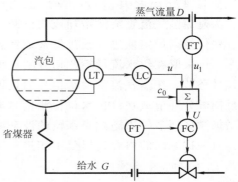

图 10-18　三冲量液位控制系统流程示意图

此，可在双冲量水位控制的基础上，将给水流量（或压力）信号作为副参数，构成如图 10-18 所示的三冲量汽包水位控制系统，对应的控制系统框图如图 10-19 所示。

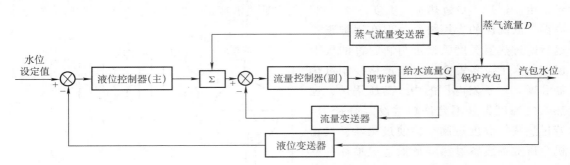

图 10-19　三冲量液位控制系统框图

汽包水位是主（被控）参数，也称主冲量；给水流量为副（被控）参数，蒸气流量是前馈补偿的主要扰动，给水流量与蒸气流量也称为辅助冲量，从图 10-19 所示的控制系统框图可以看出，这是一个前馈-串级复合控制系统。

三冲量水位控制系统加法器（∑）的运算功能与式（10-5）表示的双冲量汽包水位控制系统加法器（∑）的运算功能相同，参数选取方法也完全一样。

三冲量水位控制系统的副控制器通过副回路快速消除给水环节的扰动对汽包水位的影响，副控制器一般采用比例（P）控制；主控制器通过副控制器对水位进行校正，使水位保持在设定值，主控制器一般采用 PID 控制或 PI 控制。

有些锅炉系统采用比较简单的三冲量水位控制，这类三冲量控制系统只有一台控制器和一台加法器，所以也称单级三冲量水位控制。加法器可接在控制器之前，如图 10-20a 所示，也可接在控制器之后，如图 10-20b 所示（图中的加法器正负号由调节阀气开/气关方式和控制器正/反作用方式选取情况而定）。图 10-20a 接法的优点是使用仪表少，只要一台多通道控制器即可实现。但如果系数设置不当，不能确保气水平衡，当负荷变化时，水位将有余差。图 10-20b 的接法，水位无余差，但需要一台加法器，使用仪表较图 10-20a 多，但控制

器参数的改变不影响补偿通道的整定参数。

在汽包停留时间较短、负荷变化频繁、蒸气流量变化幅度大（冲击负荷）的情况下，为避免蒸气流量突然增加或突然减少时，水位偏离设定值过高或过低造成锅炉停车，可采取在给水流量检测信号通道增加惯性环节、在蒸气流量检测信号通道增加反向微分环节或在汽包水位检测信号通道增加微分环节等措施减小水位的波动幅度，有关这方面的内容这里就不作进一步讨论了。

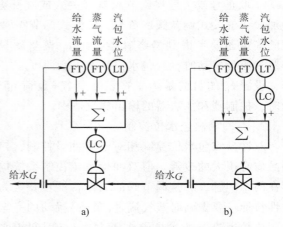

图 10-20　单级三冲量水位控制系统结构示意图
a)加法器在控制器之前　b)加法器在控制器之后

10.2.2　锅炉过热蒸气温度控制系统

锅炉出口过热蒸气温度是蒸气的重要质量指标，直接关系到下游用气设备的安全和生产效率。蒸气系统流程示意图如图 10-21 所示。由于锅炉出口过热蒸气温度是整个锅炉气水通道温度最高的地方，过热器材料虽然是耐高温、耐高压的专用材料，但在锅炉正常运行时过热器温度已接近材料容许的极限温度，为了设备安全，必须严格控制过热器温度。对于发电厂的中、高压锅炉，过热蒸气温度偏差不允许超过设定值±5℃。若过热蒸气温度过高，会使过热器、汽轮机高压缸等设备过热变形而造成损坏；温度过低则会降低机组热效率。

过热蒸气温度控制系统的目的就是维持过热器出口温度在允许范围内，保护设备安全，并使生产过程经济、高效地持续进行。

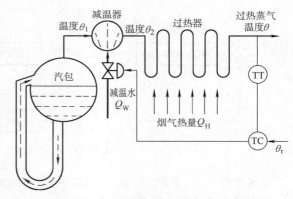

图 10-21　锅炉蒸气系统及过热蒸气温度
单回路控制系统流程示意图

蒸气温度控制系统可直接选择过热蒸气温度 θ 作为被控参数。影响过热蒸气出口温度 θ 的扰动因素主要有蒸气流量 D、烟气热量 Q_H、减温水流量 Q_W。

蒸气流量 D 是不可控的，不能选作蒸气温度控制变量；选择烟气热量 Q_H（调节烟气流量或烟气温度）作为控制变量，实现复杂，并与燃烧控制相互干扰，也不可取。只能选择减温水流量 Q_W 作为蒸气温度参数的控制变量。

减温水流量 Q_W 出现阶跃扰动（ΔQ_W）时，过热蒸气温度 $\theta(t)$ 的阶跃响应曲线如图 10-22b 所示，其传递函数可用一阶惯性加滞后的形式近似

$$\frac{\Theta(s)}{Q_W(s)} = \frac{K}{Ts+1} e^{-\tau s} \tag{10-6}$$

从过热蒸气温度 $\theta(t)$ 的响应曲线可以看出，以 Q_W 作为控制变量，控制通道的滞后时间 τ 和时间常数 T 都很大，而且 τ/T 也比较大，这主要是由于减温器金属管壁有较大的热惯性

（$T \approx 100s$），同时过热器管道较长，存在较大的传输滞后（$\tau = 30 \sim 60s$）。

如果采用如图 10-21 中虚线所示的单回路控制系统，根据过热蒸气温度 θ 来控制减温水流量 Q_W。当减温器入口温度 θ_1、过热器入口蒸气温度 θ_2 或减温水（减温水温度或供水压力）出现扰动时，要等到过热蒸气出口温度 θ 发生变化后，控制器才开始动作，控制减温水流量 Q_W；而 Q_W 改变之后，又要经过一段时间，才能影响过热蒸气温度 θ。这样既不能及早发现扰动，控制作用又不能及时发挥作用，过热蒸气温度 θ 将出现较大的动态偏差，难以满足工艺要求，影响锅炉的安全和过热蒸气质量。

当减温水流量 Q_W 出现阶跃（扰动）变化时，过热器入口温度（也是减温器出口温度）θ_2 的响应曲线如图 10-21c 所示，如果用一阶惯性加滞后近似其传递函数

$$\frac{\Theta_2(s)}{Q_W(s)} = \frac{K_2}{T_2 s + 1} e^{-\tau_2 s} \qquad (10\text{-}7)$$

滞后时间 τ_2 和时间常数 T_2 要比式（10-6）中的滞后时间 τ 和时间常数 T 小很多。因此，如果用能较快反映扰动和控制作用的过热器入口温度 θ_2 作为副（控）参数，构成如图 10-23 所示的串级控制系统，则过热蒸气温度的控制品质可大为改善，串级控制系统框图如图 10-24 所示。

图 10-23 所示的串级控制系统中，减温器出口温度 θ_2 对减温水 Q_W 控制作用的反应要比

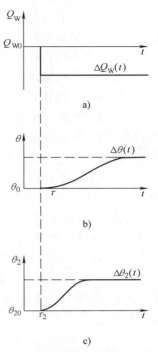

图 10-22　减温水流量阶跃变化时过热蒸气温度 θ 与过热器入口蒸气温度 θ_2 响应曲线

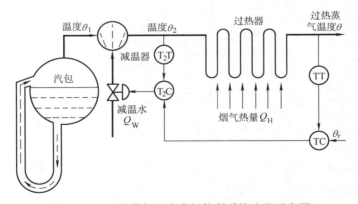

图 10-23　过热蒸气温度串级控制系统流程示意图

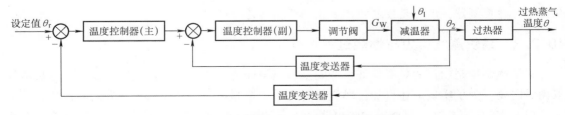

图 10-24　过热蒸气温度串级控制系统框图

过热蒸气温度 θ 的反应快很多,对减温水压力、减温器入口温度 θ_1 等(副回路)干扰对 θ_2 的影响,副回路能够及时控制减温水流量 Q_W 予以消除,使过热蒸气温度 θ 的波动幅度大大减小。当进入主环(θ_2 之后)的干扰(如烟气流量或温度的变化)使过热蒸气温度 θ 偏离设定值 θ_r 时,主控制器的输出变化使副控制器的设定值改变,由副控制器调整减温水流量 Q_W ,使过热蒸气温度 θ 回复到设定值 θ_r 。

在过热蒸气温度串级控制系统中,希望副控制器能尽快消除副回路中扰动的影响,而对减温器出口蒸气温度 θ_2 并没有准确性要求,因此副控制器一般采用比例(P)控制;主控制器要能够将 θ 控制在设定值 θ_r ,故常采用 PID 控制或 PI 控制。

由于式(10-7)滞后时间 τ_2 和时间常数 T_2 要比式(10-6)中的滞后时间 τ 和时间常数 T 小很多,蒸气温度串级控制系统中副回路的控制过程要比主回路控制过程快很多。因此,由副控制器消除副回路中的干扰对过热蒸气温度 θ 影响的速度快、效果好;而当主控制器进行控制时,副回路可以看作快速随动的比例环节,控制过程比单回路时快很多。

还有一种如图 10-25 所示的双回路控制方案,其控制系统框图如图 10-26 所示。由于这种控制方案只用了一个控制器,控制器有两个信号输入,所以也称双信号蒸气温度控制系统。

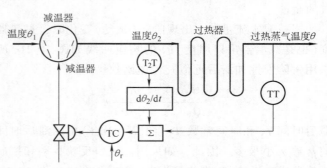

图 10-25 双信号蒸气温度控制系统流程示意图

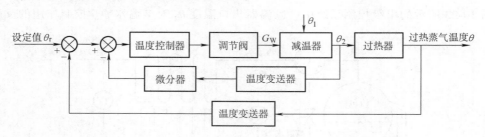

图 10-26 双参数蒸气温度控制系统框图

在图 10-25 所示的双回路控制系统中,将 θ_2 的导数加到控制器的输入。在动态过程中,控制器根据 θ_2 的微分和 θ 两个信号进行调节;在稳态时, θ_2 不再变化,其微分为零,在控制器的积分作用下,过热蒸气温度 θ 必然稳定在设定值 θ_r 。双信号蒸气温度控制系统的优点是少了一台控制器,缺点是控制效果要比串级系统差一些。

10.2.3 锅炉蒸气压力与燃烧过程控制

锅炉燃烧控制的目的是在保证生产安全和燃烧经济的前提下,提供符合要求的过热蒸气以满足需要。为了实现上述目标,燃烧过程的自动控制系统要完成以下三方面的任务。

(1)进行压力控制,保持锅炉输出蒸气压力稳定 以发电厂锅炉为例,一条母管上有若干台锅炉同时供气，必须对并列运行的锅炉负荷进行合理的分配与调节。若母管压力 p_M 降低，要由各台锅炉增加燃料量 M 来提高蒸气产量 D 使母管压力 P_M 回升到设定值。负荷分配的原则是：高效锅炉承担基本负荷，在其最大负荷状态运行；总负荷的变动部分由其他锅炉承担和调节；这样，就必须有一个主控制器以蒸气压力 P_M 为被控参数，控制各台锅炉的燃料控制器设定值，增减燃料量，以保持母管压力 P_M 的稳定。

（2）进行燃料流量 M 与送风流量 F 比值控制，保证燃烧的经济性与排放的环保指标　燃烧效率难以直接测量，常用间接参数来判定燃烧过程的效率，目前应用较多的是采用锅炉排烟中的含氧量代表过剩空气系数 α，间接反映送风量 F 与燃料量 M 的配比与燃烧效率。比值控制系统发展与这一控制需求密切相关。

（3）进行烟气排放量控制，保持锅炉炉膛负压稳定　通过控制引风机转速或排风风阀开度调节排烟量 Y（与送风量 F 相协调），将炉膛负压 P_f 控制在设定值。如果负压 P_f 太大，大量冷空气漏进炉内，会增大引风机的负荷，排烟带走热量的损失也增大。如果负压太小，甚至为正压，则炉膛热烟会往外冒，影响设备和工作人员的安全。锅炉炉膛负压一般应维持在 $-20\sim-50\text{Pa}$。

锅炉过热蒸气压力与燃烧过程控制系统需要协调控制三个被控参数：过热蒸气压力 P_M、空气过剩空气系数 α（间接反映送风量 F 与燃料量 M 的比例）、炉膛负压 P_f，分别对应三个控制变量：燃料量 M、送风量 F、排烟量 Y，显然，过热蒸气压力与燃烧过程控制是一个多输入-多输出控制系统。

锅炉燃烧系统由于燃料种类、燃烧设备以及锅炉型号等的不同，差别较大（如火力发电厂多以煤为燃料，石油化工厂则以燃油或燃气为主），其对应的燃烧控制系统也不相同。下面以煤粉锅炉为例，简要讨论锅炉过热蒸气压力与燃烧过程控制系统的基本工作原理。

10.2.3.1　蒸气压力 P_M 的动态特性与燃料流量控制

当进入锅炉燃料量（燃料流量）增加时，炉膛内热量增加，温度升高，锅炉蒸发（过程）加快、汽包压力增大，进而使蒸气压力 P_M 增大，导致蒸气流量 D 增大，最后达到新的平衡。在燃料流量扰动 Δu 的作用下，过热蒸气压力 P_M 和蒸气流量 D 的阶跃响应如图 10-27b、c 所示。

从图 10-27b 可以看出，在其他条件不变的情况下，过热蒸气压力变化反映了锅炉燃料（热）流量的变化；反过来，通过改变燃料流量 M 就可以控制蒸气压力 P_M。

从蒸气压力的响应曲线可以看出，其动态特性近似为单容自衡过程。从原理上讲，通过燃料流量调节实现对蒸气压力控制应该比较容易，但由于锅炉蒸发过程惯性大，燃烧过程本身比较复杂，变量、参数之间相互影响，因此需要单独设计一套燃烧控制系统。

从前面的分析可知，当蒸气流量 D 发生扰动或出现其他干扰，蒸气压力 P_M 偏离设定值时，可通过改变燃料流量 M 使 P_M 回复并保持在设定值（附近）。为了保持燃烧的经济

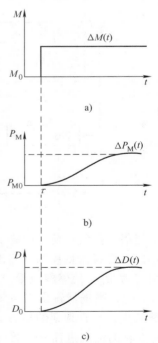

图 10-27　锅炉燃料流量增加时过热蒸气压力 P_M 与蒸气流量 D 阶跃响应曲线

性，还要控制送风流量 F，以适应燃料流量 M 的变化。同时还要将炉膛负压 P_f 控制在规定范围，以保障工作环境与设备安全。

为了保证足够的送风量 F 使燃料充分燃烧，在蒸气流量 D（负荷）增大（导致过热蒸气压力 P_M 下降）时，蒸气压力控制器增大燃料流量控制器设定值，此时燃烧控制系统应先增大送风量 F，然后增加燃料量 M；在蒸气流量 D（负荷）减小（P_M 上升）时，蒸气压力控制器减小燃料流量设定值，此时燃烧控制系统应先减小燃料量 M，然后减小送风量 F，只有这样才能保证燃料充分燃烧。因此，必须对燃料流量 M 与送风流量 F 两个变量进行协调控制才能满足以上要求。现在常采用在两个单回路控制系统（这里为双闭环比值控制系统）的基础上增加选择控制环节，实现燃烧过程燃料流量 M 与送风流量 F 比值交叉限幅控制。控制系统框图如图 10-28 所示，其工作原理如下。

在稳态工况，燃料流量和燃料设定值相等：$M = M_0$，送风量与燃料量成最佳配比：$F = \beta M$。若锅炉负荷（D）增加（P_M 下降），蒸气压力控制器将燃料流量控制器设定值 M_0 增大。对送风控制回路而言，高选器的两个输入信号中 $M_0 > M$，高选器输出 M_0 输出乘以 β 后作为设定值 βM_0 输入送风量控制器，送风量控制器通过增大送风调节风阀开度使送风量 F 增大；而对燃料控制回路来说，虽然 M_0 增大，但在此瞬间，送风量 F 还未改变，故有 $M_0 > F/\beta$，低选器输出仍为 $F/\beta = M$ 不变，因而此时燃料流量仍维持 M 不变。随着送风量 F 增大，低选器输出 F/β 不断增大，燃料调节阀开度增大使燃料流量 M 不断增加，最后在新的稳态达到平衡：$M = M_0$，$F = \beta M = \beta M_0$。

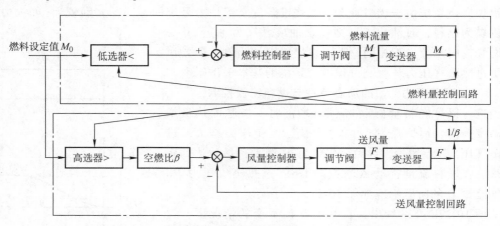

图 10-28　燃料-助燃空气比值交叉限幅控制系统框图

当锅炉蒸气负荷（D）减小（P_M 上升）时，蒸气压力控制器使燃料流量控制器设定值 M_0 减小。对燃料流量控制回路而言，由于送风量 F 还未来得及改变，因而有 $M_0 < F/\beta$，低选器输出变为 M_0，使燃料流量控制器设定值减小，控制燃料流量 M 减小；对送风控制回路，由于 $M > M_0$，高选器输出仍为 M，随着燃料流量 M 不断减小，高选器输出减小，送风量 F 也不断减少，一直到新的稳态值 $F = \beta M_0$。这样，通过交叉限幅控制就保证了在锅炉蒸气负荷（D）变化的动态过程中，始终有足够的风量（助燃空气）供给，以保证燃料的充分燃烧，避免了燃料不能充分燃烧造成燃料浪费和增大污染物排放的情况发生。

10.2.3.2　锅炉送风流量控制

通过前面的分析可知，为了使锅炉适应负荷的变化，必须同时改变送风量和燃料量，维

持过热蒸气压力 P_M 稳定。送风控制系统的目的就是保证燃料-风量（助燃空气）的最佳配比，使锅炉在高热效率燃烧状态运行。现在常用过量空气系数 α 衡量风量-燃料配比，最佳 α 值与锅炉负荷有关。由于煤粉流量不易测定，即使给粉量一定，煤质也会变化，发热量有高有低，简单的比值控制系统并不能保证燃料与助燃空气的最佳配比。如何控制过剩空气系数 α，保证燃烧过程的经济性是比较困难的。而烟气中的 O_2 含量与 α 之间有比较固定的关系，通过测量和控制锅炉烟气中的 O_2 含量就可实现过剩空气系数 α 的测量和控制，也就实现了风量-燃料配比的控制。因此，可在图 10-28 空气-燃料比交叉限幅控制系统的基础上，将送风控制系统设计成带有氧量调节的串级变比值控制系统，控制系统简化框图如图 10-29 所示。

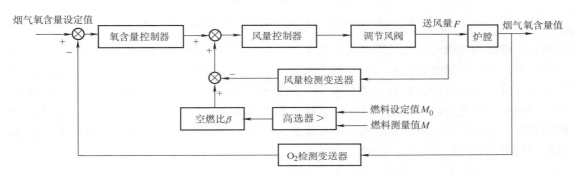

图 10-29　带氧量校正的串级变比值送风控制系统框图

副回路实现送风流量 F 与燃料流量 M 的比值控制。M 测量误差或煤质变化使烟气 O_2 含量出现的偏差，由氧含量控制器进行调节，使烟气 O_2 含量返回设定值。而氧含量设定值是由负荷 D 经过函数计算得出的。烟气中的 O_2 含量本来就很小，如果在炉膛与取样点之间的烟道漏入空气，或测氧仪器取样管漏入空气，会造成很大的测量误差。为了保证氧量计的气密性和抽取的烟气中氧含量具有代表性，取样点尽可能靠近炉膛。此外，氧量计的快速性还应满足一定要求，才能适应自动控制的要求。另外，送风流量测量的准确性受到被测空气压力、温度的影响，因此在送风流量测量部分必须进行压力与温度的补偿校正，以保证送风流量检测与控制的准确性。

10.2.3.3　炉膛负压控制

炉膛负压控制系统通过调节烟道引风机转速或风门开度控制烟气排放流量，将炉膛负压 P_f 控制在设定值，以保证现场工作环境与设备安全和锅炉的经济运行。引风控制过程的惯性很小，控制通道和干扰通道的动态特性都可以近似为比例环节。由于空气流量存在脉动，工艺参数存在激烈跳动，需要采用阻尼器进行滤波，滤除高频脉动，保证控制系统运行平稳。炉膛负压 P_f 是送风流量 F 与引风流量 Y 之间平衡关系的反映，为了提高控制质量，可对炉膛负压的主要扰动——送风量 F 进行前馈补偿，这样就构成如图 10-30 所示的炉膛负压前馈-反馈复合控制系统。

锅炉过热蒸气压力与燃烧过程控制系统由蒸气压力控制、燃料流量与送风流量比值控制、炉膛负压控制几个密切联系、相互协调的控制系统组成。过热蒸气压力 P_M 是主控参数。燃烧控制系统接受蒸气压力控制器输出的燃料流量给定值信号，控制燃料流量及燃烧过程的其他参数，使锅炉的过热蒸气压力稳定在设定值。锅炉蒸气压力与燃烧过程控制系统的简化框图如图 10-31 所示。其中蒸气压力控制器根据蒸气负荷（蒸气流量 D）变动所引起的压

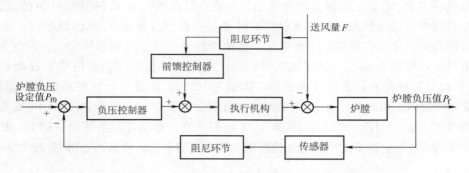

图 10-30　炉膛负压前馈-反馈复合控制系统框图

力偏差，控制锅炉燃烧系统的燃料流量给定值；燃料流量与送风流量控制子系统根据燃料流量给定值控制锅炉燃烧发热量(蒸发量)，使锅炉跟踪蒸气负荷变化，将过热蒸气压力 P_M 稳定在设定值，同时保证锅炉高效燃烧与排放环保；炉膛负压控制子系统保持炉膛负压值稳定，保证生产环境与设备安全。这三个控制子系统组成了不可分割的整体，统称为锅炉燃烧控制系统，与蒸气压力控制系统共同保证锅炉对负荷(蒸气流量 D)变化的适应性和燃烧系统运行的安全、高效与经济、环保。

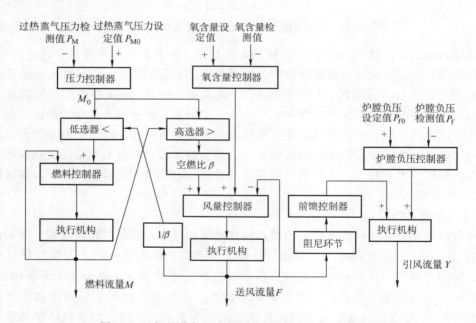

图 10-31　锅炉蒸气压力与燃烧过程控制系统简化框图

10.2.4　锅炉控制系统实例分析

通过前面的讨论已经知道，工业锅炉通常有汽包水位控制、蒸气温度控制、蒸气压力与燃烧控制三个主要控制系统。三个系统互相联系、互相配合，共同控制锅炉生产所需的合格蒸气，保持蒸气压力、温度稳定，同时使锅炉在安全和经济的工况下运行。图 10-32 是一个工业锅炉控制系统总图，通过它可以了解各控制系统的组成及其相互之间的联系。

1. 汽包水位控制系统

汽包水位的测量采用差压变送器，其输出经低通滤波器$f(t)$滤除水位信号中的高频脉动。另外，汽包压力P_b经过变送器测出并转换成标准输出信号，经过非线性函数单元$f(x)$和乘法器的作用，对水位信号进行压力校正，以保证水位测量信号的准确性，减少虚假水位的影响。校正后的水位信号送给水位控制器G，作为三冲量给水控制的主信号。锅炉给水是通过并行的两个大小调节阀门，即正常负荷调节阀1和低负荷调节阀2分别进行控制。当锅炉在低负荷（<30%额定负荷）运行时，正常负荷调节阀1关闭，锅炉水位控制器G控制低负荷调节阀门2的开度，控制给水流量，而蒸气流量检测值和给水流量检测值不起作用，这是以锅炉水位H为被控参数的单回路控制系统。当锅炉负荷大于额定负荷的30%时，低负荷调节阀已经开至最大，这时的水位控制系统自动切换到以水位H为主参数，给水流量Q为副参数，蒸气流量D为前馈量的前馈-串级控制系统，即通常所称的三冲量水位控制系统，用控制正常负荷的调节阀门1进行汽包液位控制。两个给水调节阀的动作顺序：给水流量由小到大增加时，先开调节阀2（小阀）后开调节阀1（大阀）；反之，减少给水流量时，先关调节阀1后关调节阀2，这就是第7章7.6节中讨论的分程控制。

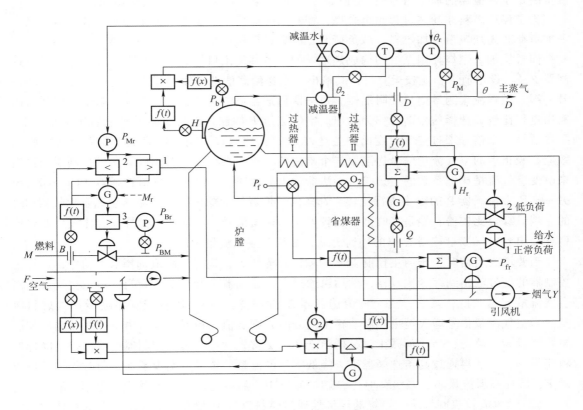

图 10-32　工业锅炉自动控制系统总图

2. 蒸气温度控制系统

图10-32中锅炉出口的主蒸气温度θ为蒸气温度控制系统的主（被控）参数，副（被控）

参数是减温器后的蒸气温度 θ_2，其输出控制减温水调节阀，通过改变减温水流量来实现对蒸气温度 θ 的控制，这是一个典型的串级控制系统。

3. 主蒸气压力与燃烧过程控制系统

由上一节的讨论分析已经知道，过热蒸气压力与燃烧过程控制系统的任务有三个：控制燃料流量使锅炉燃烧系统产生的热量适应负荷的需要，并维持锅炉出口蒸气压力 P_M 稳定；控制送风量，将空气-燃料比保持在最佳值，保证燃烧的经济性；控制引风量 Y 维持炉膛负压 P_f 稳定，保证生产现场环境与设备安全。为此设置了如下三个互相关联的控制系统，如图 10-32 所示。

(1) 主蒸气压力与燃料流量串级交叉限幅控制系统　以锅炉出口主蒸气压力 P_M 为主(被控)参数，副(被控)参数为燃料流量与空气流量组成的交叉限幅燃烧过程串级控制系统。为保证燃烧系统的安全运行，控制系统配有燃料调节阀后压力选择性控制。当燃烧器前(燃料流量调节阀后)的压力 P_{BM} 低于某数值(P_{Br})时，压力控制器 P 输出增大，通过高值选择器 3 的切换动作，取代正常工况的蒸气压力控制器去控制燃料流量调节阀，从而使 p_{BM} 保持在一定数值，不致过低而造成熄火。当锅炉负荷固定时，锅炉负荷由定值器给定。此时，燃料流量决定于定值器的输出信号(设定值 M_r)，而与蒸气压力控制器 P 的输出无关。

为了保证燃料在动态过程完全燃烧，控制系统应用了高值选择器 1 和低值选择器 2 以实现加负荷时先加风量后加燃料，减负荷时先减燃料后减风量，目的是保证燃料充分燃烧，不使烟囱冒黑烟。燃烧控制系统的构成是这样的：主蒸气出口压力 P_M 的测量信号送至压力控制器 P，与设定值 P_{Mr} 比较运算后，其输出分别送给高值选择器 1 及低值选择器 2 的比较信号一端。燃料流量测量信号经阻尼器 $f(t)$ 平滑后送至高值选择器 1，与另一端压力控制器的输出进行比较，选择信号高者作为输出。空气流量 F 的测量信号经阻尼平滑后送至乘法器，乘法器另一个信号来自空气温度函数变送器 $f(x)$，用以校正空气因温度变化而引起的膨胀效应。校正后的空气流量信号送至第二个乘法器，这个乘法器是由烟气氧含量控制器的输出来改变空气流量比例系数的。第二个乘法器输出分两路，一路送至低值选择器 2 的一端，与另一端压力控制器 P 的输出进行比较，选择信号低者作为输出；另一路送至综合比较器(Δ)的左端，综合比较器右端是接收高值比较器 1 的输出信号，将这两个信号综合比较后的差值信号输出到空气流量控制器 G 的外给定端，去调节空气流量阀门。

当要增大负荷时，压力主控制器 P 的输出首先增大，这将使高值选择器 1 动作，选择主控制器的信号输出到综合比较器，然后再通过空气控制器去开大空气阀门，增加空气量。当空气流量 F 增大后，其信号送至低值选择器 2，由其输出控制燃料控制器逐步加大燃料流量。当空气流量信号增大至主控制器输出信号时，则低值选择器切换，由主控制器输出控制燃料流量 M。反之，当负荷减少时，低值选择器 2 首先动作，由主控制器的输出控制降低燃料流量 M，然后再通过高值选择器 1 去降低空气的流量。这样就实现了加负荷时先加送风流量 F、后加燃料流量 M，减负荷时先减燃料流量 M、后减送风流量 F 的交叉限幅控制。

(2) 送风流量控制系统　燃烧的经济性通过燃料流量 M 与助燃空气流量 F 的最佳配比实现，燃料-空气的配比用烟气含氧量来反映。如果空气量不足，燃料燃烧不充分；空气过量，使排烟带走热量过多，二者都不经济。以烟气含氧量作为燃烧经济性指标，是目前普遍采用的送风流量控制方法。在图 10-32 中，用烟道氧气含量的检测值调整控制器 O_2 的输出改变第二乘法器的系数，从而改变空气流量的比例系数，实现燃料与空气的最佳配比。由于锅炉在负荷不同时，烟气含氧量的最佳值是变化的，所以氧气控制器的设定值应由蒸气流量信号通过函数变换单元来校正，烟气含氧量的设定值随锅炉负荷而改变。

（3）炉膛负压控制系统　炉膛负压控制系统以炉膛负压 P_f 为被控参数，并以送风控制器输出为前馈控制量，通过加法器综合后去控制引风量。这是一个前馈-反馈复合控制系统。

为了消除蒸气流量、燃料流量、送风量、汽包水位和炉膛负压等检测信号的脉动，采用阻尼器 $f(t)$ 平滑滤除高频脉动干扰，使控制系统工作平稳。

思考题与习题

10-1　精馏塔（过程）如何将二元组分的原料液分离成易挥发组分为主的塔顶产品和不易挥发组分为主的塔底产品？

10-2　精馏塔自动控制有哪些基本要求？

10-3　影响精馏塔操作的主要扰动有哪些？哪些是可控的？哪些是不可控的？

10-4　为什么在精馏塔自动控制中用温度控制来间接实现产品质量控制？

10-5　什么是灵敏板？为什么用灵敏板温度作为被控参数？

10-6　精馏段温度控制与提馏段温度控制各有什么特点？分别在什么场合下使用？

10-7　什么是温差控制？什么是双温差控制？各适合在什么场合使用？

10-8　什么情况下需要采用解耦控制实现对塔顶产品和塔底产品的质量控制？

10-9　蒸气锅炉有哪几个基本控制系统？

10-10　影响锅炉汽包水位的主要因素有哪些？分析假水位产生的原理及其危害。

10-11　三冲量给水控制系统中，给水流量、蒸气流量和汽包水位三个信号各起什么作用？

10-12　减温水流量扰动时，过热蒸气温度的响应有何特点？为什么采用串级控制系统实现过热蒸气温度控制？

10-13　在蒸气锅炉中，通常通过哪个变量来控制过热蒸气压力？

10-14　为什么说锅炉燃烧过程是多变量被控过程？

10-15　为什么要进行燃料-送风交叉限幅控制？如何实现燃料流量-送风流量交叉限幅控制？

10-16　为什么要进行炉膛负压控制？简述炉膛负压控制系统的工作原理。

附 录

附录 A　铂铑 10-铂热电偶分度表（简表）

分度号　S　　　　　　　　　　　　　　　　　　　　　　　　$(t_0 = 0°C, E/mV)$

$t/℃$	00	10	20	30	40	50	60	70	80	90
0	0.000	0.055	0.113	0.173	0.235	0.299	0.365	0.432	0.502	0.573
100	0.645	0.719	0.795	0.872	0.950	1.029	1.109	1.190	1.273	1.356
200	1.440	1.525	1.611	1.698	1.785	1.873	1.962	2.051	2.141	2.232
300	2.323	2.414	2.506	2.599	2.692	2.786	2.880	2.974	3.069	3.164
400	3.260	3.356	3.452	3.549	3.645	3.743	3.840	3.938	4.036	4.135
500	4.234	4.333	4.432	4.532	4.632	4.732	4.832	4.933	5.034	5.136
600	5.237	5.339	5.442	5.544	5.648	5.751	5.855	5.960	6.064	6.169
700	6.274	6.380	6.486	6.592	6.699	6.805	6.913	7.020	7.128	7.236
800	7.345	7.454	7.563	7.672	7.782	7.892	8.003	8.114	8.225	8.336
900	8.448	8.560	8.673	8.786	8.899	9.012	9.126	9.240	9.355	9.470
1000	9.585	9.700	9.816	9.932	10.048	10.165	10.282	10.400	10.517	10.635
1100	10.754	10.872	10.991	11.110	11.229	11.348	11.467	11.587	11.707	11.827
1200	11.947	12.067	12.188	12.308	12.429	12.550	12.671	12.792	12.913	13.034
1300	13.155	13.276	13.397	13.519	13.640	13.761	13.883	14.004	14.125	14.247
1400	14.368	14.489	14.610	14.731	14.852	14.973	15.094	15.215	15.336	15.456
1500	15.576	15.697	15.817	15.937	16.057	16.176	16.296	16.415	16.534	16.653
1600	16.771									

附录 B　镍铬-镍硅热电偶分度表（简表）

分度号　K　　　　　　　　　　　　　　　　　　　　　　　　$(t_0 = 0°C, E/mV)$

$t/℃$	00	10	20	30	40	50	60	70	80	90
0	0.000	0.397	0.798	1.203	1.611	2.022	2.436	2.850	3.266	3.681
100	4.095	4.508	4.919	5.327	5.733	6.137	6.539	6.939	7.338	7.737
200	8.137	8.537	8.938	9.341	9.745	10.151	10.560	10.969	11.381	11.793
300	12.207	12.632	13.039	13.456	13.874	14.292	14.712	15.132	15.552	15.974
400	16.395	16.818	17.241	17.664	18.088	18.513	18.938	19.363	19.788	20.214
500	20.640	21.066	21.493	21.919	22.346	22.772	23.198	23.624	24.050	24.476
600	24.902	25.327	25.751	26.176	26.599	27.022	27.445	27.867	28.288	28.709
700	29.128	29.547	29.965	30.383	30.799	31.214	31.629	32.042	32.455	32.866
800	33.277	33.686	34.095	34.502	34.909	35.314	35.718	36.121	36.524	36.925
900	37.325	37.724	38.122	38.519	38.915	39.310	39.703	40.096	40.488	40.897
1000	41.269	41.657	42.045	42.432	42.817	43.202	43.585	43.968	44.349	44.729
1100	45.108	45.486	45.863	46.238	46.612	46.985	47.356	47.726	48.059	48.462
1200	48.828	49.192	49.555	49.916	50.276	50.633	50.990	51.344	51.697	52.049
1300	52.398									

附录 C 铂热电阻分度表(简表)

分度号 Pt100 　　　　　　　　　　　　　　　　　　　　　　　　　　　　　　（单位：Ω）

t/℃	00	10	20	30	40	50	60	70	80	90
−200	18.49									
−100	60.25	56.19	52.11	48.00	43.37	39.71	35.53	31.32	27.08	22.80
−0	100	96.09	92.16	88.22	84.27	80.31	76.32	72.33	68.33	64.30
+0	100	103.90	107.79	111.67	115.54	119.40	123.24	127.07	130.89	134.70
100	136.50	142.29	146.06	149.82	153.58	157.31	161.04	164.76	168.46	172.16
200	175.84	179.51	183.17	186.32	190.45	194.07	197.69	201.29	204.88	208.45
300	212.02	215.57	219.12	222.65	226.17	229.67	233.17	236.65	240.13	243.59
400	247.04	250.48	253.90	257.32	260.72	264.11	267.49	270.86	274.22	277.56
500	280.96	284.22	287.53	290.83	294.11	297.39	300.65	303.91	307.15	310.38
600	313.59	316.80	319.99	323.18	326.35	329.51	332.66	335.79	338.92	342.03
700	345.13	348.22	351.30	354.37	357.42	360.47	363.50	366.52	369.53	372.52
800	375.51	378.48	381.45	384.40	387.34	390.26				

附录 D 铜热电阻分度表

分度号 Cu100 　　　　　　　　　　　　　　　　　　　　　　　　　　　　　　（单位：Ω）

t/℃	0	1	2	3	4	5	6	7	8	9
−40	82.80	82.36	81.94	81.50	81.08	80.64	80.20	79.78	79.34	78.92
−30	87.10	88.68	86.24	85.82	85.38	84.95	84.54	84.10	83.66	83.22
−20	91.40	90.98	90.54	90.12	89.68	86.26	88.82	88.40	87.96	87.54
−10	95.70	95.28	94.84	94.42	93.98	93.56	93.12	92.70	92.26	91.84
−0	100	99.56	99.14	98.70	98.28	97.84	97.42	97.00	96.56	96.14
+0	100.00	100.42	100.86	101.28	101.72	102.14	102.56	103.00	103.43	103.86
10	104.28	104.72	105.14	105.56	106.00	106.42	106.86	107.28	107.72	108.14
20	108.56	109.00	109.42	109.84	110.28	110.70	111.14	111.56	112.00	112.42
30	112.84	113.28	113.70	114.14	114.56	114.98	115.42	115.84	116.28	116.70
40	117.12	117.56	117.98	118.40	118.84	119.26	119.70	120.12	120.54	120.98
50	121.40	121.84	122.26	122.68	123.12	123.54	123.96	124.40	124.82	125.26
60	125.68	126.10	126.54	126.96	127.40	127.82	128.24	128.68	129.10	129.52
70	129.96	130.38	130.82	131.24	131.66	132.10	132.52	132.96	133.38	133.80
80	134.42	134.66	135.08	135.52	135.94	136.33	136.80	137.24	137.66	138.08
90	138.52	138.94	139.36	139.80	140.22	140.66	141.08	141.52	141.94	142.36
100	142.80	143.22	143.66	144.08	144.50	144.94	145.36	145.80	146.22	146.66
110	147.08	147.50	147.94	148.36	148.80	149.22	149.66	150.08	150.52	150.94
120	151.36	151.80	152.22	152.66	135.08	153.52	153.94	154.38	154.80	155.24
130	155.66	156.10	156.52	156.96	157.38	157.82	158.24	158.68	159.10	159.54
140	159.96	160.40	160.82	161.28	161.68	162.12	162.54	162.98	163.40	163.84

参 考 文 献

[1] 柴天佑. 工业过程控制系统研究现状与发展方向[J]. 中国科学(信息科学)，2016，46(8)：1003-1015.

[2] 钱锋，桂卫华. 人工智能助力制造业优化升级[J]. 中国科学基金，2018(3)：257-261.

[3] 丁进良，等. 复杂工业过程智能优化决策系统的现状与展望[J]. 自动化学报，2018，44(11)：1931-1943.

[4] 施仁，刘文江，郑辑光. 自动化仪表与过程控制[M]. 北京：电子工业出版社，2018.

[5] 厉玉鸣. 化工仪表及自动化[M]. 北京：化学工业出版社，2019.

[6] 杨延西，潘永湘，赵跃. 过程控制与自动化仪表[M]. 北京：机械工业出版社，2019.

[7] 张毅，张宝芬，曹丽，等. 自动检测技术及仪表控制系统[M]. 北京：化学工业出版社，2012.

[8] 张光新，杨丽明，王会芹. 化工自动化及仪表[M]. 2 版. 北京：化学工业出版社，2016.

[9] 丁炜，于秀丽，等. 过程检测及仪表[M]. 北京：北京理工大学出版社，2010.

[10] 吴勤勤. 控制仪表及装置[M]. 北京：化学工业出版社，2010.

[11] 丁宝苍，张寿明. 过程控制系统与装置[M]. 重庆：重庆大学出版社，2012.

[12] ROLF ISERMANN，MACRO MÜNCHHOF. 动态系统辨识——导论与应用[M]. 杨帆，等译. 北京：机械工业出版社，2016.

[13] 叶建华. 过程辨识技术[M]. 上海：上海大学出版社，2007.

[14] DALE E S，THOMAS F E，DUNCAN A Mellichamp. 过程的动态特性与控制[M]. 王京春，王凌，金以慧，等译. 北京：电子工业出版社，2006.

[15] 邵裕森，戴先中. 过程控制过程[M]. 北京：机械工业出版社，2003.

[16] 黄德先，王京春，金以慧. 过程控制系统[M]. 北京：清华大学出版社，2011.

[17] SHINSKEY F G. 过程控制系统——应用、设计与整定[M]. 萧德云，吕伯明，译. 北京：清华大学出版社，2014.

[18] 韩正之，陈彭年，陈树中. 自适应控制[M]. 北京：清华大学出版社，2014.

[19] 陈剑雪，等. 先进过程控制技术[M]. 北京：清华大学出版社，2014.

[20] 王桂增，王诗宓. 高等过程控制[M]. 北京：清华大学出版社，2002.

[21] 席裕庚. 预测控制[M]. 北京：国防工业出版社，2013.

[22] 俞金寿. 工业过程先进控制技术[M]. 上海：华东理工大学出版社，2008.

[23] 易继锴，侯媛彬. 智能控制技术[M]. 北京：北京工业大学出版社，2007.

[24] 李祖枢，涂亚庆. 仿人智能控制[M]. 北京：国防工业出版社，2003.

[25] 李正军. 计算机控制系统[M]. 北京：机械工业出版社，2015.

[26] 吴才章. 集散控制系统技术基础及应用[M]. 北京：中国电力出版社，2011.

[27] 何衍庆，黄海燕，黎冰. 集散控制系统原理及应用[M]. 北京：化学工业出版社，2009.

[28] 王常力，罗安. 分布式控制系统(DCS)设计与应用实例[M]. 北京：电子工业出版社，2016.

[29] 刘美，康珏，宁鹏. 集散控制系统及工业控制网络[M]. 北京：中国石化出版社，2014.

[30] 齐蓉，肖维荣. 可编程控制器技术[M]. 北京：电子工业出版社，2009.

[31] 王华忠. 工业控制系统及应用——PLC与组态软件[M]. 北京：机械工业出版社，2016.

[32] 龙志强，李迅，李晓龙. 现场总线控制网络技术[M]. 北京：机械工业出版社，2011.

[33] 李占英. 分散控制系统(DCS)和现场总线控制系统(FCS)及其工程设计[M]. 北京：电子工业出版社，2015.

[34] 雷霖. 现场总线控制网络技术[M]. 北京：机械工业出版社，2015.

[35] 汤旻安. 现场总线及工业控制网络[M]. 北京：机械工业出版社，2019.

[36] 伍钦，梁坤. 精馏塔生产工艺技术及原理[M]. 北京：化学工业出版社，2014.

[37] 边立秀. 热工控制系统[M]. 北京：中国电力出版社，2002.

[38] 谷俊杰，等. 热工控制系统[M]. 北京：中国电力出版社，2011.

[39] 巨林仓. 电厂热工过程自动调节[M]. 西安：西安交通大学出版社，1994.

[40] 刘久斌，张君. 热工控制系统[M]. 北京：中国电力出版社，2017.